Schriften zum Medien-, Urheber- und Wirtschaftsrecht

Herausgegeben von Prof. Dr. Georgios Gounalakis

Band 13

PETER LANG

Frankfurt am Main · Berlin · Bern · Bruxelles · New York · Oxford · Wien

Zugriff auf Internetzugangsdaten

Heiko Zimmer

Zugriff auf Internetzugangsdaten

Unter besonderer Berücksichtigung der Verhältnismäßigkeit einer verdachtsunabhängigen Vorratsdatenspeicherung

Eine Interessenabwägung zwischen Datenschutz, Strafverfolgung und Urheberrecht im Internet

PETER LANG
Internationaler Verlag der Wissenschaften

Bibliografische Information der Deutschen Nationalbibliothek
Die Deutsche Nationalbibliothek verzeichnet diese Publikation in der Deutschen Nationalbibliografie; detaillierte bibliografische Daten sind im Internet über http://dnb.d-nb.de abrufbar.

Zugl.: Saarbrücken, Univ., Diss., 2011

D 291
ISSN 1867-1012
ISBN 978-3-631-63160-7

www.peterlang.de

Vorwort

Freiheit oder Sicherheit? Dabei handelt es sich um eine zentrale Fragestellung, die das rechtliche Spannungsverhältnis widerspiegelt, das auch die vorliegende Arbeit maßgeblich prägt. Betrachtet man die Gesamtheit der unterschiedlichen Interessen und Begehrlichkeiten im Hinblick auf Internetzugangsdaten, wird schnell das tatsächliche Bedürfnis erkennbar, die mit der Speicherung und der anschließenden Verwendung dieser Daten verbundenen Rechtsfragen einer näheren Untersuchung zu unterziehen.

Die Arbeit greift genau diese Zielsetzung auf. Sie wurde im Sommersemester 2011 von der Rechts- und Wirtschaftswissenschaftlichen Fakultät der Universität des Saarlandes als Dissertation angenommen.

Mein Dank gilt zunächst meinem Doktorvater, Herrn Prof. Dr. Rudolf Wendt, für die freundliche und engagierte Begleitung meines Dissertationsvorhabens. Herrn Prof. Dr. Torsten Stein danke ich für die zügige Erstellung des Zweitgutachtens. Bedanken möchte ich mich ferner bei der Deutschen Telekom AG für die Aufnahme in das Promotionsförderprogramm und die damit verbundene fachliche Hilfestellung.

Herzlicher Dank gebührt Frau Dipl.-Hdl. Danica Müller für die liebevolle Unterstützung, für zahlreiche Stunden der Aufmunterung und Motivation und für so vieles mehr – auch abseits der Juristerei. Nicht unerwähnt bleiben darf außerdem Frau Dr. Andrea Kirsch, die durch stete Diskussionsbereitschaft ebenfalls zum Gelingen der Arbeit beigetragen hat.

Ein ganz besonderer Dank gilt schließlich meinen Eltern. Ihnen, die mir in allen Lebensphasen und während meiner gesamten akademischen Ausbildung vorbehaltlos zur Seite standen, sei diese Arbeit gewidmet.

Heiko Zimmer Saarbrücken, im Juli 2011

Inhaltsverzeichnis

Abkürzungsverzeichnis 13

Einleitung 19

A. Untersuchungsgegenstand 19
I. Grundlegende Fragestellung 20
II. Eingrenzung des Untersuchungsgegenstands 21
B. Gang der Untersuchung 22

Erstes Kapitel: Die Regelungsmaterie – technische Grundlagen und rechtspolitischer Hintergrund 25

A. Technische Voraussetzungen des Internetzugangs 25
I. Das Internet 26
1. Grundstruktur 26
2. Mittel zur Verbreitung von Informationen 27
3. World Wide Web 28
II. Der Anbieter von Internetzugangsdiensten (sog. Access Provider) 28
1. Leistungen des Access Providers 29
a) Vermittlung des Internetzugangs 29
b) Transport und Adressierung von Daten 31
aa) Bereitstellung von Protokollfunktionen 31
bb) Vergabe von IP-Adressen 31
2. Abgrenzung des Access Providing zu sonstigen Formen des Providing 34
a) Host Providing 35
b) E-Mail Providing 35
c) Content Providing 36
B. Kriminalpolitischer Hintergrund – Spannungsfeld zwischen Freiheit und Sicherheit 36
I. Staatliche Aufgaben im Bereich der Internet-Kommunikation 37
1. Vorüberlegungen 37
2. Freiheit als rechtsphilosophischer Leitbegriff 38
3. Besteht ein „Grundrecht auf Sicherheit"? 40
a) Schutzpflichten des Staates 41
b) Herleitung eines „Grundrechts auf Sicherheit" 42
4. Rechtspolitisches Spannungsfeld: Freiheit vs. Sicherheit 43
II. Die Internet-Kommunikation zwischen Kriminalität und Verfolgungsinteresse 46
1. Der Begriff der Internetkriminalität 46
2. Strafverfolgung mit Hilfe von Internetzugangsdaten 47
a) Inhalte und Objekte von Strafverfolgungsmaßnahmen 47
b) Bedeutung der IP-Adresse für die Strafverfolgung 48

3. Rechtsverfolgung durch Private mit Hilfe von Internetzugangsdaten: Am Beispiel der Aufklärung von Urheberrechtsverletzungen 49
a) Inhalt des Urheberrechts 49
b) Rechtsverletzungen im Internet 49
c) Durchsetzung von urheberrechtlichen Ansprüchen 52
aa) Bestimmung des anwendbaren Rechts als Vorfrage 52
bb) Bedeutung der IP-Adresse für die Rechtsverfolgung 55

Zweites Kapitel: Die Regelungsebenen in den Bereichen Datenschutz und Internet-Kommunikation 57

A. Rechtsrahmen in Europa 57
I. Konventionen des Europarats 58
1. Die Europäische Menschenrechtskonvention 58
a) Rang im innerstaatlichen Recht 59
aa) Ansätze zur normativen Begründung eines Verfassungs- oder Übergesetzesrangs der Gewährleistungen der Europäischen Menschenrechtskonvention 60
bb) Jüngere Rechtsprechung des Bundesverfassungsgerichts 64
cc) Voraussetzungen und Folgen des Beitritts der Europäischen Union zur Europäischen Menschenrechtskonvention 68
dd) Ergebnis 71
b) Datenschutz und Schutz der Kommunikation 72
2. Die Convention on Cybercrime 73
3. Die Datenschutzkonvention 73
II. Charta der Grundrechte der Europäischen Union 74
1. Verbindlichkeit der Charta der Grundrechte der Europäischen Union? 75
a) Status quo in den ersten Jahren nach Proklamation 75
b) Neue Ansätze durch den Vertrag über eine Verfassung für Europa 76
c) Grundrechtsschutz de lege lata 77
2. Verhältnis zur Europäischen Menschenrechtskonvention 78
3. Datenschutz und Schutz der Kommunikation 82
III. Wesentliche Rechtsetzungsmaßnahmen der Europäischen Union 83
1. Die Richtlinie 95/46/EG 83
2. Die Richtlinie 97/66/EG 84
3. Die Richtlinie 2002/58/EG 84
4. Die Richtlinie 2006/24/EG 85
B. Rechtsrahmen in Deutschland 86
I. Allgemeines Datenschutzrecht 86
1. Verfassungsrechtlicher Ausgangspunkt: Das Recht auf informationelle Selbstbestimmung 87
a) Herleitung und Schutzbereich des Rechts auf informationelle Selbstbestimmung 88
b) Bedeutung für die Entwicklung des Datenschutzrechts 90

2. Einfachgesetzliche Umsetzung im Bundesdatenschutzgesetz 90
3. „Personenbezogene Daten“ als Bezugspunkt des Datenschutzrechts 91
a) Personenbezogene Daten 91
b) Personenbezug von IP-Adressen 92
4. Wesentliche Grundsätze des Datenschutzrechts 93
a) Datensparsamkeit und Datenvermeidung 94
b) Zweckbindung 95
c) Erforderlichkeit 96
d) Einwilligung 97
II. Spezifischer Datenschutz im Bereich der Telekommunikation 98
1. Das Fernmeldegeheimnis als spezielle Ausgestaltung des Rechts auf informationelle Selbstbestimmung 98
a) Abgrenzung zum Recht auf informationelle Selbstbestimmung 98
b) Schutzbereich des Fernmeldegeheimnisses 99
c) Bedeutung des Fernmeldegeheimnisses 100
2. Das Telekommunikationsgesetz 100
a) Anwendungsbereich des Telekommunikationsgesetzes 100
b) Vom Telekommunikationsgesetz erfasste Dienste 101
aa) Abgrenzung zwischen Telekommunikationsdiensten und Telemediendiensten 101
bb) Anwendbarkeit des Telekommunikationsgesetzes auf das Access Providing 102
c) Telekommunikationsdaten 103
aa) Bestandsdaten 103
bb) Verkehrsdaten 104
cc) Abgrenzung von Bestands- und Verkehrsdaten 105
dd) Einordnung von IP-Adressen 105
d) Datenschutz und Schutz des Fernmeldegeheimnisses 107

Drittes Kapitel: Die Vorratsdatenspeicherung **109**

A. Historische Entwicklung: Von der Löschpflicht zur Speicherungspflicht 109
B. Die Richtlinie 2006/24/EG über die Vorratsdatenspeicherung 116
I. Zielsetzung der Vorratsdatenspeicherung 116
II. Rechtmäßigkeit der Richtlinie über die Vorratsdatenspeicherung 116
1. Relevanz der Überprüfung der Rechtmäßigkeit („Solange II“) 116
a) Europäischer Gerichtshof und Bundesverfassungsgericht: ein „Kooperationsverhältnis“ 117
b) Folgerung für die Vorratsdatenspeicherung 118
c) Stellungnahme und Ausblick 119
2. Untersuchung der Rechtmäßigkeit der Richtlinie 121
a) Formelle Rechtmäßigkeit 121
aa) Ansicht des Europäischen Gerichtshofs 123

bb) Kritische Auseinandersetzung mit der Entscheidung des Europäischen Gerichtshofs 126
cc) Ausblick 129
b) Materielle Rechtmäßigkeit 130
C. Umsetzung der Richtlinie über die Vorratsdatenspeicherung im deutschen Recht 130
I. Normadressaten der Vorratsdatenspeicherungspflicht 131
1. Allgemeiner Adressatenkreis 131
2. Anwendbarkeit auf Arbeitgeber? 132
II. Verpflichtung zur Speicherung (§ 113a TKG) 134
1. Allgemeine Voraussetzungen und Modalitäten der Speicherung 134
2. Speicherungspflicht für Internetzugangsdaten 135
III. Verpflichtung zur Auskunftserteilung (§ 113b TKG) 136
D. Das Urteil des Bundesverfassungsgerichts zur Vorratsdatenspeicherung 138
I. Gang des Verfahrens 138
II. Kernaussagen der Entscheidung 140
1. Kompetenzgrundlage 141
2. Fernmeldegeheimnis 141
a) Eingriff in den Schutzbereich des Art. 10 Abs. 1 Var. 3 GG 141
b) Beschränkungen des Fernmeldegeheimnisses 142
c) Verhältnismäßigkeit im engeren Sinne 142
aa) Abwägung der Interessen 142
bb) Anforderungen an die Ausgestaltung einer Vorratsdatenspeicherung 143
cc) Verringerte Anforderungen an die Verwendung von IP-Adressen 145
dd) Beurteilung durch das Bundesverfassungsgericht 147
3. Berufsfreiheit 149
III. Rechtsfolgen der Entscheidung 149

Viertes Kapitel: Rechtliche Würdigung der Vorratsdatenspeicherung 153

A. Untersuchung am Maßstab des deutschen Verfassungsrechts 157
I. Access Provider als Grundrechtsträger und Grundrechtsverpflichtete 157
1. Grundrechtsträger 157
2. Grundrechtsverpflichtete 158
II. Das Fernmeldegeheimnis (Art. 10 Abs. 1 Var. 3 GG) 160
1. Internetkommunikationsspezifischer Schutzbereich 161
a) Schutz der Individualkommunikation 161
b) Schutz der Inhalte und Umstände der Kommunikation 162
2. Eingriffstatbestände 163
a) Eingriff durch die Speicherung von IP-Adressen 163
b) Eingriff durch die Auskunft über IP-Adressen 164
3. Verfassungsrechtliche Rechtfertigung (Bestimmtheit) 164
III. Weitere Grundrechte im Überblick 167
1. Das Recht auf informationelle Selbstbestimmung (Art. 2 Abs. 1 GG i.V.m. Art. 1 Abs. 1 GG) 167

2. Die Wirtschaftsgrundrechte 168
a) Die unternehmerische Betätigungsfreiheit (Art. 12 Abs. 1, Art. 14 Abs. 1 und Art. 2 Abs. 1 GG) 169
b) Die entschädigungslose Vorratsspeicherungspflicht als Inhalts- und Schrankenbestimmung (Art. 14 Abs. 1 S. 2 GG) 171
c) Die entschädigungslose Vorratsspeicherungspflicht als Indienstnahme Privater zur Erfüllung staatlicher Aufgaben 173
3. Der allgemeine Gleichheitssatz (Art. 3 Abs. 1 GG) 176
B. Untersuchung am Maßstab des europäischen Rechts 180
I. Vereinbarkeit der Vorratsdatenspeicherung mit der Europäischen Menschenrechtskonvention 180
1. Vorbemerkungen 181
2. Das Recht auf Achtung des Privatlebens (Art. 8 EMRK) 181
3. Weitere Grundrechte im Überblick 184
II. Vereinbarkeit der Vorratsdatenspeicherung mit der Charta der Grundrechte der Europäischen Union 186
1. Anwendbarkeit und Rechtsschutz 186
2. Die Rechte auf Achtung der Kommunikation und auf Datenschutz (Art. 7, 8 GRCh) 188
3. Weitere Grundrechte im Überblick 191

Fünftes Kapitel: Verhältnismäßigkeit der Vorratsdatenspeicherung 195

A. Struktur des Verhältnismäßigkeitsgrundsatzes 196
I. Standort in den einzelnen Regelungsebenen 196
1. Verfassungsrechtlicher Standort 197
2. Standort in der Europäischen Menschenrechtskonvention 198
3. Standort in der Charta der Grundrechte der Europäischen Union 198
II. Bindung an den Verhältnismäßigkeitsgrundsatz 199
III. Elemente der Verhältnismäßigkeitsprüfung 199
1. Prinzip der stufenweisen Prüfung 200
2. Begrifflichkeiten beim Zusammentreffen mehrerer Rechtsgüter 201
B. Verhältnismäßigkeit der Vorratsdatenspeicherung 204
I. Legitimer Zweck 204
II. Geeignetheit 205
1. Erfolgsaussichten 205
2. Umgehungsmöglichkeiten 206
III. Erforderlichkeit 207
1. Alternative „Quick Freeze" 207
2. Verkürzung der Speicherungsfrist 210
IV. Angemessenheit 210
1. Streubreite 211
2. Vertrauensverlust 212
3. Kosten-Nutzen-Effizienz 214

4. Missbrauchsmöglichkeiten 216
5. Gebot einer grundrechtsschonenden Umsetzung 218
a) Vorgaben der Richtlinie 2006/24/EG 218
b) Umfang der Datenspeicherung und -verwendung 220

Sechstes Kapitel: Speicherungs- und Auskunftspflichten der Access Provider de lege lata und Anregungen zur Einführung einer verhältnismäßigen Vorratsdatenspeicherung de lege ferenda **223**

A. Die Speicherungspflichten 223
I. Organisatorische Ausgestaltung der Speicherung 223
II. Speicherung von Bestandsdaten 224
III. Speicherung von Verkehrsdaten (insbesondere IP-Adressen) 227
B. Die Auskunftspflichten 227
I. Staatliche Auskunftsbegehren 228
1. Ermächtigungsgrundlage für staatliche Auskunftsbegehren 228
a) Differenzierung nach Bestands- und Verkehrsdaten 228
b) Auskunftsbegehren über Internetzugangsdaten 230
aa) Statische IP-Adressen 230
bb) Dynamische IP-Adressen 231
cc) Stellungnahme 235
c) Ergebnis 236
2. Zugriff auf Vorratsdaten? 236
II. Private Auskunftsbegehren 241
1. Kenntnisstand der Rechteinhaber 242
a) Eigene Informationen 243
b) Strafprozessuale Akteneinsicht 244
2. Ansprüche der Rechteinhaber 248
a) Frühere Rechtslage 248
b) Drittauskunftsanspruch 249
aa) Anspruchsvoraussetzungen 250
bb) Inhalt des Auskunftsanspruchs 252
cc) Kurzer Ausblick 253
c) Zugriff auf Vorratsdaten? 254
III. Ergebnis und Stellungnahme 258

Schlussbemerkung **261**

Literaturverzeichnis **263**

Abkürzungsverzeichnis

a.A.	anderer Auffassung
ABl.	Amtsblatt
Abs.	Absatz, Absätze
ACTA	Anti Counterfeiting Trade Agreement
a.E.	am Ende
AEUV	Vertrag über die Arbeitsweise der Europäischen Union
a.F.	alte Fassung
AG	Aktiengesellschaft
Alt.	Alternative(n)
AMRE	Allgemeine Erklärung der Menschenrechte
Anm.	Anmerkung
AnwBl	Anwaltsblatt
AöR	Archiv des öffentlichen Rechts
ARPANET	Advanced Research Project Agency Net
Art.	Artikel
Aufl.	Auflage
BayPAG	Bayerisches Polizeiaufgabengesetz
BayVBl.	Bayerische Verwaltungsblätter
BayVSG	Bayerisches Verfassungsschutzgesetz
BB	Betriebs-Berater
BDSG	Bundesdatenschutzgesetz
BGB	Bürgerliches Gesetzbuch
BGBl.	Bundesgesetzblatt
BGH	Bundesgerichtshof
BGHZ	Entscheidungen des Bundesgerichtshofes in Zivilsachen
BNDG	Gesetz über den Bundesnachrichtendienst
BRAK-Mitt.	BRAK-Mitteilungen
BR-Drucks.	Drucksachen des Deutschen Bundesrates
BT-Drucks.	Drucksachen des Deutschen Bundestages
BVerfG	Bundesverfassungsgericht
BVerfGE	Entscheidung des Bundesverfassungsgerichts
BVerfSchG	Bundesverfassungsschutzgesetz
bzw.	beziehungsweise

ca.	circa
CR	Computer und Recht
CRi	Computer Law Review International
CBP	Customs and Border Protection
DB	Der Betrieb
ders.	derselbe
Der Staat	Zeitschrift für Staatslehre, Öffentliches Recht und Verfassungsgeschichte
d.h.	das heißt
DHS	United States Department of Homeland Security
dies.	dieselbe(n)
DNS	Domain-Name-Service
DÖV	Die Öffentliche Verwaltung
DRiZ	Deutsche Richterzeitung
DSL	Digital Subscriber Line
DSWR	Datenverarbeitung in Steuer, Wirtschaft und Recht
DuD	Datenschutz und Datensicherheit
DuR	Demokratie und Recht
DVBl	Deutsches Verwaltungsblatt
EDV	Elektronische Datenverarbeitung
EG	Europäische Gemeinschaft
EGBGB	Einführungsgesetz zum Bürgerlichen Gesetzbuch
EGV	EG-Vertrag
EGMR	Europäischer Gerichtshof für Menschenrechte
Einl.	Einleitung
EL	Ergänzungslieferung
EMRK	Europäische Konvention zum Schutze der Menschenrechte und Grundfreiheiten
EU	Europäische Union
EuGH	Europäischer Gerichtshof
EuGRZ	Europäische Grundrechte Zeitschrift
EuR	Europarecht
EUV	EU-Vertrag
EuZA	Europäische Zeitschrift für Arbeitsrecht
EuZW	Europäische Zeitschrift für Wirtschaft
e.V.	eingetragener Verein
EWS	Europäisches Wirtschafts- und Steuerrecht

f.	folgende(r)
FAG	Gesetz über Fernmeldeanlagen
FAZ	Frankfurter Allgemeine Zeitung
ff.	folgende
FTEG	Gesetz über Funkanlagen und Telekommunikationsendeinrichtungen
GA	Goltdammer´s Archiv für Strafrecht
GDD	Gesellschaft für Datenschutz und Datensicherung e.V.
GebrMG	Gebrauchsmustergesetz
gem.	gemäß
GeschmMG	Geschmacksmustergesetz
GewArch	Gewerbearchiv
GG	Grundgesetz
GmbH	Gesellschaft mit beschränkter Haftung
GRCh	Charta der Grundrechte der Europäischen Union
GRUR	Gewerblicher Rechtsschutz und Urheberrecht
GRUR-RR	Gewerblicher Rechtsschutz und Urheberrecht Rechtsprechungs-Report
HalblSchG	Halbleiterschutzgesetz
Halbs.	Halbsatz
HFR	Humboldt Forum Recht
Hrsg.	Herausgeber, herausgegeben
HTML	Hypertext Markup Language
IANA	Internet Assigned Numbers Authority
i.e.S.	im engeren Sinne
IMEI	International Mobile Subscriber Identity
insbes.	insbesondere
IP	Internet Protocol (Internet Protokoll)
IPR	Internationales Privatrecht
IPv4	Internet Protocol version 4
IPv6	Internet Protocol version 6
i.S.d.	im Sinne des
ISDN	Integrated Services Digital Network
ISP	Internet Service Provider
IT	Informationstechnologie
ITRB	Der IT-Rechts-Berater
IuKDG	Informations- und Kommunikationsdienste-Gesetz
i.V.m.	in Verbindung mit

JA	Juristische Arbeitsblätter
Jura	Juristische Ausbildung
jurisPR	Juris Praxis Report
JuS	Juristische Schulung
JZ	Juristenzeitung
Kap.	Kapitel
KGaA	Kommanditgesellschaft auf Aktien
KJ	Kritische Justiz
KOM	Kommissionsdokument
K&R	Kommunikation & Recht
KritV	Kritische Vierteljahresschrift für Gesetzgebung und Rechtswissenschaft
Leviathan	Berliner Zeitschrift für Sozialwissenschaft
LG	Landgericht
LIR	Local Internet Registries
lit.	litera
MADG	Gesetz über den Militärischen Abschirmdienst
MarkenG	Markengesetz
MMR	Multimedia und Recht
MR	Medien und Recht
MR-Int	Medien und Recht – Internationale Rundschau
MünchKommBGB	Münchener Kommentar zum Bürgerlichen Gesetzbuch
m.w.N.	mit weiteren Nachweisen
Neudr.	Neudruck
n.F.	neue Fassung
NJ	Neue Justiz
NJW	Neue Juristische Wochenschrift
NJW-RR	Neue Juristische Wochenschrift – Rechtssprechungs-Report
Nr.	Nummer(n)
NStZ	Neue Zeitschrift für Strafrecht
NStZ-RR	Neue Zeitschrift für Strafrecht – Rechtssprechungs-Report
NVwZ	Neue Zeitschrift für Verwaltungsrecht
NZA	Neue Zeitschrift für Arbeitsrecht

OLG	Oberlandesgericht
OVG	Oberverwaltungsgericht
P2P	Peer-to-Peer
PatG	Patentgesetz
PJZS	Polizeiliche und Justizielle Zusammenarbeit in Strafsachen
PNR	Passenger Name Records
PrPG	Produktpirateriegesetz
RDV	Recht der Datenverarbeitung
RIR	Regional Internet Registries
RL	Richtlinie
Rn.	Randnummer(n)
Rs.	Rechtssache
S.	Satz, Seite(n)
SDÜ	Schengener Durchführungsübereinkommen
SEV	Sammlung der Europäischen Verträge
sog.	so genannte(r)
SortSchG	Sortenschutzgesetz
StGB	Strafgesetzbuch
StPO	Strafprozessordnung
str.	streitig
StraFo	Strafverteidiger Forum
StRR	StrafRechtsReport
StV	Strafverteidiger
TCP	Transmission Control Protocol (Transmission Control Protokoll)
TDG	Teledienstegesetz
TDDSG	Teledienstedatenschutzgesetz
TDSV	Telekommunikations-Datenschutzverordnung
ThürPAG	Thüringer Polizeiaufgabengesetz
TK	Telekommunikation
TKG	Telekommunikationsgesetz
TKMR	Telekommunikations- & Medienrecht
TKÜV	Telekommunikations-Überwachungsverordnung
TMG	Telemediengesetz

u.a.	und andere, unter anderem
UN	United Nations (Vereinte Nationen)
Unterabs.	Unterabsatz
UrhG	Urheberrechtsgesetz
URL	Uniform Resource Locator
USA	United States of America (Vereinigte Staaten von Amerika)
u.U.	unter Umständen
Var.	Variante(n)
VBlBW	Verwaltungsblätter für Baden-Württemberg
VerwArch	Verwaltungsarchiv
VG	Verwaltungsgericht
vgl.	vergleiche
VO	Verordnung
Vorb.	Vorbemerkung
VR	Verwaltungsrundschau
VuR	Verbraucher und Recht
VVDStRL	Veröffentlichungen der Vereinigung der Deutschen Staatsrechtslehrer
WRP	Wettbewerb in Recht und Praxis
WWW	World Wide Web
ZaöRV	Zeitschrift für ausländisches öffentliches Recht und Völkerrecht
z.B.	zum Beispiel
ZEMRK	Zusatzprotokoll zur Europäischen Konvention zum Schutze der Menschenrechte und Grundfreiheiten
ZEuS	Zeitschrift für Europarechtliche Studien
ZfP	Zeitschrift für Politik
ZG	Zeitschrift für Gesetzgebung
ZIS	Zeitschrift für Internationale Strafrechtsdogmatik
ZPO	Zivilprozessordnung
ZRP	Zeitschrift für Rechtspolitik
ZUM	Zeitschrift für Urheber- und Medienrecht

Einleitung

A. Untersuchungsgegenstand

„Der Grenzverlauf zwischen dem Rechts- und dem Präventionsstaat lässt sich nicht eindeutig markieren. Es gibt allemal Grauzonen und schleichende Übergänge zum Polizeistaat, die zu steter Wachsamkeit herausfordern.“[1] Dieser Denkanstoß von *Jutta Limbach* im Rahmen eines Festvortrags anlässlich des Anwaltstages 2002 veranschaulicht die Herausforderungen, vor denen Politik und Gesetzgebung nicht erst seit den Anschlägen vom 11. September 2001 stehen.[2] In Bezug nahm *Limbach* damals vor allem die Rasterfahndung, verdeckte Ermittler und elektronische Abhörmaßnahmen.[3] Nahtlos reiht sich auch die Vorratsdatenspeicherung in den Katalog solcher Maßnahmen ein, die jüngst mit dem Ziel der Verbesserung der Sicherheit diskutiert oder gar umgesetzt wurden.[4] Seit Jahren steht die Einführung einer anlasslosen Speicherung von Telekommunikationsverkehrsdaten im Brennpunkt rechtspolitischer Debatten. Geprägt wird die Auseinandersetzung von widerstreitenden Interessen. Während die Befürworter der Bevorratung von Verkehrsdaten primär die Bekämpfung des Terrorismus oder allgemein von Straftaten, d.h. im Wesentlichen (über)staatliche Interessen, teilweise aber auch die Notwendigkeit zur Verfolgung von Rechtsverletzungen, d.h. private Interessen, als Begründung anführen, äußern deren Gegner hauptsächlich datenschutzrechtliche Bedenken und betonen die Gefahren durch den Missbrauch der gespeicherten Daten.

Die Richtlinie 2006/24/EG des Europäischen Parlaments und des Rates vom 15. März 2006 über die Vorratsspeicherung von Daten, die bei der Bereitstellung öffentlich zugänglicher elektronischer Kommunikationsdienste oder öffentlicher Kommunikationsnetze erzeugt oder verarbeitet werden, und zur Änderung der Richtlinie 2002/58/EG[5] verlangt von den Mitgliedsstaaten der Europäischen Union eine einheitliche Gesetzgebung zur Speicherung von Telekommunikationsver-

---

1 *Jutta Limbach*, Ist die kollektive Sicherheit Feind der individuellen Freiheit?, AnwBl 2002, 454 (457); ähnlich *Erhard Denninger*, Freiheit durch Sicherheit? – Anmerkungen zum Terrorismusbekämpfungsgesetz, Aus Politik und Zeitgeschichte 2002, B 10-11/2002, 22 (23).

2 Vgl. *Oliver Lepsius*, Freiheit, Sicherheit und Terror: Die Rechtslage in Deutschland, Leviathan 2004, 64 (64).

3 *Jutta Limbach*, Ist die kollektive Sicherheit Feind der individuellen Freiheit?, AnwBl 2002, 454 (455).

4 Weitere Beispiele nennt *Christoph Gröpl*, Das verfassungsrechtliche Konzept der informationellen Selbstbestimmung und des Datenschutzes, in: Rüßmann, Helmut (Hrsg.), Festschrift für Gerhard Käfer, Saarbrücken 2009, S. 95 (97).

5 ABl. L 105 vom 13.4.2006, S. 54.

kehrsdaten für mindestens sechs und höchstens 24 Monate.[6] In Deutschland wurden die Vorgaben der Richtlinie durch das Gesetz zur Neuregelung der Telekommunikationsüberwachung und anderer verdeckter Ermittlungsmaßnahmen sowie zur Umsetzung der Richtlinie 2006/24/EG[7] vom 21. Dezember 2007 umgesetzt. Noch bevor die Verpflichtung zur vorsorglichen Speicherung von Telekommunikationsverkehrsdaten am 1. Januar 2008 in Kraft trat, stießen die Änderungen auf erhebliche Proteste.[8] Von einem „Schritt in Richtung Überwachung"[9] und von „offensichtlicher Verfassungswidrigkeit"[10] war in der Presse die Rede. Die öffentliche Ablehnung der Vorratsdatenspeicherung gipfelte schließlich in einer Massenverfassungsbeschwerde, der sich mehr als 30.000 Bürger anschlossen[11] und die schließlich zur Nichtigkeit der getroffenen Regelungen führte.

I. Grundlegende Fragestellung

Die Telekommunikation ist „Hauptveranstaltungsort"[12] der aus dem Verhältnis von Freiheit und Sicherheit resultierenden Spannungen. Die Vorratsdatenspeicherung als telekommunikationsrechtliche Regelung befindet sich in genau diesem diffusen Spannungsverhältnis zwischen kollektiver Sicherheit und individueller Freiheit. Die anlasslose Speicherung von Daten in einem bislang in Deutschland nicht erreichten Ausmaß fordert zu einer Grundsatzdiskussion über die rechtspolitische Frage heraus, wie das Verhältnis von Sicherheit und Freiheit auch zukünftig austariert werden soll.[13] Die anspruchsvolle Aufgabe besteht darin, die ideale Kombination in der Weise zu finden, „dass das maximale Maß an Freiheit durch eine opti-

6 *Hans-Jörg Albrecht/Adina Grafe/Michael Kilching*, Rechtswirklichkeit der Auskunftserteilung über Telekommunikationsverbindungsdaten nach §§ 100g, 100h StPO, Freiburg 2008, S. 58.

7 BGBl. I vom 31.12.2007, S. 3198.

8 FAZ Online vom 7.11.2007, http://www.faz.net/s/Rub594835B672714A1DB1A1215 34F010EE1/Doc~EBECDA412F0634E8399179E5B648E802B~ATpl~Ecommon~Scont ent.html, zuletzt abgerufen am 28.3.2011.

9 Spiegel Online vom 2.11.2007, http://www.spiegel.de/netzwelt/web/0,1518,515081, 00.html, zuletzt abgerufen am 28.3.2011.

10 Spiegel Online vom 31.12.2007, http://www.spiegel.de/netzwelt/web/0,1518,525970, 00.html, zuletzt abgerufen am 28.3.2011.

11 Spiegel Online vom 31.12.2007, http://www.spiegel.de/netzwelt/web/0,1518,525970, 00.html; Spiegel Online vom 29.2.2008, http://www.spiegel.de/netzwelt/web/0,1518, 538641,00.html, jeweils zuletzt abgerufen am 28.3.2011; siehe auch *Andreas Hornick*, Staatlicher Zugriff auf elektronische Medien, StraFo 2008, 281 (286).

12 *Kurt Graulich*, Telekommunikationsgesetz und Vorratsdatenspeicherung, NVwZ 2008, 485 (485).

13 So *Alexander Ignor*, Die Zukunft des Strafverfahrens – Abschied vom Rechtsstaat?, BRAK-Mitt. 2008, 50 (52).

male Gewährleistung von Sicherheit erhalten wird.“[14] Die Vorratsdatenspeicherung wird als Maßnahme der Straf- oder Rechtsverfolgung nur dann Anerkennung finden, „wenn das technisch Mögliche mit den Freiheitsgewährleistungen des Grundgesetzes vereinbar ist.“[15] Der Interessenabwägung im Sinne einer Verhältnismäßigkeitsprüfung kommt daher eine besondere Bedeutung zu.

II. Eingrenzung des Untersuchungsgegenstands

Die vorliegende Untersuchung soll nicht als verfassungsrechtliches Gesamtgutachten verstanden werden, das sämtliche grundrechtlichen Aspekte im Detail beleuchtet. Die verfassungsrechtliche Dimension der Vorratsdatenspeicherung war bereits Gegenstand wissenschaftlicher Abhandlungen.[16] Vielmehr steht die Zusammenführung verschiedener Themen- und Rechtsbereiche im Vordergrund. Auf diese Weise werden die rechtspolitischen Herausforderungen der Vorratsdatenspeicherung an der Schnittstelle zwischen Datenschutzrecht, Urheberrecht sowie Sicherheits- und Freiheitsinteressen verdeutlicht. Die sehr konträren Anliegen spiegeln sich insbesondere in der Gegenüberstellung der Forderungen von Straf- oder Rechteverfolgern nach möglichst umfangreichen Zugriffsmöglichkeiten auf Vorratsdaten und den kritischen Warnungen von Datenschützern wider. Der Schwerpunkt der verfassungsrechtlichen Ausführungen liegt daher auf den datenschutzrechtlichen Bezügen der Vorratsdatenspeicherung, wobei auf weitere betroffene Grundrechte ebenfalls am Rande eingegangen wird.

Das breite Spektrum der Interessen an einer Speicherung von Daten (nicht nur auf Vorrat) wird besonders deutlich, nimmt man die Relevanz von Internetzugangsdaten in Bezug. Daher soll vorliegend, soweit keine allgemeine, die (Vorrats-)Speicherung insgesamt betreffende Aussage zu treffen ist, das Beispiel der Speicherung von sog. IP-Adressen als wichtiger Anwendungsfall herausgegriffen werden, zumal in diesem Zusammenhang neben der anlasslosen Vorratsdatenspeicherung auch die datenschutzrechtliche Einordnung insgesamt umstritten ist, etwa die Einordnung als personenbezogenes Datum oder die Auskunftserteilung mittels dynamischer IP-Adresse.

Der Zugriff auf Telekommunikationsverkehrsdaten wird nicht nur als Mittel im Kampf der Strafverfolgungsbehörden gegen Internet- und Produktpiraterie oder Onlinekriminalität diskutiert, sondern wird auch von den Inhabern geistiger Eigentumsrechte zur Durchsetzung ihrer Ansprüche beansprucht. Regelmäßig hat der Rechteinhaber ein Interesse daran, sämtliche erforderliche Informationen, vor allem Namen und Anschriften, der potenziellen Rechtsverletzer zu erhalten. Da dem

---

14 *Erhard Denninger*, Freiheit durch Sicherheit? – Anmerkungen zum Terrorismusbekämpfungsgesetz, Aus Politik und Zeitgeschichte 2002, B 10-11/2002, 22 (23).

15 *Andreas Hornick*, Staatlicher Zugriff auf elektronische Medien, StraFo 2008, 281 (286).

16 Ausführlich *Patrick Breyer*, Die systematische Aufzeichnung und Vorhaltung von Telekommunikations-Verkehrsdaten für staatliche Zwecke in Deutschland, Berlin 2005, S. 70 ff.

Rechteinhaber gerade bei Verletzungen im Internet häufig nicht von vornherein die Person des Verletzers bekannt ist, ist er auf (Dritt-)Auskünfte des Internetdiensteanbieters angewiesen. Im Blickpunkt der Auskunftsbegehren stehen dabei insbesondere die IP-Adressen, mit Hilfe derer die Identität der hinter einem Internetanschluss stehenden Person ermittelt werden kann.[17] Auf Grund der Tatsache, dass bei Internetsachverhalten in erster Linie Urheberrechtsverletzungen zu besorgen sind und die Forderungen seitens der Rechteinhaber nach einer Verwendungsmöglichkeit von auf Vorrat gespeicherten Daten für ihre Zwecke meist auf einem urheberrechtlichen Ausgangspunkt beruhen, ist primär der Zusammenhang der Vorratsdatenspeicherung mit dem urheberrechtlichen Drittauskunftsanspruch zu erörtern. Die gefundenen Ergebnisse dürften aber ganz überwiegend auf die sonstigen Leistungsschutzrechte und gewerblichen Schutzrechte zu übertragen sein, sofern deren Verletzung durch eine Handlung im Internet überhaupt in Betracht zu ziehen ist.

B. Gang der Untersuchung

Ziel der vorliegenden Arbeit ist es, die genannten Probleme einer umfassenden und kritischen Untersuchung zu unterziehen. Neben den bestehenden Mitteln der Straf- und Rechtsverfolgung im Bereich des Internet sollen auch zukünftige Gestaltungsmöglichkeiten aufgezeigt und beleuchtet werden. Besonderes Gewicht muss auf der Frage liegen, in welchem Maße es dem Gesetzgeber gelungen ist, die widerstreitenden Interessen angemessen miteinander zu vereinbaren. Das Scheitern der Vorratsdatenspeicherung im ersten Anlauf soll als Anhaltspunkt dienen, die verfassungsrechtlich bedenklichen Punkte zu entlarven und daraus das nötige Potenzial für einen neuen, tauglichen Versuch zu schöpfen. Rechtspolitische Fragen sind dabei ebenso zu erörtern wie rechtstatsächliche Aspekte.

Die technischen Grundlagen des Internet und des *Access Providing* bilden den Ausgangspunkt der Untersuchung im *Ersten Kapitel.* Um ein Verständnis dafür zu entwickeln, weshalb einer Speicherung und Beauskunftung von Internetzugangsdaten eine beachtliche Aufmerksamkeit zukommt, ist ebenfalls bereits vorab der kriminalpolitische Hintergrund dieser Instrumente darzustellen. Dabei wird schnell deutlich, dass ein erhebliches Spannungsfeld zwischen Freiheits- und Verfolgungsinteressen besteht. Im *Zweiten Kapitel* wird der datenschutzrechtliche Rahmen in Europa und Deutschland aufgezeigt. Die hier erörterten Grundsätze können an verschiedenen Stellen der Arbeit als Argumentationsstütze dienen. Das *Dritte Kapitel* behandelt die Vorratsdatenspeicherung. Die europarechtliche Vorgabe lieferte die Richtlinie 2006/24/EG über die Vorratsspeicherung von Daten. Nach der Untersuchung der Rechtmäßigkeit der Richtlinie und deren Umsetzung in das nationale

---

[17] Vgl. *Truiken J. Heydn*, Auskunft, in: Heydn, Truiken J./Schmid-Petersen, Frauke/Vassilaki, Irini E., Durchsetzung von Rechten des geistigen Eigentums, München 2009, S. 65 (68).

Recht, erfolgt eine ausführliche Darstellung der Entscheidung des Bundesverfassungsgerichts zur Vorratsdatenspeicherung. Das Urteil stellt in einer bemerkenswerten Ausführlichkeit und Breite die Anforderungen fest, die der Gesetzgeber bei der Einführung einer verdachtsunabhängigen Speicherung von Verkehrsdaten zu beachten hat. Im *Vierten Kapitel* wird die Vorratsdatenspeicherung einer grundrechtlichen Prüfung unterzogen. Angesichts der europarechtlichen Grundlage werden neben den Grundrechten des Grundgesetzes auch die Grund- und Menschenrechte der Charta der Grundrechte der Europäischen Union und der Europäischen Menschenrechtskonvention erörtert. Wichtigster Maßstab für sämtliche Maßnahmen mit beschränkender Wirkung ist in allen Regelungsebenen der Grundsatz der Verhältnismäßigkeit. Das *Fünfte Kapitel* befasst sich allgemein mit der Struktur dieses Grundsatzes und mit der Verhältnismäßigkeit der Vorratsdatenspeicherung im Besonderen. Im abschließenden *Sechsten Kapitel* werden die nach aktueller Rechtslage bestehenden Speicherungs- und Auskunftspflichten untersucht und die Rahmenbedingungen für eine verhältnismäßige Gestaltung der Vorratsspeicherung herausgearbeitet.

Erstes Kapitel: Die Regelungsmaterie – technische Grundlagen und rechtspolitischer Hintergrund

Das Informationszeitalter ist geprägt von Errungenschaften der Kommunikations- und Informationstechnologie. Im Internet sind die Kommunikations- und Informationsmöglichkeiten nahezu unbegrenzt. Neuartig ist hierbei, dass die Struktur des Internet einen global einheitlichen technischen Rahmen vorgibt.[18] Die Fülle an weltweiten Kommunikationsvorgängen über das Internet erzeugt zugleich beträchtliche Datenmengen. Diese wecken (fast selbstverständlich) gewisse Begehrlichkeiten. Hierzu zählt nicht nur das Interesse der Industrie an Informationen über die Lebensgewohnheiten der Internetnutzer zwecks Erstellung von Persönlichkeitsprofilen, um auf diesem Wege gezielte Marketingmaßnahmen ergreifen zu können. Das Internet dient auf Grund seiner „Ubiquität" und „Anonymität" zunehmend auch als Mittel oder Ziel von Rechtsverletzungen. Damit einher gehen staatliche und private Interessen an den im Internet generierten Daten, die häufig einziger Anhaltspunkt für die Verfolgung der Rechtsverletzungen sind.

Bevor die regulative Seite des Datenschutzes in Europa und Deutschland sowie die Bestrebungen zur Einführung einer Vorratsdatenspeicherung betrachtet werden, sollen im Folgenden zunächst die technischen Rahmenbedingungen des Internet und die kriminal- und rechtspolitische Dimension der Speicherung von Internet(zugangs)daten aufgezeigt werden. Hierdurch wird ermöglicht, abseits des rechtlichen Diskurses die Anreize für die staatlichen und privaten Interessen an einem Zugriff auf die Daten zu verstehen.

A. Technische Voraussetzungen des Internetzugangs

Die der vorliegenden Untersuchung zu Grunde liegende Fragestellung setzt zuallererst voraus, dass eine Möglichkeit des Zugangs zum Internet gegeben ist. Aus der technischen Komplexität des Internet resultieren allerdings keinesfalls nur technische Aufgabenstellungen. Auf Grund der spezifischen Terminologie, die dem Juristen gemeinhin nicht vertraut sein dürfte, deren Verständnis für die rechtliche Beurteilung aber gegebenenfalls von Bedeutung sein kann, stellt das Internet auch in juristischer Hinsicht eine große Herausforderung dar.[19] Aus diesem Grund sollen nachfolgend wenigstens die Grundstrukturen des Internet und des Internetzugangs beschrieben werden.

---

18 *Ulrich Sachs*, Marketing, Datenschutz und das Internet, Köln 2008, S. 27.

19 Siehe auch *Isabel Roth*, Die internationale Zuständigkeit deutscher Gerichte bei Persönlichkeitsrechtsverletzungen im Internet, Frankfurt 2007, S. 7.

I. Das Internet

Das Internet veränderte und verändert nahezu jeden Aspekt des menschlichen Lebens. Es gehört zweifelsohne zu den technischen Errungenschaften, die das tägliche Leben im privaten wie im beruflichen Bereich entscheidend prägen.[20] Ursprünglich zum Zwecke der Vernetzung militärischer Einrichtungen in den Vereinigten Staaten von Amerika (USA) entwickelt und später hauptsächlich zum Wissensaustausch in Forschung und Wissenschaft gebraucht, ermöglicht das Internet mittlerweile einen weltweiten Informations- und Datenaustausch für jedermann.[21] Die Datenmenge, die täglich weltweit übertragen wird, übertrifft, so *Strömer*, mittlerweile das gesamte der Menschheit im 19. Jahrhundert zur Verfügung gestandene Wissen.[22] Damit ist das Internet das am schnellsten wachsende Kommunikationsmedium aller Zeiten.[23]

1. Grundstruktur

Neben den herkömmlichen Kategorien wie beispielsweise Film und Rundfunk zählt auch das Internet zu den Massenmedien.[24] Darunter versteht man solche Einrichtungen, die sich zur Verbreitung von Informationen technischer Mittel bedienen und sich dabei an einen unbestimmten, nicht mehr überschau- oder begrenzbaren Adressatenkreis wenden.[25] Zu einem Individualmedium wird das Internet aber in dem Moment, in dem nur noch einzelne Personen oder Personengruppen miteinander kommunizieren (z.B. in *Chatrooms*).[26] Das Internet nutzt die bereits vorhande-

---

20 Ähnlich *Regina Michalke*, Staatlicher Zugriff auf elektronische Medien, StraFo 2008, 287 (287).

21 Zur Historie des Internets seit Entwicklung des ARPANET (*Advanced Research Project Agency Net*) als Verteidigungsnetz in den 1960ern *Robert Jofer*, Strafverfolgung im Internet, Frankfurt am Main 1999, S. 14 f.; *Markus Köhler/Hans-Wolfgang Arndt/Thomas Fetzer*, Recht des Internet, 6. Aufl., Heidelberg 2008, Rn. 1 ff.; ferner *Marie-Theres Tinnefeld/Eugen Ehmann/Rainer W. Gerling*, Einführung in das Datenschutzrecht, 4. Aufl., München 2005, S. 31.

22 *Tobias H. Strömer*, Online-Recht, 4. Aufl., Heidelberg 2006, S. 6.

23 Vgl. *Michael von Hinden*, Persönlichkeitsverletzungen im Internet, Tübingen 1999, S. 6; *Tobias H. Strömer*, Online-Recht, 4. Aufl., Heidelberg 2006, S. 6.

24 Diese Formulierung birgt im Prinzip eine begriffliche Unschärfe. Sie trifft zu, sofern man – terminologisch unpräzise – das Internet mit dem bekanntesten Internetdienst des *World Wide Web* gleichsetzt, worauf sogleich noch näher eingegangen wird. Jedoch bestehen ebenso Dienste im Internet, bei denen es sich um Formen der Individualkommunikation handelt. Beispiele sind E-Mail, Internettelefonie oder Mailing-Listen. Vgl. dazu *Isabel Roth*, Die internationale Zuständigkeit deutscher Gerichte bei Persönlichkeitsrechtsverletzungen im Internet, Frankfurt 2007, S. 9 f.

25 *Artur-Axel Wandtke*, Medien im technologischen Zeitalter, in: Wandtke, Artur-Axel (Hrsg.), Medienrecht, Berlin 2008, § 1 Rn. 71; zum Begriff auch *Hans D. Jarass*, Die Freiheit der Massenmedien, Baden-Baden 1978, S. 31 f.

26 *Volker Haug*, Internetrecht, 2. Aufl., Stuttgart 2010, Rn. 1 f.

nen physikalischen Leitungen, organisiert sie zu einem virtuellen Netzwerk und ermöglicht auf diesem Wege den Transport von Daten.[27] Strukturell handelt es sich um einen weltweiten Verbund vieler einzelner autonomer Netze und Rechner, die nach einem standardisierten Verfahren miteinander kommunizieren.[28]

2. Mittel zur Verbreitung von Informationen

Auf Grund dieser Vernetzung ist das Internet ein ideales Distributionsmittel für die Verbreitung von Informationen und Produkten. Es funktioniert schnell, kostengünstig und benutzerfreundlich.[29] Jedermann kann innerhalb des Rahmens, den die technologischen Mittel erlauben, Produzent eigener geistiger Güter werden und selbst über die Produktions- oder Verbreitungsweise bestimmen.[30] Kehrseite dieser Möglichkeiten ist aber, dass nicht nur die traditionellen Strukturen der geistigen Produktion in Frage gestellt werden,[31] sondern sich auf Grund der – zumindest gefühlten – „Anonymität“ eine geradezu ideale Plattform für die Verbreitung unwahrer Informationen oder kriminelle Machenschaften bietet.[32] Gewiss handelt es sich ganz überwiegend nur um eine gefühlte Anonymität.[33] Eine anonyme Nutzung des Internet ist nur dann möglich, wenn durch die Benutzer bestimmte Maßnahmen getroffen werden, z.B. durch Einsatz entsprechender Software, um personenbezogene Spuren zu vermeiden oder um eine Kombination der hinterlassenen Spuren,

---

27 *Tobias H. Strömer*, Online-Recht, 4. Aufl., Heidelberg 2006, S. 4.

28 *Bert Eichhorn*, Internet-Recht, 2. Aufl., Köln 2001, S. 19; *Tobias H. Strömer*, Online-Recht, 4. Aufl., Heidelberg 2006, S. 4; *Frederic Ufer*, Die Haftung der Internet Provider nach dem Telemediengesetz, Hamburg 2007, S. 5; *Andreas Wien*, Internetrecht, 2. Aufl., Wiesbaden 2009, S. 3.

29 *Thomas A. Degen/Jochen Deister*, Computer- und Internetrecht, Stuttgart 2009, Rn. 1.

30 *Artur-Axel Wandtke*, Medien im technologischen Zeitalter, in: Wandtke, Artur-Axel (Hrsg.), Medienrecht, Berlin 2008, § 1 Rn. 68; ähnlich *Bert Eichhorn*, Internet-Recht, 2. Aufl., Köln 2001, S. 19.

31 *Artur-Axel Wandtke*, Medien im technologischen Zeitalter, in: Wandtke, Artur-Axel (Hrsg.), Medienrecht, Berlin 2008, § 1 Rn. 68.

32 Ähnlich auch *Marco Gercke*, The Slow Wake of A Global Approach Against Cybercrime, CRi 2006, 140 (140 f.); *Eric Hilgendorf*, Das neue Computerstrafrecht, in: Hilgendorf, Eric (Hrsg.), Dimensionen des IT-Rechts, Berlin 2008, S. 1 (1).

33 Vgl. hierzu und zu den folgenden Ausführungen *Phillip W. Brunst*, Anonymität im Internet – rechtliche und tatsächliche Rahmenbedingungen, Berlin 2009, S. 35; *Florian Rötzer*, Das Recht auf Anonymität, in: Bäumler, Helmut (Hrsg.), E-Privacy, Braunschweig/Wiesbaden 2000, S. 27 (30); zu den hinterlassenen (Daten-)Spuren *Rauf Guliyev*, Europäischer Datenschutz aus wirtschaftlicher Perspektive, in: Hilgendorf, Eric (Hrsg.), Dimensionen des IT-Rechts, Berlin 2008, S. 137 (164 f.); *Guido Hobert*, Datenschutz und Datensicherheit im Internet, 2. Aufl., Frankfurt am Main 1998, S. 56 f.; *Regina Michalke*, Staatlicher Zugriff auf elektronische Medien, StraFo 2008, 287 (288); *Peter Schaar*, Persönlichkeitsprofile im Internet, DuD 2001, 383 ff.; *Markus Wiese*, Unfreiwillige Spuren im Netz, in: Bäumler, Helmut (Hrsg.), E-Privacy – Datenschutz im Internet, Braunschweig/Wiesbaden 2000, S. 9 ff.

die Rückschlüsse zuließen, auszuschließen. Ohne derartige technische Hilfsmittel lässt sich Anonymität im Grunde nicht herstellen.

3. World Wide Web

Zu unterscheiden ist das Internet vom Begriff des *World Wide Web* (WWW). Fälschlicherweise werden beide Begriffe im allgemeinen Sprachgebrauch häufig synonym verwendet.[34] Das *World Wide Web* stellt allerdings lediglich den bekanntesten und wohl bedeutendsten von mehreren Diensten im Internet dar.[35] Es handelt sich dabei um eine riesige Dokumentensammlung, sog. Web-Seiten oder *Web-Pages*[36], welche auf einer sehr hohen Anzahl von dezentralen Rechnern, sog. *Servern*, abgespeichert und bereitgestellt wird.[37] Abrufbar ist die Dokumentensammlung mittels sog. *Browser*, d.h. standardisierter Programme, die funktional somit die Schnittstelle zum Internetnutzer darstellen.[38] Verknüpft werden die einzelnen Dokumente durch Querverweise auf der Benutzeroberfläche, sog. *Hyperlinks*.[39] Dadurch entsteht ein weltweit verzweigtes Netz vieler untereinander verbundener Dokumente.[40] Zur Identifikation und Benennung einer bestimmten Internet-Ressource, d.h. zum Aufruf einer konkreten Web-Seite mit Hilfe des *Browsers*, benötigt der Nutzer eine konkrete Internetadresse, einen sog. *Uniform Resource Locator* (URL).[41]

II. Der Anbieter von Internetzugangsdiensten (sog. Access Provider)

An der Internet-Kommunikation sind neben dem Nutzer/Benutzer[42] eine Reihe weiterer Mitwirkender, zuvörderst zahlreiche Diensteanbieter, beteiligt.[43] Im Rahmen

---

34 *Andreas Wien*, Internetrecht, 2. Aufl., Wiesbaden 2009, S. 3.

35 Vgl. *Isabel Roth*, Die internationale Zuständigkeit deutscher Gerichte bei Persönlichkeitsrechtsverletzungen im Internet, Frankfurt 2007, S. 10.

36 Deren Text basiert einheitlich auf einem bestimmten sprachlichen Format, der sog. *Hypertext Markup Language* (HTML).

37 *Andreas Wien*, Internetrecht, 2. Aufl., Wiesbaden 2009, S. 3; *Rainer Grote*, Kommunikative Selbstbestimmung im Internet und Grundrechtsordnung, KritV 1999, 27 (31).

38 *Andreas Wien*, Internetrecht, 2. Aufl., Wiesbaden 2009, S. 3.

39 *Michael von Hinden*, Persönlichkeitsverletzungen im Internet, Tübingen 1999, S. 8.

40 Dazu insgesamt *Frederic Ufer*, Die Haftung der Internet Provider nach dem Telemediengesetz, Hamburg 2007, S. 9 f.

41 Vgl. auch *Frederic Ufer*, Die Haftung der Internet Provider nach dem Telemediengesetz, Hamburg 2007, S. 10.

42 Darunter soll im Folgenden derjenige verstanden werden, der das Internet für seine eigenen Kommunikationszwecke benutzt.

43 Siehe die Auflistung bei *Niko Härting*, Die Gewährleistungspflichten von Internet-Dienstleistern, MMR 2001, 37 (38); *Kirsten Schmalenbach*, Ein Menschenrecht auf Kommunikation: Erfordernis oder Redundanz?, in: Benedek, Wolfgang/Pekari, Catrin, Menschenrechte in der Informationsgesellschaft, Stuttgart 2007, S. 183 (190).

der vorliegenden Arbeit sind vor allem diejenigen Anbieter von Interesse, die den Zugang zum Internet verschaffen (sog. *Access Provider*)[44]. Im Folgenden sollen daher zunächst die wesentlichen Leistungen eines *Access Providers* dargestellt werden. Ebenfalls gebräuchlich und verschiedentlich gleichbedeutend mit dem Begriff „*Access Provider*" ist die Bezeichnung „*Internet Service Provider* (ISP)".[45] Um diese Form der Dienstleistung von weiteren Leistungen im Hinblick auf das Internet unterscheiden zu können, ist schließlich eine Abgrenzung des *Access Providing* von sonstigen Formen des *Providing* angezeigt.

1. Leistungen des Access Providers

Der *Access Provider* übernimmt zwei Hauptfunktionen. Zum einen stellt er die Infrastruktur für den Zugang zum Internet zur Verfügung, zum anderen sorgt er dafür, dass der Nutzer Daten versenden und empfangen kann.[46]

a) Vermittlung des Internetzugangs

In der Regel werden Benutzer oder sonstige Betreiber[47] keinen eigenen Anschluss in einem Internet(teil)netz, d.h. keinen unmittelbaren Zugang zu einem Kommunikationsnetz, haben. Daher sind sie auf einen *Access Provider* angewiesen, der ihnen als Zugangsvermittler die notwendige Infrastruktur zur Einwahl in das Internet zur Verfügung stellt.[48] Der *Access Provider* verpflichtet sich durch einen *Access-*

---

[44] Vgl. *Kirsten Schmalenbach*, Ein Menschenrecht auf Kommunikation: Erfordernis oder Redundanz?, in: Benedek, Wolfgang/Pekari, Catrin, Menschenrechte in der Informationsgesellschaft, Stuttgart 2007, S. 183 (190).

[45] Andere bezeichnen mit diesem Begriff eine Gesamtdienstleistung für den Nutzer, die als Komplettangebot alle Dienste beinhaltet, die für eine umfassende Nutzung des Internets erforderlich sind. Das *Access Providing* ist nach diesem Verständnis nur ein Dienstleistungsangebot von mehreren. Vgl. *Thomas A. Degen/Jochen Deister*, Computer- und Internetrecht, Stuttgart 2009, Rn. 52; *Klaus Gennen*, in: Schwartmann, Rolf (Hrsg.), Praxishandbuch Medien-, IT- und Urheberrecht, Heidelberg 2008, Kap. 14 Rn. 248.

[46] Übersichtlich dazu *Andreas Kramer*, Zivilrechtlicher Auskunftsanspruch gegenüber Access Providern, Hamburg 2007, S. 5 ff.

[47] Darunter soll hier nicht der Diensteanbieter, sondern derjenige verstanden werden, der die Sachherrschaft über einen Computer hat, ohne jedoch ein eigenes Kommunikationsinteresse zu haben. Davon erfasst sind überwiegend Betreiber wie Universitäten, Unternehmen oder Behörden; vgl. *Michael Germann*, Gefahrenabwehr und Strafverfolgung im Internet, Berlin 2000, S. 109.

[48] Vgl. *Thomas A. Degen/Jochen Deister*, Computer- und Internetrecht, Stuttgart 2009, Rn. 54; *Rainer Grote*, Kommunikative Selbstbestimmung im Internet und Grundrechtsordnung, KritV 1999, 27 (30); *Volker Haug*, Internetrecht, 2. Aufl., Stuttgart 2010, Rn. 237.

Provider-Vertrag,[49] den Zugang zum Internet zu eröffnen und für die Vertragsdauer aufrechtzuerhalten.[50]

Obgleich *Access-Provider*-Verträge gelegentlich als Miet[51]- oder Werkvertrag[52] eingeordnet werden, kann im Ergebnis nur die Anwendung von Dienstvertragsrecht überzeugen.[53] Vertraglich geschuldet ist die Herstellung des Zugangs des Nutzers zu einem vom *Access Provider* betriebenen Rechner, der wiederum Verbindungen zu weiteren Rechnern und dort enthaltenen Daten ermöglicht.[54] Nimmt man Telefon- oder Mobilfunkverträge, die der BGH ebenfalls als Dienstverträge einstuft, als Vergleichsmaßstab,[55] wird deutlich, dass auch beim *Access Providing* lediglich die Eröffnung und Aufrechterhaltung eines bestimmten Zugangs geschuldet ist, ohne dass mit Blick auf die begrenzten Leitungskapazitäten eine werkvertragliche Erfolgshaftung oder eine jederzeit störungsfreie Nutzbarkeit im Sinne des Mietvertragrechts bezweckt sein dürfte.[56] Dem Kunden ist weder damit gedient, dass ihm lediglich die Nutzung des Rechners des *Access Providers* zur Verfügung steht, wenn damit nicht zugleich auch der Transport von Daten ermöglicht würde. Er kann von dem *Access Provider* aber auch nicht erwarten, dass dieser ein jederzeitiges Zustandekommen einer Verbindung in das Internet oder eine bestimmte Datenübertragungsgeschwindigkeit garantiert.

---

49 Dazu *Detlef Klett/Jan Pohle*, Verträge über Internet-Dienstleistungen – Ausgewählte vertragsrechtliche Fragen im Verhältnis zwischen Providern und Endkunden, DRiZ 2007, 198 (199 f.); *Tim Wischmann*, Rechtsnatur des Access-Providing, MMR 2000, 461 ff.

50 Siehe *Niko Härting*, Internetrecht, 3. Aufl., Köln 2008, Rn. 376.

51 *Wolfgang Büchner*, Internetspezifische Vertragsformen im europäischen Kontext, in: Lehmann, Michael (Hrsg.), Electronic Business in Europa, München 2002, S. 335 (348); *Silke Gottschalk*, Vertragsgestaltung bei Content und Access Providern, in: Kröger, Detlef/Gimmy, Marc André (Hrsg.), Handbuch zum Internetrecht, 2. Aufl., Berlin 2002, S. 245 (258).

52 U.a. *Gerald Spindler*, Zugangsgewährung durch Internet-Provider – Typische Klauseln und Inhaltskontrolle, K&R 1999, 488 (490) m.w.N.

53 So auch die wohl h.M.; vgl. *Klaus Gennen*, in: Schwartmann, Rolf (Hrsg.), Praxishandbuch Medien-, IT- und Urheberrecht, Heidelberg 2008, Kap. 14 Rn. 251; *Niko Härting*, Die Gewährleistungspflichten von Internet-Dienstleistern, MMR 2001, 37 (38); *Stefan Schuppert*, Zur dienstrechtlichen Natur des Accessprovidervertrages, Anmerkung zu BGH, Beschluss vom 23.3.2005 – III ZR 338/04 = CR 2005, 817; *ders.*, Web-Hosting-Verträge, CR 2000, 227 (229); *Tim Wischmann*, Rechtsnatur des Access-Providing, MMR 2000, 461 (465).

54 *Thomas A. Degen/Jochen Deister*, Computer- und Internetrecht, Stuttgart 2009, Rn. 41; *Klaus Gennen*, in: Schwartmann, Rolf (Hrsg.), Praxishandbuch Medien-, IT- und Urheberrecht, Heidelberg 2008, Kap. 14 Rn. 253.

55 BGH, Beschluss vom 23.3.2005 – III ZR 338/04 = CR 2005, 816.

56 *Thomas A. Degen/Jochen Deister*, Computer- und Internetrecht, Stuttgart 2009, Rn. 40 ff.; *Niko Härting*, Internetrecht, 3. Aufl., Köln 2008, Rn. 377 ff.

b) Transport und Adressierung von Daten

Um Informationen von einem Rechner per Internet gezielt auf einen anderen Rechner zu übertragen, bedarf es eines Transportmittels und einer eindeutigen Kennung.

aa) Bereitstellung von Protokollfunktionen

Für den Transport von Daten sind bestimmte Protokollfunktionen erforderlich. Diese Protokolle werden vom *Access Provider* zur Verfügung gestellt.[57] Den Dienst, der den Transport von Informationen im Internet leistet, bezeichnet man als sog. *Internet Protocol* (IP). Es handelt sich dabei um ein für alle Internet-Rechner gemeinsames Übermittlungsprotokoll, das Datenpakete von einem Absender zu einem Empfänger leitet.[58] Für die richtige Zuordnung und die Vollständigkeit der Pakete sorgt das *Transmission Control Protocol* (TCP). Auf der Basis dieses meist genutzten Kommunikationsprotokolls TCP/IP wird somit die Kommunikation im Internet ermöglicht.[59]

bb) Vergabe von IP-Adressen

Jeder Rechner, der am weltweiten Netz angeschlossen ist, erhält eine Internetprotokoll-Adresse (IP-Adresse).[60] Diese sieht eine eindeutige Adressierung aller am Internet beteiligten Rechner mittels einer bestimmten Anzahl von Ziffernblöcken vor.[61] Um den Nutzern des Internet den Umgang mit den IP-Adressen zu erleichtern, wird neben der zahlencodierten Adressierung ein Register mit Klarnamen ge-

57 *Andreas Kramer*, Zivilrechtlicher Auskunftsanspruch gegenüber Access Providern, Hamburg 2007, S. 6; *Kai Welp*, Die Auskunftspflicht von Access-Providern nach dem Urheberrechtsgesetz, München 2009, S. 13.

58 *Michael Germann*, Gefahrenabwehr und Strafverfolgung im Internet, Berlin 2000, S. 61; *Markus Wiese*, Unfreiwillige Spuren im Netz, in: Bäumler, Helmut (Hrsg.), E-Privacy – Datenschutz im Internet, Braunschweig/Wiesbaden 2000, S. 9.

59 Vgl. *Isabel Roth*, Die internationale Zuständigkeit deutscher Gerichte bei Persönlichkeitsrechtsverletzungen im Internet, Frankfurt 2007, S. 7; *Frederic Ufer*, Die Haftung der Internet Provider nach dem Telemediengesetz, Hamburg 2007, S. 7.

60 Vgl. *Isabel Roth*, Die internationale Zuständigkeit deutscher Gerichte bei Persönlichkeitsrechtsverletzungen im Internet, Frankfurt 2007, S. 7.

61 Es handelte sich dabei in der *Internet Protocol version 4* (IPv4) um vier jeweils durch Punkte getrennte Dezimalzahlen zwischen null und 255. Dem weltweit wachsenden Bedarf trägt die Weiterentwicklung des IP Rechnung. Durch das neuere *Internet Protocol version 6* (IPv6) erfuhr die IP-Adressierung eine Veränderung. Das IPv6 besteht aus acht durch Doppelpunkte getrennte Zahlengruppen mit je vier Hexadezimalstellen; vgl. dazu *Malte Sievers*, Der Schutz der Kommunikation im Internet durch Artikel 10 des Grundgesetzes, Baden-Baden 2003, S. 45; *Michael Germann*, Gefahrenabwehr und Strafverfolgung im Internet, Berlin 2000, S. 61 und 66; *Kai Welp*, Die Auskunftspflicht von Access-Providern nach dem Urheberrechtsgesetz, München 2009, S. 10.

führt.[62] Auch diese folgen einem bestimmten System, das eine Unterteilung des Internet in sog. Domänen oder *Domains* vorsieht.[63]

Die Zuteilung der Ziffernblöcke wird zentral von der *Internet Assignes Numbers Authority* (IANA)[64] gesteuert. Anders als in den Anfängen des Internet, sind für die praktische Verwaltung und Vergabe der IP-Adressen nunmehr mehrere Einrichtungen zuständig, derzeit bestehend aus fünf regionalen Vergabestellen, denen von der IANA Ziffernblöcke zugeteilt werden.[65] Die regionalen Vergabestellen vergeben die Ziffernblöcke wiederum an die lokalen Vergabestellen.[66] Zu den lokalen Vergabestellen zählen in erster Linie die *Access Provider*, die schließlich für die Vergabe der IP-Adresse an die einzelnen Nutzer sorgen.[67]

Trotz der vielen verschiedenen Kombinationsmöglichkeiten innerhalb der verwendeten Ziffern und Ziffernblöcke, aus denen dich die Adresse zusammensetzt, besteht letztlich nur eine beschränkte Anzahl verfügbarer IP-Adressen.[68] Daher lassen sich die *Access Provider* auch im Hinblick auf die rasche Ausbreitung des Internet in der Regel nur so viele Adressen zuweisen, wie sie prognostisch bräuchten, um den gleichzeitigen Bedarf ihrer Nutzer decken zu können.[69]

(1) Statische und dynamische IP-Adressen

Nur mittels einer eindeutigen Kennung können Datenpakete gezielt von einem Nutzer an einen anderen Nutzer zugestellt werden. Zweifelsfrei können Nutzer aber freilich nur identifiziert werden, wenn im Zeitpunkt der Datenübermittlung eine bestimmte IP-Adresse nur einem einzelnen Nutzer zugewiesen wurde. Daher ist es wichtig, dass jede IP-Adresse nur einmal vergeben wird.[70] Zu diesem Zweck können entweder feste oder wechselnde IP-Adressen verwendet werden.

---

62 Sog. *Domain-Name-Service* (DNS); vgl. *Thomas Dreier/Rupert Vogel*, Software- und Computerrecht, Frankfurt am Main 2008, S. 305; *Michael Germann*, Gefahrenabwehr und Strafverfolgung im Internet, Berlin 2000, S. 62.

63 Auf erster Ebene wird das Internet in Länderdomänen eingeteilt. Für die in Deutschland angeschlossenen Rechner steht beispielsweise die Domäne „.de".

64 Siehe unter http://www.iana.org.

65 *Regional Internet Registries* (RIR); vgl. *Kai Welp*, Die Auskunftspflicht von Access-Providern nach dem Urheberrechtsgesetz, München 2009, S. 11; *Tobias H. Strömer*, Online-Recht, 4. Aufl., Heidelberg 2006, S. 7 f.

66 *Local Internet Registries* (LIR); *Kai Welp*, Die Auskunftspflicht von Access-Providern nach dem Urheberrechtsgesetz, München 2009, S. 11.

67 *Kai Welp*, Die Auskunftspflicht von Access-Providern nach dem Urheberrechtsgesetz, München 2009, S. 11.

68 Vgl. *Karen Gnirck/Jan Lichtenberg*, Internetprovider im Spannungsfeld staatlicher Auskunftsersuchen, DuD 2004, 598 (598); *Kai Welp*, Die Auskunftspflicht von Access-Providern nach dem Urheberrechtsgesetz, München 2009, S. 10.

69 *Karen Gnirck/Jan Lichtenberg*, Internetprovider im Spannungsfeld staatlicher Auskunftsersuchen, DuD 2004, 598 (599).

70 *Per Meyerdierks*, Sind IP-Adressen personenbezogene Daten?, MMR 2009, 8 (9).

Wird einem bestimmten Nutzer oder einem bestimmten Anschluss eine eigene IP-Adresse fest zugewiesen, handelt es sich um eine *statische* IP-Adresse. Der Bedarf an IP-Adressen ist angesichts der herausragenden Bedeutung des Internet so enorm und die Anzahl der zur Verfügung stehenden IP-Adressen indessen derart beschränkt, dass die verfügbaren IP-Adressen nicht ausreichen, um jedem Nutzer eine feste IP-Adresse zuteilen zu können.[71] Typischerweise werden statische IP-Adressen deshalb nur fest mit dem Internet verbundenen Rechnern wie Unternehmen, Institutionen mit Standleitungen oder Hochschulen zugewiesen.[72] Vor allem an Private, die sich über eine Wählverbindung (DSL, Modem oder Kabel) in das Internet einwählen, verteilen die *Access Provider* regelmäßig keine statischen, sondern *dynamische* IP-Adressen.[73] Diese werden den Nutzern lediglich temporär, d.h. bei jeder Einwahl ins Internet neu und nur für die Dauer der Verbindung zugewiesen.[74] Nach Beendigung der Verbindung steht die IP-Adresse dem *Access Provider* wieder zur Vergabe an einen anderen Nutzer zur Verfügung.[75] Die zunehmende Verknappung der IP-Adressen führte dazu, dass heute – gerade im privaten Bereich – die dynamische Vergabe den Normalfall darstellt.[76]

(2) Log-Files

Auf Grund der überwiegend dynamischen Vergabe der IP-Adressen besteht nicht die Möglichkeit, in einem Verzeichnis jeder IP-Adresse einen konkreten Namen zuzuordnen.[77] Dennoch benötigen die *Access Provider* insbesondere für Abrechnungszwecke oder zum Schutz vor Missbrauch Angaben, zu welchem Zeitpunkt

---

71 *Karen Gnirck/Jan Lichtenberg*, Internetprovider im Spannungsfeld staatlicher Auskunftsersuchen, DuD 2004, 598 (598 f.); *Kai Welp*, Die Auskunftspflicht von Access-Providern nach dem Urheberrechtsgesetz, München 2009, S. 10 f.

72 Vgl. *Frank Fellenberg*, in: Scheurle, Klaus-Dieter/Mayen, Thomas (Hrsg.), TKG, 2. Aufl., München 2008, § 113a Rn. 24; *Kai Welp*, Die Auskunftspflicht von Access-Providern nach dem Urheberrechtsgesetz, München 2009, S. 11.

73 *Frank Fellenberg*, in: Scheurle, Klaus-Dieter/Mayen, Thomas (Hrsg.), TKG, 2. Aufl., München 2008, § 113a Rn. 24.

74 Vgl. *Karen Gnirck/Jan Lichtenberg*, Internetprovider im Spannungsfeld staatlicher Auskunftsersuchen, DuD 2004, 598 (599); *Niko Härting*, Schutz von IP-Adressen, ITRB 2009, 35 (36); *Andreas Kramer*, Zivilrechtlicher Auskunftsanspruch gegenüber Access Providern, Hamburg 2007, S. 7; *Ulrich Sachs*, Marketing, Datenschutz und das Internet, Köln 2008, S. 44.

75 *Kai Welp*, Die Auskunftspflicht von Access-Providern nach dem Urheberrechtsgesetz, München 2009, S. 11.

76 Siehe *Niko Härting*, Schutz von IP-Adressen, ITRB 2009, 35 (36); *Andreas Kramer*, Zivilrechtlicher Auskunftsanspruch gegenüber Access Providern, Hamburg 2007, S. 8.

77 Mit einem Telefonbuch vergleichbare Verzeichnisse existieren folglich nicht; *Karen Gnirck/Jan Lichtenberg*, Internetprovider im Spannungsfeld staatlicher Auskunftsersuchen, DuD 2004, 598 (599).

welchem Nutzer welche IP-Adresse zugewiesen war.[78] Daher werden die den Nutzern zugewiesenen IP-Adressen regelmäßig für einen bestimmten Zeitraum in sog. *Log-Files* oder *Log*-Dateien gespeichert.[79] Diese Dateien enthalten die vergebenen IP-Adressen, die jeweiligen Zugriffszeiten sowie gegebenenfalls eine Verknüpfung zur Kundennummer des Nutzers.[80] Mit Hilfe der *Log-Files* können die vergebenen IP-Adressen somit nachträglich einem bestimmten Nutzer zugeordnet werden.[81] Ohne die Speicherung in *Log-Files* wären Auskunftsersuchen der Strafverfolgungsbehörden und Rechteinhaber zur Ermittlung der Namen und Anschriften hinter einer IP-Adresse zwangsläufig erfolglos. Den Ersuchen können die *Access Provider* nur entsprechen, wenn ihnen die Daten der Einwahl in das Internet noch vorliegen.[82]

2. Abgrenzung des Access Providing zu sonstigen Formen des Providing

Die wesentliche Leistung eines *Access Providers* besteht darin, seinen Kunden den Zugang zum Internet herzustellen. Daneben besteht ein vielschichtiges Spektrum weiterer Dienste. Die Differenzierung fällt unter Umständen schwer, da auch eine Kombination der verschiedenen Typen von *Providern* vorkommen kann, eventuell gar üblich ist.[83] Unterschieden wird regelmäßig nicht personal, sondern nach den Funktionsbereichen oder Tätigkeiten der Anbieter im Einzelfall.[84] Um die Abgren-

---

78 *Karen Gnirck/Jan Lichtenberg*, Internetprovider im Spannungsfeld staatlicher Auskunftsersuchen, DuD 2004, 598 (599); *Andreas Kramer*, Zivilrechtlicher Auskunftsanspruch gegenüber Access Providern, Hamburg 2007, S. 8.

79 Auch *Host Provider* speichern u.U. *Log-Files*, die den Zeitpunkt eines Zugriffs und die IP-Adresse enthalten. Selten aber wird der *Host Provider* die Identität des Nutzers der IP-Adresse kennen. Anhand der IP-Adresse kann aber ermittelt werden, welcher *Access Provider* dem Nutzer die Adresse zugewiesen hat. Auf diesem Wege kann die Identität eines Nutzers ggf. festgestellt werden. Daneben existieren mittlerweile einige Anbieter, die im Auftrag von Urheberrechteinhabern IP-Adressen potenzieller Rechtsverletzer generieren. Vgl. dazu *Hannes Federrath*, Technische Grundlagen von Auskunftsansprüchen, ZUM 2006, 434 (435); *Andreas Kramer*, Zivilrechtlicher Auskunftsanspruch gegenüber Access Providern, Hamburg 2007, S. 8 f.

80 Vgl. *Karen Gnirck/Jan Lichtenberg*, Internetprovider im Spannungsfeld staatlicher Auskunftsersuchen, DuD 2004, 598 (599); *Ulrich Sachs*, Marketing, Datenschutz und das Internet, Köln 2008, S. 40; *Kai Welp*, Die Auskunftspflicht von Access-Providern nach dem Urheberrechtsgesetz, München 2009, S. 291.

81 *Andreas Kramer*, Zivilrechtlicher Auskunftsanspruch gegenüber Access Providern, Hamburg 2007, S. 8.

82 *Kai Welp*, Die Auskunftspflicht von Access-Providern nach dem Urheberrechtsgesetz, München 2009, S. 291.

83 Siehe in diesem Sinne *Martin Popp*, Die strafrechtliche Verantwortung von Internet-Providern, Berlin 2002, S. 31; ferner *Bert Eichhorn*, Internet-Recht, 2. Aufl., Köln 2001, S. 43; *Michael Kloepfer*, Informationsrecht, München 2002, § 13 Rn. 30.

84 *Jens Lütcke*, Persönlichkeitsrechtsverletzungen im Internet, München 2000, S. 6.

zung zu den Leistungen des *Access Providers* zu verdeutlichen, sollen nachfolgend die wichtigsten Unterteilungen kurz erläutert werden.

Zu differenzieren ist in erster Linie zwischen *Content Providern* und *Service Providern*.[85] Eine durchweg einheitliche Verwendung der Begrifflichkeiten ist bisweilen nicht ersichtlich. Dabei wird vor allem der Begriff des *Service Providers* verschiedentlich als Oberbegriff für sämtliche im Informationsbereich tätigen Diensteanbieter verwendet.[86] Andere fassen unter dem Begriff alle oder einige der nutzerorientierten, internetspezifischen Dienste wie *E-Mail-*, *Host* oder auch *Access Providing* zusammen[87] oder gebrauchen die Begriffe (zumindest) teilweise synonym[88].

a) Host Providing

Anders als der *Access Provider* als reiner Zugangsvermittler stellt der sog. *Host Provider* eigenen Speicherplatz für fremde Inhalte zur Verfügung, insbesondere um seinen Kunden die Präsentation ihrer Website zu ermöglichen.[89] Zu diesem Zweck speichert der *Host Provider* die Website auf einem Server ab und trägt Sorge für die jederzeitige Abrufmöglichkeit über das *World Wide Web*.[90] Während der *Access Provider* somit zur Erbringung einer Dienstleistung, nämlich zur Vermittlung des Internetzugangs, verpflichtet ist, sind die Leistungen des *Host Providers* strukturell mit einer Vermietung vergleichbar.[91] Lediglich die Verpflichtung zur Aufrechterhaltung der Abrufbarkeit einer Website ist als dienstvertragliche Verpflichtung einzustufen und demzufolge mit den Pflichten eines *Access Providers* vergleichbar.[92]

b) E-Mail Providing

Mit der rechtlichen Einordnung der *Host Provider* vergleichbar ist die Situation bei sog. *E-Mail oder E-Mail-Account Providern*. Solche Anbieter stellen einerseits

---

85 Vgl. *Michael von Hinden*, Persönlichkeitsverletzungen im Internet, Tübingen 1999, S. 9.

86 *Jens Lütcke*, Persönlichkeitsrechtsverletzungen im Internet, München 2000, S. 7.

87 *Bert Eichhorn*, Internet-Recht, 2. Aufl., Köln 2001, S. 45; *Holger Trenkelbach*, Internetfreiheit, Berlin 2005, S. 25; wohl auch *Martin Popp*, Die strafrechtliche Verantwortung von Internet-Providern, Berlin 2002, S. 31.

88 *Michael Kloepfer*, Informationsrecht, München 2002, § 13 Rn. 27; *Johannes Edthaler/Hannes Schmid*, Auskunft über IP-Adressen im Strafverfahren, MR 2008, 220 (dort Fn. 1); *Hannes Federrath*, Technische Grundlagen von Auskunftsansprüchen, ZUM 2006, 434 (435).

89 Vgl. *Jens Lütcke*, Persönlichkeitsrechtsverletzungen im Internet, München 2000, S. 6.

90 *Niko Härting*, Internetrecht, 3. Aufl., Köln 2008, Rn. 388 f.; *Bert Eichhorn*, Internet-Recht, 2. Aufl., Köln 2001, S. 45 f., der diesen Dienst unter den Oberbegriff des *Service Providing* einordnet.

91 *Niko Härting*, Internetrecht, 3. Aufl., Köln 2008, Rn. 389; *ders.*, Die Gewährleistungspflichten von Internet-Dienstleistern, MMR 2001, 37 (39).

92 *Niko Härting*, Internetrecht, 3. Aufl., Köln 2008, Rn. 390.

Speicherplatz für E-Mails zur Verfügung und tragen andererseits dafür Sorge, dass die Versendung und die Abrufbarkeit von E-Mails tatsächlich jederzeit gewährleistet ist.[93] Da es sich dabei um einen gemischten Vertrag handelt, kommen ebenfalls Miet- als auch Dienstvertragsrecht zur Anwendung.[94]

c) Content Providing

Bei Inhaltsanbietern, sog. *Content Providern*, steht die Vermittlung eigener Inhalte im Vordergrund.[95] *Content Provider* sind alle, die als Urheber oder Schöpfer, privat oder geschäftlich, kostenlos oder entgeltlich, im Internet eigene Inhalte in Form von Informationen, Texten, Musik, Grafiken oder sonstigen Beiträgen zur Nutzung durch Dritte zur Verfügung stellen.[96] Sie stellen eigene Beiträge, Nachrichten, Produktbeschreibungen oder sonstige Informationen zur Verfügung, ohne jedoch den technischen Zugang zum Internet herzustellen. Auch bei dieser Form des *Providing* wird es sich in aller Regel um eine typengemischte Vertragsgestaltung handeln.[97]

B. Kriminalpolitischer Hintergrund – Spannungsfeld zwischen Freiheit und Sicherheit

Den Ausgangspunkt für gesetzgeberische Novellierungen im Bereich der Telekommunikationsüberwachung bilden häufig die Erkenntnisse der kriminologischen Forschung. Auch die staatlich verordneten Speicherungspflichten für Telekommunikationsdiensteanbieter und die damit korrespondierenden staatlichen oder gar privaten Erhebungs- und Verwendungsmöglichkeiten beruhen auf kriminalpolitischen Motiven.[98] Der kriminologische Aspekt erfasst in diesem Zusammenhang den gesamten empirischen Bereich, der die Ermittlung des Umfangs der Kriminalität, die Erfahrungen über die Erscheinungsformen und Ursachen der Kriminalität

---

93 *Niko Härting*, Internetrecht, 3. Aufl., Köln 2008, Rn. 393.

94 *Niko Härting*, Die Gewährleistungspflichten von Internet-Dienstleistern, MMR 2001, 37 (41).

95 *Bert Eichhorn*, Internet-Recht, 2. Aufl., Köln 2001, S. 44; *Kirsten Schmalenbach*, Ein Menschenrecht auf Kommunikation: Erfordernis oder Redundanz?, in: Benedek, Wolfgang/Pekari, Catrin, Menschenrechte in der Informationsgesellschaft, Stuttgart 2007, S. 183 (190).

96 Vgl. *Thomas A. Degen/Jochen Deister*, Computer- und Internetrecht, Stuttgart 2009, Rn. 50; *Klaus Gennen*, in: Schwartmann, Rolf (Hrsg.), Praxishandbuch Medien-, IT- und Urheberrecht, Heidelberg 2008, Kap. 14 Rn. 307; *Martin Popp*, Die strafrechtliche Verantwortung von Internet-Providern, Berlin 2002, S. 30.

97 Vgl. *Silke Gottschalk*, Vertragsgestaltung bei Content und Access Providern, in: Kröger, Detlef/Gimmy, Marc André (Hrsg.), Handbuch zum Internetrecht, 2. Aufl., Berlin 2002, S. 245 (247 ff.).

98 Siehe die Begründung zum Gesetz zur Neuregelung der Telekommunikationsüberwachung und anderer verdeckter Ermittlungsmaßnahmen sowie zur Umsetzung der Richtlinie 2006/24/EG (BGBl. I vom 31.12.2007, S. 3198), BT-Drucks. 16/5846, S. 22 ff.

sowie die Kriminalität als Massenerscheinung betrifft.[99] Bezogen auf die für die vorliegende Arbeit relevanten Maßnahmen betreffend die Internet-Kommunikation bedeutet dies, dass die Kriminologie die „Hintergründe, Zusammenhänge und Strukturen“[100] der kommunikationsspezifischen bzw. -befördernden Straftaten erfassen soll, um in einem weiteren Schritt beantworten zu können, ob und inwieweit die Speicherung und der Zugriff auf Kommunikationsdaten zur Aufklärung von Straftaten oder Rechtsverletzungen geeignet sind.

I. Staatliche Aufgaben im Bereich der Internet-Kommunikation

Das Informationszeitalter ist geprägt von Errungenschaften der Kommunikations- und Informationstechnologie, die heute sowohl im Privat- als auch im Berufsleben nahezu unentbehrlich geworden sind.[101] Die stetig fortschreitende Entwicklung der Technik, der rasante Aufschwung der Informationstechnologie oder ganz allgemein die konstante Erweiterung menschlicher Möglichkeiten stellen den Staat zunehmend vor neue Herausforderungen.[102]

1. Vorüberlegungen

Besonders das Internet stellt ein komplexes Feld gesellschaftlicher Freiheit dar. Der Staat kann sich daher lediglich darauf beschränken, die Rahmenbedingungen für deren Entfaltung festzusetzen und zu strukturieren.[103] Er muss versuchen, die Grenzen der Freiheit unter Abwägung mit widerstreitenden Persönlichkeitsrechten beim Gebrauch des Internet durchzusetzen.[104] Dabei muss er unter Abwägung seiner Möglichkeiten eine Entscheidung treffen, auf welche Weise das Spannungsverhältnis von Freiheit und Sicherheit im Internet aufgelöst werden soll.[105]

---

[99] Vgl. dazu *Ulrich Eisenberg*, Kriminologie, 6. Aufl., München 2005, § 1 Rn. 4; *Hans Göppinger*, Kriminologie, 4. Aufl., München 1980, S. 1 und 39; *Hans-Dieter Schwind*, Kriminologie, 20. Aufl., Heidelberg 2010, § 1 Rn. 14 ff.

[100] *Sonja Ochsenfeld-Repp*, Dauerhafte Videoüberwachung allgemein zugänglicher öffentlicher Stadträume zur (Straßen-)Kriminalitätskontrolle in England und der Bundesrepublik Deutschland, Bonn 2007, S. 3.

[101] *Regina Michalke*, Staatlicher Zugriff auf elektronische Medien, StraFo 2008, 287 (287).

[102] Ähnlich in anderem Zusammenhang *Roman Herzog*, Der überforderte Staat, in: Badura, Peter/Scholz, Rupert (Hrsg.), Wege und Verfahren des Verfassungslebens – Festschrift für Peter Lerche zum 65. Geburtstag, München 1993, S. 15 (23 f.); zur besonderen Herausforderung für das Rechtswesen *Jyn Schultze-Melling*, IT-Compliance – Challenges in a Globalized World, CRi 2008, 142 (142 f.).

[103] So auch *Michael Germann*, Gefahrenabwehr und Strafverfolgung im Internet, Berlin 2000, S. 35.

[104] Ähnlich *Michael Germann*, Gefahrenabwehr und Strafverfolgung im Internet, Berlin 2000, S. 35.

[105] *Marie-Theres Tinnefeld*, Freiheit in der digitalen Gesellschaft? Zu den Bedingungen von Selbstbestimmung und Kommunikation, RDV 2009, 47 (48).

Zu seinem Hauptaufgabenbereich zählen einerseits die Gefahrenabwehr, andererseits die Strafverfolgung.[106] Für den Fall, dass ein Schutzgut der öffentlichen Sicherheit oder Ordnung durch die Internet-Kommunikation beeinträchtigt zu werden droht, ist es Aufgabe des Staates, dies zu verhindern.[107] Wurde durch die Kommunikation im Internet eine rechtswidrige Tat verwirklicht oder kann die Rückverfolgung der Kommunikationsmodalitäten unter Umständen Aufschluss über anderweitige rechtswidrige Taten geben, ist es Aufgabe des Staates, seinen Strafanspruch durchzusetzen.[108] Kehrseite dieses dank modernster Technik ermöglichten Zugriffs auf personenbezogene Daten zum Zwecke der Strafverfolgung ist aber die Besorgnis vieler Bürger, dass die Datenerhebungen, -verarbeitungen und -nutzungen zugleich ein nicht überschaubares Eindringen in die Privatsphäre jedes Einzelnen erlauben.[109] Ein übermäßiger oder sogar gänzlicher Verlust von Privatheit ist freilich nicht im Sinne eines freiheitlichen Rechtsstaates. Daher wären eine Gesellschaft von „gläsernen Menschen“ oder ein „allwissender Staat“ Schreckensszenarien, die es in einem freiheitlichen Rechtsstaat zu verhindern gilt.[110]

2. Freiheit als rechtsphilosophischer Leitbegriff

In Rechtsphilosophie und -theorie bestehen viele sehr unterschiedliche Ansätze, die den Begriff und die Bedeutung der Freiheit in Bezug nehmen. Nach *Kant* ist „Freiheit (Unabhängigkeit von eines anderen nötigender Willkür), sofern sie mit jedes anderen Freiheit nach einem allgemeinen Gesetz zusammen bestehen kann, [das] einzige, ursprüngliche, jedem Menschen, kraft seiner Menschheit, zustehende Recht.“[111] In einer engen Verbindung zu dem Begriff der Freiheit stehen die Gleichheit und die Autonomie des Menschen.[112] Diese Befugnisse liegen nach *Kant*

---

106 *Michael Germann*, Gefahrenabwehr und Strafverfolgung im Internet, Berlin 2000, S. 35.

107 *Michael Germann*, Gefahrenabwehr und Strafverfolgung im Internet, Berlin 2000, S. 35.

108 *Michael Germann*, Gefahrenabwehr und Strafverfolgung im Internet, Berlin 2000, S. 35.

109 *Christoph Gröpl*, Das verfassungsrechtliche Konzept der informationellen Selbstbestimmung und des Datenschutzes, in: Rüßmann, Helmut (Hrsg.), Festschrift für Gerhard Käfer, Saarbrücken 2009, S. 95 (95).

110 *Christoph Gröpl*, Der gläserne Mensch – ein Albtraum für den freiheitlichen Rechtsstaat, magazin forschung 1/2008, 32 (32).

111 *Immanuel Kant*, Die Metaphysik der Sitten, Frankfurt am Main 1977, S. 345.

112 „Die angeborene Gleichheit, d.i. die Unabhängigkeit, nicht zu mehreren von anderen verbunden zu werden, als wozu man sie wechselseitig auch verbinden kann; mithin die Qualität des Menschen, sein eigener Herr (sui iuris) zu sein, imgleichen die eines unbescholtenen Menschen (iusti), weil er, vor allem rechtlichen Akt, keinem Unrecht getan hat; endlich auch die Befugnis, das gegen andere zu tun, was an sich ihnen das Ihre nicht schmälert, wenn sie sich dessen nur nicht annehmen wollen; dergleichen ist, ihnen bloß seine Gedanken mitzuteilen, ihnen etwas zu erzählen oder zu versprechen, es sei wahr und aufrichtig, oder unwahr und unaufrichtig (veriloquium aut falsiloquium), weil es bloß auf ihnen beruht, ob sie ihm glauben wollen oder nicht.“ Vgl. *Immanuel Kant*, Die Metaphysik der Sitten, Frankfurt am Main 1977, S. 345 f.

„schon im Prinzip der angebornen Freiheit, und sind wirklich von ihr nicht (als Glieder der Einteilung unter einem höheren Rechtsbegriff) unterschieden.“[113]

In der Philosophie *Hegels* ist Freiheit inhaltlich eng mit dem Rechtsbegriff verknüpft.[114] Danach ist Recht „überhaupt die Freiheit, als Idee.“[115] Das Recht der Persönlichkeit stellt nach *Hegel* die Bestimmung der Freiheit dar.[116] Auch in der Gesellschaftstheorie bei *Locke* oder *Rousseau* spielt dieser Begriff der Freiheit eine wichtige Rolle, auf den der Freiheitsbegriff *Hegels* letztlich aufbaut.[117] Ihrer Ansicht nach stellt der Konstitutionsakt der Gesellschaft einen Akt der freien Wahl der Individuen dar.[118] Ebenso steht bei *Marx* die Freiheit des Menschen im Mittelpunkt seiner Theorien. Zentrales Ziel des Marxismus ist die Erreichung eines Gesellschaftszustands, in dem die Freiheit des einen Menschen die Bedingung der Freiheit der anderen ist.[119]

Nach *v. Humboldt* ist „jedes Bemühen des Staates verwerflich [...], sich in die Privatangelegenheiten der Bürger überall da einzumischen, wo dieselben nicht unmittelbaren Bezug auf die Kränkung der Rechte des einen durch den andern haben.“[120] Der Schutz der Freiheit wird bei *v. Humboldt* somit zum Staatszweck.[121] Sicherheit bezeichnet er als „Gewissheit der gesetzmäßigen Freiheit“[122]. Ein Eingriff des Staates sei nur bei wirklicher und widerrechtlicher Verletzung des Rechts notwendig, nicht aber lediglich aus Gründen der Nützlichkeit.[123] Damit verbindet er mit der Verwirklichung der Freiheit einen auf Sicherheitsaufgaben beschränkten Staat.[124] Dies entspricht im Kern dem negativen Status der Freiheit (*status libertatis*), womit *Jellinek* den Schutz der individuellen Freiheitssphäre des Einzelnen ge-

---

113 *Immanuel Kant*, Die Metaphysik der Sitten, Frankfurt am Main 1977, S. 346.

114 *Matthias Mahlmann*, Rechtsphilosophie und Rechtstheorie, Baden-Baden 2010, § 7 Rn. 7.

115 *Georg Wilhelm Friedrich Hegel*, Grundlinien der Philosophie des Rechts, Leipzig 1911, S. 42.

116 Vgl. *Georg Wilhelm Friedrich Hegel*, Grundlinien der Philosophie des Rechts, Leipzig 1911, S. 43.

117 Vgl. *Georg Wilhelm Friedrich Hegel*, Grundlinien der Philosophie des Rechts, Leipzig 1911, S. 42 f.

118 Vgl. dazu *Matthias Mahlmann*, Rechtsphilosophie und Rechtstheorie, Baden-Baden 2010, § 27 Rn. 2.

119 Nach *Matthias Mahlmann*, Rechtsphilosophie und Rechtstheorie, Baden-Baden 2010, § 27 Rn. 2.

120 *Wilhelm von Humboldt*, Ideen zu einem Versuch die Gränzen der Wirksamkeit des Staates zu bestimmen, Breslau 1851, S. 16.

121 *Matthias Mahlmann*, Rechtsphilosophie und Rechtstheorie, Baden-Baden 2010, § 6 Rn. 10.

122 *Wilhelm von Humboldt*, Ideen zu einem Versuch die Gränzen der Wirksamkeit des Staates zu bestimmen, Breslau 1851, S. 103.

123 So sinngemäß *Wilhelm von Humboldt*, Ideen zu einem Versuch die Gränzen der Wirksamkeit des Staates zu bestimmen, Breslau 1851, S. 103.

124 *Matthias Mahlmann*, Rechtsphilosophie und Rechtstheorie, Baden-Baden 2010, § 27 Rn. 3.

gen Störungen durch Staatsbehörden beschreibt.[125] Einschränkungen seien nur im Gemeininteresse und unter bestimmten Umständen, etwa aus polizeilichen Gründen oder durch Gesetz, möglich.[126] In Bezug nimmt *Jellinek* jedoch weniger die Einschränkbarkeit der Freiheit im Hinblick auf die Möglichkeit zukünftig drohender Gefahren, die beispielsweise einen Beweggrund zur Bevorratung von Daten darstellen könnte, als vielmehr die Minderung der individuellen Freiheit durch Strafe zum Schutz der Bürger.[127]

Diese Ideen zur Bedeutung der Freiheit und der individuellen Entfaltung der Persönlichkeit sind Argumente, die auch in der aktuellen Diskussion um die Vorratsdatenspeicherung Relevanz besitzen und im Rahmen der Würdigung Berücksichtigung finden müssen. Sie begrenzen die Aufgaben des Staates deutlich und stellen die Individualität des Einzelnen in den Vordergrund. Die Argumente *v. Humboldts* spiegeln damit eine Auffassung wider, die auch von den Kritikern der Bevorratung von Daten (zumindest sinngemäß) aufgegriffen wird. Dabei ist jedoch zu bedenken, dass auch *v. Humboldt* schon darauf hingewiesen hatte, dass der Staat sich gerade nur dann nicht einmischen dürfe, wenn nicht allein die Sicherheit betroffen sei.[128]

3. Besteht ein „Grundrecht auf Sicherheit"?

In der gesellschaftlichen Auseinandersetzung erfährt der Begriff der Sicherheit eine zunehmende Bedeutung. Dennoch ist er auf Grund seiner Komplexität nur schwer greifbar. Anhaltspunkte im Grundgesetz finden sich nur vereinzelt. Auch *Marauhn* findet lediglich vier Hinweise auf eine verfassungsrechtliche Verankerung des Sicherheitsbegriffs:[129] in Art. 24 Abs. 2 GG spricht das Grundgesetz von einem „System gegenseitiger kollektiver Sicherheit"; in Art. 35 Abs. 2 S. 1 GG („Aufrechterhaltung oder Wiederherstellung der öffentlichen Sicherheit") und in Art. 73 Abs. 1 Nr. 10 lit. b GG („zum Schutze [...] der Sicherheit des Bundes oder eines Landes") wird die innere Sicherheit in Bezug genommen und das aus dem Rechtsstaatsprinzip hergeleitete Gebot der Rechtssicherheit[130]. Im Hinblick auf diesen mageren Befund sei daher Zurückhaltung geboten, wenn man von einer „Staatsaufgabe Sicher-

---

125 *Georg Jellinek*, System der subjektiven öffentlichen Rechte, Neudr. der 2. Aufl., Aalen 1964, S. 94 ff., insbes. 105.

126 *Georg Jellinek*, System der subjektiven öffentlichen Rechte, Neudr. der 2. Aufl., Aalen 1964, S. 107, 112 f.

127 *Georg Jellinek*, System der subjektiven öffentlichen Rechte, Neudr. der 2. Aufl., Aalen 1964, S. 112.

128 *Wilhelm von Humboldt*, Ideen zu einem Versuch die Gränzen der Wirksamkeit des Staates zu bestimmen, Breslau 1851, S. 39.

129 Nach *Thilo Marauhn*, Sicherheit in der Kommunikationstechnik durch legislatives Risikomanagement, KritV 1999, 57 (61).

130 Siehe auch *Hans D. Jarass*, in: Jarass, Hans D./Pieroth, Bodo, GG, 11. Aufl., München 2011, Art. 20 Rn. 57.

heit"[131] oder gar von einem „Grundrecht auf Sicherheit"[132] sprechen wolle.[133] Dennoch hat sich die Diskussion um ein „Grundrecht auf Sicherheit"[134] spätestens mit den Anschlägen vom 11. September 2001 intensiviert.[135]

a) Schutzpflichten des Staates

Mittlerweile dürfte unstreitig davon auszugehen sein, dass eine Verpflichtung des Staates besteht, die Freiheitsrechte seiner Bürger vor Gefahren und Beeinträchtigungen zu schützen oder – ganz allgemein gesagt – die Sicherheit seiner Bürger zu gewährleisten.[136] Besonders im Zusammenhang mit dem Schutzauftrag in Art. 1 Abs. 1 GG ist in Rechtsprechung und Literatur bereits seit Jahrzehnten von grundrechtlichen Schutzpflichten die Rede.[137] Die Grundrechte sollen nicht nur als Abwehrrechte gegen den Staat fungieren, sondern dem Grundrechtsträger zugleich Rechte auf Schutz gegenüber dem Staat begründen, die diesen verpflichten, das jeweils vom Grundrecht geschützte Rechtsgut eines Menschen gegen Eingriffe von Dritten zu schützen.[138] Das Bundesverfassungsgericht befasste sich im *Lüth*-Urteil erstmals eingehend mit dieser Thematik.[139] Das Grundgesetz habe in seinem Grundrechtsabschnitt auch eine objektive Wertordnung aufgerichtet. Dieses Wertsystem, das seinen Mittelpunkt in der innerhalb der sozialen Gemeinschaft sich frei entfaltenden menschlichen Persönlichkeit und ihrer Würde finde, müsse als verfassungsrechtliche Grundentscheidung für alle Bereiche des Rechts gelten.[140] Daraus erwachsen staatliche Handlungspflichten, die mit dem Schutz der Freiheit und inso-

---

131 Zum Begriff siehe bereits *Christoph Gusy*, Rechtsgüterschutz als Staatsaufgabe, DÖV 1996, 573 (573).

132 Zurückgehend auf *Josef Isensee*, Das Grundrecht auf Sicherheit, Berlin 1983.

133 *Thilo Marauhn*, Sicherheit in der Kommunikationstechnik durch legislatives Risikomanagement, KritV 1999, 57 (61 f.).

134 Zur Geschichte des „Menschenrechts auf Sicherheit" *Gerhard Robbers*, Sicherheit als Menschenrecht, Baden-Baden 1987, S. 27 ff.

135 Vgl. *Peter-Alexis Albrecht*, Die vergessene Freiheit – Strafrechtsprinzipien in der europäischen Sicherheitsdebatte, Berlin 2003, S. 42; ähnlich *Wolfram Schwetzel*, Freiheit, Sicherheit, Terror, München 2006, S. 1 f.

136 Vgl. *Christian Calliess*, Sicherheit im freiheitlichen Rechtsstaat, ZRP 2002, 1 (2); *Wolfram Cremer*, Freiheitsgrundrechte, Tübingen 2003, S. 228; *Theodor Schilling*, Die staatliche Pflicht zum Schutz von Grundrechten und Menschenwürde, KritV 1999, 452 (452).

137 Ausgehend von BVerfG, Urteil vom 15.1.1958 – 1 BvR 400/51 (*Lüth*), Rn. 26 = BVerfGE 7, 198 (205); danach *Ralf Poscher*, Grundrechte als Abwehrrechte, Tübingen 2003, S. 66; *Theodor Schilling*, Die staatliche Pflicht zum Schutz von Grundrechten und Menschenwürde, KritV 1999, 452 (460 ff.): jeweils m.w.N.

138 *Robert Alexy*, Theorie der Grundrechte, Baden-Baden 1985, S. 410; *Theodor Schilling*, Die staatliche Pflicht zum Schutz von Grundrechten und Menschenwürde, KritV 1999, 452 (454).

139 BVerfG, Urteil vom 15.1.1958 – 1 BvR 400/51 (*Lüth*), Rn. 26 ff. = BVerfGE 7, 198 (insbes. 205 ff.).

140 BVerfG, Urteil vom 15.1.1958 – 1 BvR 400/51 (*Lüth*), Rn. 26 = BVerfGE 7, 198 (205).

fern mit Rechten des Einzelnen korrespondieren.[141] Dabei gilt jedoch zu beachten, dass oberhalb der Schwelle des Untermaßverbots der Staat einen Entscheidungsspielraum hat, ob und wie er die Schutzpflichten erfüllt.[142] Wann immer die aus den Grundrechten abgeleiteten Schutzpflichten aber in Kollision mit Abwehrrechten stehen, kann der objektiv-rechtliche Gehalt der Grundrechte nur optimal realisiert werden, wenn die Abwehrrechte weitestgehend geschont werden.[143] Andernfalls käme es zu einer Umkehrung der ureigensten Funktion der Grundrechte als Abwehrrechte.[144] Grundrechtliche Schutzpflichten können mit den Worten von *Wahl/Masing* daher lediglich eine „Minimalposition"[145] darstellen.

b) Herleitung eines „Grundrechts auf Sicherheit"

Das „Grundrecht auf Sicherheit" meint jedoch gerade nicht (nur) diese Handlungspflichten,[146] sondern die Gesamtheit der grundrechtlichen Schutzpflichten.[147] Es tritt damit, so *Albrecht*, in Konkurrenz zur herkömmlichen Funktion der Grundrechte als Abwehrrechte gegen den Staat oder zumindest an dessen Seite.[148] Die Sicherheit des Staates gewährleistet nicht mehr lediglich den Schutz der Freiheit der Bürger.[149] Vielmehr sei der Begriff der Sicherheit vom Begriff der Freiheit losgelöst zu betrachten und könne diesen sogar überwiegen.[150] Die Sicherheit werde dem Staat selbst als abstrakter Wert zugeschrieben, der sie gegebenenfalls auch gegenüber dem Einzelnen durchsetzen könne.[151] Nach *Albrecht* erwachsen aus dem „Grundrecht auf Sicherheit" statt der Abwehrrechte des Bürgers gegen den Staat unter Umständen sogar Ansprüche des Staates gegen den Bürger, sich ordnungs-

141 *Wolfram Cremer*, Freiheitsgrundrechte, Tübingen 2003, S. 228.

142 Vgl. *Wolfram Schwetzel*, Freiheit, Sicherheit, Terror, München 2006, S. 32.

143 *Theodor Schilling*, Die staatliche Pflicht zum Schutz von Grundrechten und Menschenwürde, KritV 1999, 452 (459).

144 *Theodor Schilling*, Die staatliche Pflicht zum Schutz von Grundrechten und Menschenwürde, KritV 1999, 452 (459); ähnlich *Rainer Wahl/Johannes Masing*, Schutz durch Eingriff, JZ 1990, 553 (559 f.).

145 *Rainer Wahl/Johannes Masing*, Schutz durch Eingriff, JZ 1990, 553 (560).

146 *Peter-Alexis Albrecht*, Die vergessene Freiheit – Strafrechtsprinzipien in der europäischen Sicherheitsdebatte, Berlin 2003, S. 40,

147 *Josef Isensee*, Das Grundrecht auf Sicherheit, Berlin 1983, S. 33.

148 *Peter-Alexis Albrecht*, Kriminologie, 3. Aufl., München 2005, S. 102; *Ralf Poscher*, Grundrechte als Abwehrrechte, Tübingen 2003, S. 66.

149 Der Staat aber, der für Sicherheit steht, garantiert damit zumindest auch Freiheit, da die Ausübung von Freiheit aller ein Mindestmaß an Sicherheit voraussetzt; so *Udo di Fabio*, Risikoentscheidungen im Rechtsstaat, Tübingen 1994, S. 36 f.

150 *Peter-Alexis Albrecht*, Die vergessene Freiheit – Strafrechtsprinzipien in der europäischen Sicherheitsdebatte, Berlin 2003, S. 40.

151 *Peter-Alexis Albrecht*, Die vergessene Freiheit – Strafrechtsprinzipien in der europäischen Sicherheitsdebatte, Berlin 2003, S. 40.

gemäß zu verhalten.[152] Zutreffend verweist er aber darauf, dass gerade diese Umkehrung des klassischen Verhältnisses zwischen Staat und Bürger verdeutliche, dass ein „Grundrecht auf Sicherheit" in diesem Sinne jeglicher verfassungsrechtlichen Grundlage entbehre. *Petri* hält es insgesamt für gefährlich, von einem „Grundrecht auf Sicherheit" zu sprechen, zu unterschiedlich seien schon die Deutungen der Begriffe Sicherheit und Freiheit.[153] Bei genauerem Hinsehen erweise sich, so *Denninger*, ein solches Grundrecht „aber viel mehr als eine dem Staat überlassene Blankovollmacht zu allen möglichen Freiheitseingriffen denn als ein „echtes" Grundrecht."[154] Ist im Einzelfall die Gefährdung oder Verletzung der Freiheit des Bürgers zu besorgen, kann dies zwar ein staatliches Einschreiten erforderlich machen. Zu diesem Ergebnis kommt man jedoch bereits durch einen Verweis auf die Schutzpflichten des Staates.[155] Eines Rückgriffs auf ein „Grundrecht auf Sicherheit" bedarf es dabei nicht.[156] Soweit aber grundrechtlich hergeleitete Schutzpflichten bemüht werden, weist *Marauhn* treffend darauf hin, dass die Grundrechte nicht nur Grundlage, sondern zugleich Grenze staatlicher Sicherheitspolitik sind, denn die Gewährleistung von Sicherheit dürfe nicht als staatliche Aufgabe zum Selbstzweck ausgeübt werden.[157]

4. Rechtspolitisches Spannungsfeld: Freiheit vs. Sicherheit

Die Diskussionen um ein „Grundrecht auf Sicherheit" machen deutlich, dass das Verhältnis von Freiheit und Sicherheit einer genaueren Untersuchung bedarf. Besonderes Augenmerk ist dabei auf die Frage zu lenken, ob sich die beiden Bereiche zwingend gegenseitig ausschließen müssen oder nicht vielleicht ein Gleichlauf zu erzielen ist.

Bei der Frage der Handhabung des Missbrauchs des Internet stehen sich im Wesentlichen zwei gegensätzliche Positionen gegenüber.[158] Auf der einen Seite stehen die Anhänger und Befürworter einer grenzenlosen Kommunikationsfreiheit im Internet, die Be- und Einschränkungen der Kommunikation durch rechtliche

---

152 Vgl. *Peter-Alexis Albrecht*, Die vergessene Freiheit – Strafrechtsprinzipien in der europäischen Sicherheitsdebatte, Berlin 2003, S. 40, *ders.*, Kriminologie, 3. Aufl., München 2005, S. 102 f.

153 *Thomas Petri*, Europol, Baden-Baden 2001, S. 125; mit Verweis auf *Torsten Wielsch*, Die europäische Gefahrenabwehr, Leipzig 1998, S. 35, der von einem solchen Grundrecht spricht.

154 *Erhard Denninger*, Vielfalt, Sicherheit und Solidarität: Ein neues Paradigma für Verfassungsgebung und Menschenrechtsentwicklung?, in: Denninger, Erhard, Menschenrechte und Grundgesetz, Weinheim 1994, S. 13 (49).

155 Ähnlich auch *Wolfram Schwetzel*, Freiheit, Sicherheit, Terror, München 2006, S. 72.

156 Siehe auch *Marie-Theres Tinnefeld*, Freiheit in der digitalen Gesellschaft? Zu den Bedingungen von Selbstbestimmung und Kommunikation, RDV 2009, 47 (47 f.).

157 *Thilo Marauhn*, Sicherheit in der Kommunikationstechnik durch legislatives Risikomanagement, KritV 1999, 57 (73).

158 *Michael Germann*, Gefahrenabwehr und Strafverfolgung im Internet, Berlin 2000, S. 40.

Maßnahmen im Grundsatz ablehnen.[159] Die unbeobachtete Kommunikation stelle eine „unverzichtbare Grundvoraussetzung eines demokratischen Staatswesens" dar.[160] Dem gegenüber steht die Forderung, die Schranken der Kommunikationsfreiheit auch auf die Internet-Kommunikation anzuwenden.[161] Zumindest vor einer Tatsache wird man die Augen aber sicherlich nicht verschließen können, egal welcher Auffassung man auch folgen möge. Globale Datennetze wie das Internet machen Staat und Recht die Erfüllung der Aufgabe, die Bürger zu schützen, zunehmend unmöglich.[162] Die Gewährleistung eines möglichst hohen Maßes an Sicherheit hat sich als Staatszweck aber durch alle Epochen erhalten.[163] *Stein* macht daher zu Recht darauf aufmerksam, dass das gegenseitige Schutz- und Treueverhältnis zwischen dem Staat und seinen Bürgern einseitig aufgelöst würde, wenn der Staat Sicherheit nicht mehr garantieren könne.[164] Wenn der Staat innere Sicherheit nicht mehr in ausreichendem Maße gewährleisten kann, droht das (innere) Gewaltmonopol des Staates zu erodieren.[165] Eine gewisse „Ohnmacht des Staates"[166] in der globalen Datenwelt des Internet lässt sich indes wohl kaum leugnen. *Roßnagel* schlägt daher vor, die rein normative Wahrnehmung der Staatsaufgaben im Bereich des Internet durch ein neues, an der Freiheit des Individuums und einer selbstbestimmten Technikgestaltung orientiertes Verständnis zu ersetzen.[167]

Angesichts der jüngsten Maßnahmen zur Überwachung der Telekommunikation werden zunehmend auch datenschutzrechtliche und verfassungsrechtliche Bedenken geäußert. Die Einführung dieser Maßnahmen wird überwiegend begründet

---

159 *Michael Germann*, Gefahrenabwehr und Strafverfolgung im Internet, Berlin 2000, S. 41; ähnlich auch *Dirk Burchard*, Verfassungsrechtliche Interessenabwägung im Informationsrecht, KritV 1999, 239 (241).

160 Vgl. GDD-Mitteilungen 1/2008, S. 9; ähnlich bereits das Bundesverfassungsgericht im Volkszählungsurteil; vgl. BVerfG, Urteil vom 15.12.1983 – 1 BvR 209/83, 1 BvR 269/83, 1 BvR 362/83, 1 BvR 420/83, 1 BvR 440/83, 1 BvR 484/83 (*Volkszählung, Mikrozensus*), Rn. 148 = BVerfGE 65, 1 (41).

161 Nach *Michael Germann*, Gefahrenabwehr und Strafverfolgung im Internet, Berlin 2000, S. 41.

162 *Alexander Roßnagel*, Globale Datennetze: Ohnmacht des Staates – Selbstschutz der Bürger, ZRP 1997, 26 (27).

163 *Torsten Stein*, Schlussbemerkung: zur Zukunft der Staatsaufgabe „(Äußere) Sicherheit", in: Calliess (Hrsg.), Äußere Sicherheit im Wandel – Neue Herausforderungen an eine alte Staatsaufgabe, Baden-Baden 2005, S. 205 (206).

164 *Torsten Stein*, Schlussbemerkung: zur Zukunft der Staatsaufgabe „(Äußere) Sicherheit", in: Calliess (Hrsg.), Äußere Sicherheit im Wandel – Neue Herausforderungen an eine alte Staatsaufgabe, Baden-Baden 2005, S. 205 (206).

165 *Torsten Stein*, Schlussbemerkung: zur Zukunft der Staatsaufgabe „(Äußere) Sicherheit", in: Calliess (Hrsg.), Äußere Sicherheit im Wandel – Neue Herausforderungen an eine alte Staatsaufgabe, Baden-Baden 2005, S. 205 (206).

166 Vgl. *Alexander Roßnagel*, Globale Datennetze: Ohnmacht des Staates – Selbstschutz der Bürger, ZRP 1997, 26 (26 ff.).

167 *Alexander Roßnagel*, Globale Datennetze: Ohnmacht des Staates – Selbstschutz der Bürger, ZRP 1997, 26 (28 ff.).

mit einem gesteigerten Sicherheitsbedürfnis und einer effektiveren Möglichkeit zur Aufklärung erheblicher Straftaten. Hinsichtlich des Datenschutzes birgt die Diskussion um mehr Sicherheit jedoch ein erhebliches Gefährdungspotenzial. Das Staatsziel „Sicherheit“ ist Teil des Verfassungsstaates, der dieses Ziel mit dem Ziel der Freiheit dadurch zum Ausgleich zu bringen hat, dass er die Freiheit der Bürger durch Maßnahmen zur Gefahrenabwehr nicht stärker beschränkt als notwendig, und dass er das Schutzbedürfnis der Gefährdeten als subjektives Recht anerkennt.[168] Ist Datenschutz aber zugleich Täterschutz? Bedeutet die Stärkung des Datenschutzes zugleich eine Minderung der Sicherheit? Über Fragen dieser Art dürfen keinesfalls die potenziellen Eingriffe verkannt werden, die staatliche Überwachungsmaßnahmen für die grundrechtlichen Freiheitsrechte der Betroffenen bedeuten können.[169] Daher besteht berechtigter Anlass zu Überlegungen, im Verhältnis zwischen Freiheit und Sicherheit der Freiheit um so mehr Gewicht beizumessen, je größer die Streuung gefährdeter Rechtsgüter ist und je mittelbarer demgegenüber die Maßnahmen greifen.[170] Jedoch ist der Aussage *Hirschs*, im Zweifelsfall sei stets der Freiheit der Vorrang einzuräumen („*in dubio pro libertate*“),[171] mit Vorsicht zu begegnen,[172] sind es doch die Aspekte beider Zielrichtungen, die sorgfältig abgewogen in ein angemessenes Verhältnis zu bringen sind. In diesem Sinne bezeichnet *Di Fabio* die Garantien von Sicherheit und Freiheit als „komplementäre Fundamentalfunktionen“ des Staates.[173] Anders als nach der Auffassung von *Hirsch* kommt nach *Di Fabio* der Sicherheit ein funktionaler Vorrang zu, da Freiheit sich nicht ohne Sicherheit entfalten könne. Dennoch weist auch er zu Recht darauf hin, dass sich dieser Vorrang auf das unbedingt notwendige Maß beschränken müsse.[174]

---

168 *Torsten Stein*, Schlussbemerkung: zur Zukunft der Staatsaufgabe „(Äußere) Sicherheit“, in: Calliess (Hrsg.), Äußere Sicherheit im Wandel – Neue Herausforderungen an eine alte Staatsaufgabe, Baden-Baden 2005, S. 205 (206).

169 *Peter-Alexis Albrecht*, Die vergessene Freiheit – Strafrechtsprinzipien in der europäischen Sicherheitsdebatte, Berlin 2003, S. 42; ähnlich auch *Marie-Theres Tinnefeld/Eugen Ehmann/Rainer W. Gerling*, Einführung in das Datenschutzrecht, 4. Aufl., München 2005, S. 146.

170 *Jürgen Kühling*, Freiheitsverluste im Austausch gegen Sicherheitshoffnungen im künftigen Telekommunikationsgesetz?, K&R 2004, 105 (111).

171 *Burkhard Hirsch*, In dubio pro libertate, in: Roggan, Fredrik (Hrsg.), Online-Durchsuchungen – Rechtliche und tatsächliche Konsequenzen des BVerfG-Urteils vom 27. Februar 2008, Berlin 2008, S. 9 (9).

172 So im Ergebnis auch *Wolfram Schwetzel*, Freiheit, Sicherheit, Terror, München 2006, S. 104.

173 *Udo di Fabio*, Risikoentscheidungen im Rechtsstaat, Tübingen 1994, S. 37.

174 *Udo di Fabio*, Risikoentscheidungen im Rechtsstaat, Tübingen 1994, S. 37 (dort Fn. 45).

II. Die Internet-Kommunikation zwischen Kriminalität und Verfolgungsinteresse

Das Internet ermöglicht eine unkomplizierte und kostengünstige globale Kommunikation.[175] Damit trägt es in erheblichem Maße aber auch zur Erleichterung bestimmter Straftaten bei.

1. Der Begriff der Internetkriminalität

Die Variationsbreite von Informations- und Kommunikationskriminalität ist groß. Darunter versteht man sämtliche strafbaren Handlungen, bei denen moderne Informations- und Kommunikationsmedien entweder als Mittel zur Tatbegehung oder -vorbereitung genutzt werden oder selbst Ziel der Handlung sind.[176] Auch wenn die Berichterstattung in den Medien bisweilen den Eindruck erweckt, dass ausschließlich der hier vorliegende Untersuchungsgegenstand – das Internet – Standort krimineller Handlungen sei, soll ausdrücklich darauf hingewiesen werden, dass es sich bei der Internetkriminalität lediglich um eine Ausprägung der Informations- und Kommunikationskriminalität handelt.[177]

Das Internet bietet potenziellen Straftätern eine leistungsfähige Plattform zur Vorbereitung und Durchführung zum Teil erheblicher Straftaten, betrachtet man etwa pornografische Angebote, Aufforderungen zu Straftaten oder Terroraktivitäten, extremistische Propaganda oder Urheberrechtsverletzungen.[178] Allen gemeinsam ist die Tatsache, dass die entsprechenden Angebote und die Kommunikation durch das Medium Internet begünstigt werden. Darüber hinaus wird auch die Wirkung dieser Straftaten auf Grund der internationalen Dimension des Internet noch verstärkt.[179] Die organisierte Kriminalität oder terroristische Vereinigungen nutzen die Internet-Kommunikation ganz bewusst, da sie sich auf diesem Wege vor der Verfolgung durch die Behörden sicher fühlen.[180]

Auf der anderen Seite könnte die Internet-Infrastruktur auch den Strafverfolgungsbehörden Möglichkeiten eröffnen, ihren Aufgaben besser nachzukommen und zur Aufklärung oder Vorbeugung von Straftaten beizutragen.[181] Darüber hinaus könnten Daten, die im Laufe der Internet-Kommunikation anfallen, auch zum Zwecke privater Rechtsverfolgung genutzt werden, etwa zur Aufklärung von Urheberrechtsverletzungen.

---

175 Vgl. auch *Holger Trenkelbach*, Internetfreiheit, Berlin 2005, S. 41.

176 So *Otto Schily*, Eröffnungsansprache, in: Bundeskriminalamt (Hrsg.), Informations- und Kommunikationskriminalität, München 2004, S. 7 (8).

177 Darauf verweist auch *Otto Schily*, Eröffnungsansprache, in: Bundeskriminalamt (Hrsg.), Informations- und Kommunikationskriminalität, München 2004, S. 7 (8).

178 *Michael Germann*, Gefahrenabwehr und Strafverfolgung im Internet, Berlin 2000, S. 38.

179 *Michael Germann*, Gefahrenabwehr und Strafverfolgung im Internet, Berlin 2000, S. 38 f.

180 *Michael Germann*, Gefahrenabwehr und Strafverfolgung im Internet, Berlin 2000, S. 40.

181 *Michael Germann*, Gefahrenabwehr und Strafverfolgung im Internet, Berlin 2000, S. 40.

2. Strafverfolgung mit Hilfe von Internetzugangsdaten

a) Inhalte und Objekte von Strafverfolgungsmaßnahmen

Ein wesentlicher Bestandteil der Ermittlungstätigkeiten der Strafverfolgungsbehörden bei Internetsachverhalten bezieht sich auf die Aufdeckung strafbewährter Urheberrechtsverletzungen.[182] Jede Vervielfältigung, Verbreitung oder öffentliche Wiedergabe eines urheberrechtlich geschützten Werks ohne oder gegen den Willen des Berechtigten steht gemäß § 106 UrhG unter Strafe.[183] Ein ebenfalls häufiger Gegenstand von Ermittlungen sind Maßnahmen zur Bekämpfung der Verbreitung kinderpornographischer Schriften.[184] Ein staatliches Ermittlungsverfahren betrifft dabei zwar regelmäßig eine bestimmte Person bzw. bestimmte Personen, kann aber auch gegen Unbekannt geführt werden. Der Verdacht muss sich also nicht zwingend gegen eine bestimmte Person richten.[185] Um einen Straftatbestand aufklären zu können, muss den Strafverfolgungsbehörden entweder die Identität des potenziellen Straftäters oder ein anderes Identifikationsmerkmal, mit Hilfe dessen ein Bezug zu einer bestimmten Person hergestellt werden kann, bekannt sein. Der Name als Identifikationsmerkmal eines mutmaßlichen Täters stellt somit einen wichtigen Anhaltspunkt bei der Einleitung eines Ermittlungsverfahrens und für dessen erfolgreichen Abschluss dar.[186] Überwachungsmaßnahmen knüpfen hingegen an technische Merkmale an. Um aber überhaupt eine Überwachungsmaßnahme anordnen zu können, bedarf es beispielsweise der Rufnummer als technisches Identifikationsmerkmal.[187] Zwingende Voraussetzung eines jeden Auskunftsbegehrens ist also, dass irgendein Datum bereits bekannt ist. Da den Strafverfolgungsbehörden in der Regel die Personalien der an einer der genannten Straftaten im Internet beteiligten potenziellen Tätern nicht bekannt sind, sind sie auf die Mithilfe der Telekommunikationsdiensteanbieter, insbesondere der *Access Provider*, angewiesen, damit eine Verknüpfung der Daten hergestellt werden kann. Dazu bedarf es eines entsprechenden Auskunftsanspruchs der Strafverfolgungsbehörden.

---

182 Dazu auch sogleich unter B. II. 3.

183 § 108 UrhG erweitert den Schutz auf Eingriffe in verwandte Schutzrechte. Zu diesen im Überblick *Johannes Kreile*, Medienurheberrecht, in: Dörr, Dieter/Kreile, Johannes/Cole, Mark D. (Hrsg.), Handbuch Medienrecht, 2. Aufl., Frankfurt am Main 2011, S. 425 (457 ff.).

184 Vgl. *Dirk Heckmann*, Herausgabe von persönlichen Daten bei dynamischen IP-Adressen, jurisPR-ITR 4/2006, Anm. 6.

185 *Werner Beulke*, Strafprozessrecht, 10. Aufl., Heidelberg 2008, Rn. 311.

186 *Jens Eckhardt*, Öffentliche Sicherheit, in: Heun, Sven-Erik (Hrsg.), Telekommunikationsrecht, 2. Aufl., Köln 2007, Teil B Rn. 189.

187 *Jens Eckhardt*, Öffentliche Sicherheit, in: Heun, Sven-Erik (Hrsg.), Telekommunikationsrecht, 2. Aufl., Köln 2007, Teil B Rn. 189.

b) Bedeutung der IP-Adresse für die Strafverfolgung

Bei der Verfolgung von internetbezogenen Straftaten ist die Ermittlung des Anschlussinhabers, dem eine bestimmte IP-Adresse zugeteilt war, von entscheidender Bedeutung.[188] An der Kommunikation im Internet kann nur teilnehmen, wem eine IP-Adresse zugewiesen wurde.[189] Vergeben werden diese von den *Access Provider*.[190] Im Regelfall der dynamischen Vergabe werden den Nutzern lediglich temporär, d.h. bei jeder Einwahl ins Internet neu und nur für die Dauer der Verbindung, IP-Adressen zugewiesen.[191] Nach Beendigung der Verbindung stehen diese IP-Adresse wieder zur Vergabe an einen anderen Nutzer zur Verfügung.[192]

Die IP-Adresse selbst ist den Strafverfolgungsbehörden dabei überwiegend, entweder auf Grund eigener Recherchen oder Mitteilungen durch Inhaber potenziell verletzter Rechte, bekannt. Einen Zusammenhang zur Identität des Nutzers können die Behörden grundsätzlich aber nicht herstellen. Dafür sind sie auf die Hilfe der *Access Provider* angewiesen. Die den Nutzern zugewiesenen IP-Adressen werden beim *Provider* regelmäßig für einen bestimmten Zeitraum in sog. *Log-Files* gespeichert.[193] Diese Dateien enthalten die vergebenen IP-Adressen, die jeweiligen Zugriffszeiten sowie gegebenenfalls eine Verknüpfung zur Kundennummer des Nutzers.[194] Nur der *Provider* ist somit in der Lage, eine vergebene IP-Adresse nachträglich einem bestimmten Nutzer zuzuordnen.[195] Für eine effektive Bekämpfung der Internetkriminalität ist es unverzichtbar, Zugriff auf diese Verkehrsdaten zu erhalten. Sobald die IP-Adresse beim *Provider* jedoch gelöscht wurde oder aus anderen Gründen nicht vorliegt, ist eine Verknüpfung gar nicht mehr möglich. Aus Sicht der Strafverfolgungsbehörden ist nach *Schily* daher unakzeptabel, dass wich-

188 *Dirk Heckmann*, Herausgabe von persönlichen Daten bei dynamischen IP-Adressen, jurisPR-ITR 4/2006, Anm. 6.

189 *Dirk Heckmann*, Herausgabe von persönlichen Daten bei dynamischen IP-Adressen, jurisPR-ITR 4/2006, Anm. 6.

190 *Kai Welp*, Die Auskunftspflicht von Access-Providern nach dem Urheberrechtsgesetz, München 2009, S. 11.

191 *Karen Gnirck/Jan Lichtenberg*, Internetprovider im Spannungsfeld staatlicher Auskunftsersuchen, DuD 2004, 598 (599); *Niko Härting*, Schutz von IP-Adressen, ITRB 2009, 35 (36); *Andreas Kramer*, Zivilrechtlicher Auskunftsanspruch gegenüber Access Providern, Hamburg 2007, S. 7.

192 *Kai Welp*, Die Auskunftspflicht von Access-Providern nach dem Urheberrechtsgesetz, München 2009, S. 11.

193 Ausgeklammert sind an dieser Stelle diejenigen Daten, die auf Grund einer Vorratsdatenspeicherung vorgehalten werden müssten. Anzumerken ist freilich, dass die Vorratsdatenspeicherung eine darüber hinaus gehende Verpflichtung zur Speicherung u.a. der IP-Adressen bezweckt.

194 Vgl. *Karen Gnirck/Jan Lichtenberg*, Internetprovider im Spannungsfeld staatlicher Auskunftsersuchen, DuD 2004, 598 (599); *Kai Welp*, Die Auskunftspflicht von Access-Providern nach dem Urheberrechtsgesetz, München 2009, S. 291.

195 *Andreas Kramer*, Zivilrechtlicher Auskunftsanspruch gegenüber Access Providern, Hamburg 2007, S. 8.

tige Verkehrsdaten im Zeitpunkt der Anfrage durch die Behörden auf Grund datenschutzrechtlicher Bestimmungen oftmals bereits gelöscht worden sind, vor allem, weil zum Teil überhaupt keine weiteren Ermittlungsansätze vorhanden seien.[196]

3. Rechtsverfolgung durch Private mit Hilfe von Internetzugangsdaten: Am Beispiel der Aufklärung von Urheberrechtsverletzungen

a) Inhalt des Urheberrechts

Zum geschützten Kern des Urheberrechts im Sinne der grundgesetzlich gewährleisteten Eigentumsgarantie nahm das Bundesverfassungsgericht wie folgt Stellung: „Zu den konstituierenden Merkmalen des Urheberrechts als Eigentum im Sinne der Verfassung gehört die grundsätzliche Zuordnung des vermögenswerten Ergebnisses der schöpferischen Leistung an den Urheber im Wege privatrechtlicher Normierung und seine Freiheit, in eigener Verantwortung darüber verfügen zu können."[197] Der Kern des Urheberrechts besteht somit in der Einräumung der Verfügungsbefugnis und der Zuordnung des wirtschaftlichen Nutzens an der geistigen und persönlichen Leistung.[198] Genau diese Zuordnung an den Inhaber eines Urheberrechts wird durch die moderne Informationstechnologie erheblich erschwert. Das Internet erweitert die Möglichkeiten des Austauschs um ein Vielfaches.[199] Zu berücksichtigen ist aber, dass nicht jede Verwendung oder Verbreitung ohne Erlaubnis des Urhebers unzulässig sein muss. Unter gewissen Umständen können dem Urheberrecht im Interesse des Gemeinwohls aus Gründen der sozialen Bindung des Urheberrechts Schranken gezogen werden.[200] Um solche Belange des Allgemeinwohls handelt es sich in den Fällen der Verwendung und Vervielfältigung urheberrechtlich geschützter Werke unter dem Deckmantel der Anonymität des Internet jedoch offensichtlich nicht.

b) Rechtsverletzungen im Internet

„Anonyme" Rechtsverletzungen im Internet sind auf dem Vormarsch. Die Bereithaltung zum *Download* und der Austausch von Dateien, insbesondere von Film-

---

196 *Otto Schily*, Eröffnungsansprache, in: Bundeskriminalamt (Hrsg.), Informations- und Kommunikationskriminalität, München 2004, S. 7 (14 f.).

197 BVerfG, Urteil vom 7.7.1971 – 1 BvR 765/66 (*Schulbuchprivileg*), Rn. 31.

198 *Bernd Grzeszick*, Verfassungsrechtliche Abbildung und Weiterentwicklung der Immaterialgüterrechtsordnung, in: Eifert, Martin/Hoffmann-Riem, Wolfgang (Hrsg.), Geistiges Eigentum und Innovation, Berlin 2010, S. 83 (93).

199 Ähnlich im Zusammenhang mit Wissen als ökonomische Ressource *Karl-Heinz Ladeur/Thomas Vesting*, Geistiges Eigentum im Netzwerk – Anforderungen und Entwicklungslinien, in: Eifert, Martin/Hoffmann-Riem, Wolfgang (Hrsg.), Geistiges Eigentum und Innovation, Berlin 2010, S. 123 (132).

200 BVerfG, Urteil vom 7.7.1971 – 1 BvR 765/66 (*Schulbuchprivileg*), Rn. 29 ff.

oder Musikwerken oder Software, in Tauschbörsen oder in *Peer-to-Peer*-Netzen (P2P) auf einem beliebigen Rechner (sog. *Filesharing*) stoßen auf große Nachfrage und finden eine starke Verbreitung.[201] Zu diesem Zweck werden Dateien auf einen Server herauf geladen (sog. *Upload*), um sie dort für andere Internetnutzer verfügbar zu machen.[202] Die einfache Bedienbarkeit der *Filesharing*-Progamme eröffnet die Nutzung von Tauschbörsen einem breiten Nutzerkreis.[203] Durch die Internettauschbörsen entstehen der Unterhaltungsindustrie insgesamt Milliardenverluste.[204] Der auf diesem Wege praktizierte Datenaustausch geschieht häufig ohne oder gegen den Willen des Rechteinhabers. Im Zusammenhang mit der Verfolgung dieser sog. Online- oder Internetpiraterie werden neben allgemeinen datenschutz- und haftungsrechtlichen Problemen auch spezifische Fragestellungen in Bezug auf den Gewerblichen Rechtsschutz und das Urheberrecht diskutiert, die an dieser Stelle nicht weiter vertieft werden können.[205] Für die vorliegende Untersuchung sind vor

---

201 Vgl. *Manfred Rehbinder*, Eröffnung und Begrüßung zur Arbeitssitzung „Auskunftsanspruch gegen Internetprovider", ZUM 2006, 433 (433); *Annette Marberth-Kubicki*, Computer- und Internetstrafrecht, 2. Aufl., München 2010, Rn. 279; mit näheren Spezifikationen der Internetpiraterie, Zahlenangaben sowie einer Darstellung von Gegenmaßnahmen der Film- und Musikindustrie *Julian de Grahl*, Die Durchsetzung von Urheberrechten im digitalen Zeitalter, Frankfurt 2008, S. 27 ff.; zur Musikpiraterie *Georg S. Mayer*, Musikpiraterie im Internet: Ein Erfahrungsbericht, MR 2001, 5. Zu beachten ist ferner, dass auch die Marken- und Produktpiraterie im Internet, d.h. der illegale Handel mit gefälschten Produkten, ein stetig wachsendes Problem darstellt; vgl. *Jürgen Ensthaler/Mirko Heinemann*, Zur Haftung des Hostproviders, WRP 2010, 309 (309).

202 Zu den Begrifflichkeiten und deren urheberrechtlichen Bewertung *Matthias Werner*, Urheberrechtliche Bewertung der Vorgänge im Internet, in: Ensthaler, Jürgen/Weidert, Stefan (Hrsg.), Handbuch Urheberrecht und Internet, 2. Aufl., Frankfurt am Main 2010, S. 152 (163 f.); ferner *Tarek Abdallah/Björn Gercke*, Strafrechtliche und strafprozessuale Probleme der Ermittlung nutzerbezogener Daten im Internet, ZUM 2005, 368 (368 f.).

203 *Phillip W. Brunst*, Anonymität im Internet – rechtliche und tatsächliche Rahmenbedingungen, Berlin 2009, S. 96.

204 *Anne Kindt*, Grundrechtsschutz für Raubkopierer und Musikpiraten?, MMR 2009, 147 (147); *Dirk Seichter*, Die Verfolgung von Verletzungen geistiger Eigentumsrechte durch Verbraucher im Internet, VuR 2007, 291 (291).

205 *Access Provider* als Zugangsvermittler zum Internet sind zwar unter den Voraussetzungen der §§ 8, 9 TMG von der Verantwortlichkeit freigestellt. Im Kampf gegen die Internetpiraterie werden sie jedoch zunehmend mit Maßnahmen wie Zugangssperrungs- oder Auskunftsverpflichtungen konfrontiert. Besonders die Voraussetzungen der Haftung von *Internetprovidern* für Inhalte und Handlungen Dritter stehen im Mittelpunkt der juristischen Diskussion. Derzeit wird zwischen der Europäischen Union und den USA über ein internationales Abkommen gegen Produkt- und Internetpiraterie verhandelt, sog. ACTA-Abkommen (*Anti Counterfeiting Trade Agreement*). Dieses sieht neben Internetsperren auch eine Haftung der *Internetprovider* vor. *Alexander Avaro* kritisiert die geplante Haftung. Das sei so, „als würde man die Post für den Inhalt jedes Päckchens verantwortlich machen"; siehe Handelsblatt vom 11.3.2010, S. 11 und 14. Vgl. auch *Marcus von Welser*, Ansprüche im Bereich des geistigen Eigentums, in: Wandtke, Artur-Axel (Hrsg.), Medienrecht, Berlin 2008, S. 185 (195); ausführlich *Frederic Ufer*, Die Haftung der Internet

allem solche Missachtungen von Interessen und Rechten interessant, die in engem Zusammenhang mit dem Internet auftreten und für deren Verfolgung die Verwendung von Internetzugangsdaten notwendig oder zumindest denkbar erscheint. Da bei der illegalen Verbreitung der Werke in Tauschbörsen oder P2P-Netzwerken vorwiegend Verletzungen von Urheberrechten zu besorgen sind,[206] z.B. des Rechts auf Vervielfältigung gemäß § 16 UrhG oder auf öffentliche Zugänglichmachung gemäß § 19a UrhG,[207] sollen diese vor dem Hintergrund der Richtlinie 2004/48/EG vom 29. April 2004 zur Durchsetzung der Rechte des geistigen Eigentums (Enforcement-Richtlinie)[208] stellvertretend für die Verletzung von sonstigen Leistungsschutzrechten und gewerblichen Schutzrechten der vorliegenden Untersuchung als Bezugspunkt dienen.[209]

Nennenswert ist in diesem Zusammenhang die Änderung des § 53 UrhG im Zuge des Zweiten Gesetzes zur Regelung des Urheberrechts in der Informationsgesellschaft[210]. § 53 UrhG regelt die Voraussetzungen, unter denen die Vervielfältigung eines Werkes zulässig ist. Die Neufassung stellt nunmehr klar, dass zur Vervielfältigung keine offensichtlich rechtswidrig hergestellte oder öffentlich zugänglich gemachte Vorlage verwendet werden darf. Damit soll die Vervielfältigung zum Zwecke des Austauschs in *Filesharing*-Systemen bzw. der *Download* aus illegalen

---

Provider nach dem Telemediengesetz, Hamburg 2007, insbes. S. 30 ff.; *Thomas Hoeren*, Internet- und Kommunikationsrecht, Köln 2008, S. 363; *Stefan Weidert/Alexander Molle*, Haftungsfragen, in: Ensthaler, Jürgen/Weidert, Stefan (Hrsg.), Handbuch Urheberrecht und Internet, 2. Aufl., Frankfurt am Main 2010, S. 352 (414 f.); ferner *Stefan Freytag*, Harmonisierung der Providerhaftung, in: Lehmann, Michael (Hrsg.), Electronic Business in Europa, München 2002, S. 110 (116 f.).

206 Auch nach *Banholzer* stehen insbesondere Auskunftsansprüche von Privaten gegenüber Diensteanbietern wegen Urheberrechtsverletzungen im Blickpunkt der Öffentlichkeit; vgl. *Felix Banholzer*, Datenschutzrecht, in: Hoeren, Thomas/Müller, Ulf (Hrsg.), Entwicklung des Internet- und Multimediarechts im Jahr 2008, MMR-Beilage 2009, 6 (7).

207 Vgl. *Christian Czychowski/Jan Bernd Nordemann*, Vorratsdaten und Urheberrecht – Zulässige Nutzung gespeicherter Daten, NJW 2008, 3095 (3096); *Jan Bernd Nordemann/Andreas Dustmann*, To Peer Or Not To Peer, CR 2004, 380 (380 f.); *Markus Köhler/Hans-Wolfgang Arndt/Thomas Fetzer*, Recht des Internet, 6. Aufl., Heidelberg 2008, Rn. 589 ff., 634 ff.; *Thomas Nuthmann/Martin Jaschinski/Till Jaeger u.a.*, Recht im Internet, Berlin 2002, S. 186 ff.; *Kai Welp*, Die Auskunftspflicht von Access-Providern nach dem Urheberrechtsgesetz, München 2009, S. 20 ff.; *Matthias Werner*, Urheberrechtliche Bewertung der Vorgänge im Internet, in: Ensthaler, Jürgen/Weidert, Stefan (Hrsg.), Handbuch Urheberrecht und Internet, 2. Aufl., Frankfurt am Main 2010, S. 152 (163 ff.).

208 Richtlinie 2004/48/EG des Europäischen Parlaments und des Rates vom 29.4.2004 zur Durchsetzung der Rechte des geistigen Eigentums, ABl. L 195 vom 2.6.2004, S. 16.

209 Im Übrigen wäre zu denken an eine Verletzung von Marken-, Patent-, Gebrauchs- oder Geschmacksmusterrecht.

210 Zweites Gesetzes zur Regelung des Urheberrechts in der Informationsgesellschaft (2. Korb), BGBl. I vom 31.10.2007, S. 2513.

Tauschbörsen klarer als bisher verboten werden.[211] Eine dennoch erfolgte unerlaubte Verwertung (Vervielfältigung, Verbreitung oder öffentliche Wiedergabe ohne Einwilligung des Rechteinhabers oder Vorliegen eines gesetzlichen Ausnahmetatbestands) begründet Ansprüche des Rechteinhabers nach § 97 UrhG und erfüllt den Straftatbestand des § 106 UrhG.[212]

c) Durchsetzung von urheberrechtlichen Ansprüchen

Rechteinhabern steht bei widerrechtlicher Verletzung des Urheberrechts nach § 97 Abs. 1 und 2 UrhG ein Unterlassungs- oder Beseitigungsanspruch, bei Verschulden auch ein Schadensersatzanspruch zu.[213] Um diese Ansprüche zivilgerichtlich geltend machen zu können, müssen in erster Linie zwei (Vor-)Bedingungen geklärt sein. Zunächst ist zu prüfen, welches nationale Urheberrecht überhaupt zur Anwendung gelangt und weiterhin muss die Identität des potenziellen Rechtsverletzers zweifelsfrei aufgeklärt sein.

aa) Bestimmung des anwendbaren Rechts als Vorfrage

Das Internet ist ein ideales Distributionsmittel für die Verbreitung von Informationen, den Vertrieb von Waren oder den Austausch von Werken des geistigen Eigentums. Auf Grund seiner weltweiten Vernetzung weisen zahlreiche der im oder über das Internet begangenen Rechtsverletzungen Berührungspunkte zum Ausland auf.[214] Ob das deutsche Sachrecht überhaupt Anwendung findet, entscheidet das Internationale Privatrecht (IPR) anhand von Kollisionsvorschriften.[215] Dabei beur-

---

211 *Gunda Dreyer*, in: Dreyer, Gunda/Kotthoff, Jost/Meckel, Astrid, Urheberrecht, 2. Aufl., Heidelberg 2009, § 53 Rn. 17; *Markus Beck/Wolfgang Kreißig*, Tauschbörsen-Nutzer im Fadenkreuz der Strafverfolgungsbehörden, NStZ 2007, 304 (307); *Brigitte Zypries*, Neues Urheberrecht: Die Früchte des Zweiten Korbs, MMR 2007, 545 (545); danach *Stefan Weidert/Alexander Molle*, Haftungsfragen, in: Ensthaler, Jürgen/Weidert, Stefan (Hrsg.), Handbuch Urheberrecht und Internet, 2. Aufl., Frankfurt am Main 2010, S. 352 (426).

212 Dazu *Tarek Abdallah/Björn Gercke*, Strafrechtliche und strafprozessuale Probleme der Ermittlung nutzerbezogener Daten im Internet, ZUM 2005, 368 (369); *Annette Marberth-Kubicki*, Computer- und Internetstrafrecht, 2. Aufl., München 2010, Rn. 264 ff.

213 Ausführlich zu den einzelnen Anspruchsarten und deren Voraussetzungen *Stefan Weidert/Alexander Molle*, Haftungsfragen, in: Ensthaler, Jürgen/Weidert, Stefan (Hrsg.), Handbuch Urheberrecht und Internet, 2. Aufl., Frankfurt am Main 2010, S. 352 (452 ff.); *Marcus von Welser*, Ansprüche im Bereich des geistigen Eigentums, in: Wandtke, Artur-Axel (Hrsg.), Medienrecht, Berlin 2008, S. 185 (201 ff.).

214 So auch *Markus Junker*, Anwendbares Recht und internationale Zuständigkeit bei Urheberrechtsverletzungen im Internet, Kassel 2002, S. 22 f.; in Bezug auf Persönlichkeitsverletzungen *Georgios Gounalakis/Lars Rhode*, Persönlichkeitsschutz im Internet, München 2002, S. 5.

215 *Dagmar Gesmann-Nuissl*, Außervertragliches Kollisionsrecht/Internationale Zuständigkeit, in: Ensthaler, Jürgen/Weidert, Stefan (Hrsg.), Handbuch Urheberrecht und Internet, 2. Aufl., Frankfurt am Main 2010, S. 524 (525).

teilt sich die Verletzung des Urheberrechts nach herrschender Auffassung gemäß Art. 3 Nr. 1 lit. a EGBGB i.V.m. Art. 8 Abs. 1 Rom II-VO[216] nach dem Schutzlandprinzip (*lex loci protectionis*), d.h. nach dem Recht desjenigen Staates, für dessen Gebiet der Schutz beansprucht wird.[217]

Eine Aufspaltung des Tatorts in Handlungs- und Erfolgsort wie im Internationalen Deliktsrecht ist dem Schutzlandprinzip fremd.[218] Da Urheberrechte ausschließlich an Handlungen, z.B. Vervielfältigungen im Internet, anschließen, gilt im Internationalen Urheberrecht als Anknüpfungspunkt nur der Handlungsort.[219] Schutzland ist dabei regelmäßig das Land, in dem die Eingriffs- oder Verletzungshandlung stattgefunden hat.[220] Mitunter ist es jedoch unmöglich, die Verletzungshandlung lediglich einem Ort zuzuordnen. Bei illegal über das Internet angebotenen Musikwerken beispielsweise dürften der Abruf und die Verwertung der geschützten Werke grundsätzlich weltweit möglich sein.[221] Dies führt zu der kuriosen Situation, dass nach der Schutzlandanknüpfung der Ort der Einstellung eines urheberrechtlich geschützten Werkes sowie jeder Ort eines illegalen Abrufs als Handlungsort, im Ergebnis also eine Vielzahl verschiedener Handlungsorte nebeneinander in Be-

---

216 Verordnung (EG) Nr. 864/2007 des Europäischen Parlaments und des Rates vom 11.7.2007 über das auf außervertragliche Schuldverhältnisse anzuwendende Recht („Rom II"), ABl. L 199 vom 31.7.2007, S. 40.

217 Vgl. *Matthias Berberich*, Virtuelles Eigentum, Tübingen 2010, S. 305 f.; *Josef Drexl*, in: MünchKommBGB, Band 11, 4. Aufl., München 2006, IntImmGR Rn. 10; *Jost Kotthoff*, in: Dreyer, Gunda/Kotthoff, Jost/Meckel, Astrid, Urheberrecht, 2. Aufl., Heidelberg 2009, § 120 Rn. 7; *Michel Walter*, Anwendbares Recht und Internationale Zuständigkeit der Gerichte, in: Loewenheim, Ulrich (Hrsg.), Handbuch des Urheberrechts, 2. Aufl., München 2010, § 58 Rn. 54.

218 *Dagmar Gesmann-Nuissl*, Außervertragliches Kollisionsrecht/Internationale Zuständigkeit, in: Ensthaler, Jürgen/Weidert, Stefan (Hrsg.), Handbuch Urheberrecht und Internet, 2. Aufl., Frankfurt am Main 2010, S. 524 (532). Im Internationalen Deliktsrecht, damit vor allem auch bei Persönlichkeitsrechtsverletzungen im Internet, hat der Geschädigte gem. Art. 40 Abs. 1 EGBGB trotz primärer Anwendung des Rechts des Handlungsortes grundsätzlich ein Bestimmungsrecht zwischen dem Recht des Handlungsortes und dem Recht des Erfolgsortes; vgl. *Karsten Thorn*, in: Palandt, BGB, 70. Aufl., München 2011, Art. 40 EGBGB Rn. 4 ff.; *Michael von Hinden*, Persönlichkeitsverletzungen im Internet, Tübingen 1999, S. 208; *Jens Lütcke*, Persönlichkeitsrechtsverletzungen im Internet, München 2000, S. 128 ff.; *Michael Neu*, Die kollisionsrechtliche Behandlung von Persönlichkeitsrechtsverletzungen im Internet, Bielefeld 2002, S. 30 ff.

219 Siehe dazu *Dagmar Gesmann-Nuissl*, Außervertragliches Kollisionsrecht/Internationale Zuständigkeit, in: Ensthaler, Jürgen/Weidert, Stefan (Hrsg.), Handbuch Urheberrecht und Internet, 2. Aufl., Frankfurt am Main 2010, S. 524 (532 f.).

220 *Ulrich Reber*, Die internationale gerichtliche Zuständigkeit bei grenzüberschreitenden Urheberrechtsverletzungen, ZUM 2005, 194 (194).

221 *Ulrich Reber*, Die internationale gerichtliche Zuständigkeit bei grenzüberschreitenden Urheberrechtsverletzungen, ZUM 2005, 194 (194).

tracht kommen (sog. Mosaikbetrachtung).[222] Dem Kläger erlaubt dies prinzipiell die Wahl des anwendbaren Rechts.[223] Das Inland ist im Falle solcher sog. Streu- oder *Multistate*delikte aber nur dann Schutzland, wenn das urheberrechtlich geschützte Werk bestimmungsgemäß auch im Inland öffentlich zugänglich gemacht wurde oder abrufbar ist.[224] Durch die Schutzlandanknüpfung wird somit gewährleistet, dass die nationalen Gesetzgeber jeweils nur innerhalb des eigenen Staatsgebiets Entscheidungen treffen können; auf ausländischem Staatsgebiet gilt ausländisches Recht.[225]

Dieser Tatsache folgt die Bestimmung der internationalen Zuständigkeit des Gerichts. Das bei Urheberrechtsverletzungen nach dem Ort der Verletzungshandlung zu ermittelnde Gericht – in rein innerdeutschen Fällen wahlweise nach § 105 UrhG i.V.m. §§ 12 f. oder 32 ZPO, bei Wohnsitz des Beklagten in Europa gemäß Art. 5 Nr. 3 EuGVVO[226] i.V.m. § 32 ZPO und in internationalen Fällen nach § 32 ZPO,[227] steht somit grundsätzlich vor der schwierigen Aufgabe, Verletzungen nach einer womöglich kaum mehr überschaubaren Anzahl von Rechtsordnungen zu überprüfen. Es ist daher dringend geboten, vor allem im Hinblick auf die Ubiquität

---

222 Vgl. *Josef Drexl*, in: MünchKommBGB, Band 11, 4. Aufl., München 2006, IntImmGR Rn. 165; ferner *Markus Junker*, Anwendbares Recht und internationale Zuständigkeit bei Urheberrechtsverletzungen im Internet, Kassel 2002, S. 23; *Michel Walter*, Anwendbares Recht und Internationale Zuständigkeit der Gerichte, in: Loewenheim, Ulrich (Hrsg.), Handbuch des Urheberrechts, 2. Aufl., München 2010, § 58 Rn. 132 f.

223 Dies führt dazu, dass die Frage nach der Lokalisierung der Verletzungshandlung nach dem Schutzlandprinzip erst durch den Klägervortrag bestimmt und damit auf die Ebene des Sachrechts verschoben wird; *Josef Drexl*, in: MünchKommBGB, Band 11, 4. Aufl., München 2006, IntImmGR Rn. 12 und 121; *Thomas Hoeren*, Internet- und Kommunikationsrecht, Köln 2008, S. 386.

224 *Flemming Moos*, Möglichkeiten und Grenzen der Sanktionierung von Rechtsverletzungen im Internet vor deutschen Gerichten, DRiZ 2007, 208 (209 f.); *Dagmar Gesmann-Nuissl*, Außervertragliches Kollisionsrecht/Internationale Zuständigkeit, in: Ensthaler, Jürgen/Weidert, Stefan (Hrsg.), Handbuch Urheberrecht und Internet, 2. Aufl., Frankfurt am Main 2010, S. 524 (542).

225 *Josef Drexl*, in: MünchKommBGB, Band 11, 4. Aufl., München 2006, IntImmGR Rn. 15.

226 Verordnung (EG) Nr. 44/2001 des Rates vom 22.12.2001 über die gerichtliche Zuständigkeit und die Anerkennung und Vollstreckung von Entscheidungen in Zivil- und Handelssachen, ABl. L 12 vom 16.1.2001, S. 1.

227 Vgl. *Reinhold Geimer*, in: Zöller, Richard, ZPO, 28. Aufl., Köln 2010, Art. 5 EuGVVO Rn. 21 ff.; *Thomas Hoeren*, Internet- und Kommunikationsrecht, Köln 2008, S. 384 ff.; *Paul Katzenberger*, in: Schricker, Gerhard/Loewenheim, Ulrich (Hrsg.), Urheberrecht, 4. Aufl., München 2010, Vor §§ 120 ff. Rn. 170 ff.; *Sabine Rojahn*, Zuständigkeit der Gerichte und anwaltliche Vertretung, in: Loewenheim, Ulrich (Hrsg.), Handbuch des Urheberrechts, 2. Aufl., München 2010, § 92 Rn. 12 ff.; *Michel Walter*, Anwendbares Recht und Internationale Zuständigkeit der Gerichte, in: Loewenheim, Ulrich (Hrsg.), Handbuch des Urheberrechts, 2. Aufl., München 2010, § 58 Rn. 124 ff. und 172 ff.; *Gisela Wild*, in: Schricker, Gerhard/Loewenheim, Ulrich (Hrsg.), Urheberrecht, 4. Aufl., München 2010, § 105 Rn. 7 ff.

des Internet eine Eingrenzung der anwendbaren Rechtsordnungen zu erreichen.[228] Vor diesem Hintergrund ist eine breite Diskussion über internetspezifische Anknüpfungskriterien entstanden.[229]

bb) Bedeutung der IP-Adresse für die Rechtsverfolgung

Wurde auf diesem Wege ermittelt, welches nationale Recht anwendbar ist, stellt sich weiter die Frage, ob eine Rechtsverfolgung Aussicht auf Erfolg hat. Um eine Urheberrechtsverletzung bzw. generell zivilrechtliche Ansprüche geltend machen zu können, muss dem Rechteinhaber zuerst einmal die Identität des potenziellen Rechtsverletzers bekannt sein. Nach § 253 Abs. 2 Nr. 1 ZPO ist der Beklagte in der Klageschrift so genau zu bezeichnen, dass kein Zweifel an seiner Person besteht und ihm die Klage zugestellt werden kann.[230] Das Gericht prüft diesen Umstand als Prozessvoraussetzung von Amts wegen.[231] Eine Klageerhebung ohne konkrete Bezeichnung des Beklagten mit Name und Anschrift gilt gewöhnlich als nicht ordnungsgemäß erhoben, es sei denn es können ausnahmsweise bestimmte Merkmale einer namentlich nicht bekannten Person derart bezeichnet werden, dass deren Identität sich daraus eindeutig feststellen lässt.[232]

Bei Urheberrechtsverletzungen im Internet, insbesondere mittels Tauschbörsen, steht dem Rechteinhaber häufig aber nur die IP-Adresse eines potenziellen Rechts-

---

228 Vgl. *Josef Drexl*, in: MünchKommBGB, Band 11, 4. Aufl., München 2006, IntImmGR Rn. 165 und 191.

229 Siehe dazu *Josef Drexl*, in: MünchKommBGB, Band 11, 4. Aufl., München 2006, IntImmGR Rn. 204 ff.; *Thomas Dreier/Rupert Vogel*, Software- und Computerrecht, Frankfurt am Main 2008, S. 342; *Dagmar Gesmann-Nuissl*, Außervertragliches Kollisionsrecht/Internationale Zuständigkeit, in: Ensthaler, Jürgen/Weidert, Stefan (Hrsg.), Handbuch Urheberrecht und Internet, 2. Aufl., Frankfurt am Main 2010, S. 524 (560 ff.); *Thomas Hoeren/Henning Große Ruse*, Immaterialgüter-, Wettbewerbs- und Verbraucherschutz-Kollisionsrecht sowie gerichtliche Zuständigkeit bei Internet-Sachverhalten, in: Lehmann, Michael (Hrsg.), Electronic Business in Europa, München 2002, S. 301 (308 ff.); *Markus Junker*, Anwendbares Recht und internationale Zuständigkeit bei Urheberrechtsverletzungen im Internet, Kassel 2002, S. 311 ff.; *Ulrich Reber*, Die internationale gerichtliche Zuständigkeit bei grenzüberschreitenden Urheberrechtsverletzungen, ZUM 2005, 194 (195 ff.).

230 Vgl. *Herbert Geisler*, in: Prütting, Hanns/Gehrlein, Markus (Hrsg.), ZPO, Köln 2010, § 253 Rn. 9; *Reinhard Greger*, in: Zöller, Richard, ZPO, 28. Aufl., Köln 2010, § 253 Rn. 8.

231 Vgl. *Adolf Baumbach/Wolfgang Lauterbach/Jan Albers/Peter Hartmann*, ZPO, 68. Aufl., München 2010, § 253 Rn. 15; *Reinhard Greger*, in: Zöller, Richard, ZPO, 28. Aufl., Köln 2010, § 253 Rn. 7.

232 Vgl. *Ulrich Foerste*, in: Musielak, Hans-Joachim (Hrsg.), ZPO, 6. Aufl., München 2008, § 253 Rn. 18; *Reinhard Greger*, in: Zöller, Richard, ZPO, 28. Aufl., Köln 2010, § 253 Rn. 8.

verletzers zur Verfügung.[233] Bei der Erforschung der Identität eines potenziellen Rechtsverletzers sind die Rechteinhaber daher auf die Hilfe der *Access Provider* angewiesen.[234] Lässt man die fragliche Pflicht zur Vorratsspeicherung an dieser Stelle aber einmal außer Acht, sind die *Access Provider* gegebenenfalls jedoch verpflichtet (vgl. §§ 96 Abs. 2, 97 Abs. 3 S. 3 TKG), die bei der Internet-Kommunikation anfallenden Verkehrsdaten – darunter im Speziellen die IP-Adressen – unverzüglich nach Beendigung des Telekommunikationsvorgangs zu löschen, sofern sie für die Abrechnung nicht erforderlich sind.[235] Da sich Ansprüche aus der Verletzung von Urheberrechten häufig aber nur anhand dieser Daten verfolgen und durchsetzen lassen, besteht seitens der Rechteinhaber ein besonderes Interesse zum einen an einer möglichst langfristigen Aufbewahrung der Internetzugangsdaten, zum anderen und vor allem aber an der Zugriffsmöglichkeit auf diese Daten. Unter der Prämisse, dass IP-Adressen auf Grund der zunehmenden Verbreitung von *Flatrate*-Tarifen erst gar nicht mehr gespeichert werden dürfen, hülfe den Rechteinhabern also weder ein eigenes Auskunftsrecht noch die bisher viel genutzte Möglichkeit, eine Anzeige gegen Unbekannt zu erstatten und nach Ermittlung des Inhabers der IP-Adresse durch die Staatsanwaltschaft über das strafprozessuale Akteneinsichtsrecht die genauen Daten des Rechtsverletzers in Erfahrung zu bringen.[236] Ohne Informationen über die Person hinter einer IP-Adresse dürfte es den Rechteinhabern folglich nahezu unmöglich sein, urheberrechtliche Ansprüche gerichtlich geltend zu machen.

---

[233] Vgl. *Astrid Meckel*, in: Dreyer, Gunda/Kotthoff, Jost/Meckel, Astrid, Urheberrecht, 2. Aufl., Heidelberg 2009, § 101 Rn. 19; *Markus Köhler/Hans-Wolfgang Arndt/Thomas Fetzer*, Recht des Internet, 6. Aufl., Heidelberg 2008, Rn. 642; *Jürgen Kühling/Alexander Elbracht*, Das Telekommunikationsrecht im Wandel – Eine erste Rechtsprechungsübersicht zum TKG 2004, Die Verwaltung 40 (2007), 545 (574).

[234] *Kai Welp*, Die Auskunftspflicht von Access-Providern nach dem Urheberrechtsgesetz, München 2009, S. 26 ff.; ferner *Manfred Rehbinder*, Eröffnung und Begrüßung zur Arbeitssitzung „Auskunftsanspruch gegen Internetprovider“, ZUM 2006, 433 (433).

[235] Dies kommt insbesondere bei sog. *Flatrate*-Verträgen in Betracht; dazu *Peter Büttgen*, in: Scheurle, Klaus-Dieter/Mayen, Thomas (Hrsg.), TKG, 2. Aufl., München 2008, § 96 Rn. 9 f., § 97 Rn. 5 ff., § 99 Rn. 3; siehe dazu genauer im Dritten Kapitel unter A.

[236] *Kai Welp*, Die Auskunftspflicht von Access-Providern nach dem Urheberrechtsgesetz, München 2009, S. 321.

Zweites Kapitel: Die Regelungsebenen in den Bereichen Datenschutz und Internet-Kommunikation

Die Digitalisierung der Telekommunikation und die damit einhergehende weltweite Vernetzung spiegeln sich auch in den Regelungen zum Datenschutz wider.[237] Im Internetzeitalter spielen nationale Grenzen im Grunde keine Rolle mehr. Dementsprechend können einzelne nationale Rechtsordnungen jeweils losgelöst oder isoliert von bzw. ohne ausreichende Kooperation mit anderen Rechtsordnungen – zumindest in weiten Teilen – nicht die Aufgabe einer umfassenden Regelungsdichte erfüllen. Für das geltende Recht wird daher das „Drei-Ebenen-Konzept – Verfassungsrecht/EG-Recht/EMRK"[238] immer bedeutender. Dies gilt angesichts der grenzüberschreitenden Vernetzung durch das Internet auch und insbesondere im Bereich des Schutzes der hinterlassenen, persönlichen Daten. Das Datenschutzrecht stellt folgerichtig ein Geflecht aus internationalen (völkerrechtlichen) Regelungswerken, supranationalen (unionsrechtlichen) Vorgaben und nationalen Regelungen dar.[239] Dieser rechtliche Ordnungsrahmen des Datenschutzes soll im Folgenden in einem adäquaten Umfang skizziert werden, keinesfalls mit dem Anspruch auf Vollständigkeit. Durch die Auswahl weniger, aber wesentlicher Regelungs- und Gesetzeswerke soll verdeutlicht werden, in welchem Zusammenhang die einzelnen Regulierungsebenen zueinander stehen und wie vielfältig, doch zugleich partikulär das Datenschutzrecht letztlich gefächert ist. Gleichzeitig wird dadurch bereits ein grober Prüfungsrahmen für die nachfolgende rechtliche Würdigung vorgezeichnet.

A. Rechtsrahmen in Europa

Für die vorliegende Untersuchung von besonderer Bedeutung sind in erster Linie solche Regelungswerke, die Aussagen über grundrechtliche Gewährleistungen und den Schutz persönlicher Daten enthalten. Der europäische Ordnungsrahmen umfasst dementsprechend im Wesentlichen zwei Regelungsebenen, zum einen – einige ausgewählte – Konventionen des Europarats, insbesondere die Europäische

---

[237] Siehe auch *Jyn Schultze-Melling*, IT-Compliance – Challenges in a Globalized World, CRi 2008, 142 (143).

[238] *Georg Ress*, Menschenrechte, europäisches Gemeinschaftsrecht und nationales Verfassungsrecht, in: Haller, Herbert/Kopetzki, Christian/Novak, Richard u.a. (Hrsg.), Staat und Recht – Festschrift für Günther Winkler, Wien 1997, S. 897 (928); danach *Christian Calliess*, Grundpflichten und Bürgerverantwortung in der Europäischen Konvention zum Schutze der Menschenrechte und Grundfreiheiten (EMRK), in: Bröhmer, Jürgen (Hrsg.), Der Grundrechtsschutz in Europa, Baden-Baden 2002, S. 67 (67).

[239] Vgl. *Marie-Theres Tinnefeld/Eugen Ehmann/Rainer W. Gerling*, Einführung in das Datenschutzrecht, 4. Aufl., München 2005, S. 97.

Menschenrechtskonvention (EMRK)[240], zum anderen Maßnahmen der Europäischen Union.[241] Letztere können wiederum unterteilt werden in Rechtsetzungsmaßnahmen und solche Maßnahmen, die im Zeitpunkt ihrer Entstehung kein unmittelbar geltendes Recht darstellen. An dieser Stelle soll namentlich die Charta der Grundrechte der Europäischen Union (GRCh)[242] in Bezug genommen werden.

I. Konventionen des Europarats

Tinnefeld/Ehmann/Gerling ist bezogen auf die Pionier- und Vorreiterrolle des Europarats gewiss zuzustimmen: Keine internationale Organisation hat die Entwicklung der Menschenrechte, gerade im Hinblick auf den Datenschutz, derart nachhaltig beeinflusst, wie der Europarat.[243] Die in seinem Rahmen ausgearbeiteten Konventionen legten in mancher Hinsicht den Grundstein zur Erreichung eines effizienten Menschenrechtsschutzes.[244] Darunter ist die Europäische Menschenrechtskonvention (EMRK) die bedeutendste Konvention des Europarates.[245] Dies gilt im Besonderen hinsichtlich des Schutzes personenbezogener Daten.[246]

1. Die Europäische Menschenrechtskonvention

Seit jeher etabliert die Europäische Menschenrechtskonvention einen gesamteuropäischen Ordnungs- und Orientierungsrahmen, der über Art. 6 Abs. 2 EUV a.F. (vgl. Art. 6 Abs. 3 EUV n.F.) und die ständige Rechtsprechung des Europäischen Gerichtshofs (EuGH) den Grundrechtsschutz in der Europäischen Union (EU) entscheidend prägt.[247] Gemeinsam mit den nationalen Rechtsordnungen bildet die Eu-

---

240 Siehe BGBl. II vom 27.5.2002, S. 1054.

241 Der Vollständigkeit halber sei erwähnt, dass auch internationale Verträge oder Konventionen der Vereinten Nationen (UN) in der Argumentationskette in der Praxis Berücksichtigung finden können. Freilich mangelt es diesen meist an rechtlicher Verbindlichkeit. Zu nennen wäre etwa die Allgemeine Erklärung der Menschenrechte (AMRE) aus dem Jahr 1948; vgl. *Klaus Stern*, Von der Europäischen Menschenrechtskonvention zur Europäischen Grundrechte-Charta – Perspektiven des Grundrechtsschutzes in Europa, in: Stern, Klaus/Tettinger, Peter J. (Hrsg.), Die europäische Grundrechte-Charta im wertenden Verfassungsvergleich, Berlin 2005, S. 13 ff. Zu beachten ist an dieser Stelle aber, dass der Schwerpunkt der vorliegenden Untersuchung auf dem europäischen und deutschen Recht liegen soll.

242 ABl. C 364 vom 18.12.2000, S. 1.

243 *Marie-Theres Tinnefeld/Eugen Ehmann/Rainer W. Gerling*, Einführung in das Datenschutzrecht, 4. Aufl., München 2005, S. 100; ähnlich *Jürgen Kühling/Christian Seidel/Anastasios Sivridis*, Datenschutzrecht, Frankfurt am Main 2008, S. 36.

244 So ähnlich auch *Marie-Theres Tinnefeld/Eugen Ehmann/Rainer W. Gerling*, Einführung in das Datenschutzrecht, 4. Aufl., München 2005, S. 100.

245 *Torsten Stein/Christian von Buttlar*, Völkerrecht, 12. Aufl., Köln 2009, Rn. 1030.

246 *Michael Kloepfer*, Informationsrecht, München 2002, § 2 Rn. 38.

247 Vgl. *Meinhard Hilf/Frank Schorkopf*, in: Grabitz, Eberhard/Hilf, Meinhard/Nettesheim, Martin (Hrsg.), Das Recht der Europäischen Union, Band I, Stand: 40. EL Oktober 2009,

ropäische Menschenrechtskonvention in ihrer Auslegung durch den Europäischen Gerichtshof für Menschenrechte (EGMR) das Fundament der europäischen Grundrechtsstandardisierung und -konkretisierung.[248]

Als völkerrechtlicher Vertrag,[249] der von den Mitgliedstaaten des Europarates ausgearbeitet worden ist,[250] entfaltet die Europäische Menschenrechtskonvention auf innerstaatlicher Ebene jedoch keine unmittelbare Wirkung, solange sie von den einzelnen Staaten nicht unterzeichnet und ratifiziert wurde.[251] Gemäß Art. 59 Abs. 1 EMRK kann sie – als sog. geschlossene Konvention[252] – ausschließlich von Mitgliedern des Europarates unterzeichnet werden. Von der Bundesrepublik Deutschland wurde die Europäische Menschenrechtskonvention am 5. Dezember 1952 ratifiziert. Am 3. September 1953 trat sie nach der Ratifizierung in zehn Staaten in Kraft (vgl. Art. 66 EMRK).[253]

a) Rang im innerstaatlichen Recht

Durch Zustimmungsgesetz im Sinne des Art. 59 Abs. 2 GG hat der deutsche Gesetzgeber die Europäische Menschenrechtskonvention für im nationalen Recht anwendbar erklärt. In der Rechtsordnung der Bundesrepublik Deutschland steht die Europäische Menschenrechtskonvention folglich im Rang eines einfachen Bundesgesetzes.[254] Dieser Ausgangspunkt entspricht jedenfalls der ganz herrschenden

---

Art. 6 EUV Rn. 44; *Hans-Werner Rengeling*, Grundrechtsschutz in der Europäischen Gemeinschaft, München 1993, S. 184 f.; *Robert Uerpmann-Wittzack/Magdalena Jankowska-Gilberg*, Die Europäische Menschenrechtskonvention als Ordnungsrahmen für das Internet, MMR 2008, 83 (83).

248 Ähnlich *Jürgen Kühling*, Grundrechte, in: Bogdandy, Armin von/Bast, Jürgen (Hrsg.), Europäisches Verfassungsrecht, 2. Aufl., Berlin 2009, S. 657 (663).

249 *Jochen Abr. Frowein*, in: Frowein, Jochen Abr./Peukert, Wolfgang, EMRK-Kommentar, 2. Aufl., Kehl 1996, Einführung Rn. 4.

250 *Jens Meyer-Ladewig*, EMRK, 2. Aufl., Baden-Baden 2006, Einleitung Rn. 1.

251 Mittlerweile gehören ihr alle Mitgliedstaaten des Europarates an (Stand: 2008); *Torsten Stein/Christian von Buttlar*, Völkerrecht, 12. Aufl., Köln 2009, Rn. 1030.

252 Vgl. *Jens Meyer-Ladewig*, EMRK, 2. Aufl., Baden-Baden 2006, Einleitung Rn. 1.

253 *Jochen Abr. Frowein*, in: Frowein, Jochen Abr./Peukert, Wolfgang, EMRK-Kommentar, 2. Aufl., Kehl 1996, Einführung Rn. 2.

254 So ausdrücklich *Christoph Grabenwarter*, Nationale Grundrechte und Rechte der Europäischen Menschenrechtskonvention, in: Merten, Detlef/Papier, Hans-Jürgen (Hrsg.), Handbuch der Grundrechte, Band VI/2, Heidelberg 2009, § 169 Rn. 12; *ders.*, Europäische Menschenrechtskonvention, 4. Aufl., München 2009, § 3 Rn. 6; *Torsten Stein/Christian von Buttlar*, Völkerrecht, 12. Aufl., Köln 2009, Rn. 182; allgemein zum Rang völkerrechtlicher Verträge *Philip Kunig*, Völkerrecht und staatliches Recht, in: Graf Vitzthum, Wolfgang (Hrsg.), Völkerrecht, 4. Aufl., Berlin 2007, Rn. 114; zum Rang in den übrigen Konventionsstaaten *Frank Hoffmeister*, Die europäische Menschenrechtskonvention als Grundrechtsverfassung und ihre Bedeutung in Deutschland, Der Staat 40 (2001), 349 (360 ff.).

Auffassung.[255] Damit steht die Europäische Menschenrechtskonvention unterhalb der Verfassung, entfaltet als geltendes Gesetzesrecht über Art. 20 Abs. 3 GG aber gleichwohl bindende Wirkung.[256] Mit Blick auf den Stellenwert der Europäischen Menschenrechtskonvention und die Essenz der einzelnen in ihr enthaltenen Gewährleistungen ist trotz dieser kaum bestrittenen Grundeinordnung die genaue Positionierung der Konvention in der deutschen Rechtsordnung keinesfalls unumstritten. Interessant ist vor allem die Frage, inwiefern die Verletzung der Europäischen Menschenrechtskonvention, eventuell sogar unmittelbar, geltend gemacht werden kann bzw. wie ihr Verhältnis zu den Grundrechten des Grundgesetzes ist. Um aber überhaupt einen verfassungsrechtlichen Prüfungsmaßstab festlegen zu können, ist es notwendig, auch diejenigen Auffassungen zu beleuchten, die der Europäischen Menschenrechtskonvention einen höheren (Verfassungs- oder Übergesetzes-)Rang beimessen wollen. Nur so kann überzeugend bestimmt werden, unter welchen Voraussetzungen und in welchem Umfang die Europäische Menschenrechtskonvention im innerstaatlichen Recht zu berücksichtigen ist.

aa) Ansätze zur normativen Begründung eines Verfassungs- oder Übergesetzesrangs der Gewährleistungen der Europäischen Menschenrechtskonvention

Auf Grund der besonderen Bedeutung der Europäischen Menschenrechtskonvention wird verschiedentlich versucht, ihr einen Rang über den einfachen Gesetzen zuzumessen.[257] In Betracht käme dies freilich dann, wenn sie bzw. einzelne ihrer Re-

---

255 Vgl. u.a. *Jochen Abr. Frowein*, Übernationale Menschenrechtsgewährleistungen und nationale Staatsgewalt, in: Isensee, Josef/Kirchhof, Paul (Hrsg.), Handbuch des Staatsrechts, Band VII, Heidelberg 1992, § 180 Rn. 5 f.; *ders.*, in: Frowein, Jochen Abr./Peukert, Wolfgang, EMRK-Kommentar, 2. Aufl., Kehl 1996, Einführung Rn. 6; *Klaus Grupp/Ulrich Stelkens*, Zur Berücksichtigung der Gewährleistungen der Europäischen Menschenrechtskonvention bei der Auslegung deutschen Rechts, DVBl 2005, 133 (134); *Hanno Kube*, Persönlichkeitsrecht, in: Isensee, Josef/Kirchhof, Paul (Hrsg.), Handbuch des Staatsrechts, Band VII, 3. Aufl., Heidelberg 2009, § 148 Rn. 90; *Jens Meyer-Ladewig*, EMRK, 2. Aufl., Baden-Baden 2006, Einleitung Rn. 29; *Hans-Jürgen Papier*, Umsetzung und Wirkung der Entscheidungen des Europäischen Gerichtshofes für Menschenrechte aus der Perspektive der nationalen deutschen Gerichte, EuGRZ 2006, 1 (1); *Mehrdad Payandeh*, Die EMRK als grundrechtsbeschränkendes Gesetz?, JuS 2009, 212 (212); *Matthias Ruffert*, Die Europäische Menschenrechtskonvention und innerstaatliches Recht, EuGRZ 2007, 245 (246).

256 *Hans-Jürgen Papier*, Umsetzung und Wirkung der Entscheidungen des Europäischen Gerichtshofes für Menschenrechte aus der Perspektive der nationalen deutschen Gerichte, EuGRZ 2006, 1 (1).

257 Vgl. dazu ausführlich *Thomas Giegerich*, Wirkung und Rang der EMRK in den Rechtsordnungen der Mitgliedstaaten, in: Grote, Rainer/Marauhn, Thilo, EMRK/GG, Tübingen 2006, Kap. 2 Rn. 47 ff.; *Matthias Ruffert*, Die Europäische Menschenrechtskonvention und innerstaatliches Recht, EuGRZ 2007, 245 (246 f.).

gelungen als allgemeine Regeln des Völkerrechts gemäß Art. 25 S. 2 GG gelten.[258] Zwar ist *Bleckmann* zuzustimmen, dass anhand eines Rückgriffs auf die Europäische Menschenrechtskonvention sehr wohl eine gemeinsame europäische Verfassungstradition und eine übereinstimmende Entwicklung der Grundrechte aufgezeigt werden kann.[259] Für sämtliche der differenzierten und komplexen Garantien des umfassenden Katalogs der Europäischen Menschenrechtskonvention, die nicht bereits als allgemeine Regeln des Völkerrechts anerkannt sind, lässt sich dies aber kaum annehmen.[260] Ist eine Garantie der Europäischen Menschenrechtskonvention jedoch ausnahmsweise mit einer allgemeinen Regel des Völkerrechts identisch, so – und nur dann[261] – gestattete das Bundesverfassungsgericht im *Pakelli*-Beschluss[262] deren Überprüfung mittelbar durch Berufung auf Art. 2 Abs. 1 GG. Auf Grund der Komplexität der Regelungen der Europäischen Menschenrechtskonvention kann davon aber nur in seltenen Fällen ausgegangenen werden.[263]

Die Ansicht *Froweins*[264], die Gewährleistungen der Europäischen Menschenrechtskonvention generell im Rahmen des Art. 2 Abs. 1 GG als Bestandteil der allgemeinen Handlungsfreiheit zu berücksichtigen, da die in der Konvention enthaltenen Gewährleistungen zum Wesensgehalt des Art. 2 Abs. 1 GG gehörten und eine diese verletzende Maßnahme somit nicht von der verfassungsmäßigen Ordnung

---

258 So *Albert Bleckmann*, Verfassungsrang der Europäischen Menschenrechtskonvention?, EuGRZ 1994, 149 (152 ff.); dazu *Torsten Stein/Christian von Buttlar*, Völkerrecht, 12. Aufl., Köln 2009, Rn. 182.

259 Ähnlich formuliert *Albert Bleckmann*, Verfassungsrang der Europäischen Menschenrechtskonvention?, EuGRZ 1994, 149 (154).

260 *Matthias Ruffert*, Die Europäische Menschenrechtskonvention und innerstaatliches Recht, EuGRZ 2007, 245 (246 f.).

261 *Georg Ress*, Verfassungsrechtliche Auswirkungen der Fortentwicklung völkerrechtlicher Verträge, in: Fürst, Walther/Herzog, Roman/Umbach, Dieter C. (Hrsg.), Festschrift für Wolfgang Zeidler, Band II, Berlin 1987, S. 1775 (1794); a.A. *Jochen Abr. Frowein*, Anmerkung zur Pakelli-Entscheidung des Bundesverfassungsgerichts, ZaöRV 46 (1986), 286 (288); *ders.*, Das Bundesverfassungsgericht und die Europäische Menschenrechtskonvention, in: Fürst, Walther/Herzog, Roman/Umbach, Dieter C. (Hrsg.), Festschrift für Wolfgang Zeidler, Band II, Berlin 1987, S. 1763 (1772 f.).

262 BVerfG, Beschluss vom 11.10.1985 – 2 BvR 336/85 (*Pakelli*), Rn. 1 = NJW 1986, 1425 (1426).

263 Vgl. *Georg Ress*, Verfassungsrechtliche Auswirkungen der Fortentwicklung völkerrechtlicher Verträge, in: Fürst, Walther/Herzog, Roman/Umbach, Dieter C. (Hrsg.), Festschrift für Wolfgang Zeidler, Band II, Berlin 1987, S. 1775 (1790 und 1794).

264 Vgl. *Jochen Abr. Frowein*, Anmerkung zur Pakelli-Entscheidung des Bundesverfassungsgerichts, ZaöRV 46 (1986), 286 (286 und 288); *ders.*, Das Bundesverfassungsgericht und die Europäische Menschenrechtskonvention, in: Fürst, Walther/Herzog, Roman/Umbach, Dieter C. (Hrsg.), Festschrift für Wolfgang Zeidler, Band II, Berlin 1987, S. 1763 (1770).

gedeckt sei, ist im Hinblick auf die drohende Überfrachtung dieses Grundrechts jedenfalls äußerst bedenklich und abzulehnen.[265]

Ein anderer Ansatz versucht, den Europäischen Gerichtshof für Menschenrechte bzw. die „Konventionsgemeinschaft" als zwischenstaatliche Einrichtung im Sinne von Art. 24 Abs. 1 GG einzuordnen.[266] Dadurch ließe sich, so *Ress*, das Menschenrechtsprogramm dahingehend fortentwickeln, dass ein Geltungs- und Anwendungsvorrang vor dem innerstaatlichen Recht eingeräumt werden müsse.[267] Ob sich daraus aber Folgerungen für die Europäische Menschenrechtskonvention bzw. deren Rang herleiten lassen, muss bezweifelt werden.[268] Ein Rückgriff auf Art. 24 Abs. 1 GG scheitert aber bereits daran, dass eine zwischenstaatliche Einrichtung einen Anspruch auf die Einwirkung auf die nationale Rechtsordnung erheben muss, d.h. zum Erlass von Rechtsakten mit unmittelbarer innerstaatlicher Wirkung ermächtigt sein muss.[269] Charakteristisch für eine zwischenstaatliche Einrichtung ist, dass sie Durchgriffswirkung unmittelbar für und gegen den Einzelnen bzw. einzelne staatliche Stellen entfaltet,[270] d.h. als Ausdruck von Supranationalität in den staatlichen Hoheitsbereich unmittelbar eingreift.[271] Ein solcher (supranationaler) Anspruch hat sich bezüglich der Europäischen Menschenrechtskonvention aller-

---

265 So auch *Matthias Ruffert*, Die Europäische Menschenrechtskonvention und innerstaatliches Recht, EuGRZ 2007, 245 (247).

266 Siehe zu dieser Idee *Georg Ress*, Wirkung und Beachtung der Urteile und Entscheidungen der Straßburger Konventionsorgane, EuGRZ 1996, 350 (353); *ders.*, Verfassungsrechtliche Auswirkungen der Fortentwicklung völkerrechtlicher Verträge, in: Fürst, Walther/Herzog, Roman/Umbach, Dieter C. (Hrsg.), Festschrift für Wolfgang Zeidler, Band II, Berlin 1987, S. 1775 (1792); weiterentwickelt von *Christine Langenfeld*, Die Stellung der EMRK im Verfassungsrecht der Bundesrepublik Deutschland, in: Bröhmer, Jürgen (Hrsg.), Der Grundrechtsschutz in Europa, Baden-Baden 2002, S. 95 (99 ff.); *Christian Walter*, Die Europäische Menschenrechtskonvention als Konstitutionalisierungsprozess, ZaöRV 59 (1999), 961 (insbes. 973 ff.).

267 Ebenso *Christine Langenfeld*, Die Stellung der EMRK im Verfassungsrecht der Bundesrepublik Deutschland, in: Bröhmer, Jürgen (Hrsg.), Der Grundrechtsschutz in Europa, Baden-Baden 2002, S. 95 (102).

268 *Georg Ress*, Wirkung und Beachtung der Urteile und Entscheidungen der Straßburger Konventionsorgane, EuGRZ 1996, 350 (353); danach *Matthias Ruffert*, Die Europäische Menschenrechtskonvention und innerstaatliches Recht, EuGRZ 2007, 245 (247 und 254).

269 *Albrecht Radelzhofer*, in: Maunz, Theodor/Dürig, Günter/Herzog, Roman/Scholz, Rupert, Grundgesetz, Stand: 56. EL Oktober 2009, Art. 24 Abs. 1 Rn. 48.

270 Nur bei unmittelbarer Wirkung in der innerstaatlichen Rechtsordnung liegt überhaupt eine Übertragung von Hoheitsakten vor; vgl. *Claus Dieter Classen*, in: Mangoldt, Hermann von/Klein, Friedrich/Starck, Christian (Hrsg.), GG, Band 2, 5. Aufl., München 2005, Art. 24 Abs. 1 Rn. 5 f.

271 *Ingolf Pernice*, in: Dreier, Horst (Hrsg.), GG, Band II, 2. Aufl., Tübingen 2006, Art. 24 Rn. 25; *Ondolf Rojahn*, in: Münch, Ingo von/Kunig, Philip (Hrsg.), GG, Band 2, 5. Aufl., München 2001, Art. 24 Rn. 20; *Rudolf Streinz*, in: Sachs, Michael (Hrsg.), GG, 5. Aufl., München 2009, Art. 24 Rn. 13.

dings noch nicht ausreichend entwickelt.[272] Eine Übertragung von Hoheitsrechten an den Europäischen Gerichtshof für Menschenrechte hat bislang aber nicht stattgefunden.[273] Zwar könnte die Spruchpraxis des Europäischen Gerichtshofs für Menschenrechte als Ausübung von Hoheitsrechten begriffen werden,[274] doch kann ein Durchsetzungsmechanismus in der „Konventionsgemeinschaft“ angesichts der bloß faktischen Feststellungswirkung der Urteile des Europäischen Gerichtshofs für Menschenrechte im innerstaatlichen Recht kaum angenommen werden.[275] Dem Konventionssystem kann folglich keine dem Unionsrecht vergleichbare Supranationalität beigemessen werden.[276] Außerdem würde die Europäische Menschenrechtskonvention im Falle einer Einordnung im hier genannten Sinne auch an den verfassungsverdrängenden Wirkungen des Art. 24 Abs. 1 GG teilhaben und wäre somit erheblichen verfassungsrechtlichen Risiken ausgesetzt.[277]

Der Vorschlag, die Europäische Menschenrechtskonvention als Grundrechtsverfassung über Art. 1 Abs. 2 GG in die deutsche Verfassungsordnung zu inkorporieren,[278] verkennt, dass ein solcher Verfassungsbegriff nicht mit dem des Grundgesetzes identisch ist, dass der Begriff der Grundrechte aber auf diejenigen des Grundgesetzes beschränkt ist.[279] Außerdem wäre der Appellcharakter der Vorschrift mit einer solchen Klassifikation wohl zu stark strapaziert.[280]

---

272 *Matthias Ruffert*, Die Europäische Menschenrechtskonvention und innerstaatliches Recht, EuGRZ 2007, 245 (254).

273 *Christoph Grabenwarter*, Europäische Menschenrechtskonvention, 4. Aufl., München 2009, § 3 Rn. 7.

274 In diesem Sinne mit Verweis auf Art. 32 EMRK wohl *Christine Langenfeld*, Die Stellung der EMRK im Verfassungsrecht der Bundesrepublik Deutschland, in: Bröhmer, Jürgen (Hrsg.), Der Grundrechtsschutz in Europa, Baden-Baden 2002, S. 95 (101).

275 Vgl. *Christoph Grabenwarter*, Europäische Menschenrechtskonvention, 4. Aufl., München 2009, § 3 Rn. 7; *ders.*, Nationale Grundrechte und Rechte der Europäischen Menschenrechtskonvention, in: Merten, Detlef/Papier, Hans-Jürgen (Hrsg.), Handbuch der Grundrechte, Band VI/2, Heidelberg 2009, § 169 Rn. 32; *Solveig Haß*, Die Urteile des Europäischen Gerichtshofs für Menschenrechte, Frankfurt 2006, S. 112 ff., insbes. 182; *Frank Hoffmeister*, Die europäische Menschenrechtskonvention als Grundrechtsverfassung und ihre Bedeutung in Deutschland, Der Staat 40 (2001), 349 (366).

276 *Thomas Giegerich*, Wirkung und Rang der EMRK in den Rechtsordnungen der Mitgliedstaaten, in: Grote, Rainer/Marauhn, Thilo, EMRK/GG, Tübingen 2006, Kap. 2 Rn. 48.

277 *Georg Ress*, Verfassungsrechtliche Auswirkungen der Fortentwicklung völkerrechtlicher Verträge, in: Fürst, Walther/Herzog, Roman/Umbach, Dieter C. (Hrsg.), Festschrift für Wolfgang Zeidler, Band II, Berlin 1987, S. 1775 (1795).

278 *Frank Hoffmeister*, Die europäische Menschenrechtskonvention als Grundrechtsverfassung und ihre Bedeutung in Deutschland, Der Staat 40 (2001), 349 (368 ff.).

279 So zutreffend *Christoph Grabenwarter*, Europäische Menschenrechtskonvention, 4. Aufl., München 2009, § 3 Rn. 7.

280 *Matthias Ruffert*, Die Europäische Menschenrechtskonvention und innerstaatliches Recht, EuGRZ 2007, 245 (247).

bb) Jüngere Rechtsprechung des Bundesverfassungsgerichts

Im Grundsatz bekräftigte das Bundesverfassungsgericht in der Sache *Görgülü*, dass Völkervertragsrecht innerstaatlich nicht mit dem Rang von Verfassungsrecht ausgestattet ist und „dass es sich bei dem Verhältnis des Völkerrechts zum nationalen Recht um ein Verhältnis zweier unterschiedlicher Rechtskreise handelt und dass die Natur dieses Verhältnisses aus der Sicht des nationalen Rechts nur durch das nationale Recht selbst bestimmt werden kann [...] Wenn das Konventionsrecht der Europäischen Menschenrechtskonvention und mit ihm der Bundesgesetzgeber auf der Grundlage von Art. 59 Abs. 2 GG eine unmittelbare Geltung der Rechtsentscheide angeordnet haben, so entfalten sie unterhalb des Verfassungsrechts diese Wirkung."[281] Im selben Beschluss wies das Bundesverfassungsgericht aber ausdrücklich auf die besondere Bedeutung der Entscheidungen des Europäischen Gerichtshofs für Menschenrechte hin, die den aktuellen Entwicklungsstand der Europäischen Menschenrechtskonvention widerspiegeln.[282] Inhalt und Entwicklungsstand der Europäischen Menschenrechtskonvention seien bei der Interpretation der Grundrechte des Grundgesetzes in Betracht zu ziehen.[283] Deshalb diene insoweit „auch die Rechtsprechung des Europäischen Gerichtshofs für Menschenrechte als Auslegungshilfe für die Bestimmung von Inhalt und Reichweite von Grundrechten und rechtsstaatlichen Grundsätzen des Grundgesetzes."[284] Verschiedentlich wird in diesem Zusammenhang von einer normativen „Leit- und Orientierungsfunktion" der Entscheidungen des Europäischen Gerichtshofs für Menschenrechte im deutschen Recht gesprochen.[285] Ein ganz wesentlicher Hebel zur Begründung dieser Leitfunktion ist dabei das Argument der Völkerrechtsfreundlichkeit des Grundge-

---

[281] BVerfG, Beschluss vom 14.10.2004 – 2 BvR 1481/04 (*Görgülü*), Rn. 34 ff. = BVerfGE 111, 307 (318 f.). Dem entspricht im Ergebnis, dass Urteile des Europäischen Gerichtshofs für Menschenrechte innerstaatliche Hoheitsakte nicht aufheben können, sondern vielmehr allein das innerstaatliche Recht maßgeblich ist; vgl. *Jochen Abr. Frowein/Wolfgang Peukert*, in: Frowein, Jochen Abr./Peukert, Wolfgang, EMRK-Kommentar, 2. Aufl., Kehl 1996, Art. 53 Rn. 3.

[282] BVerfG, Beschluss vom 14.10.2004 – 2 BvR 1481/04 (*Görgülü*), Rn. 38 = BVerfGE 111, 307 (319).

[283] Ähnlich BVerfG, Beschluss vom 14.10.2004 – 2 BvR 1481/04 (*Görgülü*), Rn. 30 = BVerfGE 111, 307 (317); zuvor BVerfG, Beschluss vom 26.3.1987 – 2 BvR 589/79, 2 BvR 740/81, 2 BvR 284/85 (*Unschuldsvermutung*), Rn. 35 = BVerfGE 74, 358 (370).

[284] So bereits BVerfG, Beschluss vom 26.3.1987 – 2 BvR 589/79, 2 BvR 740/81, 2 BvR 284/85 (*Unschuldsvermutung*), Rn. 35 = BVerfGE 74, 358 (370); später BVerfG, Beschluss vom 14.10.2004 – 2 BvR 1481/04 (*Görgülü*), Rn. 32 = BVerfGE 111, 307 (317); befürwortend *Mehrdad Payandeh*, Die EMRK als grundrechtsbeschränkendes Gesetz?, JuS 2009, 212 (216).

[285] *Hans-Jürgen Papier*, Umsetzung und Wirkung der Entscheidungen des Europäischen Gerichtshofes für Menschenrechte aus der Perspektive der nationalen deutschen Gerichte, EuGRZ 2006, 1 (1); *Matthias Ruffert*, Die Europäische Menschenrechtskonvention und innerstaatliches Recht, EuGRZ 2007, 245 (247).

setzes.[286] Konflikte mit nationalem Recht sind in diesem Sinne konventionsfreundlich aufzulösen.[287] Das Bundesverfassungsgericht untermauert seine Argumentation außerdem mit dem Verweis auf Art. 1 Abs. 2 GG.[288] Damit weise das Grundgesetz „dem Kernbestand an internationalen Menschenrechten einen besonderen Schutz zu."[289] Solange Auslegungsspielräume eröffnet seien, treffe „deutsche Gerichte die Pflicht, der konventionsgemäßen Auslegung den Vorrang zu geben."[290]

Der lange Zeit geltende Grundsatz, dass eine Verfassungsbeschwerde nicht auf eine Verletzung der Europäischen Menschenrechtskonvention gestützt werden kann, da das Bundesverfassungsgericht nicht am Maßstab der Europäischen Menschenrechtskonvention entscheide,[291] gilt demzufolge prinzipiell unverändert. Diese Kernaussage besitzt jedenfalls Gültigkeit für die unmittelbare Berufung auf die Europäische Menschenrechtskonvention. Der Beschluss in der Sache *Görgülü* führt aber zu einem sehr beachtlichen weiteren Befund. Das Bundesverfassungsgericht hat darin die Europäische Menschenrechtskonvention im Ergebnis indirekt zum verfassungsrechtlichen Prüfungsmaßstab erhoben.[292] Mittelbar besteht nunmehr die Möglichkeit,[293] die Verletzung der Europäischen Menschenrechtskonvention mit

---

286 So im Ergebnis auch *Hanno Kube*, Persönlichkeitsrecht, in: Isensee, Josef/Kirchhof, Paul (Hrsg.), Handbuch des Staatsrechts, Band VII, 3. Aufl., Heidelberg 2009, § 148 Rn. 90; *Hans-Jürgen Papier*, Umsetzung und Wirkung der Entscheidungen des Europäischen Gerichtshofes für Menschenrechte aus der Perspektive der nationalen deutschen Gerichte, EuGRZ 2006, 1 (1).

287 Dies gilt im Übrigen auch gegenüber nachträglichen oder spezielleren Bundesgesetzen. Die Grundsätze „lex posterior derogat legi priori" und „lex specialis derogat legi generali" gelten im Hinblick auf die Europäische Menschenrechtskonvention nicht; vgl. *Klaus Grupp/Ulrich Stelkens*, Zur Berücksichtigung der Gewährleistungen der Europäischen Menschenrechtskonvention bei der Auslegung deutschen Rechts, DVBl 2005, 133 (134); *Frank Hoffmeister*, Die europäische Menschenrechtskonvention als Grundrechtsverfassung und ihre Bedeutung in Deutschland, Der Staat 40 (2001), 349 (362); ferner *Thomas Giegerich*, Wirkung und Rang der EMRK in den Rechtsordnungen der Mitgliedstaaten, in: Grote, Rainer/Marauhn, Thilo, EMRK/GG, Tübingen 2006, Kap. 2 Rn. 45.

288 Die Rangerhöhung der Europäischen Menschenrechtskonvention als höherrangige Grundrechtsverfassung unmittelbar auf Art. 1 Abs. 2 GG stützend *Frank Hoffmeister*, Die europäische Menschenrechtskonvention als Grundrechtsverfassung und ihre Bedeutung in Deutschland, Der Staat 40 (2001), 349 (368 ff.).

289 BVerfG, Beschluss vom 14.10.2004 – 2 BvR 1481/04 (*Görgülü*), Rn. 62 = BVerfGE 111, 307 (329).

290 BVerfG, Beschluss vom 14.10.2004 – 2 BvR 1481/04 (*Görgülü*), Rn. 62 = BVerfGE 111, 307 (329).

291 *Georg Ress*, Verfassungsrechtliche Auswirkungen der Fortentwicklung völkerrechtlicher Verträge, in: Fürst, Walther/Herzog, Roman/Umbach, Dieter C. (Hrsg.), Festschrift für Wolfgang Zeidler, Band II, Berlin 1987, S. 1775 (1789 f.).

292 Unmittelbar sind die Gewährleistungen der Europäischen Menschenrechtskonvention nach wie vor kein verfassungsrechtlicher Prüfungsmaßstab; vgl. BVerfG, Beschluss vom 14.10.2004 – 2 BvR 1481/04 (*Görgülü*), Rn. 32 = BVerfGE 111, 307 (317).

293 Mittelbar war dies bislang nur in den bereits oben beschriebenen, jedoch äußerst seltenen Fällen möglich.

der Begründung der Verletzung des Rechtsstaatsprinzips des Art. 20 Abs. 3 GG in Verbindung mit dem jeweils einschlägigen Grundrecht vor dem Bundesverfassungsgericht zu rügen.[294] Dabei handelt es sich um einen Weg, den das Bundesverfassungsgericht in einer Entscheidung[295] zur Unschuldsvermutung als besondere Ausprägung des Rechtsstaatsprinzips bereits angedeutet hat. Die Einbindung der Menschenrechte der Europäischen Menschenrechtskonvention in den verfassungsrechtlichen Prüfungsmaßstab wurde damals unter der Voraussetzung erreicht, dass sich das gerügte, auf Art. 2 Abs. 1 GG gestützte Menschenrecht als eine Ausprägung des Rechtsstaatsprinzips darstelle.[296] Unter dieser Prämisse konnte somit schon vor dem *Görgülü*-Beschluss die Verletzung von Rechten der Europäischen Menschenrechtskonvention vor dem Bundesverfassungsgericht geltend gemacht werden.[297]

Endgültig ist das Verhältnis des Bundesverfassungsgerichts zum Europäischen Gerichtshof für Menschenrechte jedoch auch nach der *Görgülü*-Entscheidung nicht geklärt.[298] In der jüngsten *Caroline*-Entscheidung betont das Bundesverfassungsgericht aber immerhin, dass es bei der verfassungsgerichtlichen Nachprüfung darauf beschränkt sei, ob die Fachgerichte bei der Auslegung und Anwendung der Vorschriften des einfachen Rechts und insbesondere bei der Abwägung miteinander kollidierender Rechtsgüter den Grundrechtseinfluss ausreichend beachtet haben und dabei ihrer Aufgabe nachgekommen sind, die Entscheidungen des Europäischen Gerichtshofs für Menschenrechte in die betroffene Teilrechtsordnung der nationalen Rechtsordnung einzupassen.[299]

Ein Verfassungsverstoß liege aber vor, „wenn der Schutzbereich eines [...] zu beachtenden Grundrechts unrichtig oder unvollkommen bestimmt worden ist oder

---

294 *Hans-Jürgen Papier*, Umsetzung und Wirkung der Entscheidungen des Europäischen Gerichtshofes für Menschenrechte aus der Perspektive der nationalen deutschen Gerichte, EuGRZ 2006, 1 (2); *Klaus Schlaich/Stefan Korioth*, Das Bundesverfassungsgericht, 8. Aufl., München 2010, Rn. 369.

295 BVerfG, Beschluss vom 26.3.1987 – 2 BvR 589/79, 2 BvR 740/81, 2 BvR 284/85 (*Unschuldsvermutung*), Rn. 35 ff. = BVerfGE 74, 358 (370).

296 BVerfG, Beschluss vom 26.3.1987 – 2 BvR 589/79, 2 BvR 740/81, 2 BvR 284/85 (*Unschuldsvermutung*), Rn. 34 ff. = BVerfGE 74, 358 (369 ff.).

297 Vgl. *Georg Ress*, Verfassungsrechtliche Auswirkungen der Fortentwicklung völkerrechtlicher Verträge, in: Fürst, Walther/Herzog, Roman/Umbach, Dieter C. (Hrsg.), Festschrift für Wolfgang Zeidler, Band II, Berlin 1987, S. 1775 (1796).

298 Vgl. *Nadine Klass*, Zum Verhältnis des Persönlichkeitsrechts zur Pressefreiheit, ZUM 2008, 432 (432); *Mehrdad Payandeh*, Die EMRK als grundrechtsbeschränkendes Gesetz?, JuS 2009, 212 (212).

299 BVerfG, Beschluss vom 26.2.2008 – 1 BvR 1602/07, 1 BvR 1606/07, 1 BvR 1626/07 (*Caroline von Monaco IV*), Rn. 75 = BVerfGE 120, 180 (209 f.) = ZUM 2008, 420 (428); siehe auch *Christian Starck*, Zur Frage der Reichweite des Grundrechts auf Schutz der Persönlichkeit gegen Abbildungen von Prominenten über deren Privatleben, JZ 2008, 634 (634); ferner *Nadine Klass*, Zum Verhältnis des Persönlichkeitsrechts zur Pressefreiheit, ZUM 2008, 432 (435).

sein Gewicht unrichtig bemessen und auf diese Weise fehlerhaft in die Abwägung einbezogen worden ist oder wenn die Abwägung sonstigen Vorgaben des Verfassungsrechts widerspricht, insbesondere auch verfassungsrechtlich zu beachtende Maßgaben der Europäischen Menschenrechtskonvention nicht hinreichend berücksichtigt worden sind."[300]

Darüber hinaus bekräftigt das Bundesverfassungsgericht, dass die Vorschriften der Europäischen Menschenrechtskonvention – hier Art. 8 EMRK – als einfaches Bundesrecht als allgemeine Gesetze[301] im Sinne des Art. 5 Abs. 2 GG anzusehen sind.[302] Denjenigen, die der Anwendung der Europäischen Menschenrechtskonvention als grundrechtsbeschränkendes Gesetz kritisch gegenüber stehen,[303] können wenigstens die überkommenen Grundsätze der verfassungskonformen Auslegung entgegen gehalten werden, die ihrerseits wiederum zu einer einschränkenden und mithin relativierenden Auslegung der Europäischen Menschenrechtskonvention als allgemeines Gesetz im Lichte des Grundrechts führt. Das Bundesverfassungsgericht stellt insoweit fest, dass das allgemeine Gesetz dem Wortlaut nach dem Grundrecht zwar Schranken setze, doch finde eine „Wechselwirkung" in dem Sinne statt, dass das allgemeine Gesetz aus der Erkenntnis der wertsetzenden Bedeutung des Grundrechts im freiheitlichen demokratischen Staat ausgelegt und in seiner das Grundrecht begrenzenden Wirkung selbst wieder eingeschränkt werden müsse.[304]

Diese „Ausstrahlungswirkung"[305] des Grundrechts auf das einfache Gesetzesrecht führt letztlich zu einer Güterabwägung zwischen dem Grundrecht und dem durch das einschränkende Gesetz geschützten Gut, die vor dem Hintergrund des Wertvorrangs des Grundrechts stattfindet.[306]

---

300 BVerfG, Beschluss vom 26.2.2008 – 1 BvR 1602/07, 1 BvR 1606/07, 1 BvR 1626/07 (*Caroline von Monaco IV*), Rn. 76 = BVerfGE 120, 180 (210).

301 Zum Begriff siehe näher *Rudolf Wendt*, in: Münch, Ingo von/Kunig, Philip (Hrsg.), GG, Band 1, 5. Aufl., München 2000, Art. 5 Rn. 69 ff.

302 „Das in Art. 8 EMRK verankerte Recht auf Achtung des Privatlebens ist ebenfalls ein allgemeines Gesetz im Sinne des Art. 5 Abs. 2 GG, das der Kommunikationsfreiheit Grenzen setzt. Der Europäischen Menschenrechtskonvention kommt im nationalen Recht der Rang von einfachem Bundesrecht zu"; vgl. BVerfG, Beschluss vom 26.2.2008 – 1 BvR 1602/07, 1 BvR 1606/07, 1 BvR 1626/07 (*Caroline von Monaco IV*), Rn. 52 = BVerfGE 120, 180 (199 ff., hier 200); dazu auch *Volker Epping*, Grundrechte, 4. Aufl., Berlin 2010, Rn. 1024.

303 Kritisch etwa beleuchtet *Payandeh* die Frage, ob die Europäische Menschenrechtskonvention im Rahmen von Grundrechtskollisionen auch unmittelbar als die Grundrechte beschränkendes Gesetz herangezogen werden kann; vgl. *Mehrdad Payandeh*, Die EMRK als grundrechtsbeschränkendes Gesetz?, JuS 2009, 212 (insbes. 213 ff.).

304 BVerfG, Urteil vom 15.1.1958 – 1 BvR 400/51 (*Lüth*), Rn. 33 = BVerfGE 7, 198 (209); vgl. auch BVerfG, Beschluss vom 20.6.1984 – 1 BvR 1494/78 (*Telefonüberwachung*), Rn. 47 = BVerfGE 67, 157 (172 f.).

305 BVerfG, Beschluss vom 3.10.1969 – 1 BvR 46/65 (*Überwachungsgesetz*), Rn. 23 = BVerfGE 27, 71 (79).

306 *Karl Larenz/Claus-Wilhelm Canaris*, Methodenlehre der Rechtswissenschaft, 3. Aufl., Berlin 1995, S. 332.

cc) Voraussetzungen und Folgen des Beitritts der Europäischen Union zur Europäischen Menschenrechtskonvention

Mit dem Beitritt der Europäischen Union zur Europäischen Menschenrechtskonvention in Folge des Vertrages von Lissabon[307], der am 1. Dezember 2009 in Kraft trat,[308] wird die Europäische Menschenrechtskonvention unmittelbare Rechtsquelle des Unionsrechts[309] (Art. 6 Abs. 2 EUV n.F., Art. 218 Abs. 8 Un-terabs. 2 S. 2 AEUV). Hoheitsakte der Europäischen Union und Urteile des Europäischen Gerichtshofs müssen sich dann unmittelbar an der Europäischen Menschenrechtskonvention messen lassen.[310] Da die Europäische Menschenrechtskonvention selbst keine Vorgaben über ihren Rang in der Rechtsordnung des jeweiligen Mitglieds enthält, muss die Europäische Union den Rang im Unionsrecht feststellen.[311] Art. 6 Abs. 2 EUV n.F. trifft dazu keine näheren Bestimmungen. Die besonderen Anforderungen an eine Beitrittsübereinkunft werden vielmehr durch das Protokoll zu Artikel 6 Absatz 2 des Vertrags über die Europäische Union über den Beitritt der Union zur Europäischen Konvention zum Schutz der Menschenrechte und Grundfreiheiten[312] geregelt. Der Abschluss einer solchen Übereinkunft unterfiele dem

307 Vertrag von Lissabon zur Änderung des Vertrags über die Europäische Union und des Vertrags zur Gründung der Europäischen Gemeinschaft; ABl. C 306 vom 17.12.2007, S. 1; dazu im Überblick *Jörg Philipp Terhechte*, Der Vertrag von Lissabon: Grundlegende Verfassungsurkunde der europäischen Rechtsgemeinschaft oder technischer Änderungsvertrag?, EuR 2008, 143 ff.

308 Vgl. *Christoph Herrmann*, Der Vertrag von Lissabon – Ein Überblick, Jura 2010, 161 (161); *Josef Franz Lindner*, Das Lissabon-Urteil des Bundesverfassungsgerichts und die Konsequenzen für die europäische Integration, BayVBl. 2010, 193 (194); *Franz Mayer*, Der Vertrag von Lissabon im Überblick, JuS 2010, 189 (190); *Alexander Thiele*, Das Rechtsschutzsystem nach dem Vertrag von Lissabon – (K)ein Schritt nach vorn?, EuR 2010, 30 (30).

309 Mit In-Kraft-Treten des Vertrages von Lissabon am 1.12.2009 entfällt die bisherige Drei-Säulen-Struktur; vgl. *Franz Mayer*, Der Vertrag von Lissabon im Überblick, JuS 2010, 189 (190); *Matthias Wiemers*, Der Lissabon-Vertrag und das Bundesverfassungsgericht – Zum BVerfG-Urteil über den Vertrag zur Reform der Europäischen Union, VR 2010, 73 (73). Gem. Art. 1 Abs. 3 S. 3 EUV n.F. tritt die Union an die Stelle der Europäischen Gemeinschaft, deren Rechtsnachfolgerin sie ist. Im Übrigen wird aus dem Vertrag zur Gründung der Europäischen Gemeinschaft (EGV) der Vertrag über die Arbeitsweise der Europäischen Union (AEUV). Aus diesen Gründen empfiehlt es sich, soweit nicht die alte Rechtslage in Bezug genommen wird, im Folgenden von Unionsrecht und nicht von Gemeinschaftsrecht zu sprechen.

310 *Elena Schulte-Herbrüggen*, Der Grundrechtsschutz in der Europäischen Union nach dem Vertrag von Lissabon, ZEuS 2009, 343 (362).

311 *Susanne Stock*, Der Beitritt der Europäischen Union zur Europäischen Menschenrechtskonvention als Gemischtes Abkommen?, Hamburg 2010, S. 201.

312 Protokoll (Nr. 8) zu Artikel 6 Absatz 2 des Vertrags über die Europäische Union über den Beitritt der Union zur Europäischen Konvention zum Schutz der Menschenrechte und Grundfreiheiten, ABl. C 115 vom 9.5.2008, S. 273; vgl. auch ABl. C 306 vom 17.12.2007, S. 155.

Verfahren der Art. 216 i.V.m. 218 AEUV.[313] Wie alle völkerrechtlichen Verträge der Europäischen Union würde auf Grund der Regelung des Art. 216 Abs. 2 AEUV somit auch die Europäische Menschenrechtskonvention formal einen Rang zwischen Primär- und Sekundärrecht einnehmen.[314] Etwas anderes könnte sich aber ergeben, wenn die Mitgliedstaaten zur Ratifikation des Beschlusses über das Beitrittsprotokoll berufen wären. *Uerpmann-Wittzack* führt dazu aus, unter dieser Prämisse erlangten der Beitrittsbeschluss selbst und mit ihm die Europäische Menschenrechtskonvention Primärrechtsrang.[315] Ob sich aus der „Inkorporation" der Europäischen Menschenrechtskonvention über Art. 6 Abs. 1 EUV n.F. i.V.m. Art. 52 Abs. 3 S. 1 GRCh ebenfalls der Primärrechtsrang herleiten lässt, ist indes mehr als fraglich.[316] Art. 52 Abs. 3 S. 1 GRCh bestimmt lediglich, dass es durch die Grundrechtecharta nicht zu einer Einschränkung der Bedeutung und Tragweite der Menschenrechte und Grundfreiheiten der Europäischen Menschenrechtskonvention kommt. Die Europäische Menschenrechtskonvention legt nach dieser Vorschrift richtigerweise aber nur die Mindestanforderungen fest.[317] Nicht ausgeschlossen ist, dass die Europäische Union einen ergänzenden bzw. weiter gehenden Schutz gewährt.[318] Aus den genannten Regelungen bereits einen Primärrechtsrang abzuleiten, wäre deren Regelungsinhalt daher wohl kaum angemessen. Bevor der Beitritt der Europäischen Union zur Europäischen Menschenrechtskonvention nicht besiegelt ist, bleibt es somit zunächst beim *status quo*. Die Europäische Menschenrechtskonvention dient dem Europäischen Gerichtshof neben den gemeinsamen mitgliedstaatlichen Verfassungstraditionen als Rechtserkenntnisquelle, entfaltet aber keine (zumindest unmittelbare) rechtliche Bindungswirkung im Unions-

313 *Rudolf Streinz/Christoph Ohler/Christoph Herrmann*, Der Vertrag von Lissabon zur Reform der EU, 2. Aufl., München 2008, S. 132.

314 Vgl. *Susanne Stock*, Der Beitritt der Europäischen Union zur Europäischen Menschenrechtskonvention als Gemischtes Abkommen?, Hamburg 2010, S. 201 f.; *Elena Schulte-Herbrüggen*, Der Grundrechtsschutz in der Europäischen Union nach dem Vertrag von Lissabon, ZEuS 2009, 343 (363); *Hans D. Jarass*, GRCh, München 2010, Einl. Rn. 45.

315 *Robert Uerpmann-Wittzack*, Völkerrechtliche Verfassungselemente, in: Bogdandy, Armin von/Bast, Jürgen (Hrsg.), Europäisches Verfassungsrecht, 2. Aufl., Berlin 2009, S. 177 (223).

316 In diesem Punkt missverständlich *Robert Uerpmann-Wittzack*, Völkerrechtliche Verfassungselemente, in: Bogdandy, Armin von/Bast, Jürgen (Hrsg.), Europäisches Verfassungsrecht, 2. Aufl., Berlin 2009, S. 177 (224).

317 So im Ergebnis auch *Christoph Grabenwarter/Katharina Pabel*, Grundrechtsschutz in der Rechtsprechung des EuGH und des EGMR, in: Stern, Klaus/Tettinger, Peter J. (Hrsg.), Die europäische Grundrechte-Charta im wertenden Verfassungsvergleich, Berlin 2005, S. 81 (92), die feststellen, dass das Schutzniveau der Europäischen Menschenrechtskonvention durch die Grundrechtecharta nicht unterschritten werden darf.

318 Vgl. auch Art. 52 Abs. 3 S. 2 GRCh; dazu *Susanne Stock*, Der Beitritt der Europäischen Union zur Europäischen Menschenrechtskonvention als Gemischtes Abkommen?, Hamburg 2010, S. 225 f.

recht.[319] Dennoch ist festzustellen, dass der Rückgriff auf die Europäische Menschenrechtskonvention und die Rechtsprechung des Europäischen Gerichtshofs für Menschenrechte als Orientierungs- und Wertungsquelle in der Rechtsprechung des Europäischen Gerichtshofs zuletzt zunehmend an Bedeutung gewann.[320]

Durch das Protokoll über den Beitritt der Europäischen Union zur Europäischen Menschenrechtskonvention[321] wird die Beitrittsverpflichtung unterdessen gleichsam relativiert. Konkret sieht dieses nämlich vor, dass eine Übereinkunft über den Beitritt zur Europäischen Menschenrechtskonvention, insbesondere in Bezug auf eine etwaige Beteiligung der Europäischen Union an den Kontrollgremien der Europäischen Menschenrechtskonvention, dafür Sorge tragen soll, dass die besonderen Merkmale der Europäischen Union und des Unionsrechts erhalten und die Zuständigkeiten der Europäischen Union und die Befugnisse ihrer Organe unberührt bleiben.[322] Sofern den besonderen Merkmalen des Unionsrechts also nicht Rechnung getragen werden kann, scheitert auch der Beitritt zur Europäischen Menschenrechtskonvention.[323] Ein Beitritt kann außerdem nicht allein durch einen einseitigen Akt der Europäischen Union herbeigeführt werden. Nach Art. 59 Abs. 1 S. 1 EMRK ist ein Beitritt nur Mitgliedern des Europarats möglich. Mitglieder können nach Art. 4 der Satzung des Europarates aber nur europäische Staaten sein, wozu die Europäische Union nach ganz herrschender Meinung nicht zählt.[324] Der endgültige Beitritt setzt folglich eine Änderung der Europäischen Menschenrechtskonvention dahingehend voraus, dass auch der Europäischen Union die Mitgliedschaft eröffnet wird. Eine Ergänzung des Art. 59 EMRK um einen Abs. 2, der genau diese Beitrittsmöglichkeit vorsieht, enthält Art. 17 des 14. Zusatzprotokolls zur Europäischen Menschenrechtskonvention[325], dessen Inkrafttreten lange Zeit von Russland blockiert wurde.[326] Eine Zustimmung Russlands und die Ratifikation des Protokolls erfolgten schließlich am 1. Juni 2010.[327]

---

319 *Jürgen Kühling*, Grundrechte, in: Bogdandy, Armin von/Bast, Jürgen (Hrsg.), Europäisches Verfassungsrecht, 2. Aufl., Berlin 2009, S. 657 (663).

320 *Jürgen Kühling*, Grundrechte, in: Bogdandy, Armin von/Bast, Jürgen (Hrsg.), Europäisches Verfassungsrecht, 2. Aufl., Berlin 2009, S. 657 (663).

321 Vgl. in diesem Zusammenhang das 14. Zusatzprotokoll zur Europäischen Menschenrechtskonvention (siehe auch in diesem Abschnitt a.E.), abgedruckt bei *Jens Meyer-Ladewig*, EMRK, 2. Aufl., Baden-Baden 2006, S. 393 ff.

322 Siehe die Art. 1 und 2 des Protokolls.

323 *Elena Schulte-Herbrüggen*, Der Grundrechtsschutz in der Europäischen Union nach dem Vertrag von Lissabon, ZEuS 2009, 343 (361); zu den verfahrensrechtlichen Erschwernissen, die Art. 218 AEUV hervorruft außerdem *Robert Uerpmann-Wittzack*, Völkerrechtliche Verfassungselemente, in: Bogdandy, Armin von/Bast, Jürgen (Hrsg.), Europäisches Verfassungsrecht, 2. Aufl., Berlin 2009, S. 177 (223).

324 Siehe mit vielen weiteren Nachweisen *Christian Calliess*, in: Calliess, Christian/Ruffert, Matthias (Hrsg.), EUV/EGV, 3. Aufl., München 2007, Art. 1 EUV Rn. 22 f.

325 Abgedruckt bei *Jens Meyer-Ladewig*, EMRK, 2. Aufl., Baden-Baden 2006, S. 393 ff.

326 Vgl. *Christoph Herrmann*, Der Vertrag von Lissabon – Ein Überblick, Jura 2010, 161 (166); *Franz Mayer*, Der Vertrag von Lissabon im Überblick, JuS 2010, 189 (192); *Su-*

dd) Ergebnis

Dass der Europäischen Menschenrechtskonvention bei der Interpretation der Grundrechte des Grundgesetzes eine besondere Bedeutung zukommt, ist im Grunde unbestritten. Auf Grund der Verpflichtung zur völkerrechtsfreundlichen Auslegung erlangt sie durch „EMRK-inkorporierende“ Rechtsanwendung[328] einen interpretatorischen Konformitätsvorrang vor dem einfachen Gesetz.[329] Die unmittelbare Rüge einer Verletzung eines in der Europäischen Menschenrechtskonvention enthaltenen Menschenrechts vor dem Bundesverfassungsgericht ist jedoch nicht möglich.[330] Aus der Verknüpfung mit dem Rechtstaatsprinzip und den jeweils betroffenen Grundrechten erwächst die Europäische Menschenrechtskonvention aber mittelbar zum verfassungsrechtlichen Prüfungsmaßstab. Ihr ist nach dem Gesagten nichtsdestotrotz auch nach der jüngeren Verfassungsrechtsprechung kein Status von Verfassungs- oder Übergesetzesrang zu konstatieren.[331] Richtigerweise vermag auch der Vertrag von Lissabon an diesem Postulat nach derzeitiger Rechtslage nichts zu ändern, unabhängig davon, welche Wirkung die Europäische Menschenrechtskonvention durch einen Beitritt der Europäischen Union in Zukunft im Unionsrecht entfalten wird. Wird mit *Uerpmann-Wittzack* allerdings davon ausgegangen, dass die Europäische Menschenrechtskonvention durch den Beitritt auf die Ebene des Primärrechts erhoben wird,[332] so könnte daraus eine Vorrangstellung vor nationalem Verfassungsrecht resultieren.[333]

---

sanne Stock, Der Beitritt der Europäischen Union zur Europäischen Menschenrechtskonvention als Gemischtes Abkommen?, Hamburg 2010, S. 182 f.

327 *Eckart Klein*, Das Verhältnis des Europäischen Gerichtshofs zum Europäischen Gerichtshof für Menschenrechte, in: Merten, Detlef/Papier, Hans-Jürgen (Hrsg.), Handbuch der Grundrechte, Band VI/1, Heidelberg 2010, § 167 Rn. 67; *Sabine Leutheusser-Schnarrenberger*, Grundrechtsschutz im Europa des Lissaboner Vertrags, DuD 2010, 519 (522).

328 *Klaus Grupp/Ulrich Stelkens*, Zur Berücksichtigung der Gewährleistungen der Europäischen Menschenrechtskonvention bei der Auslegung deutschen Rechts, DVBl 2005, 133 (135).

329 An *Grupp/Stelkens* anknüpfend *Matthias Ruffert*, Die Europäische Menschenrechtskonvention und innerstaatliches Recht, EuGRZ 2007, 245 (247).

330 BVerfG, Beschluss vom 14.10.2004 – 2 BvR 1481/04 (*Görgülü*), Rn. 32 = BVerfGE 111, 307 (317); dem folgend *Peter Badura*, Staatsrecht, 4. Aufl., München 2010, S. 106.

331 In diesem Sinne im Ergebnis bereits *Jochen Abr. Frowein*, Übernationale Menschenrechtsgewährleistungen und nationale Staatsgewalt, in: Isensee, Josef/Kirchhof, Paul (Hrsg.), Handbuch des Staatsrechts, Band VII, Heidelberg 1992, § 180 Rn. 6; ebenfalls zweifelnd *Georg Ress*, Wirkung und Beachtung der Urteile und Entscheidungen der Straßburger Konventionsorgane, EuGRZ 1996, 350 (353).

332 *Robert Uerpmann-Wittzack*, Völkerrechtliche Verfassungselemente, in: Bogdandy, Armin von/Bast, Jürgen (Hrsg.), Europäisches Verfassungsrecht, 2. Aufl., Berlin 2009, S. 177 (223 f.); siehe bereits unter A. I. 1. a) cc).

333 Vgl. *Christoph Grabenwarter*, Staatliches Unionsverfassungsrecht, in: Bogdandy, Armin von/Bast, Jürgen (Hrsg.), Europäisches Verfassungsrecht, 2. Aufl., Berlin 2009, S. 121

b) Datenschutz und Schutz der Kommunikation

Die Europäische Menschenrechtskonvention unterscheidet ähnlich wie das Grundgesetz zwischen dem Schutz der Individual- und der Massenkommunikation.[334] Jedoch sind die im Internet angebotenen Kommunikationsformen mit diesen herkömmlichen Kategorien nur schwerlich adäquat zu erfassen.[335] Die freie Kommunikation über das Internet wird grundsätzlich durch Art. 10 EMRK geschützt.[336] Wenn diese Gewährleistung verschiedentlich auch als Gegenstück zu dem Recht auf Datenschutz bezeichnet wird,[337] ist eine solche Feststellung gerade vor dem Hintergrund der vorliegenden Untersuchung im Ergebnis unpräzise. Zwar betrifft der Bereich des Datenschutzes in erster Linie den Schutz der Individualkommunikation und somit den Anwendungsbereich des Art. 8 EMRK. Daraus aber ableiten zu wollen, dass Art. 10 EMRK demgegenüber ausschließlich die Massenkommunikation schütze, wäre zu voreilig.[338] Auch die Kommunikation im Internet kann individuell erfolgen, wie etwa die Beispiele der E-Mail-Kommunikation oder der Internettelefonie verdeutlichen.[339] Gründe, weshalb diese Kommunikationsformen generell nicht vom Anwendungsbereich des Art. 10 EMRK erfasst sein sollen, sind demzufolge nicht ersichtlich.[340] Vielmehr bleibt festzuhalten, dass sich nach hier vertretener Auffassung die beiden Gewährleistungen ergänzen können. Welcher der beiden Schutzbereiche tangiert ist, muss jeweils im konkreten Einzelfall anhand der verwendeten Kommunikationsformen und -handlungen entschieden werden.[341] Stehen die Kommunikationsinhalte als solche – im Sinne der Meinungsäußerungsfreiheit – im Vordergrund, ist der Anwendungsbereich des Art. 10 EMRK eröffnet. Geht es aber um die Vertraulichkeit der Inhalte oder um den Schutz der Umstände der Kommunikation, also um die Frage, welche Personen wann miteinander kom-

---

(135). Diese Vorrangstellung ist freilich im Sinne eines Anwendungsvorrangs des Unionsrechts zu verstehen; vgl. *Hans Peter Ipsen*, Europäisches Gemeinschaftsrecht, Tübingen 1972, S. 289.

334 *Thilo Marauhn*, in: Ehlers, Dirk (Hrsg.), Europäische Grundrechte und Grundfreiheiten, 3. Aufl., Berlin 2009, § 4 Rn. 22.

335 *Rainer Grote*, Kommunikative Selbstbestimmung im Internet und Grundrechtsordnung, KritV 1999, 27 (31).

336 So zum deutschen Verfassungsrecht *Hans D. Jarass*, Die Freiheit der Massenmedien, Baden-Baden 1978, S. 194.

337 Vgl. *Holger Trenkelbach*, Internetfreiheit, Berlin 2005, S. 42.

338 So verallgemeinernd zunächst wohl aber *Thilo Marauhn*, in: Ehlers, Dirk (Hrsg.), Europäische Grundrechte und Grundfreiheiten, 3. Aufl., Berlin 2009, § 4 Rn. 22.

339 *Isabel Roth*, Die internationale Zuständigkeit deutscher Gerichte bei Persönlichkeitsrechtsverletzungen im Internet, Frankfurt 2007, S. 9 f.

340 So schließlich auch *Holger Trenkelbach*, Internetfreiheit, Berlin 2005, S. 103.

341 Mit dieser Folgerung letztlich auch *Thilo Marauhn*, in: Ehlers, Dirk (Hrsg.), Europäische Grundrechte und Grundfreiheiten, 3. Aufl., Berlin 2009, § 4 Rn. 22; unter Bezugnahme auf die Grundrechte des Grundgesetzes *Rainer Grote*, Kommunikative Selbstbestimmung im Internet und Grundrechtsordnung, KritV 1999, 27 (insbes. 36 ff.).

muniziert haben, so greift Art. 8 EMRK.[342] Gleichwohl betrifft die vorliegende Arbeit im Kern den Schutz personenbezogener Daten vor Eingriffen des Staates, weshalb zuvörderst der Datenschutz und weniger der Schutz der Kommunikation im Sinne der Meinungsäußerungsfreiheit von Interesse ist.

2. Die Convention on Cybercrime

Das Übereinkommen des Europarats über Computerkriminalität *(Convention on Cybercrime)*[343] trat am 1.7.2004 in Kraft.[344] Da es sich ebenso wie bei der Europäischen Menschenrechtskonvention um einen völkerrechtlichen Vertrag handelt, entfaltet auch das Übereinkommen keine unmittelbare Wirkung. Seine Geltung bestimmt sich maßgeblich nach der Unterzeichung und Ratifizierung in den einzelnen Staaten. Zwar hat Deutschland das Übereinkommen bereits am 23.11.2001 unterzeichnet,[345] ratifiziert wurde es jedoch erst im November 2008.[346]

Eine der wesentlichen Zielrichtungen des Übereinkommens ist die Förderung der internationalen Zusammenarbeit bei der Bekämpfung und Verfolgung von Computerkriminalität.[347] Zu diesem Zweck sollen Bestands- und Verkehrsdaten,[348] unter bestimmten Voraussetzungen auch Inhalts- oder Standortdaten, gespeichert und im Wege internationaler Rechtshilfeersuchen zwischen den Vertragsstaaten übermittelt werden,[349] gegebenenfalls sogar unaufgefordert.[350] Zugleich wird in der Präambel des Übereinkommens allerdings bereits auf die Notwendigkeit der Wahrung eines angemessenen Gleichgewichts zwischen den Interessen der Strafverfolgung und der Achtung der Menschenrechte hingewiesen.

3. Die Datenschutzkonvention

Ein weiteres Regelwerk auf dem Gebiet des Datenschutzes ist das Übereinkommen zum Schutz des Menschen bei der automatischen Verarbeitung personenbezogener

---

342 Vgl. *Robert Uerpmann-Wittzack*, in: Ehlers, Dirk (Hrsg.), Europäische Grundrechte und Grundfreiheiten, 3. Aufl., Berlin 2009, § 3 Rn. 6; siehe auch *Rainer Grote*, Kommunikative Selbstbestimmung im Internet und Grundrechtsordnung, KritV 1999, 27 (38).

343 Übereinkommen über Computerkriminalität, SEV Nr. 185.

344 *Christian Spannbrucker*, Convention on Cybercrime (ETS 185), Regensburg 2005, S. 6.

345 *Christian Spannbrucker*, Convention on Cybercrime (ETS 185), Regensburg 2005, S. 6.

346 BGBl. II vom 10.11.2008, S. 1242.

347 Siehe dazu die Präambel der *Convention on Cybercrime*; vgl. *Marco Gercke*, The Slow Wake of A Global Approach Against Cybercrime, CRi 2006, 140 (144); näher zum Übereinkommen und dessen Zielen nach dem Entwurf vom 22.12.2000 *Dieter Kugelmann*, Die „Cyber-Crime" Konvention des Europarates, DuD 2001, 215 ff.

348 Siehe etwa Art. 16, 17 Abs. 1 lit. b sowie Art. 18 der *Convention on Cybercrime*.

349 *Dirk Simon*, Präzeptoraler Sicherheitsstaat und Risikovorsorge, Frankfurt am Main 2008, S. 215 f.; ferner *Annette Marberth-Kubicki*, Computer- und Internetstrafrecht, 2. Aufl., München 2010, Rn. 43.

350 Vgl. Art. 26 der *Convention on Cybercrime*.

Daten (Datenschutzkonvention)[351] aus dem Jahr 1981.[352] Unterzeichnet und ratifiziert wurde die Datenschutzkonvention von insgesamt 38 Mitgliedern des Europarates, darunter alle Mitgliedstaaten der Europäischen Union.[353] Zweck des Übereinkommens ist nach dessen Art. 1 die Sicherstellung, dass die Rechte und Grundfreiheiten jedes Einzelnen, insbesondere das Recht auf einen Persönlichkeitsbereich, bei der automatischen Verarbeitung personenbezogener Daten geschützt werden. Auch wenn ihr Anwendungsbereich im Grundsatz auf die automatische Verarbeitung von Daten begrenzt ist und effektive Mechanismen zur Durchsetzung des Übereinkommens fehlen, so hat die Datenschutzkonvention als erstes internationales Instrumentarium auf dem Gebiet des Datenschutzes dennoch großen Einfluss auf die Entwicklung des Datenschutzes in Europa gehabt.[354] *Auernhammer* bezeichnet die Datenschutzkonvention gar als „Meilenstein zum internationalen Datenschutz“[355]. Sie bestimmt für die automatisierte Verarbeitung personenbezogener Daten beispielsweise, dass nur rechtmäßig erhobene und gespeicherte sowie sachlich richtige und nötigenfalls aktuelle Daten verarbeitet werden dürfen (Art. 5). Außerdem besteht für jedermann die Möglichkeit, Auskunft zu den über ihn gespeicherten Daten zu erlangen (Art. 8).

II. Charta der Grundrechte der Europäischen Union

Die Charta der Grundrechte der Europäischen Union (GRCh) wurde 1999 durch ein Gremium unter dem Vorsitz von *Roman Herzog* ausgearbeitet.[356] Feierlich unterzeichnet und proklamiert wurde sie am 7. Dezember 2000 im Rahmen der Regierungskonferenz von Nizza.[357] Die Grundrechtecharta stellt sozusagen eine Zusam-

---

351 Übereinkommen zum Schutz des Menschen bei der automatischen Verarbeitung personenbezogener Daten, SEV Nr. 108; dazu ausführlich *Herbert Burkert*, Die Konvention des Europarates zum Datenschutz, CR 1988, 751 ff.

352 Auf Grund der Unterzeichnung der Datenschutzkonvention am 28.1.1981 ist seit 2007 der 28.1. der Europäische Datenschutztag.

353 Siehe die Übersicht unter http://conventions.coe.int/Treaty/Commun/ChercheSig.asp?NT=108&CM=2&DF=10/4/2006&CL=GER, zuletzt abgerufen am 30.4.2010.

354 *Herbert Burkert*, Die Konvention des Europarates zum Datenschutz, CR 1988, 751 (753); *Matthias Wurst*, Europa 1992: Auf dem Weg zu einem einheitlichen Datenschutzrecht in der europäischen Gemeinschaft, JuS 1991, 448 (450); danach *Birte Siemen*, Datenschutz als europäisches Grundrecht, Berlin 2006, S. 42 f.

355 *Herbert Auernhammer*, Die Europäische Datenschutz-Konvention und ihre Auswirkungen auf den grenzüberschreitenden Datenverkehr, DuD 1985, 7 (7).

356 Umfassend *Georg J. Schmittmann*, Rechte und Grundsätze in der Grundrechtecharta, Köln 2007, S. 10 ff.; dazu auch *Peter M. Mombaur*, Die Charta der Grundrechte der Europäischen Union, DÖV 2001, 595 f.; *Rudolf Streinz/Christoph Ohler/Christoph Herrmann*, Der Vertrag von Lissabon zur Reform der EU, 2. Aufl., München 2008, S. 96.

357 Siehe *Ralf Knöll*, Die Charta der Grundrechte der Europäischen Union, NVwZ 2001, 392 (392); *Thomas Schmitz*, Die EU-Grundrechtecharta aus grundrechtsdogmatischer und

menfassung der Rechte dar, die sich aus den gemeinsamen Verfassungstraditionen und den gemeinsamen internationalen Verpflichtungen der Mitgliedstaaten, aus dem Vertrag über die Europäische Union und den Gemeinschaftsverträgen, aus der Europäischen Konvention zum Schutze der Menschenrechte und Grundfreiheiten, aus den von der Gemeinschaft und dem Europarat beschlossenen Sozialchartas sowie aus der Rechtsprechung des Gerichtshofs der Europäischen Gemeinschaften und des Europäischen Gerichtshofs für Menschenrechte ergeben.[358] Ihr wesentlicher Zweck kommt bereits in der Präambel zum Ausdruck. Dort heißt es, es sei notwendig, „angesichts der Weiterentwicklung der Gesellschaft, des sozialen Fortschritts und der wissenschaftlichen und technologischen Entwicklungen den Schutz der Grundrechte zu stärken, indem sie in einer Charta sichtbarer gemacht werden."

1. Verbindlichkeit der Charta der Grundrechte der Europäischen Union?

Nach jeder Änderung der Grundlagen der Europäischen Union war schnell zu erkennen, dass es in absehbarer Zeit erneut zu Änderungen kommen wird.[359] Eine solche Entwicklung hat auch die Grundrechtecharta durchlaufen. Seit ihrer Entstehung – immerhin vor erst zehn Jahren – fanden Diskussionen über die Notwendigkeit ihrer Verbindlichkeit statt.[360]

a) Status quo in den ersten Jahren nach Proklamation

Zum Zeitpunkt ihrer Entstehung krankte die Grundrechtecharta an einer entscheidenden Schwäche. Sie war lediglich eine rechtlich unverbindliche Erklärung, auf die sich Bürger vor Gericht nicht berufen konnten.[361] Rechtsverbindlichkeit kam ihr nach dem Willen der Mitgliedstaaten zunächst nicht zu.[362] Gleichwohl konnte die Grundrechtecharta trotz der rechtlichen Unverbindlichkeit eine gewisse Wirkkraft entfalten. *Schwier* verweist beispielsweise auf die Möglichkeit der Entstehung einer grundrechtsschützenden Vorwirkung der Grundrechtecharta durch eine Art Selbst-

---

grundrechtstheoretischer Sicht, JZ 2001, 833 (833); *Peter J. Tettinger*, Die Charta der Grundrechte der Europäischen Union, NJW 2001, 1010 (1010).

358 Siehe die Präambel zur Grundrechtecharta.

359 *Andrea Kirsch*, Demokratie und Legitimation in der Europäischen Union, Baden-Baden 2008, S. 129.

360 Insbesondere auch zur Notwendigkeit der rechtlichen Verankerung *Siegfried Magiera*, Die Bedeutung der Grundrechtecharta für die Europäische Verfassungsordnung, in: Scheuing, Dieter H. (Hrsg.), Europäische Verfassungsordnung, Baden-Baden 2003, S. 117 (131 f.).

361 *Thomas Schmitz*, Die Grundrechtecharta als Teil der Verfassung der Europäischen Union, EuR 2004, 691 (696).

362 *Christoph Herrmann*, Der Vertrag von Lissabon – Ein Überblick, Jura 2010, 161 (166); *Henning Schwier*, Der Schutz der „Unternehmerischen Freiheit" nach Artikel 16 der Charta der Grundrechte der Europäischen Union, Frankfurt 2008, S. 25.

bindung der Organe bereits kraft der feierlichen Proklamation.[363] Vor allem aber waren die Union und mithin die Europäische Gemeinschaft (EG) gemäß Art. 6 Abs. 2 EUV a.F. an die Gemeinschaftsgrundrechte gebunden. Auch wenn die Grundrechtecharta in dieser Regelung nicht ausdrücklich erwähnt war, konnte der Europäische Gerichtshof sie dennoch subsidiär als Auslegungs- oder Orientierungshilfe heranziehen.[364] In der Praxis wurde die Grundrechtecharta tatsächlich bereits von einigen Gerichten zur Bekräftigung ihrer Argumentation und der gefundenen Ergebnisse in Bezug genommen.[365] Jedoch vermochte diese rein faktische Geltung die rechtliche Unverbindlichkeit der Grundrechtecharta nicht aufzulösen.[366]

b) Neue Ansätze durch den Vertrag über eine Verfassung für Europa

Die Notwendigkeit einer Revision der Verträge, die unter anderem den Status der Grundrechte auf supranationaler Ebene klären sollte, wurde bereits in der Konferenz von Nizza zum Ausdruck gebracht.[367] Zum Zwecke der Umsetzung wurde 2002 ein Konvent einberufen, der die zukünftige Gestaltung der Europäischen Union analysieren und eine Verfassung ausarbeiten sollte.[368] Eine Änderung des Status der Unverbindlichkeit der Grundrechtecharta sollte die Aufnahme in den „Vertrag

363 Vgl. *Henning Schwier*, Der Schutz der „Unternehmerischen Freiheit“ nach Artikel 16 der Charta der Grundrechte der Europäischen Union, Frankfurt 2008, S. 25 mit Verweis auf *Thomas Schmitz*, Die Grundrechtecharta als Teil der Verfassung der Europäischen Union, EuR 2004, 691 (696 f.); dazu kritisch *Klaus Stern*, Von der Europäischen Menschenrechtskonvention zur Europäischen Grundrechte-Charta – Perspektiven des Grundrechtsschutzes in Europa, in: Stern, Klaus/Tettinger, Peter J. (Hrsg.), Die europäische Grundrechte-Charta im wertenden Verfassungsvergleich, Berlin 2005, S. 13 (21 f.).

364 *Thomas Schmitz*, Die EU-Grundrechtecharta aus grundrechtsdogmatischer und grundrechtstheoretischer Sicht, JZ 2001, 833 (835); *ders.*, Die Grundrechtecharta als Teil der Verfassung der Europäischen Union, EuR 2004, 691 (696 f.); danach *Henning Schwier*, Der Schutz der „Unternehmerischen Freiheit“ nach Artikel 16 der Charta der Grundrechte der Europäischen Union, Frankfurt 2008, S. 26; ebenso *Rudolf Streinz/Christoph Ohler/Christoph Herrmann*, Der Vertrag von Lissabon zur Reform der EU, 2. Aufl., München 2008, S. 104.

365 *Rudolf Streinz/Christoph Ohler/Christoph Herrmann*, Der Vertrag von Lissabon zur Reform der EU, 2. Aufl., München 2008, S. 104; *Thomas Schmitz*, Die Grundrechtecharta als Teil der Verfassung der Europäischen Union, EuR 2004, 691 (696); einige Beispiele bei *Henning Schwier*, Der Schutz der „Unternehmerischen Freiheit“ nach Artikel 16 der Charta der Grundrechte der Europäischen Union, Frankfurt 2008, S. 26.

366 So resümiert auch *Henning Schwier*, Der Schutz der „Unternehmerischen Freiheit“ nach Artikel 16 der Charta der Grundrechte der Europäischen Union, Frankfurt 2008, S. 26.

367 *Andrea Kirsch*, Demokratie und Legitimation in der Europäischen Union, Baden-Baden 2008, S. 130.

368 Näher zur Zusammensetzung und Organisation des Konvents *Dieter Blumenwitz*, Wer gibt die Verfassung Europas?, Politische Studien, Sonderheft 1/2003, 44 ff.; *Georg J. Schmittmann*, Rechte und Grundsätze in der Grundrechtecharta, Köln 2007, S. 14 f.

über eine Verfassung für Europa“[369] bewirken.[370] Als zweiter von insgesamt vier Teilen sollte die Grundrechtecharta auf diesem Wege in das Unionsrecht inkorporiert werden.[371] *Stern* nennt diese Inkorporation „ein Stück Bürgerfreiheit“.[372] *Friedrich* spricht in diesem Zusammenhang sogar von einem „Herzstück des Verfassungsvertrags“ oder von einem Sprung von einer „Wirtschaftsgemeinschaft“ zu einer „Wertegemeinschaft“.[373] Jedenfalls wäre im Falle der Ratifikation eine Veränderung des Grundrechtsschutzes zu erwarten gewesen.[374] Das Scheitern der Referenden in Frankreich und in den Niederlanden im Rahmen der Ratifizierung des Vertrags verhinderte jedoch nicht nur dessen In-Kraft-Treten,[375] sondern führte auch zur Beibehaltung des *status quo* im Hinblick auf die Unverbindlichkeit der Grundrechtecharta.

c) Grundrechtsschutz de lege lata

Durch den Vertrag von Lissabon[376], in Kraft getreten am 1. Dezember 2009,[377] hat sich der Grundrechtsschutz in der Europäischen Union erheblich geändert. Dies

---

369 ABl. C 310 vom 16.12.2004, S. 1.

370 Ähnlich *Georg J. Schmittmann*, Rechte und Grundsätze in der Grundrechtecharta, Köln 2007, S. 19.

371 Dazu *Jürgen Meyer/Sven Hölscheidt*, Die Europäische Verfassung des Europäischen Konvents, EuZW 2003, 613 (619); *Henning Schwier*, Der Schutz der „Unternehmerischen Freiheit“ nach Artikel 16 der Charta der Grundrechte der Europäischen Union, Frankfurt 2008, S. 27; ferner *Elena Schulte-Herbrüggen*, Der Grundrechtsschutz in der Europäischen Union nach dem Vertrag von Lissabon, ZEuS 2009, 343 (347); *Rudolf Streinz/Christoph Ohler/Christoph Herrmann*, Der Vertrag von Lissabon zur Reform der EU, 2. Aufl., München 2008, S. 96.

372 *Klaus Stern*, Europäische Verfassung und Grundrechtecharta nach dem Nein der Franzosen und Niederländer, in: Stern, Klaus/Tettinger, Peter J. (Hrsg.), Europäische Verfassung im Werden, Berlin 2006, S. 25 (35).

373 Vgl. *Ingo Friedrich*, Die Grundrechtecharta, Politische Studien, Sonderheft 1/2003, 17 (insbes. 20); ähnlich *Georg J. Schmittmann*, Rechte und Grundsätze in der Grundrechtecharta, Köln 2007, S. 21 f. m.w.N.

374 *Georg J. Schmittmann*, Rechte und Grundsätze in der Grundrechtecharta, Köln 2007, S. 19.

375 Dazu *Franz Mayer*, Der Vertrag von Lissabon im Überblick, JuS 2010, 189 (189); *Elena Schulte-Herbrüggen*, Der Grundrechtsschutz in der Europäischen Union nach dem Vertrag von Lissabon, ZEuS 2009, 343 (344); *Jörg Philipp Terhechte*, Der Vertrag von Lissabon: Grundlegende Verfassungsurkunde der europäischen Rechtsgemeinschaft oder technischer Änderungsvertrag?, EuR 2008, 143 (145).

376 Vertrag von Lissabon zur Änderung des Vertrags über die Europäische Union und des Vertrags zur Gründung der Europäischen Gemeinschaft; ABl. C 306 vom 17.12.2007, S. 1.

377 Vgl. *Christoph Herrmann*, Der Vertrag von Lissabon – Ein Überblick, Jura 2010, 161 (161); *Franz Mayer*, Der Vertrag von Lissabon im Überblick, JuS 2010, 189 (190); zum Ratifikationsverlauf *Josef Franz Lindner*, Das Lissabon-Urteil des Bundesverfassungsgerichts und die Konsequenzen für die europäische Integration, BayVBl. 2010, 193 (193 f.).

betrifft nicht nur den bereits beschriebenen (erwarteten) Beitritt der Europäischen Union zur Europäischen Menschenrechtskonvention. Daneben erlangt die Grundrechtecharta endlich Rechtsverbindlichkeit und stellt damit der Europäischen Union erstmals einen geschriebenen Grundrechtskatalog zur Verfügung (vgl. Art. 6 Abs. 1 EUV n.F.).[378] Eine direkte Inkorporation der Grundrechtecharta in die bestehenden Verträge sieht der Vertrag von Lissabon allerdings nicht vor. Durch die ausdrückliche Regelung in Art. 6 Abs. 1 Unter-abs. 1 Halbs. 2 EUV n.F. sind die Grundrechtecharta und die Verträge aber „rechtlich gleichrangig". Durch den Vertrag von Lissabon wird die Grundrechtecharta damit auf die Ebene des Primärrechts erhoben.[379] Sachverhalte vor Inkrafttreten des Vertrags von Lissabon dürften regelmäßig aber nicht erfasst sein. Eine Rückwirkung sieht die Grundrechtecharta nicht ausdrücklich vor.[380] Etwas anderes gilt nach Ansicht des Europäischen Gerichtshofs ausnahmsweise in denjenigen Fällen, in denen ein Umstand zwar vor Inkrafttreten entstand, aber immer noch andauernde Wirkungen entfaltet.[381]

2. Verhältnis zur Europäischen Menschenrechtskonvention

Durch die Rechtsverbindlichkeit der Grundrechtecharta und den zu erwartenden Beitritt der Europäischen Union zur Europäischen Menschenrechtskonvention wird sich auch das Verhältnis zwischen der Grundrechtecharta und der Europäischen Menschenrechtskonvention sowie das Verhältnis zwischen dem Europäischen Ge-

---

[378] *Christoph Herrmann*, Der Vertrag von Lissabon – Ein Überblick, Jura 2010, 161 (166); *Hans D. Jarass*, GRCh, München 2010, Einl. Rn. 6; *Josef Franz Lindner*, Das Lissabon-Urteil des Bundesverfassungsgerichts und die Konsequenzen für die europäische Integration, BayVBl. 2010, 193 (194); *Elena Schulte-Herbrüggen*, Der Grundrechtsschutz in der Europäischen Union nach dem Vertrag von Lissabon, ZEuS 2009, 343 (346); *Robert Uerpmann-Wittzack*, Völkerrechtliche Verfassungselemente, in: Bogdandy, Armin von/Bast, Jürgen (Hrsg.), Europäisches Verfassungsrecht, 2. Aufl., Berlin 2009, S. 177 (222).

[379] *Jörg Philipp Terhechte*, Der Vertrag von Lissabon: Grundlegende Verfassungsurkunde der europäischen Rechtsgemeinschaft oder technischer Änderungsvertrag?, EuR 2008, 143 (170); *Rudolf Streinz/Christoph Ohler/Christoph Herrmann*, Der Vertrag von Lissabon zur Reform der EU, 2. Aufl., München 2008, S. 98; *Elena Schulte-Herbrüggen*, Der Grundrechtsschutz in der Europäischen Union nach dem Vertrag von Lissabon, ZEuS 2009, 343 (347); *Klemens H. Fischer*, Der Vertrag von Lissabon, 2. Aufl., Baden-Baden 2010, S. 138; *Jürgen Schwarze*, in: Schwarze, Jürgen (Hrsg.), EU-Kommentar, 2. Aufl., Baden-Baden 2009, Einführung Rn. 28; wohl auch *Franz Mayer*, Der Vertrag von Lissabon im Überblick, JuS 2010, 189 (190); ebenso bereits *Thomas Schmitz*, Die EU-Grundrechtecharta aus grundrechtsdogmatischer und grundrechtstheoretischer Sicht, JZ 2001, 833 (836).

[380] *Hans D. Jarass*, GRCh, München 2010, Einl. Rn. 7.

[381] So am Beispiel des EWG-Vertrages EuGH, Urteil vom 6.6.2002 – C-360/00 (*Ricordi*), Rn. 25 f. = WRP 2002, 816 (818).

richtshof und dem Europäischen Gerichtshof für Menschenrechte verändern.[382] An dieser Stelle das komplexe System des europäischen Grundrechtsschutzes differenziert analysieren und kritisch hinterfragen zu wollen würde den Rahmen dieser Arbeit deutlich sprengen.[383] Es sei daher lediglich auf zwei wesentliche Punkte hingewiesen. Das Verhältnis der Grundrechtecharta zur Europäischen Menschenrechtskonvention wird bestimmt durch Art. 52 Abs. 3 GRCh:

> Soweit diese Charta Rechte enthält, die den durch die Europäische Konvention zum Schutz der Menschenrechte und Grundfreiheiten garantierten Rechten entsprechen, haben sie die gleiche Bedeutung und Tragweite, wie sie ihnen in der genannten Konvention verliehen wird. Diese Bestimmung steht dem nicht entgegen, dass das Recht der Union einen weiter gehenden Schutz gewährt.

Art. 52 Abs. 3 S. 1 GRCh legt fest, dass es durch die Grundrechtecharta nicht zu einer Einschränkung der Bedeutung und Tragweite der Menschenrechte und Grundfreiheiten der Europäischen Menschenrechtskonvention kommt. Dem steht nicht entgegen, dass das Recht der Union einen weiter gehenden Schutz gewährt, Art. 52 Abs. 3 S. 2 GRCh. Mit dieser Bestimmung soll letztlich sichergestellt werden, dass der durch die Grundrechtecharta gewährleistete Grundrechtsstandard nicht geringer ist als der Standard der Europäischen Menschenrechtskonvention.[384] Außerdem ordnet Art. 53 GRCh an, dass keine Bestimmung der Grundrechtecharta als eine Einschränkung oder Verletzung der Menschenrechte und Grundfreiheiten auszulegen ist, die durch die Europäische Menschenrechtskonvention sowie die Verfassungen der Mitgliedstaaten anerkannt werden.

Durch das in diesen Vorschriften zum Ausdruck kommende „Günstigkeitsprinzip" sollen die etwa bestehenden höheren Grundrechtsstandards unangetastet bleiben.[385] Damit soll ein Auseinanderfallen der Schutzpflichten auf den verschiedenen Ebenen vermieden werden.[386] Im Sinne einer „Meistbegünstigungsklausel" sichert die Grundrechtecharta damit das jeweils günstigere Recht, soweit sich der Anwendungsbereich der verschiedenen Regelungsebenen überschneidet.[387] Es sollen aber

---

382 Genauso in Bezug auf den Vertrag über eine Verfassung für Europa *Georg J. Schmittmann*, Rechte und Grundsätze in der Grundrechtecharta, Köln 2007, S. 20.

383 Zur Rechtslage vor dem Vertrag von Lissabon *Peter J. Tettinger*, Die Charta der Grundrechte der Europäischen Union, NJW 2001, 1010 (1011 f.).

384 *Tobias Lock*, Das Verhältnis zwischen dem EuGH und internationalen Gerichten, Tübingen 2010, S. 280.

385 *Christoph Grabenwarter/Katharina Pabel*, Grundrechtsschutz in der Rechtsprechung des EuGH und des EGMR, in: Stern, Klaus/Tettinger, Peter J. (Hrsg.), Die europäische Grundrechte-Charta im wertenden Verfassungsvergleich, Berlin 2005, S. 81 (92).

386 *Tobias Lock*, Das Verhältnis zwischen dem EuGH und internationalen Gerichten, Tübingen 2010, S. 281.

387 *Christoph Grabenwarter/Katharina Pabel*, Grundrechtsschutz in der Rechtsprechung des EuGH und des EGMR, in: Stern, Klaus/Tettinger, Peter J. (Hrsg.), Die europäische Grundrechte-Charta im wertenden Verfassungsvergleich, Berlin 2005, S. 81 (92); *Klaus*

keinesfalls einzelne Grundrechte isoliert herausgegriffen werden, sondern es muss jeweils der Gesamtbestand der Rechte, Schranken und Schranken-Schranken in ihren jeweiligen Wechselbezügen berücksichtigt werden.[388] Eine „Hochzonung" der Rechte der Grundrechtecharta auf das jeweils höchste Schutzniveau findet nach *Grabenwarter/Pabel* gerade nicht statt.[389] Die Schutzebenen stehen im Ergebnis vielmehr kumulativ nebeneinander.[390] Besondere Bedeutung erlangt dieser Befund auf der Rechtfertigungsebene. Im Falle eines Eingriffs in das Privatleben muss folglich Art. 7 GRCh im Lichte des Art. 8 EMRK gelesen werden.[391] Der Eingriff ist nur gerechtfertigt, wenn er sowohl den Voraussetzungen einer Einschränkung nach Art. 52 Abs. 1 GRCh als auch nach Art. 8 Abs. 2 EMRK entspricht.

Durch den Beitritt der Europäischen Union zur Europäischen Menschenrechtskonvention übernähme der Europäische Gerichtshof für Menschenrechte die führende Rolle in der Auslegung von Grundrechtsfragen in Europa.[392] Instanziell wäre er gegenüber dem Europäischen Gerichtshof aber in der gleichen Position wie ge-

---

Stern, Von der Europäischen Menschenrechtskonvention zur Europäischen Grundrechte-Charta – Perspektiven des Grundrechtsschutzes in Europa, in: Stern, Klaus/Tettinger, Peter J. (Hrsg.), Die europäische Grundrechte-Charta im wertenden Verfassungsvergleich, Berlin 2005, S. 13 (23).

388 *Hans-Werner Rengeling/Peter Szczekalla*, Grundrechte in der Europäischen Union, Köln 2004, Rn. 494.

389 Vgl. *Christoph Grabenwarter/Katharina Pabel*, Grundrechtsschutz in der Rechtsprechung des EuGH und des EGMR, in: Stern, Klaus/Tettinger, Peter J. (Hrsg.), Die europäische Grundrechte-Charta im wertenden Verfassungsvergleich, Berlin 2005, S. 81 (92); in diesem Punkt undeutlich *Klaus Stern*, Von der Europäischen Menschenrechtskonvention zur Europäischen Grundrechte-Charta – Perspektiven des Grundrechtsschutzes in Europa, in: Stern, Klaus/Tettinger, Peter J. (Hrsg.), Die europäische Grundrechte-Charta im wertenden Verfassungsvergleich, Berlin 2005, S. 13 (23).

390 Dies, obwohl die Europäische Menschenrechtskonvention im Hinblick auf Art. 216 Abs. 2 AEUV rein formal nachrangig ist; vgl. *Elena Schulte-Herbrüggen*, Der Grundrechtsschutz in der Europäischen Union nach dem Vertrag von Lissabon, ZEuS 2009, 343 (363); wohl ebenso *Christine Heer-Reißmann*, Die Letztentscheidungskompetenz des Europäischen Gerichtshofes für Menschenrechte in Europa, Frankfurt 2008, S. 293 f.; dazu insgesamt *Georg J. Schmittmann*, Rechte und Grundsätze in der Grundrechtecharta, Köln 2007, S. 20; *Susanne Stock*, Der Beitritt der Europäischen Union zur Europäischen Menschenrechtskonvention als Gemischtes Abkommen?, Hamburg 2010, S. 225 ff.; *Robert Uerpmann-Wittzack*, Völkerrechtliche Verfassungselemente, in: Bogdandy, Armin von/ Bast, Jürgen (Hrsg.), Europäisches Verfassungsrecht, 2. Aufl., Berlin 2009, S. 177 (224).

391 Beispiel nach *Robert Uerpmann-Wittzack*, Völkerrechtliche Verfassungselemente, in: Bogdandy, Armin von/Bast, Jürgen (Hrsg.), Europäisches Verfassungsrecht, 2. Aufl., Berlin 2009, S. 177 (224).

392 *Christoph Grabenwarter/Katharina Pabel*, Grundrechtsschutz in der Rechtsprechung des EuGH und des EGMR, in: Stern, Klaus/Tettinger, Peter J. (Hrsg.), Die europäische Grundrechte-Charta im wertenden Verfassungsvergleich, Berlin 2005, S. 81 (95); *Elena Schulte-Herbrüggen*, Der Grundrechtsschutz in der Europäischen Union nach dem Vertrag von Lissabon, ZEuS 2009, 343 (362).

genüber den nationalen (Verfassungs-)Gerichten.[393] Mit dem Beitritt einher ginge lediglich eine Unterwerfung unter die externe Kontrolle von Unionsrechtsakten durch den Europäischen Gerichtshof für Menschenrechte.[394] Da die Autonomie des Unionsrechts im Falle des Beitritts im Grundsatz aber unangetastet bliebe,[395] obläge es letztlich dem Europäischen Gerichtshof, die Frage nach der Bindungswirkung der Urteile des Europäischen Gerichtshofs für Menschenrechte zu beantworten.[396] Die Annahme einer allgemeinen Bindungswirkung an Entscheidungen des Europäischen Gerichtshofs für Menschenrechte ist dem Unionsrecht bislang zumindest fremd. Da in der Präambel und in den Erläuterungen zu Art. 52 Abs. 3 GRCh stets der Europäische Gerichtshof neben dem Europäischen Gerichtshof für Menschenrechte genannt ist und sich auch sonst keine Hinweise auf den Willen, eine Bindungswirkung begründen zu wollen, finden lassen, war richtigerweise von einem Nebeneinander der beiden Gerichtshöfe auszugehen.[397] Der Europäische Gerichtshof für Menschenrechte höchstselbst ist im Übrigen an seine Rechtsprechung nicht gebunden; eine Bindung besteht lediglich *inter partes*.[398] Damit ist aber zugleich eine Aussage zum Verhältnis der beiden Gerichtshöfe nach einem Beitritt zur Europäischen Menschenrechtskonvention getroffen. War die Union in einem Verfahren, das einem Verfahren vor dem Europäischen Gerichtshof für Menschenrechte folgt, selbst Partei, so wird auch der Europäische Gerichtshof an die Auslegung der Rechte aus der Europäischen Menschenrechtskonvention durch den Europäischen

---

393 Vgl. *Christoph Grabenwarter/Katharina Pabel*, Grundrechtsschutz in der Rechtsprechung des EuGH und des EGMR, in: Stern, Klaus/Tettinger, Peter J. (Hrsg.), Die europäische Grundrechte-Charta im wertenden Verfassungsvergleich, Berlin 2005, S. 81 (95 f.); *Eckart Klein*, Das Verhältnis des Europäischen Gerichtshofs zum Europäischen Gerichtshof für Menschenrechte, in: Merten, Detlef/Papier, Hans-Jürgen (Hrsg.), Handbuch der Grundrechte, Band VI/1, Heidelberg 2010, § 167 Rn. 69; *Elena Schulte-Herbrüggen*, Der Grundrechtsschutz in der Europäischen Union nach dem Vertrag von Lissabon, ZEuS 2009, 343 (363).

394 *Tobias Lock*, Das Verhältnis zwischen dem EuGH und internationalen Gerichten, Tübingen 2010, S. 291.

395 Vgl. *Elena Schulte-Herbrüggen*, Der Grundrechtsschutz in der Europäischen Union nach dem Vertrag von Lissabon, ZEuS 2009, 343 (363); *Jörg Philipp Terhechte*, Der Vertrag von Lissabon: Grundlegende Verfassungsurkunde der europäischen Rechtsgemeinschaft oder technischer Änderungsvertrag?, EuR 2008, 143 (172); mit Verweis auf die ausdrückliche Betonung der Autonomie durch die Europäische Kommission *Hans-Werner Rengeling/Peter Szczekalla*, Grundrechte in der Europäischen Union, Köln 2004, Rn. 248.

396 *Georg J. Schmittmann*, Rechte und Grundsätze in der Grundrechtecharta, Köln 2007, S. 21.

397 *Tobias Lock*, Das Verhältnis zwischen dem EuGH und internationalen Gerichten, Tübingen 2010, S. 286 f.

398 Mit Verweis auf Art. 46 EMRK *Tobias Lock*, Das Verhältnis zwischen dem EuGH und internationalen Gerichten, Tübingen 2010, S. 299.

Gerichtshof für Menschenrechte gebunden sein.[399] Solange der Beitritt aber noch nicht vollzogen ist, bleibt abzuwarten, wie genau sich das Verhältnis zwischen der Grundrechtecharta und der Europäischen Menschenrechtskonvention bzw. dem Luxemburger und dem Straßburger Gerichtshof entwickeln wird.

3. Datenschutz und Schutz der Kommunikation

Die Rechte auf Achtung des Privat- und Familienlebens, der Wohnung und der Kommunikation[400] (Art. 7 GRCh) entsprechen den Rechten, die durch Art. 8 EMRK gewährleistet sind, so dass weitestgehend auf die Ausführungen hierzu verwiesen werden kann.[401] Ebenso wie im Bereich der Europäischen Menschenrechtskonvention können die Kommunikationsfreiheit des Art. 7 GRCh und die Meinungsäußerungsfreiheit des Art. 11 GRCh grundsätzlich nebeneinander bestehen.[402] Im Einzelfall kommt es zunächst darauf an, ob die Kommunikation auf eine bestimmte Person (Individualkommunikation) oder an die Allgemeinheit (Massenkommunikation) gerichtet ist. Weiter ist zu unterscheiden, ob vorrangig die Privatheit der Kommunikation betroffen ist.[403] Nur in diesem Fall ist grundsätzlich der Anwendungsbereich des Art. 7 CHRh eröffnet und tritt Art. 11 GRCh hinter dem Schutz der Kommunikation nach Art. 7 Var. 4 GRCh zurück.[404] Zu beachten ist aber, dass die Grundrechtecharta anders als die Europäische Menschenrechtskonvention in Art. 8 GRCh ein eigenständiges Datenschutzgrundrecht enthält, das in seinem Anwendungsbereich *lex specialis* zu dem Recht auf Achtung des Privat- und Familienlebens ist.[405] Nach Art. 8 Abs. 1 EMRK hat jede Person das Recht auf Schutz der sie betreffenden Daten. Davon erfasst sind alle Informationen über eine bestimmte oder bestimmbare Person.[406]

---

399 *Tobias Lock*, Das Verhältnis zwischen dem EuGH und internationalen Gerichten, Tübingen 2010, S. 299 f.

400 Der Begriff der Kommunikation ersetzt den in Art. 8 EMRK gebrauchten Begriff der Korrespondenz; *Matthias Knecht*, in: Schwarze, Jürgen (Hrsg.), EU-Kommentar, 2. Aufl., Baden-Baden 2009, Art. 7 GRCh Rn. 10; *Frank Schorkopf*, in: Ehlers, Dirk (Hrsg.), Europäische Grundrechte und Grundfreiheiten, 3. Aufl., Berlin 2009, § 16.1 Rn. 25.

401 *Hans-Werner Rengeling/Peter Szczekalla*, Grundrechte in der Europäischen Union, Köln 2004, Rn. 655; Peter J. Tettinger, in: Tettinger, Peter J./Stern, Klaus (Hrsg.), GRCh, München 2006, Art. 7 Rn. 1 f.; siehe unter A. I. 1. b).

402 *Hans D. Jarass*, GRCh, München 2010, Art. 7 Rn. 46.

403 Vgl. *Norbert Bernsdorff*, in: Meyer, Jürgen (Hrsg.), Charta der Grundrechte der Europäischen Union, 2. Aufl., Baden-Baden 2006, Art. 7 Rn. 25.

404 *Hans D. Jarass*, GRCh, München 2010, Art. 7 Rn. 5 i.V.m. 47.

405 *Hans D. Jarass*, GRCh, München 2010, Art. 8 Rn. 4; *Matthias Knecht*, in: Schwarze, Jürgen (Hrsg.), EU-Kommentar, 2. Aufl., Baden-Baden 2009, Art. 8 GRCh Rn. 5.

406 *Hans D. Jarass*, GRCh, München 2010, Art. 8 Rn. 5.

III. Wesentliche Rechtsetzungsmaßnahmen der Europäischen Union

Als verbindliche Regelungsinstrumente mit Rechtsnormcharakter stehen der Europäischen Union hauptsächlich zwei Mittel zur Verfügung, Art. 288 AEUV (ex-Art. 249 EGV).[407] *Verordnungen* haben allgemeine Geltung. Sie sind in allen ihren Teilen verbindlich und gelten unmittelbar in jedem Mitgliedstaat (Abs. 2). *Richtlinien* sind für jeden Mitgliedstaat, an den sie gerichtet sind, hinsichtlich des zu erreichenden Ziels verbindlich, überlassen den innerstaatlichen Stellen jedoch die Wahl der Form und der Mittel (Abs. 3).

Da das Datenschutzniveau in den einzelnen Mitgliedstaaten der Europäischen Union unterschiedlich ausgeprägt war und der Stand der gesetzgeberischen Maßnahmen und die datenschutzrechtlichen Strukturen im Zeitpunkt der ersten Entwürfe einer europäischen Datenschutzregelung ebenfalls erheblich variierten,[408] kamen Verordnungen als Mittel der Rechtsvereinheitlichung von vornherein kaum in Betracht, zu einschneidend wären die damit einhergehenden Auswirkungen auf das in einzelnen Mitgliedstaaten bereits normierte und etablierte Datenschutzrecht gewesen. Um die Regelungsstrukturen in den Mitgliedstaaten zu schonen, dennoch aber einen einheitlichen datenschutzrechtlichen Rahmen zu gewährleisten, wurden und werden von den verantwortlichen Organen der Europäischen Union Richtlinien als Instrumente der Rechtsangleichung bevorzugt (vgl. Art. 114 AEUV; ex-Art. 95 EGV).[409]

1. Die Richtlinie 95/46/EG

Die Richtlinie 95/46/EG vom 24. Oktober 1995 zum Schutz natürlicher Personen bei der Verarbeitung personenbezogener Daten und zum freien Datenverkehr (EG-Datenschutzrichtlinie)[410] ist die erste Rechtsetzungsmaßnahme auf Gemeinschaftsebene in Bezug auf den Datenschutz. Sie gab in erheblichem Maße Anlass zur (Neu-)Regelung des Datenschutzrechts in den nationalen Rechtsordnungen,[411] ge-

---

[407] Entscheidungen (Abs. 4) als dritte Form verbindlicher Rechtsakte sind lediglich Einzelakte und spielen mangels Rechtsnormcharakter als Regelungsinstrument an dieser Stelle nur eine untergeordnete Rolle. Sie können in einem Einzelfall sowohl an Mitgliedstaaten als auch an Private gerichtet sein; vgl. *Matthias Ruffert*, in: Calliess, Christian/Ruffert, Matthias (Hrsg.), EUV/EGV, 3. Aufl., München 2007, Art. 249 EGV Rn. 18 und 124.

[408] *Rauf Guliyev*, Europäischer Datenschutz aus wirtschaftlicher Perspektive, in: Hilgendorf, Eric (Hrsg.), Dimensionen des IT-Rechts, Berlin 2008, S. 137 (138 f.).

[409] Vgl. *Matthias Ruffert*, in: Calliess, Christian/Ruffert, Matthias (Hrsg.), EUV/EGV, 3. Aufl., München 2007, Art. 249 EGV Rn. 45; *Wolfgang Kahl*, in: Calliess, Christian/Ruffert, Matthias (Hrsg.), EUV/EGV, 3. Aufl., München 2007, Art. 95 EGV Rn. 9; *Marie-Theres Tinnefeld/Eugen Ehmann/Rainer W. Gerling*, Einführung in das Datenschutzrecht, 4. Aufl., München 2005, S. 119.

[410] ABl. L 281 vom 23.11.1995, S. 31.

[411] Vgl. *Michael Kloepfer*, Informationsrecht, München 2002, § 8 Rn. 12.

währte aber zugleich deutliche Spielräume in der Umsetzung.[412] Im Vordergrund der Datenschutzrichtlinie steht die Rechtsangleichung der unterschiedlichen Datenschutzregelungen und -standards in den Mitgliedstaaten.[413] Dass der Richtlinie überdies aber eine dualistische Zielsetzung zu Grunde liegt, spiegelt sich bereits in ihrem Art. 1 wider.[414] Im Hinblick auf die durch die Richtlinie bewirkte Harmonisierung der Datenschutzstandards in den Mitgliedstaaten beschreibt Art. 1 Abs. 2 das „Herzstück der Richtlinie", nämlich die Schaffung eines freien innereuropäischen Datenverkehrs.[415] Zugleich sollen die Grundrechte und Grundfreiheiten und insbesondere die Privatsphäre natürlicher Personen bei der Verarbeitung personenbezogener Daten geschützt werden, Art. 1 Abs. 1.[416] Auf Grund ihres abstrakten Charakters ohne sektorale Datenschutzbezüge ist die Datenschutzrichtlinie als datenschutzrechtliches Grundgerüst zu verstehen, auf das weitere, bereichsspezifische Regelungen aufbauen können.[417]

2. Die Richtlinie 97/66/EG

Bei der Richtlinie 97/66/EG vom 15. Dezember 1997 über die Verarbeitung personenbezogener Daten und den Schutz der Privatsphäre im Bereich der Telekommunikation (TK-Datenschutzrichtlinie)[418] handelte es sich um eine bereichsspezifische Datenschutzregelung, die in ihrem Anwendungsbereich der allgemeinen EG-Datenschutzrichtlinie vorging. Sie fand Anwendung im Bereich öffentlich zugänglicher Telekommunikationsdienste in öffentlichen Telekommunikationsnetzen, mit starker Ausrichtung auf die ISDN-Technik.[419]

3. Die Richtlinie 2002/58/EG

Die Richtlinie 2002/58/EG vom 12. Juli 2002 über die Verarbeitung personenbezogener Daten und den Schutz der Privatsphäre in der elektronischen Kommunikation

---

412 *Jochen Schneider*, Europäischer Datenschutz und E-Commerce, in: Lehmann, Michael (Hrsg.), Electronic Business in Europa, München 2002, S. 561 (562); *Birte Siemen*, Datenschutz als europäisches Grundrecht, Berlin 2006, S. 242.

413 *Marie-Theres Tinnefeld/Eugen Ehmann/Rainer W. Gerling*, Einführung in das Datenschutzrecht, 4. Aufl., München 2005, S. 117.

414 *Eugen Ehmann/Marcus Helfrich*, EG-Datenschutzrichtlinie, Köln 1999, Einleitung Rn. 4.

415 So *Jürgen Kühling/Christian Seidel/Anastasios Sivridis*, Datenschutzrecht, Frankfurt am Main 2008, S. 47.

416 Siehe dazu *Eugen Ehmann/Marcus Helfrich*, EG-Datenschutzrichtlinie, Köln 1999, Einleitung Rn. 4.

417 Ähnlich *Jochen Schneider*, Europäischer Datenschutz und E-Commerce, in: Lehmann, Michael (Hrsg.), Electronic Business in Europa, München 2002, S. 561 (562 f.).

418 ABl. L 24 vom 30.1.1998, S. 1.

419 *Flemming Moos*, Datenschutzrecht, Berlin 2006, S. 14; *Jürgen Kühling/Christian Seidel/Anastasios Sivridis*, Datenschutzrecht, Frankfurt am Main 2008, S. 64.

(Datenschutzrichtlinie für elektronische Kommunikation)[420] löste die TK-Datenschutzrichtlinie ab.[421] Sie ergänzt als bereichsspezifische Regelung die allgemeine EG-Datenschutzrichtlinie im Bereich der elektronischen Kommunikation.[422] Insbesondere findet hier das Telekommunikationsgeheimnis sekundärrechtlich seinen Niederschlag.[423] Verkehrs- und Standortdaten sind grundsätzlich unmittelbar zu löschen oder zu anonymisieren.[424] Anders als die TK-Datenschutzrichtlinie gilt die Datenschutzrichtlinie für elektronische Kommunikation für alle Arten der elektronischen Kommunikation und differenziert nicht (mehr) zwischen Telekommunikationsdiensten und Tele- und Mediendiensten.[425]

4. Die Richtlinie 2006/24/EG

Als Reaktion auf die Terroranschläge vom 11. September in den USA und vom 11. März in Madrid wurde die Richtlinie 2006/24/EG vom 15. März 2006 über die Vorratsspeicherung von Daten, die bei der Bereitstellung öffentlich zugänglicher elektronischer Kommunikationsdienste oder öffentlicher Kommunikationsnetze erzeugt oder verarbeitet werden, und zur Änderung der Richtlinie 2002/58/EG (Vorratsdatenspeicherungsrichtlinie)[426] nach mehrheitlicher Zustimmung des Europäischen Parlaments im Rat angenommen.[427] In die Reihe der zuvor beschriebenen Richtlinien zum Datenschutz fügt sie sich keineswegs unmittelbar ein, sondern weicht gemäß Art. 3 Abs. 1 sogar ausdrücklich von der Datenschutzrichtlinie für elektronische Kommunikation ab, die im Grundsatz die Löschung von Kommunikationsdaten verordnete. Damit verfolgt sie einen nahezu konträren Ansatz. Nach *Rusteberg* stellt die Vorratsdatenspeicherungsrichtlinie eine „kopernikanische

---

420 ABl. L 201 vom 31.7.2002, S. 37.

421 *Benjamin Rusteberg*, Die EG-Richtlinie zur Vorratsdatenspeicherung von Verkehrsdaten im System des europäischen Grund- und Menschenrechtsschutzes, VBlBW 2007, 171 (171).

422 *Marie-Theres Tinnefeld/Eugen Ehmann/Rainer W. Gerling*, Einführung in das Datenschutzrecht, 4. Aufl., München 2005, S. 119 f.

423 *Jürgen Kühling/Christian Seidel/Anastasios Sivridis*, Datenschutzrecht, Frankfurt am Main 2008, S. 64.

424 Vgl. *Rotraud Gitter/Christoph Schnabel*, Die Richtlinie zur Vorratsdatenspeicherung und ihre Umsetzung in das nationale Recht, MMR 2007, 411 (412).

425 Ähnlich *Marie-Theres Tinnefeld/Eugen Ehmann/Rainer W. Gerling*, Einführung in das Datenschutzrecht, 4. Aufl., München 2005, S. 235.

426 ABl. L 105 vom 13.4.2006, S. 54.

427 *Guido Brinkel/Judith Lammers*, Innere Sicherheit auf Vorrat?, ZUM 2008, 11 (11); *Sabine Leutheusser-Schnarrenberger*, Vorratsdatenspeicherung – Ein vorprogrammierter Verfassungskonflikt, ZRP 2007, 9 (9 f.); *Wolfgang Ziebarth*, Grundrechtskonforme Gestaltung der Vorratsdatenspeicherung, DuD 2009, 25 (25).

Wende" dar.[428] *Brinkel/Lammers* sprechen von einer „fundamentalen Änderung der datenschutzrechtlichen Rahmenparameter in Europa."[429] Gleichwohl enthielten bereits die zuvor erlassenen Richtlinien Bestimmungen, wonach aus Gründen der Sicherheit und Verteidigung Regelungen getroffen werden können, die eine begrenzte Aufbewahrung von Daten vorsehen; Art. 13 der Richtlinie 95/46/EG oder Art. 15 Abs. 1 der Richtlinie 2002/58/EG.[430] Die Vorratsdatenspeicherungsrichtlinie verlangt von den Mitgliedsstaaten der Europäischen Union den Erlass von Rechtsvorschriften zur einheitlichen verdachtsunabhängigen Speicherung von Telekommunikationsverkehrsdaten für mindestens sechs und höchstens 24 Monate (vgl. Art. 6 der Richtlinie).[431] Damit schreibt sie eine anlasslose Speicherung von Daten in einem bislang nicht erreichten Ausmaß vor.[432] In der Mehrzahl der Mitgliedstaaten begründet sie erstmals eine Rechtsgrundlage für die verpflichtende Speicherung von Telekommunikationsdaten auf Vorrat.[433]

B. Rechtsrahmen in Deutschland

I. Allgemeines Datenschutzrecht

Mit zunehmender Bedeutung der Elektronischen Datenverarbeitung (EDV) Anfang der siebziger Jahre begann auch die öffentliche Diskussion um deren Risiken und die Schutzbedürftigkeit personenbezogener Daten.[434] In der Folge entwickelte sich ein einfachgesetzlicher Datenschutz, zunächst auf Länder- später auf Bundesebe-

---

428 *Benjamin Rusteberg*, Die EG-Richtlinie zur Vorratsdatenspeicherung von Verkehrsdaten im System des europäischen Grund- und Menschenrechtsschutzes, VBlBW 2007, 171 (172).

429 *Guido Brinkel/Judith Lammers*, Innere Sicherheit auf Vorrat?, ZUM 2008, 11 (11).

430 Siehe auch *Benjamin Rusteberg*, Die EG-Richtlinie zur Vorratsdatenspeicherung von Verkehrsdaten im System des europäischen Grund- und Menschenrechtsschutzes, VBlBW 2007, 171 (172).

431 Siehe auch *Nikolaus Forgó/Dennis Jlussi/Christian Klügel/Tina Krügel*, Die Umsetzung der Richtlinie zur Vorratsdatenspeicherung, DuD 2008, 680 (680 f.).

432 So ähnlich *Alexander Ignor*, Die Zukunft des Strafverfahrens – Abschied vom Rechtsstaat?, BRAK-Mitt. 2008, 50 (52).

433 *Rotraud Gitter/Christoph Schnabel*, Die Richtlinie zur Vorratsdatenspeicherung und ihre Umsetzung in das nationale Recht, MMR 2007, 411 (412); *Franz Büllingen*, Vorratsspeicherung von Telekommunikationsdaten im internationalen Vergleich, DuD 2005, 349 (351); *ders./Aurélia Gillet/Christin-Isabel Gries u.a.*, Stand und Perspektiven der Vorratsdatenspeicherung im internationalen Vergleich, Bad Honnef 2004, S. 5; *Jürgen Kühling/Christian Seidel/Anastasios Sivridis*, Datenschutzrecht, Frankfurt am Main 2008, S. 67.

434 Vgl. *Thomas Hoeren*, Internet- und Kommunikationsrecht, Köln 2008, S. 2; *Marie-Theres Tinnefeld/Eugen Ehmann/Rainer W. Gerling*, Einführung in das Datenschutzrecht, 4. Aufl., München 2005, S. 87.

ne.[435] Nicht nur als erstes Bundesland, vielmehr sogar als erstes Land weltweit, verabschiedete Hessen im Jahr 1970 ein Datenschutzgesetz.[436] Bis 1981 folgten schließlich alle weiteren Bundesländer.[437] Das erste Bundesdatenschutzgesetz (BDSG)[438] trat 1978 in Kraft.[439] Es war zugleich die erste Regelung, die den Datenschutz im privatrechtlichen Bereich für das gesamte Bundesgebiet betraf.[440]

1. Verfassungsrechtlicher Ausgangspunkt: Das Recht auf informationelle Selbstbestimmung

Als verfassungsrechtlicher Ausgangspunkt, sozusagen als „Meilenstein"[441] oder „neue Dimension"[442] hinsichtlich des Umgangs mit personenbezogenen Daten und als Grundlage des Anspruchs auf Gewährleistung des Datenschutzes kann das vom Bundesverfassungsgericht im Volkszählungsurteil[443] vom 15. Dezember 1983 ent-

---

435 Umfassend zur Entwicklung des Datenschutzes *Walter Rudolf*, Datenschutz – ein Grundrecht, in: Geis, Max-Emanuel/Lorenz, Dieter (Hrsg.), Staat – Kirche – Verwaltung – Festschrift für Hartmut Maurer zum 70. Geburtstag, München 2001, S. 269 ff.

436 Vgl. *Thomas Hoeren*, Internetrecht, Stand: Februar 2010 (Online-Ressource), S. 348; *Marie-Theres Tinnefeld/Eugen Ehmann/Rainer W. Gerling*, Einführung in das Datenschutzrecht, 4. Aufl., München 2005, S. 89; *Stephanie Schiedermair*, Datenschutz in den Medien, in: Dörr, Dieter/Kreile, Johannes/Cole, Mark D. (Hrsg.), Handbuch Medienrecht, 2. Aufl., Frankfurt am Main 2011, S. 339 (372) (dort Fn. 119); *Andreas Wien*, Internetrecht, 2. Aufl., Wiesbaden 2009, S. 196.

437 *Walter Rudolf*, Datenschutz – ein Grundrecht, in: Geis, Max-Emanuel/Lorenz, Dieter (Hrsg.), Staat – Kirche – Verwaltung – Festschrift für Hartmut Maurer zum 70. Geburtstag, München 2001, S. 269 (270).

438 Gesetz zum Schutz vor Missbrauch personenbezogener Daten bei der Datenverarbeitung (Bundesdatenschutzgesetz – BDSG), BGBl. I vom 1.2.1977, S. 201.

439 Vgl. *Marie-Theres Tinnefeld/Eugen Ehmann/Rainer W. Gerling*, Einführung in das Datenschutzrecht, 4. Aufl., München 2005, S. 89; *Andreas Wien*, Internetrecht, 2. Aufl., Wiesbaden 2009, S. 196.

440 *Walter Rudolf*, Datenschutz – ein Grundrecht, in: Geis, Max-Emanuel/Lorenz, Dieter (Hrsg.), Staat – Kirche – Verwaltung – Festschrift für Hartmut Maurer zum 70. Geburtstag, München 2001, S. 269 (270).

441 *Marie-Theres Tinnefeld/Eugen Ehmann/Rainer W. Gerling*, Einführung in das Datenschutzrecht, 4. Aufl., München 2005, S. 89.

442 *Andreas Wien*, Internetrecht, 2. Aufl., Wiesbaden 2009, S. 196.

443 BVerfG, Urteil vom 15.12.1983 – 1 BvR 209/83, 1 BvR 269/83, 1 BvR 362/83, 1 BvR 420/83, 1 BvR 440/83, 1 BvR 484/83 (*Volkszählung, Mikrozensus*) = BVerfGE 65, 1 ff.; dazu *Jost-Dietrich Busch*, Auswirkungen des Volkszählungsurteils des Bundesverfassungsgerichts, DVBl 1984, 385 ff.; *Hansjörg Geiger*, Das Urteil des Bundesverfassungsgerichts zum Volkszählungsgesetz 1983, DSWR 1984, 43 ff.; *Friedhelm Hase*, Das Recht auf informationelle Selbstbestimmung – Bemerkungen zum Datenschutz anlässlich des "Volkszählungsurteils" des Bundesverfassungsgerichts, DuR 1984, 39 ff.; *Friedhelm Hufen*, Das Volkszählungsurteil des Bundesverfassungsgerichts und das Grundrecht auf informationelle Selbstbestimmung – eine juristische Antwort auf "1984"?, JZ 1984, 1072 ff.; *Peter Krause*, Das Recht auf informationelle Selbstbestimmung – BVerfGE 65, 1, JuS

wickelte Recht auf informationelle Selbstbestimmung bezeichnet werden.[444] Gegenstand des Urteils waren mehr als tausend Verfassungsbeschwerden gegen das Volkszählungsgesetz (VZG) 1983[445]. Das Bundesverfassungsgericht stellte fest, dass die Übermittlung statistischer Daten zu Zwecken des Verwaltungsvollzugs zwar verfassungswidrig, das Gesetz aber dennoch wegen des überwiegenden Allgemeininteresses an einer Volkszählung gerechtfertigt sei.[446]

a) Herleitung und Schutzbereich des Rechts auf informationelle Selbstbestimmung

Von überragender Bedeutung ist das Volkszählungsurteil im Hinblick auf die Begründung des Rechts auf informationelle Selbstbestimmung, das vom Bundesverfassungsgericht aus dem allgemeinen Persönlichkeitsrecht des Art. 2 Abs. 1 GG i.V.m. Art. 1 Abs. 1 GG hergeleitet wird.[447] Inhaltlich umfasst es „die Befugnis des Einzelnen, grundsätzlich selbst zu entscheiden, wann und innerhalb welcher Grenzen persönliche Lebenssachverhalte offenbart werden“[448]. Vom Schutzbereich erfasst ist jede Form der Erhebung, Speicherung, Verwendung und Weitergabe per-

1984, 268 ff.; *Hans Schneider*, Verfassungsrechtliche Beurteilung des Volkszählungsgesetzes 1983, DÖV 1983, 161 ff.; *Spiros Simitis*, Die informationelle Selbstbestimmung – Grundbedingung einer verfassungskonformen Informationsordnung, NJW 1984, 398 ff.; *Wilhelm Steinmüller*, Das Volkszählungsurteil des Bundesverfassungsgerichts, DuD 1984, 91 ff.; ausführlich *Christian Bumke/Andreas Voßkuhle*, Casebook Verfassungsrecht, 5. Aufl., München 2008, S. 78 ff.; *Marie-Theres Tinnefeld/Eugen Ehmann/Rainer W. Gerling*, Einführung in das Datenschutzrecht, 4. Aufl., München 2005, S. 143 ff.

444 Vgl. *Peter Gola/Christoph Klug/Yvette Reif*, Datenschutz- und presserechtliche Bewertung der „Vorratsdatenspeicherung“, Berlin/Bonn 2007, S. 21; *Alexander Roßnagel/Philip Laue*, Zweckbindung im Electronic Government, DÖV 2007, 543 (544); *Stephanie Schiedermair*, Datenschutz in den Medien, in: Dörr, Dieter/Kreile, Johannes/Cole, Mark D. (Hrsg.), Handbuch Medienrecht, 2. Aufl., Frankfurt am Main 2011, S. 339 (371 f.).

445 Gesetz über eine Volks-, Berufs-, Wohnungs- und Arbeitsstättenzählung (Volkszählungsgesetz 1983) vom 25. März 1982; BGBl. I vom 31.3.1982, S. 369.

446 Vgl. *Stephanie Schiedermair*, Datenschutz in den Medien, in: Dörr, Dieter/Kreile, Johannes/Cole, Mark D. (Hrsg.), Handbuch Medienrecht, 2. Aufl., Frankfurt am Main 2011, S. 339 (372 f.); *Marie-Theres Tinnefeld/Eugen Ehmann/Rainer W. Gerling*, Einführung in das Datenschutzrecht, 4. Aufl., München 2005, S. 143.

447 *Walter Rudolf*, Datenschutz – ein Grundrecht, in: Geis, Max-Emanuel/Lorenz, Dieter (Hrsg.), Staat – Kirche – Verwaltung – Festschrift für Hartmut Maurer zum 70. Geburtstag, München 2001, S. 269 (269); *Wilhelm Steinmüller*, Das informationelle Selbstbestimmungsrecht – Wie es entstand und was man daraus lernen kann, RDV 2007, 158 (160); *Stephanie Schiedermair*, Datenschutz in den Medien, in: Dörr, Dieter/Kreile, Johannes/Cole, Mark D. (Hrsg.), Handbuch Medienrecht, 2. Aufl., Frankfurt am Main 2011, S. 339 (373).

448 BVerfG, Urteil vom 15.12.1983 – 1 BvR 209/83, 1 BvR 269/83, 1 BvR 362/83, 1 BvR 420/83, 1 BvR 440/83, 1 BvR 484/83 (*Volkszählung, Mikrozensus*), Rn. 146 = BVerfGE 65, 1 (41 f.).

sönlicher Daten.[449] Insoweit wird die Befugnis des Einzelnen gewährleistet, grundsätzlich selbst über die Preisgabe und Verwendung seiner persönlichen Daten zu bestimmen.[450] Das Gericht definiert damit die verfassungsrechtlichen Vorgaben für den Datenschutz.[451] Ob es sich bei dem Recht auf informationelle Selbstbestimmung um einen Ausfluss des allgemeinen Persönlichkeitsrechts oder um ein gesondertes „Grundrecht auf Datenschutz" handelt, ist im Hinblick auf den Wortlaut indes unklar.[452] Die ganz überwiegende Meinung in der Literatur ist der Auffassung, dass das Recht auf informationelle Selbstbestimmung kein spezielles „Grundrecht auf Datenschutz" darstellt.[453] Vielmehr handele es sich um eine „interpretatorische Fortschreibung"[454] des allgemeinen Persönlichkeitsrechts.[455] Für diese Auffassung spricht auch die Formulierung in den Ausführungen des Bundesverfassungsgerichts, das allgemeine Persönlichkeitsrecht gewährleiste „insoweit die Befugnis des Einzelnen, grundsätzlich selbst über die Preisgabe und Verwendung seiner persönlichen Daten zu bestimmen"[456].[457] Gleichwohl vermag die Entscheidung für die

---

449 BVerfG, Urteil vom 15.12.1983 – 1 BvR 209/83, 1 BvR 269/83, 1 BvR 362/83, 1 BvR 420/83, 1 BvR 440/83, 1 BvR 484/83 (*Volkszählung, Mikrozensus*), Rn. 149 = BVerfGE 65, 1 (43); ähnlich BVerfG, Urteil vom 2.3.2006 – 2 BvR 2099/04 (*Telekommunikationsüberwachung*), Rn. 94 = BVerfGE 115, 166 (188 und 190).

450 BVerfG, Urteil vom 15.12.1983 – 1 BvR 209/83, 1 BvR 269/83, 1 BvR 362/83, 1 BvR 420/83, 1 BvR 440/83, 1 BvR 484/83 (*Volkszählung, Mikrozensus*), Rn. 149 = BVerfGE 65, 1 (43); BVerfG, Urteil vom 2.3.2006 – 2 BvR 2099/04 (*Telekommunikationsüberwachung*), Rn. 87 = BVerfGE 115, 166 (188).

451 *Marie-Theres Tinnefeld/Eugen Ehmann/Rainer W. Gerling*, Einführung in das Datenschutzrecht, 4. Aufl., München 2005, S. 89; ähnlich *Spiros Simitis*, Die informationelle Selbstbestimmung – Grundbedingung einer verfassungskonformen Informationsordnung, NJW 1984, 398 (399).

452 *Walter Rudolf*, Datenschutz – ein Grundrecht, in: Geis, Max-Emanuel/Lorenz, Dieter (Hrsg.), Staat – Kirche – Verwaltung – Festschrift für Hartmut Maurer zum 70. Geburtstag, München 2001, S. 269 (269).

453 *Gunnar Duttge*, Recht auf Datenschutz? – Ein Beitrag zur Interpretation der grundrechtlichen Schutzbereiche, Der Staat 36 (1997), 281 (308); *Peter Gola*, Das Recht auf informationelle Selbstbestimmung in der aktuellen Rechtsprechung, RDV 1988, 109 (109); *Philip Kunig*, Der Grundsatz informationeller Selbstbestimmung, Jura 1993, 595 (596); *Stephanie Schiedermair*, Datenschutz in den Medien, in: Dörr, Dieter/Kreile, Johannes/Cole, Mark D. (Hrsg.), Handbuch Medienrecht, 2. Aufl., Frankfurt am Main 2011, S. 339 (373); *Spiros Simitis*, Die informationelle Selbstbestimmung – Grundbedingung einer verfassungskonformen Informationsordnung, NJW 1984, 398 (399).

454 *Stephanie Schiedermair*, Datenschutz in den Medien, in: Dörr, Dieter/Kreile, Johannes/Cole, Mark D. (Hrsg.), Handbuch Medienrecht, 2. Aufl., Frankfurt am Main 2011, S. 339 (373).

455 So im Ergebnis wohl auch *Christoph Gröpl*, Das verfassungsrechtliche Konzept der informationellen Selbstbestimmung und des Datenschutzes, in: Rüßmann, Helmut (Hrsg.), Festschrift für Gerhard Käfer, Saarbrücken 2009, S. 95 (101).

456 Siehe BVerfG, Urteil vom 15.12.1983 – 1 BvR 209/83, 1 BvR 269/83, 1 BvR 362/83, 1 BvR 420/83, 1 BvR 440/83, 1 BvR 484/83 (*Volkszählung, Mikrozensus*), Rn. 149 =

eine oder für die andere Einordnung keinesfalls etwas an der überragenden Bedeutung des Urteils für die Entwicklung des Datenschutzes zu ändern.

b) Bedeutung für die Entwicklung des Datenschutzrechts

Das informationelle Selbstbestimmungsrecht ist sowohl Voraussetzung als auch Garant der Kommunikationsfähigkeit des Einzelnen, um ihm somit eine selbstbestimmte Teilhabe an Kommunikationsprozessen zu ermöglichen.[458] „Mit dem Recht auf informationelle Selbstbestimmung wären eine Gesellschaftsordnung und eine diese ermöglichende Rechtsordnung nicht vereinbar, in der Bürger nicht mehr wissen können, wer was wann und bei welcher Gelegenheit über sie weiß. Wer unsicher ist, ob abweichende Verhaltensweisen jederzeit notiert und als Information dauerhaft gespeichert, verwendet oder weitergegeben werden, wird versuchen, nicht durch solche Verhaltensweisen aufzufallen. [...] Dies würde nicht nur die individuellen Entfaltungschancen des Einzelnen beeinträchtigen, sondern auch das Gemeinwohl, weil Selbstbestimmung eine elementare Funktionsbedingung eines auf Handlungs- und Mitwirkungsfähigkeit des Bürgers begründeten freiheitlichen demokratischen Gemeinwesens ist.“[459]

2. Einfachgesetzliche Umsetzung im Bundesdatenschutzgesetz

Einfachgesetzlich verankert ist das Recht auf informationelle Selbstbestimmung im Bundesdatenschutzgesetz (BDSG) und in verschiedenen bereichsspezifischen Datenschutzregelungen[460]. Das allgemeine Datenschutzrecht des Bundesdatenschutzgesetzes ist nur subsidiär heranzuziehen, wenn keine spezielleren, bereichsspezifischen Vorschriften in Bezug auf personenbezogene Daten anwendbar sind.[461] Dem Bundesdatenschutzgesetz kommt somit gemäß § 1 Abs. 3 BDSG lediglich eine

BVerfGE 65, 1 (43); BVerfG, Urteil vom 2.3.2006 – 2 BvR 2099/04 (*Telekommunikationsüberwachung*), Rn. 87 = BVerfGE 115, 166 (188).

457 *Walter Rudolf*, Datenschutz – ein Grundrecht, in: Geis, Max-Emanuel/Lorenz, Dieter (Hrsg.), Staat – Kirche – Verwaltung – Festschrift für Hartmut Maurer zum 70. Geburtstag, München 2001, S. 269 (269).

458 *Marie-Theres Tinnefeld/Eugen Ehmann/Rainer W. Gerling*, Einführung in das Datenschutzrecht, 4. Aufl., München 2005, S. 145.

459 BVerfG, Urteil vom 15.12.1983 – 1 BvR 209/83, 1 BvR 269/83, 1 BvR 362/83, 1 BvR 420/83, 1 BvR 440/83, 1 BvR 484/83 (*Volkszählung, Mikrozensus*), Rn. 148 = BVerfGE 65, 1 (43); ähnlich später BVerfG, Urteil vom 2.3.2006 – 2 BvR 2099/04 (*Telekommunikationsüberwachung*), Rn. 88 = BVerfGE 115, 166 (188).

460 Vgl. insbes. die §§ 91 bis 107 TKG.

461 *Anna Robert*, in: Geppert, Martin/Piepenbrock, Hermann-Josef/Schütz, Raimund/Schuster, Fabian (Hrsg.), Beck´scher TKG-Kommentar, 3. Aufl., München 2006, § 91 Rn. 4.

Auffangfunktion zu.[462] Dadurch werden aber zugleich Regelungslücken innerhalb der bereichsspezifischen Regelungsbereiche ausgeglichen und es wird insofern gewährleistet, dass ein gewisses Schutzniveau für alle Telekommunikationsangebote nicht unterschritten wird.[463] Zweck des Bundesdatenschutzgesetzes ist der Schutz des Einzelnen vor Beeinträchtigungen des Persönlichkeitsrechts durch den Umgang mit personenbezogenen Daten.[464]

3. „Personenbezogene Daten" als Bezugspunkt des Datenschutzrechts

Wichtigster Bezugspunkt des gesamten Datenschutzrechts und damit Ausgangspunkt jeglicher weiterer Prüfungen ist das Vorliegen eines personenbezogenen Datums.

a) Personenbezogene Daten

Personenbezogene Daten sind nach der Legaldefinition des § 3 Abs. 1 BDSG Einzelangaben über persönliche oder sachliche Verhältnisse einer bestimmten oder bestimmbaren natürlichen Person. Den Stellenwert personenbezogener Daten verdeutlicht die Strafandrohung bei unbefugter Offenbarung nach § 203 Abs. 2 S. 2 StGB, der die Formulierung der „Einzelangaben über persönliche oder sachliche Verhältnisse" aufgreift. Als Angaben i.S.d. § 3 Abs. 1 BDSG kommen jedwede Informationen in Betracht; erforderlich ist lediglich ein finales, auf Vermittlung von Kenntnis oder Aufbewahrung gerichtetes Element.[465] Der Begriff der persönlichen und sachlichen Verhältnisse ist umfassend zu verstehen.[466] Dazu gehören äußere (körperliche) wie innere (geistige) Merkmale oder Einstellungen, Handlungen und sonstige Verhaltensweisen, Äußerungen, persönliche Beziehungen, Namen oder sonstige Identifizierungsmerkmale, die eine Verknüpfung mit einer Person ermöglichen.[467] Im Gegensatz zu den Datenschutzgesetzen einiger anderer Länder unterliegen aber nur natürliche Personen dem Schutz des Bundesdatenschutzgesetzes, nicht jedoch juristische Personen.[468] In § 28 Abs. 3 S. 2 oder in § 3 Abs. 9

462 *Peter Büttgen*, in: Scheurle, Klaus-Dieter/Mayen, Thomas (Hrsg.), TKG, 2. Aufl., München 2008, § 91 Rn. 5.
463 Vgl. *Petra Löw*, Datenschutz im Internet, Tübingen 2000, S. 53 f.
464 Vgl. zum Zweck § 1 Abs. 1 BDSG.
465 *Ulrich Dammann*, in: Simitis, Spiros (Hrsg.), BDSG, 6. Aufl., Baden-Baden 2006, § 3 Rn. 5.
466 *Benedikt Buchner*, in: Taeger, Jürgen/Gabel, Detlev (Hrsg.), Kommentar zum BDSG, Frankfurt am Main 2010, § 3 Rn. 3.
467 Siehe die Aufzählungen bei *Ulrich Dammann*, in: Simitis, Spiros (Hrsg.), BDSG, 6. Aufl., Baden-Baden 2006, § 3 Rn. 10; *Marie-Theres Tinnefeld*, Geschützte Daten, in: Roßnagel, Alexander (Hrsg.), Handbuch Datenschutzrecht, München 2003, S. 485 (490 f.).
468 *Gola/Klug/Körffer/Schomerus* nennen z.B. Österreich, Dänemark und Luxemburg; *Peter Gola/Christoph Klug/Barbara Körffer/Rudolf Schomerus*, BDSG, 10. Aufl., München 2010, § 3 Rn. 11.

BDSG nennt das Gesetz ausdrücklich einige Beispiele für personenbezogene Daten.

b) Personenbezug von IP-Adressen

Isoliert betrachtet weisen IP-Adressen freilich keinen Personenbezug auf und wären demzufolge nicht als personenbezogene Daten im Sinne des § 3 Abs. 1 BDSG einzuordnen.[469] Mit Hilfe einer IP-Adresse, die bei jeder Nutzung von Diensten im Internet zugewiesen wird, kann aber die Verknüpfung zu einer bestimmten Person hergestellt werden. Ausreichend ist daher die Personenbeziehbarkeit.[470] Diese Verbindung ist im Falle *statischer* IP-Adressen besonders eng und vergleichbar mit der Zuordnung einer postalischen Adresse zu einer Person.[471] Ein Personenbezug ist daher regelmäßig vorhanden.[472]

Die weitaus häufigere Vergabe von *dynamischen* IP-Adressen erlaubt zwar keine direkte Zuordnung zu einer bestimmten Person, ermöglicht aber in den weit überwiegenden Fällen die Bestimmbarkeit einer Person durch den *Access Provider*.[473] Der Personenbezug kann in der Regel aber nur durch den *Access Provider* mittels sog. *Log*-Dateien[474] hergestellt werden, die eine zugewiesene IP-Adresse direkt oder nach Verknüpfung mit weiteren personenbezogenen Daten einem konkreten Klarnamen zuordnen.[475] Daher stellt sich die Frage, ob ein Identifikationsmerkmal auch dann noch als bestimmbares personenbezogenes Datum angesehen werden kann, wenn eine Zuordnung nicht allein mit Hilfe des Merkmals selbst, sondern nur unter Zuhilfenahme weiterer Zusatzinformationen erfolgen kann. Die Lösung liegt in einer differenzierten Betrachtung. Die Bestimmbarkeit ist stets im konkreten Einzelfall zu ermitteln. Während für denjenigen, der über die zur Identifizierung notwendigen Informationen (z.B. *Log*-Dateien) verfügt, die hinter einem Identifikationsmerkmal (z.B. IP-Adresse) stehende Person bestimmbar ist, fehlt die

---

469 Ähnlich *Thomas Nuthmann/Martin Jaschinski/Till Jaeger u.a.*, Recht im Internet, Berlin 2002, S. 607.

470 *Jürgen Kühling/Alexander Elbracht*, Telekommunikationsrecht, Heidelberg 2008, Rn. 384.

471 *Marie-Theres Tinnefeld*, Geschützte Daten, in: Roßnagel, Alexander (Hrsg.), Handbuch Datenschutzrecht, München 2003, S. 485 (491).

472 *Benedikt Buchner*, in: Taeger, Jürgen/Gabel, Detlev (Hrsg.), Kommentar zum BDSG, Frankfurt am Main 2010, § 3 Rn. 17; *Alexander Roßnagel*, Datenschutz in Tele- und Mediendiensten, in: Roßnagel, Alexander (Hrsg.), Handbuch Datenschutzrecht, München 2003, S. 1278 (1299).

473 Vgl. auch *Benedikt Buchner*, in: Taeger, Jürgen/Gabel, Detlev (Hrsg.), Kommentar zum BDSG, Frankfurt am Main 2010, § 3 Rn. 17; *Niko Härting*, Datenschutz im Internet, CR 2008, 743 (745).

474 Siehe dazu im Ersten Kapitel unter A. II. 1. b) bb) (2).

475 Vgl. *Alexander Roßnagel*, Datenschutz in Tele- und Mediendiensten, in: Roßnagel, Alexander (Hrsg.), Handbuch Datenschutzrecht, München 2003, S. 1278 (1298).

Bestimmbarkeit für diejenigen, denen die Informationen nicht vorliegen.[476] Der Begriff des Personenbezugs eines Datums ist somit relativ.[477] Besonders deutlich wird dies, wenn man die Möglichkeit der Anonymisierung von Daten im Internet in Bezug nimmt. Sofern und solange rechtlich und tatsächlich die Anonymität gewährleistet ist, kann ein Personenbezug der IP-Adresse nicht hergestellt werden. Es fehlt an der Bestimmbarkeit. Erst nach Aufhebung der Anonymität – soweit beispielsweise im Rahmen von Strafverfolgungsmaßnahmen möglich – wird der Personenbezug für diejenigen wieder begründet, denen die Zusatzinformationen vorliegen bzw. denen die Identität bekannt gegeben wird.[478] Sieht man von der Zwischenschaltung eines Anonymisierungsdienstes einmal ab, kann nach ganz überwiegender Auffassung somit auch bei Verwendung dynamischer IP-Adressen von einem personenbezogenen Datum ausgegangen werden.[479]

4. Wesentliche Grundsätze des Datenschutzrechts

Das Recht auf informationelle Selbstbestimmung ist Schutzgut und zugleich Ausgangspunkt für die Normierung des Datenschutzrechts in bereichsspezifischen und allgemeinen Datenschutzregelungen.[480] Die wesentlichen Prinzipien des Datenschutzrechts können ausdrücklich oder konkludent direkt dem Bundesdatenschutzgesetz entnommen werden.[481] Eine kurze Darstellung bietet sich daher bereits an dieser Stelle an, sozusagen vor die Klammer gezogen. Darauf einzugehen ist deshalb angezeigt, weil die Grundsätze der Datensparsamkeit und Datenvermeidung, der Erforderlichkeit oder der Zweckbindung für das Verständnis des Datenschutz-

---

476 Ähnlich *Ulrich Dammann*, in: Simitis, Spiros (Hrsg.), BDSG, 6. Aufl., Baden-Baden 2006, § 3 Rn. 33; *Alexander Roßnagel/Philip Scholz*, Datenschutz durch Anonymität und Pseudonymität, MMR 2000, 721 (723).

477 *Ulrich Dammann*, in: Simitis, Spiros (Hrsg.), BDSG, 6. Aufl., Baden-Baden 2006, § 3 Rn. 33; *Alexander Roßnagel/Philip Scholz*, Datenschutz durch Anonymität und Pseudonymität, MMR 2000, 721 (7222 f.); *Marie-Theres Tinnefeld*, Geschützte Daten, in: Roßnagel, Alexander (Hrsg.), Handbuch Datenschutzrecht, München 2003, S. 485 (492); nach a.A. gilt ein absoluter Personenbezug, wonach bereits die bloße Zuordnungsmöglichkeit beim *Access Provider* ausreichen soll, um einen Personenbezug der IP-Adresse zu konstatieren; siehe dazu *Stefan Schleipfer*, Ist die IP-Adresse zu löschen? – Eine Erörterung im Kontext von Nutzungsprofilen, RDV 2010, 168 (168).

478 *Ulrich Dammann*, in: Simitis, Spiros (Hrsg.), BDSG, 6. Aufl., Baden-Baden 2006, § 3 Rn. 63.

479 A.A. offenbar *Wolfgang Bär*, Straftaten und Ordnungswidrigkeiten gegen den Datenschutz, in: Roßnagel, Alexander (Hrsg.), Handbuch Datenschutzrecht, München 2003, S. 912 (922).

480 *Peter Büttgen*, in: Scheurle, Klaus-Dieter/Mayen, Thomas (Hrsg.), TKG, 2. Aufl., München 2008, § 91 Rn. 3.

481 Ähnlich *Tobias Keber*, in: Schwartmann, Rolf (Hrsg.), Praxishandbuch Medien-, IT- und Urheberrecht, Heidelberg 2008, Kap. 16 Rn. 17.

rechts unabdingbar sind.[482] Sie geben mittelbar den datenschutzrechtlichen Prüfungsrahmen vor, an dem sich auch die Verhältnismäßigkeitsprüfung hinsichtlich der Regelungen über die Vorratsdatenspeicherung zu orientieren vermag. Es handelt sich dabei schließlich um einfachgesetzlich normierte Grundsätze, die generell im Datenschutzrecht zu berücksichtigen sind.

a) Datensparsamkeit und Datenvermeidung

Ein wesentlicher Grundsatz des Datenschutzrechts ist der Grundsatz der Datensparsamkeit und Datenvermeidung. Gemäß § 3a S. 1 BDSG müssen sich Gestaltung und Auswahl von Datenverarbeitungssystemen an dem Ziel ausrichten, keine (Grundsatz der Datenvermeidung) oder so wenig wie möglich (Grundsatz der Datensparsamkeit) personenbezogene Daten zu erheben, zu verarbeiten oder zu nutzen.[483] Bei der Zielvorgabe der Regelung handelt es sich um eine Ausprägung des (verfassungsrechtlichen) Erforderlichkeitsgrundsatzes. Die Datenverarbeitung ist nur zulässig, wenn sie zur Erreichung des legitimierten Zwecks erforderlich ist.[484] Soweit dies möglich ist und der Aufwand nicht in einem unangemessenen Verhältnis zum angestrebten Schutzzweck steht, soll gemäß § 3a S. 2 BDSG insbesondere von den Möglichkeiten der Anonymisierung und Pseudonymisierung Gebrauch gemacht werden. Durch die überwiegende Vergabe dynamischer IP-Adressen kann immerhin erreicht werden, dass keine unmittelbare Zuordnung zu einer bestimmten Person möglich ist. Dadurch wird eine zumindest teilweise Pseudonymisierung erreicht.[485] Aus der Zielvorgabe des § 3a BDSG resultiert schließlich, dass nicht mehr benötigte personenbezogene Daten zu löschen sind.[486]

---

[482] Vgl. *Jürgen Kühling/Alexander Elbracht*, Telekommunikationsrecht, Heidelberg 2008, Rn. 386.

[483] Siehe dazu auch *Christoph Gröpl*, Das verfassungsrechtliche Konzept der informationellen Selbstbestimmung und des Datenschutzes, in: Rüßmann, Helmut (Hrsg.), Festschrift für Gerhard Käfer, Saarbrücken 2009, S. 95 (108).

[484] *Johann Bizer*, in: Simitis, Spiros (Hrsg.), BDSG, 6. Aufl., Baden-Baden 2006, § 3a Rn. 53; *Kerstin A. Zscherpe*, in: Taeger, Jürgen/Gabel, Detlev (Hrsg.), Kommentar zum BDSG, Frankfurt am Main 2010, § 3a Rn. 2.

[485] So auch *Peter Gola/Christoph Klug/Barbara Körffer/Rudolf Schomerus*, BDSG, 10. Aufl., München 2010, § 3a Rn. 4. Nur für den *Access Provider* stellen dynamische IP-Adressen regelmäßig personenbezogene Daten dar, für alle anderen dagegen regelmäßig Pseudonyme; siehe *Alexander Roßnagel/Philip Scholz*, Datenschutz durch Anonymität und Pseudonymität, MMR 2000, 721 (725).

[486] *Johann Bizer*, in: Simitis, Spiros (Hrsg.), BDSG, 6. Aufl., Baden-Baden 2006, § 3a Rn. 54.

b) Zweckbindung

Der Grundsatz der Zweckbindung wird unmittelbar aus den Art. 2 Abs. 1 i.V.m. Art. 1 Abs. 1 GG abgeleitet.[487] Die Sammlung nicht anonymisierter Daten auf Vorrat zu unbestimmten oder noch nicht bestimmbaren Zwecken ist nach dem Volkszählungsurteil des Bundesverfassungsgerichts mit dem Grundrecht auf informationelle Selbstbestimmung nicht vereinbar.[488] Es soll verhindert werden, dass Daten zu anderen als den gesetzlich vorgesehenen Zwecken gespeichert oder verwendet werden.[489] Nach dem Grundsatz der Zweckbindung dürfen personenbezogene Daten daher nur für solche Zwecke verwendet werden, für die sie erhoben wurden (vgl. §§ 14 bis 16 und §§ 28 bis 31 BDSG).[490] Die Aufnahme des Zweckbindungsgrundsatzes in § 14 Abs. 1 BDSG soll sicherstellen, dass der betroffene Bürger besser absehen kann, „wer was wann und bei welcher Gelegenheit"[491] über ihn weiß.[492] Damit entspricht der Gesetzgeber unmittelbar den Anforderungen, die das Bundesverfassungsgericht in seinem Volkszählungsurteil hinsichtlich des Verwendungszwecks von Daten formulierte.[493] Allgemein kann eine Speicherung für bestimmte, auch in der Zukunft liegende Zwecke somit zulässig sein, wenn die Speicherung die gesetzlichen Voraussetzungen erfüllt und die Ermächtigungsgrundlage darüber hinaus dem Verhältnismäßigkeitsgrundsatz genügt.[494] Eine besondere Zweckbindung enthält § 31 BDSG für personenbezogene Daten, die ausschließlich zu Zwecken der Datenschutzkontrolle, der Datensicherung oder zur Sicherstellung eines ordnungsgemäßen Betriebs einer Datenverarbeitungsanlage gespeichert werden. Bereichsspezifische Regelungen, die den Grundsatz der Zweckbindung umsetzen, sind beispielsweise § 96 Abs. 2 S. 1 TKG oder § 15 Abs. 4 TMG.

---

487 *Alexander Roßnagel/Philip Laue*, Zweckbindung im Electronic Government, DÖV 2007, 543 (545).

488 BVerfG, Urteil vom 15.12.1983 – 1 BvR 209/83, 1 BvR 269/83, 1 BvR 362/83, 1 BvR 420/83, 1 BvR 440/83, 1 BvR 484/83 (*Volkszählung, Mikrozensus*), Rn. 155 = BVerfGE 65, 1 (46).

489 Ähnlich auch *Peter Gola/Christoph Klug*, Grundzüge des Datenschutzrechts, München 2003, S. 48.

490 *Christoph Gröpl*, Das verfassungsrechtliche Konzept der informationellen Selbstbestimmung und des Datenschutzes, in: Rüßmann, Helmut (Hrsg.), Festschrift für Gerhard Käfer, Saarbrücken 2009, S. 95 (108).

491 BVerfG, Urteil vom 15.12.1983 – 1 BvR 209/83, 1 BvR 269/83, 1 BvR 362/83, 1 BvR 420/83, 1 BvR 440/83, 1 BvR 484/83 (*Volkszählung, Mikrozensus*), Rn. 148 = BVerfGE 65, 1 (43).

492 *Dirk Heckmann*, in: Taeger, Jürgen/Gabel, Detlev (Hrsg.), Kommentar zum BDSG, Frankfurt am Main 2010, § 14 Rn. 22.

493 *Ulrich Dammann*, in: Simitis, Spiros (Hrsg.), BDSG, 6. Aufl., Baden-Baden 2006, § 14 Rn. 37.

494 *Peter Gola/Christoph Klug/Barbara Körffer/Rudolf Schomerus*, BDSG, 10. Aufl., München 2010, § 14 Rn. 8.

c) Erforderlichkeit

Nach dem Grundsatz der Datenvermeidung und Datensparsamkeit soll bereits bei der technischen Umsetzung von Datenverarbeitungssystemen darauf geachtet werden, möglichst wenig und nur erforderliche personenbezogene Daten zu erheben. Dadurch wird der Erforderlichkeitsgrundsatz, dem im gesamten Datenschutzrecht eine besondere Bedeutung zukommt, aber nur ergänzt. Der Grundsatz der Erforderlichkeit ist wesentlich umfassender.[495] Er besagt, dass nur diejenigen personenbezogenen Daten erhoben oder verarbeitet werden dürfen, die für die Erfüllung der jeweiligen Aufgabe zwingend benötigt werden (vgl. §§ 13-16, § 28 Abs. 1 S. 1 Nr. 2 und § 30 Abs. 1 S. 2 BDSG).[496] Ausgehend von dem grundsätzlichen Verbot der Datenerhebung, -verarbeitung oder -nutzung im Bundesdatenschutzgesetz ist ein strenger Maßstab für die Beurteilung der Erforderlichkeit im Einzelfall anzulegen.[497] Unzulässig ist die Erhebung nicht erforderlicher personenbezogener Daten. Sind solche Daten dennoch gespeichert worden, hat die betroffene Person gegebenenfalls einen Löschungsanspruch nach § 20 Abs. 2 Nr. 2 BDSG und, sofern der Person ein Schaden entstanden ist, Schadensersatzansprüche.[498] Für das bereichsspezifische Datenschutzrecht in der Telekommunikation gilt der Erforderlichkeitsgrundsatz gemäß § 96 Abs. 1 TKG.[499]

Mit Verweis auf den Wortlaut „erforderlich ist" in § 13 Abs. 1 BDSG lehnen einige Stimmen in der Literatur die Erhebung von Daten auf Vorrat generell ab. Notwendig sei eine aktuelle Erforderlichkeit zur Aufgabenerfüllung im Zeitpunkt der Erhebung.[500] Das Sammeln nicht anonymisierter Daten auf Vorrat zu unbestimmten oder noch nicht bestimmbaren Zwecken ist nach der Rechtsprechung des Bundesverfassungsgerichts mit dem Gebot der notwendigen gesetzlichen Festlegung des Verwendungszwecks nicht vereinbar.[501] Im Fall der Vorratsdatenspeicherung steht der Zweck der Erhebung allerdings fest; lediglich der Zeitpunkt, zu dem

---

495 Siehe auch *Peter Gola/Christoph Klug*, Grundzüge des Datenschutzrechts, München 2003, S. 47.

496 *Dirk Heckmann*, in: Taeger, Jürgen/Gabel, Detlev (Hrsg.), Kommentar zum BDSG, Frankfurt am Main 2010, § 13 Rn. 18.

497 *Bettina Sokol*, in: Simitis, Spiros (Hrsg.), BDSG, 6. Aufl., Baden-Baden 2006, § 13 Rn. 25 f.

498 *Bettina Sokol*, in: Simitis, Spiros (Hrsg.), BDSG, 6. Aufl., Baden-Baden 2006, § 13 Rn. 28.

499 So ausdrücklich *Peter Büttgen*, in: Scheurle, Klaus-Dieter/Mayen, Thomas (Hrsg.), TKG, 2. Aufl., München 2008, § 96 Rn. 7.

500 Vgl. *Peter Gola/Christoph Klug/Barbara Körffer/Rudolf Schomerus*, BDSG, 10. Aufl., München 2010, § 13 Rn. 4; *Bettina Sokol*, in: Simitis, Spiros (Hrsg.), BDSG, 6. Aufl., Baden-Baden 2006, § 13 Rn. 26.

501 BVerfG, Urteil vom 15.12.1983 – 1 BvR 209/83, 1 BvR 269/83, 1 BvR 362/83, 1 BvR 420/83, 1 BvR 440/83, 1 BvR 484/83 (*Volkszählung, Mikrozensus*), Rn. 155 = BVerfGE 65, 1 (46).

die Daten benötigt werden, ist noch ungewiss.[502] Ob dies aber ausreicht, die Bevorratung von Daten von vorneherein abzulehnen, ist eher fraglich. Zweifelsohne sind in einer solchen Konstellation besondere Anforderungen an die Verhältnismäßigkeit der Ermächtigungsgrundlage zu stellen. Bei der Abwägung der Interessen darf gewiss nicht außer Acht gelassen werden, dass erhebliche Datenmengen einer nicht definierbaren Anzahl an Bürgern gespeichert werden, die letztlich nie einer faktischen Aufgabenwahrnehmung dienen werden. Auch *Dammann* kommt auf diesem Weg zu dem zutreffenden Ergebnis, dass eine Datensammlung nur dann schlechthin unzulässig wäre, wenn der Verwendungszweck noch nicht feststeht und auch nicht bestimmbar ist, nicht aber, wenn nur der Zeitpunkt der Aktualisierung der Erforderlichkeit im Einzelfall zunächst offen bleibt.[503]

d) Einwilligung

Erhebung, Verarbeitung und Nutzung personenbezogener Daten sind nach § 4 Abs. 1 nur zulässig, soweit das Bundesdatenschutzgesetz oder andere Rechtsvorschriften dies erlauben oder anordnen oder der Betroffene eingewilligt hat. Soweit eine besondere Erlaubnisnorm fehlt, sind nach dem Prinzip der Einwilligung gemäß § 4 Abs. 1 Alt. 2 und § 4a BDSG eine Datenerhebung, -verarbeitung und -nutzung von personenbezogenen Daten mit anderen Worten also nur rechtmäßig, wenn der Betroffene damit einverstanden ist.[504] Eine wirksame Einwilligung setzt voraus, dass der Betroffene frei entscheiden kann und er im Vorhinein auf den Zweck der Maßnahme und gegebenenfalls auf die Folgen der Verweigerung der Einwilligung hingewiesen wurde (§ 4a Abs. 1 S. 1 und 2 BDSG).[505] Dies ist nur dann der Fall, wenn einerseits der Betroffene hinreichend über sämtliche für seine Entscheidungsfindung relevante Daten informiert worden ist, und andererseits die Einwilligung nicht an sonstige, mit der konkreten Angabe nicht im Zusammenhang stehende Leistungen gekoppelt ist (sog. Koppelungsverbot).[506]

---

502 So auch *Dirk Heckmann*, in: Taeger, Jürgen/Gabel, Detlev (Hrsg.), Kommentar zum BDSG, Frankfurt am Main 2010, § 13 Rn. 24.

503 *Ulrich Dammann*, in: Simitis, Spiros (Hrsg.), BDSG, 6. Aufl., Baden-Baden 2006, § 14 Rn. 19.

504 *Christoph Gröpl*, Das verfassungsrechtliche Konzept der informationellen Selbstbestimmung und des Datenschutzes, in: Rüßmann, Helmut (Hrsg.), Festschrift für Gerhard Käfer, Saarbrücken 2009, S. 95 (108).

505 Ausführlich zu den Wirksamkeitsvoraussetzungen *Bernd Holznagel/Matthias Sonntag*, Datenschutz in Tele- und Mediendiensten, in: Roßnagel, Alexander (Hrsg.), Handbuch Datenschutzrecht, München 2003, S. 678 (688 ff.).

506 Vgl. *Spiros Simitis*, in: Simitis, Spiros (Hrsg.), BDSG, 6. Aufl., Baden-Baden 2006, § 4a Rn. 62 ff.; *Jürgen Taeger*, in: Taeger, Jürgen/Gabel, Detlev (Hrsg.), Kommentar zum BDSG, Frankfurt am Main 2010, § 4a Rn. 48 ff.

II. Spezifischer Datenschutz im Bereich der Telekommunikation

1. Das Fernmeldegeheimnis als spezielle Ausgestaltung des Rechts auf informationelle Selbstbestimmung

a) Abgrenzung zum Recht auf informationelle Selbstbestimmung

Bezogen auf die Telekommunikation stehen Fernmeldegeheimnis und Recht auf informationelle Selbstbestimmung in einem Ergänzungsverhältnis.[507] In seinem Anwendungsbereich enthält Art. 10 Abs. 1 Var. 3 GG eine spezielle Garantie, die das allgemeine Recht auf informationelle Selbstbestimmung verdrängt und aus der sich besondere Anforderungen für diejenigen Daten ergeben, die durch Eingriffe in das Fernmeldegeheimnis erlangt werden.[508] Das aus Art. 2 Abs. 1 in Verbindung mit Art. 1 Abs. 1 GG folgende Recht auf informationelle Selbstbestimmung kommt neben Art. 10 GG daher nicht zur Anwendung.[509] „Insoweit lassen sich allerdings die Maßgaben, die das Bundesverfassungsgericht aus Art. 2 Abs. 1 in Verbindung mit Art. 1 Abs. 1 GG entwickelt hat, weitgehend auf die speziellere Garantie in Art. 10 GG übertragen."[510] Nach Abschluss eines Kommunikationsvorgangs im Herrschaftsbereich eines Kommunikationsteilnehmers gespeicherte Kommunikationsverbindungsdaten fallen nicht mehr in den Schutzbereich des Fernmeldegeheimnisses, sondern werden durch das Recht auf informationelle Selbstbestimmung oder das Grundrecht auf Unverletzlichkeit der Wohnung nach Art. 13 GG geschützt.[511] Insofern kommt der exakten Feststellung der Beendigung eines Kom-

[507] BVerfG, Urteil vom 2.3.2006 – 2 BvR 2099/04 (*Telekommunikationsüberwachung*), Rn. 90 = BVerfGE 115, 166 (188).

[508] Vgl. BVerfG, Urteil vom 2.3.2006 – 2 BvR 2099/04 (*Telekommunikationsüberwachung*), Rn. 90 = BVerfGE 115, 166 (188 f.); BVerfG, Urteil vom 2.3.2010 – 1 BvR 256/08, 1 BvR 263/08, 1 BvR 586/08 (*Vorratsdatenspeicherung*), Rn. 191 = NJW 2010, 833 (836).

[509] Vgl. BVerfG, Urteil vom 14.7.1999 – 1 BvR 2226/94, 1 BvR 2420/95, 1 BvR 2437/95 (*Telekommunikationsüberwachung*), Rn. 160 = BVerfGE 100, 313 (358); BVerfG, Urteil vom 12.3.2003 – 1 BvR 330/96, 1 BvR 348/99 (*Handy-Überwachung*), Rn. 46 = NJW 2003, 1787 (1788); BVerfG, Urteil vom 2.3.2010 – 1 BvR 256/08, 1 BvR 263/08, 1 BvR 586/08 (*Vorratsdatenspeicherung*), Rn. 191 = BVerfG NJW 2010, 833 (836).

[510] BVerfG, Urteil vom 2.3.2010 – 1 BvR 256/08, 1 BvR 263/08, 1 BvR 586/08 (*Vorratsdatenspeicherung*), Rn. 191 = BVerfG NJW 2010, 833 (836); BVerfG, Urteil vom 14.7.1999 – 1 BvR 2226/94, 1 BvR 2420/95, 1 BvR 2437/95 (*Telekommunikationsüberwachung*), Rn. 166 = BVerfGE 100, 313 (359); BVerfG, Urteil vom 2.3.2006 – 2 BvR 2099/04 (*Telekommunikationsüberwachung*), Rn. 90 = BVerfGE 115, 166 (189).

[511] Vgl. BVerfG, Urteil vom 2.3.2006 – 2 BvR 2099/04 (*Telekommunikationsüberwachung*), Rn. 85 ff. = BVerfGE 115, 166 (insbes. 183 f.; 186 ff., 196 f.); danach *Ivo Geis/Esther Geis*, Das informationelle Selbstbestimmungsrecht als Pathosformel des Datenschutzrechts oder Schutz der Privatheit während und nach der elektronischen Kommunikation, K&R 2006, 279 (280); *Robert Käß*, Die Entscheidung des Bundesverfassungsgerichts zur Beschlagnahme von Mobilfunkendgeräten, BayVBl. 2007, 135 (136 f.); *Friederike*

munikationsvorgangs eine maßgebliche Rolle zu. Danach endet auch der Schutz des Fernmeldegeheimnisses.[512] Davon zu unterscheiden sind aber solche (Verkehrs-)Daten, die weiterhin bei einem *Provider* gespeichert werden und Rückschlüsse auf die näheren Umstände eines konkreten Telekommunikationsvorgangs und die daran beteiligten Person ermöglichen.[513] Für die Abgrenzung der Schutzbereiche des Fernmeldegeheimnisses und des Rechts auf informationelle Selbstbestimmung ist damit entscheidend auf den Umstand der Beherrschbarkeit der Privatsphäre abzustellen.[514]

b) Schutzbereich des Fernmeldegeheimnisses

Das Fernmeldegeheimnis schützt die unkörperliche Übermittlung von Informationen an individuelle Empfänger mit Hilfe des Telekommunikationsverkehrs.[515] Was genau vom Schutzbereich des Fernmeldegeheimnisses umfasst ist, hängt jeweils vom Einzelfall ab.[516] Das Bundesverfassungsgericht hat hierzu in mehreren Entscheidungen Stellung genommen. Danach betrifft der Grundrechtsschutz zuvörderst den Kommunikationsinhalt, erschöpft sich jedoch nicht darin.[517] Ebenso geschützt ist die Vertraulichkeit der näheren Umstände des Telekommunikationsvorgangs, insbesondere also, „ob, wann und wie oft zwischen welchen Personen oder Fernmeldeanschlüssen Fernmeldeverkehr stattgefunden hat oder versucht worden ist."[518] In den Schutzbereich fallen neben dem Inhalt somit alle Umstände, die den jeweiligen Telekommunikationsvorgang individualisierbar und nachverfolgbar ma-

---

Rauschenberger, Zur Reichweite des Fernmeldegeheimnisses, Kriminalistik 2006, 328 (329).

512 BVerfG, Urteil vom 2.3.2006 – 2 BvR 2099/04 (*Telekommunikationsüberwachung*), Rn. 74 = BVerfGE 115, 166 (184).

513 *Robert Käß*, Die Entscheidung des Bundesverfassungsgerichts zur Beschlagnahme von Mobilfunkendgeräten, BayVBl. 2007, 135 (136).

514 Vgl. BVerfG, Urteil vom 2.3.2006 – 2 BvR 2099/04 (*Telekommunikationsüberwachung*), Rn. 82 = BVerfGE 115, 166 (186).

515 So ähnlich auch BVerfG, Beschluss vom 9.10.2002 – 1 BvR 1611/96, 1 BvR 805/98 (*Mithörvorrichtung*), Rn. 21 = BVerfGE 106, 28 (35 f.).

516 *Jürgen Kühling/Alexander Elbracht*, Telekommunikationsrecht, Heidelberg 2008, Rn. 38.

517 Vgl. hierzu BVerfG, Urteil vom 14.7.1999 – 1 BvR 2226/94, 1 BvR 2420/95, 1 BvR 2437/95 (*Telekommunikationsüberwachung*), Rn. 163 = BVerfGE 100, 313 (358).

518 BVerfG, Urteil vom 14.7.1999 – 1 BvR 2226/94, 1 BvR 2420/95, 1 BvR 2437/95 (*Telekommunikationsüberwachung*), Rn. 163 = BVerfGE 100, 313 (358); vgl. ebenso oder ähnlich BVerfG, Beschluss vom 20.6.1984 – 1 BvR 1494/78 (*Post- und Telefonkontrolle*), Rn. 46 = BVerfGE 67, 157 (172); BVerfG, Beschluss vom 25.3.1992 – 1 BvR 1430/88 (*Fangschaltung*), Rn. 47 = BVerfGE 85, 386 (396); BVerfG, Urteil vom 12.3.2003 – 1 BvR 330/96, 1 BvR 348/99 (*Handy-Überwachung*), Rn. 50 = BVerfG NJW 2003, 1787 (1788); BVerfG, Beschluss vom 4.2.2005 – 2 BvR 308/04 (*Wohnungsdurchsuchung*), Rn. 23 = NJW 2005, 1637 (1639); BVerfG, Urteil vom 2.3.2006 – 2 BvR 2099/04 (*Telekommunikationsüberwachung*), Rn. 72 = BVerfGE 115, 166 (183).

chen.[519] Zu den näheren Umständen der Kommunikation gehören daher vor allem die Verkehrsdaten nach § 3 Nr. 30 TKG. Daneben können aber auch Datum oder Uhrzeit, kombiniert mit weiteren Daten, Rückschlüsse auf einen konkreten Telekommunikationsvorgang zulassen.[520] Bestandsdaten nach § 3 Nr. 3 TKG hingegen fallen regelmäßig nicht in den Schutzbereich des Fernmeldegeheimnisses. Dies gilt jedenfalls dann, wenn sie nicht in Verknüpfung mit Verkehrsdaten auf die näheren Umstände der Telekommunikation schließen lassen.

c) Bedeutung des Fernmeldegeheimnisses

Sinn und Zweck des Fernmeldegeheimnisses ist nach den Ausführungen des Bundesverfassungsgerichts, eine möglichst uneingeschränkte Kommunikation zwischen den Bürgern zu garantieren, ohne dass staatliche Zugriffe oder Einwirkungen zu besorgen wären. „Mit der grundrechtlichen Verbürgung der Unverletzlichkeit des Fernmeldegeheimnisses soll vermieden werden, dass der Meinungs- und Informationsaustausch mittels Fernmeldeanlagen deswegen unterbleibt oder nach Form und Inhalt verändert verläuft, weil die Beteiligten damit rechnen müssen, dass staatliche Stellen sich in die Kommunikation einschalten und Kenntnisse über die Kommunikationsbeziehungen oder Kommunikationsinhalte gewinnen."[521]

2. Das Telekommunikationsgesetz

a) Anwendungsbereich des Telekommunikationsgesetzes

Zentrales Merkmal des Anwendungsbereichs des Telekommunikationsgesetzes (TKG) ist der Begriff der Telekommunikation. Unter Telekommunikation versteht man nach der Legaldefinition in § 3 Nr. 22 TKG den technischen Vorgang des Aussendens, Übermittelns und Empfangens von Signalen mittels Telekommunikationsanlagen. Solche Anlagen sind nach § 3 Nr. 23 TKG alle Einrichtungen und Systeme, die als Nachrichten identifizierbare elektromagnetische oder optische Signale bearbeiten oder verarbeiten können. Im Ergebnis kann damit jede moderne Form der Kommunikation in den Anwendungsbereich des Telekommunikationsgesetzes fallen.[522]

---

519 Vgl. *Jürgen Kühling/Alexander Elbracht*, Telekommunikationsrecht, Heidelberg 2008, Rn. 37.

520 Vgl. BVerfG, Urteil vom 2.3.2006 – 2 BvR 2099/04 (*Telekommunikationsüberwachung*), Rn. 72 = BVerfGE 115, 166 (183).

521 BVerfG, Urteil vom 14.7.1999 – 1 BvR 2226/94, 1 BvR 2420/95, 1 BvR 2437/95 (*Telekommunikationsüberwachung*), Rn. 164 = BVerfGE 100, 313 (359).

522 Vgl. *Martin Munz*, in: Taeger, Jürgen/Gabel, Detlev (Hrsg.), Kommentar zum BDSG, Frankfurt am Main 2010, Einführung TKG Rn. 7; nach *Achim Zerres*, in: Scheurle, Klaus-Dieter/Mayen, Thomas (Hrsg.), TKG, 2. Aufl., München 2008, § 88 Rn. 6.

b) Vom Telekommunikationsgesetz erfasste Dienste

Diensteanbieter im Sinne des TKG ist nach § 3 Nr. 6 TKG jeder, der ganz oder teilweise geschäftsmäßig Telekommunikationsdienste erbringt oder hieran mitwirkt. Bei Telekommunikationsdiensten handelt es sich nach § 3 Nr. 24 TKG um in der Regel gegen Entgelt erbrachte Dienste, die ganz oder überwiegend in der Übertragung von Signalen über Telekommunikationsnetze bestehen.

aa) Abgrenzung zwischen Telekommunikationsdiensten und Telemediendiensten

Die Abgrenzung zwischen Telekommunikationsdiensten und dem Anwendungsbereich des Telekommunikationsgesetzes auf der einen Seite und Telemediendiensten und dem Anwendungsbereich des Telemediengesetzes (TMG) auf der anderen Seite bereitet bisweilen erhebliche Schwierigkeiten. Als Ausgangspunkt der Abgrenzung dienen §§ 1 Abs. 1, 11 Abs. 3 TMG. Eindeutig erfolgt die Trennung nur bei „reinen" Telekommunikationsdiensten, die ganz in der Übertragung von Signalen über Telekommunikationsnetze bestehen. Diese Dienste schließt § 1 Abs. 1 TMG ausdrücklich und vollständig aus dem Anwendungsbereich des Telemediengesetzes aus.[523]

Die sog. „überwiegenden" Telekommunikationsdienste, die neben der bloßen (technischen) Übertragung der Inhalte auch das jeweilige Angebot der Inhalte betreffen, unterfallen grundsätzlich jedoch sowohl dem Telekommunikationsgesetz als auch dem Telemediengesetz.[524] § 11 Abs. 3 TMG regelt lediglich, welche Datenschutzbestimmungen bei „Telemedien, die überwiegend in der Übertragung von Signalen über Telekommunikationsnetze bestehen," zur Anwendung gelangen sollen. Dadurch wird mittelbar bestätigt, dass für „überwiegende" Telekommunikationsdienste im Übrigen das Telemediengesetz neben dem Telekommunikationsgesetz gilt.[525] Daraus resultieren mitunter erhebliche Abgrenzungsprobleme,[526] die eine funktionsbezogene Differenzierung im Einzelfall erforderlich machen.[527] Zu

---

523 *Jens Eckhardt*, Fernmeldegeheimnis und Datenschutz (§§ 88-107 TKG), in: Heun, Sven-Erik (Hrsg.), Telekommunikationsrecht, 2. Aufl., Köln 2007, Teil L Rn. 137 f.; *Flemming Moos*, in: Taeger, Jürgen/Gabel, Detlev (Hrsg.), Kommentar zum BDSG, Frankfurt am Main 2010, Einführung TMG Rn. 6.

524 *Jens Eckhardt*, Fernmeldegeheimnis und Datenschutz (§§ 88-107 TKG), in: Heun, Sven-Erik (Hrsg.), Telekommunikationsrecht, 2. Aufl., Köln 2007, Teil L Rn. 141 f., der als Beispiele für „überwiegende" Telekommunikationsdienste in Anlehnung an die Gesetzesbegründung Online-E-Mail-Dienste und Internetzugangsportale nennt.

525 *Jens Eckhardt*, Fernmeldegeheimnis und Datenschutz (§§ 88-107 TKG), in: Heun, Sven-Erik (Hrsg.), Telekommunikationsrecht, 2. Aufl., Köln 2007, Teil L Rn. 140.

526 *Martin Munz*, in: Taeger, Jürgen/Gabel, Detlev (Hrsg.), Kommentar zum BDSG, Frankfurt am Main 2010, Einführung TKG Rn. 8 f.

527 *Gerald Spindler*, Das neue Telemediengesetz – Konvergenz in sachten Schritten, CR 2007, 239 (242); *Alexander Roßnagel*, Datenschutz in Tele- und Mediendiensten, in:

unterscheiden ist zwischen dem rein technischen Vorgang der Telekommunikation, d.h. der Vermittlung der eigentlichen Internetverbindung sowie der Übertragung von Inhalten, und den nur mit Hilfe der Telekommunikation angebotenen Diensten, d.h. dem Angebot und der Verantwortung für die Inhalte.[528] Im Bereich des Datenschutzes nennt § 11 Abs. 3 TMG in Bezug auf Telemedien, die überwiegend in der Übertragung von Signalen über Telekommunikationsnetze bestehen, allerdings nur einige Datenschutzvorschriften des Telemediengesetzes, die Anwendung finden, während im Übrigen die Regelungen des Telekommunikationsgesetzes gelten.[529]

bb) Anwendbarkeit des Telekommunikationsgesetzes auf das Access Providing

Lange Zeit umstritten war die Einordnung des *Access Providing* bzw. die Verwendung von Daten im Rahmen des *Access Providing* durch Vergabe oder Speicherung von IP-Adressen.[530] Einige ordneten das *Access Providing* als Angebot zur Nutzung des Internet den Vorgängervorschriften zum Telemediengesetz, dem Teledienstegesetz (TDG) und dem Teledienstedatenschutzgesetz (TDDSG), und folglich dem Tele(medien)dienstbereich zu.[531] Diese Auffassung verkennt aber, dass die reine Zugangsvermittlung zum Internet lediglich eine technische Transportleistung darstellt und daher ausschließlich in der Übertragung von Signalen über Telekommunikationsnetze besteht.[532] Die IP-Adresse dient zur Adressierung von Nachrichten im Rahmen der Übertragung.[533] Die vorzugswürdige und mittlerweile wohl

---

Roßnagel, Alexander (Hrsg.), Handbuch Datenschutzrecht, München 2003, S. 1278 (1294).

528 Vgl. *Jens Eckhardt*, Fernmeldegeheimnis und Datenschutz (§§ 88-107 TKG), in: Heun, Sven-Erik (Hrsg.), Telekommunikationsrecht, 2. Aufl., Köln 2007, Teil L Rn. 128; *Martin Munz*, in: Taeger, Jürgen/Gabel, Detlev (Hrsg.), Kommentar zum BDSG, Frankfurt am Main 2010, Einführung TKG Rn. 9. Ebenso nach dem sog. Schichtenmodell, wonach auf der untersten Schicht die Herstellung der Verbindung und auf den höheren Schichten u.a. die Inhalte der Kommunikation unterschieden werden; vgl. *Patrick G. Mayer*, Das Internet im öffentlichen Recht, Berlin 1999, S. 160.

529 *Martin Munz*, in: Taeger, Jürgen/Gabel, Detlev (Hrsg.), Kommentar zum BDSG, Frankfurt am Main 2010, § 91 TKG Rn. 7.

530 Vgl. *Jens Eckhardt*, Fernmeldegeheimnis und Datenschutz (§§ 88-107 TKG), in: Heun, Sven-Erik (Hrsg.), Telekommunikationsrecht, 2. Aufl., Köln 2007, Teil L Rn. 137 m.w.N.

531 *Heike Rasmussen*, Datenschutz im Internet, CR 2002, 36 (38 f.); *Peter Schaar*, Datenschutz im Internet, München 2002, Rn. 262; *Alexander Tettenborn*, Die Evaluierung des IuKDG, MMR 1999, 516 (518).

532 *Flemming Moos*, Dürfen Access-Provider IP-Nummern speichern?, CR 2003, 385 (386); *ders.*, in: Taeger, Jürgen/Gabel, Detlev (Hrsg.), Kommentar zum BDSG, Frankfurt am Main 2010, § 11 TMG Rn. 30; *Petra Löw*, Datenschutz im Internet, Tübingen 2000, S. 51 f.; *Gerald Spindler*, Das neue Telemediengesetz – Konvergenz in sachten Schritten, CR 2007, 239 (242).

533 *Jens Eckhardt*, Fernmeldegeheimnis und Datenschutz (§§ 88-107 TKG), in: Heun, Sven-Erik (Hrsg.), Telekommunikationsrecht, 2. Aufl., Köln 2007, Teil L Rn. 147.

auch herrschende Auffassung ordnet das *Access Providing* deshalb zutreffend den reinen Telekommunikationsdiensten und somit ausschließlich den telekommunikationsrechtlichen Vorschriften zu.[534] Eine genaue Abgrenzung ist nur in den Fällen erforderlich, in denen der *Access Provider* neben der reinen Zugangsvermittlung weitere Dienstleistungen anbietet.[535]

c) Telekommunikationsdaten

Das Telekommunikationsgesetz kennt verschiedene Datenkategorien: Bestandsdaten (§§ 3 Nr. 3, 95 TKG), Verkehrsdaten (§§ 3 Nr. 30, 96 TKG) und Standortdaten (§§ 3 Nr. 19, 98 TKG). Letztgenannte Daten spielen für die vorliegende Untersuchung keine maßgebliche Rolle. Der Begriff bezeichnet nach § 3 Nr. 19 TKG solche Daten, die in einem Telekommunikationsnetz erhoben oder verwendet werden und die den Standort des Endgeräts eines Endnutzers eines Telekommunikationsdienstes für die Öffentlichkeit angeben.

aa) Bestandsdaten

Bestandsdaten sind nach der Legaldefinition des § 3 Nr. 3 TKG solche Daten eines Teilnehmers, die für die Begründung, inhaltliche Ausgestaltung, Änderung oder Beendigung eines Vertragsverhältnisses über Telekommunikationsdienste erhoben werden. Darunter fallen alle Daten, die erforderlich sind, damit der Diensteanbieter seine Rechte und Pflichten aus dem Vertragsverhältnis wahrnehmen und eine reibungslose Abwicklung des Vertrags, von der Erbringung der Leistung bis hin zur Bezahlung, gewährleisten kann.[536] Dazu zählen beispielsweise Namen, Adressen,

---

534 U.a. *Alexander Dix*, Vorratsspeicherung von IP-Adressen?, DuD 2003, 234 (235); LG Darmstadt, Urteil vom 7.12.2005 – 25 S 118/2005, insbes. Rn. 42 ff. = K&R 2006, 290 (291 f.); mit Anm. von *Jens Eckhardt*, Zur Zulässigkeit der Verbindungsdatenspeicherung bei Festpreisangeboten, K&R 2006, 293 (294); *ders.*, Fernmeldegeheimnis und Datenschutz (§§ 88-107 TKG), in: Heun, Sven-Erik (Hrsg.), Telekommunikationsrecht, 2. Aufl., Köln 2007, Teil L Rn. 147; *Flemming Moos*, Dürfen Access-Provider IP-Nummern speichern?, CR 2003, 385 (386); *ders.*, in: Taeger, Jürgen/Gabel, Detlev (Hrsg.), Kommentar zum BDSG, Frankfurt am Main 2010, § 11 TMG Rn. 31; *Thomas Stadler*, Sperrungsverfügung gegen Access-Provider, MMR 2002, 343 (344); in diesem Sinne wohl auch *Stefan Felixberger*, Staatliche Überwachung der Telekommunikation, CR 1998, 143 (144); ferner *Thomas Fetzer*, Internet und Datenschutz im Telemediengesetz, DRiZ 2007, 206 (207); ebenso nach dem sog. Schichtenmodell *Patrick G. Mayer*, Das Internet im öffentlichen Recht, Berlin 1999, S. 162.

535 *Flemming Moos*, in: Taeger, Jürgen/Gabel, Detlev (Hrsg.), Kommentar zum BDSG, Frankfurt am Main 2010, § 11 TMG Rn. 31.

536 *Peter Büttgen*, in: Geppert, Martin/Piepenbrock, Hermann-Josef/Schütz, Raimund/Schuster, Fabian (Hrsg.), Beck´scher TKG-Kommentar, 3. Aufl., München 2006, § 95 Rn. 3; *Thomas Fetzer*, in: Arndt, Hans-Wolfgang/Fetzer, Thomas/Scherer, Joachim

Anschlussnummern oder Bankverbindungen.[537] An die Frage der Erforderlichkeit sind strenge Anforderungen zu stellen. Es kommt nicht nur auf eine Zweckmäßigkeit an, sondern die Bestandsdaten müssen unerlässlich für die Begründung und Abwicklung des konkreten Vertragsverhältnisses sein.[538] Diensteanbieter dürfen Bestandsdaten gemäß § 95 Abs. 1 S. 1 TKG nur erheben und verwenden, soweit dies zur Erreichung des in § 3 Nr. 3 TKG genannten Zwecks, d.h. für das Vertragsverhältnis, erforderlich ist.[539]

bb) Verkehrsdaten

Bei Verkehrsdaten handelt es sich nach der Legaldefinition des § 3 Nr. 30 TKG um solche Daten, die bei der Erbringung eines Telekommunikationsdienstes erhoben, verarbeitet oder genutzt werden. Charakteristisch ist damit der jeweilige Bezug zu einem konkreten Telekommunikationsvorgang.[540] § 96 Abs. 1 TKG enthält eine Aufzählung von als Verkehrsdaten zu qualifizierenden Daten, die auf Grund des Auffangtatbestands in Nr. 5 nicht strikt als abschließend zu verstehen ist.[541] Mittels Verkehrsdaten kann festgestellt werden, wer wann mit wem und von welchem An-

---

(Hrsg.), TKG, Berlin 2008, § 95 Rn. 3; *Martin Munz*, in: Taeger, Jürgen/Gabel, Detlev (Hrsg.), Kommentar zum BDSG, Frankfurt am Main 2010, § 95 TKG Rn. 6.

537 Vgl. *Thomas Hoeren*, Internet- und Kommunikationsrecht, Köln 2008, S. 330; *Hans-Heinrich Trute*, in: Trute, Hans-Heinrich/Spoerr, Wolfgang/Bosch, Wolfgang, TKG, Berlin 2001, § 89 Rn. 20; mit weiteren Beispielen *Peter Büttgen*, in: Geppert, Martin/Piepenbrock, Hermann-Josef/Schütz, Raimund/Schuster, Fabian (Hrsg.), Beck'scher TKG-Kommentar, 3. Aufl., München 2006, § 95 Rn. 3; *Martin Munz*, in: Taeger, Jürgen/Gabel, Detlev (Hrsg.), Kommentar zum BDSG, Frankfurt am Main 2010, § 95 TKG Rn. 6.

538 *Werner Kannenberg*, in: Scheurle, Klaus-Dieter/Mayen, Thomas (Hrsg.), TKG, 2. Aufl., München 2008, § 95 Rn. 9; *Michael Schmittmann*, in: Schwartmann, Rolf (Hrsg.), Praxishandbuch Medien-, IT- und Urheberrecht, Heidelberg 2008, Kap. 6 Rn. 85.

539 *Thomas Groß*, Datenschutz in der Telekommunikation, in: Roßnagel, Alexander (Hrsg.), Handbuch Datenschutzrecht, München 2003, S. 1258 (1268).

540 *Peter Büttgen*, in: Scheurle, Klaus-Dieter/Mayen, Thomas (Hrsg.), TKG, 2. Aufl., München 2008, § 96 Rn. 3; *Thomas Fetzer*, in: Arndt, Hans-Wolfgang/Fetzer, Thomas/Scherer, Joachim (Hrsg.), TKG, Berlin 2008, § 96 Rn. 3.

541 Dies ergibt sich bereits aus der Formulierung in § 96 Abs. 1 Nr. 5 TKG: „sonstige zum Aufbau und zur Aufrechterhaltung der Telekommunikation sowie zur Entgeltabrechnung notwendige Verkehrsdaten"; vgl. *Peter Büttgen*, in: Scheurle, Klaus-Dieter/Mayen, Thomas (Hrsg.), TKG, 2. Aufl., München 2008, § 96 Rn. 3; a.A. *Jürgen Kühling/Alexander Elbracht*, Telekommunikationsrecht, Heidelberg 2008, Rn. 399; *Anna Robert*, in: Geppert, Martin/Piepenbrock, Hermann-Josef/Schütz, Raimund/Schuster, Fabian (Hrsg.), Beck'scher TKG-Kommentar, 3. Aufl., München 2006, § 96 Rn. 2 und 7, die aber auch von einem Auffangtatbestand spricht.

schluss aus kommuniziert hat.[542] Dabei handelt es sich um die näheren Umstände der Kommunikation, die ebenso wie die Kommunikationsinhalte dem Fernmeldegeheimnis des Art. 10 Abs. 1 Var. 3 GG unterliegen. Einfachgesetzlich verpflichtet § 88 Abs. 2 S. 1 TKG auch die Diensteanbieter zur Wahrung des Fernmeldegeheimnisses. Erheben oder verwenden dürfen die Diensteanbieter die Verkehrsdaten gemäß § 96 Abs. 1 TKG nur für die gesetzlich ausdrücklich genannten Zwecke.

cc) Abgrenzung von Bestands- und Verkehrsdaten

Schwierig ist mitunter die Abgrenzung zwischen Bestandsdaten und Verkehrsdaten. Ausschlaggebende Kriterien sind daher in erster Linie der jeweilige Vertragszweck und die jeweilige Art der Verwendung. Solange die Daten lediglich für die Abwicklung des Vertragsverhältnisses erforderlich sind, handelt es sich um Bestandsdaten. Eindeutig ist dies beispielsweise bei Name und Anschrift eines Nutzers. Stehen bestimmte Daten jedoch im Zusammenhang mit einem konkreten Telekommunikationsvorgang, so sind sie in diesem konkreten Fall auch zugleich Verkehrsdaten.[543]

dd) Einordnung von IP-Adressen

Im Hinblick auf IP-Adressen ist zu differenzieren, ob es sich um statische oder dynamische IP-Adressen handelt.[544] Die Zuordnung einer statischen IP-Adresse zu einem Namen betrifft ausschließlich Bestandsdaten.[545] Insofern ist sie mit einer Rufnummer oder einer E-Mail-Adresse vergleichbar. Darüber hinaus dürfte mittlerweile aber unstreitig sein, dass IP-Adressen grundsätzlich, je nach Art der Verwendung jedenfalls, als Verkehrsdaten einzuordnen sind. Dies ergibt sich bereits aus dem Vergleich zur Vorgängervorschrift des § 6 Abs. 1 Nr. 1 TDSV. Während diese Vorschrift noch die „Nummer des anrufenden und angerufenen Anschlusses" oder der Endeinrichtung in Bezug nahm, erlaubt § 96 Abs. 1 Nr. 1 TKG, der ausdrücklich von Verkehrsdaten spricht, die Erhebung und Verwendung der „Nummer" der beteiligten Anschlüsse oder der Endeinrichtung. Unter Nummern versteht man nach § 3 Nr. 13 TKG Zeichenfolgen, die in Telekommunikationsnetzen Zwecken der Adressierung dienen. IP-Adressen ermöglichen zweifelsohne die Identifi-

542 *Anna Robert*, in: Geppert, Martin/Piepenbrock, Hermann-Josef/Schütz, Raimund/Schuster, Fabian (Hrsg.), Beck´scher TKG-Kommentar, 3. Aufl., München 2006, § 96 Rn. 1.

543 *Martin Munz*, in: Taeger, Jürgen/Gabel, Detlev (Hrsg.), Kommentar zum BDSG, Frankfurt am Main 2010, § 95 TKG Rn. 6.

544 *Thomas Fetzer*, in: Arndt, Hans-Wolfgang/Fetzer, Thomas/Scherer, Joachim (Hrsg.), TKG, Berlin 2008, § 95 Rn. 3.

545 *Karen Gnirck/Jan Lichtenberg*, Internetprovider im Spannungsfeld staatlicher Auskunftsersuchen, DuD 2004, 598 (600).

zierung eines Rechners im Internet und dienen folglich der Adressierung.[546] Damit sind IP-Adressen als Verkehrsdaten anzusehen, die für die gesetzlich bestimmten Zwecke erhoben und verwendet werden dürfen.[547] Dieses Ergebnis folgt außerdem aus der Definition der Bestandsdaten. Für die Vertragsabwicklung oder die Rechte und Pflichten des Diensteanbieters sind (wenigstens dynamische) IP-Adressen nicht erforderlich.[548] Damit fehlt genau das Kriterium, das für eine Einordnung als Bestandsdatum essentiell wäre. Etwas anderes käme allenfalls in Betracht, wenn sie keinem konkreten Anschlussinhaber zugeordnet und damit nicht personalisiert werden könnten, wenn also beispielsweise die dynamische IP-Adresse unmittelbar nach Verbindungsende gelöscht worden wäre.[549] Denn ausschlaggebend ist, ob ein bestimmtes Datum Aufschluss geben kann über den Inhalt oder die Umstände eines konkreten Telekommunikationsvorgangs.[550]

Lässt man außerdem die Verpflichtung zur Speicherung auf Vorrat einmal außer Acht, sind dynamische IP-Adressen nach Ende der Verbindung grundsätzlich zu löschen, sofern sie nicht für Abrechungszwecke oder sonstige in § 96 Abs. 2 S. 1 TKG genannte Zwecke benötigt werden. Aus der Tatsache, dass eine Speicherung somit allenfalls für die konkret bezeichneten Zwecke zulässig ist, zu schließen, dass es sich bei dynamischen IP-Adressen nicht um Bestandsdaten im Sinne des § 95 TKG handeln könne, wäre jedoch verfehlt.[551] Genau genommen setzt diese Schlussfolgerung nämlich bereits die Einordnung als Verkehrsdatum voraus. Die entsprechende Herleitung von *Bäumler* ist somit zwar unpräzise, im Ergebnis aber zutreffend.

Wesentlich problematischer ist die Frage, welches Auskunftsverfahren anwendbar ist, wenn mittels IP-Adressen Auskünfte über Bestandsdaten, insbesondere Name und Anschrift, verlangt werden. Während die Auskunft über *statische* IP-Adressen nach ganz überwiegender Ansicht nach § 113 TKG zu erteilen ist,[552] herrscht hinsichtlich *dynamischer* IP-Adressen eine kontroverse Auseinanderset-

546 *Thomas Fetzer*, in: Arndt, Hans-Wolfgang/Fetzer, Thomas/Scherer, Joachim (Hrsg.), TKG, Berlin 2008, § 3 Rn. 66.

547 *Thomas Fetzer*, in: Arndt, Hans-Wolfgang/Fetzer, Thomas/Scherer, Joachim (Hrsg.), TKG, Berlin 2008, § 96 Rn. 6; *Jürgen Kühling/Alexander Elbracht*, Telekommunikationsrecht, Heidelberg 2008, Rn. 399; im Ergebnis anders noch *Peter Schaar*, Datenschutz im Internet, München 2002, Rn. 811.

548 Vgl. *Thomas Fetzer*, in: Arndt, Hans-Wolfgang/Fetzer, Thomas/Scherer, Joachim (Hrsg.), TKG, Berlin 2008, § 95 Rn. 3 (dort Fn. 3).

549 *Thomas Königshofen/Claus-Dieter Ulmer*, Datenschutz-Handbuch Telekommunikation, Frechen 2006, S. 7.

550 Vgl. *Thomas Königshofen/Claus-Dieter Ulmer*, Datenschutz-Handbuch Telekommunikation, Frechen 2006, S. 7.

551 So aber *Helmut Bäumler*, Datenschutz bei der Polizei, in: Roßnagel, Alexander (Hrsg.), Handbuch Datenschutzrecht, München 2003, S. 1447 (1469).

552 Vgl. LG Stuttgart, Beschluss vom 4.1.2005 – 13 Qs 89/04, Rn. 15; *Thomas Fetzer*, in: Arndt, Hans-Wolfgang/Fetzer, Thomas/Scherer, Joachim (Hrsg.), TKG, Berlin 2008, § 95 Rn. 3.

zung in Schrifttum und Rechtsprechung.[553] Nach zutreffender Ansicht stellen dynamische IP-Adressen dennoch keine Bestandsdaten, sondern Verkehrsdaten dar,[554] weshalb die darauf bezogenen Auskunftsbegehren ausschließlich auf § 100g StPO zu stützen sind.[555]

d) Datenschutz und Schutz des Fernmeldegeheimnisses

Einfachgesetzlich geregelt sind das Fernmeldegeheimnis und der Datenschutz im Bereich der Telekommunikation in den §§ 88 ff. TKG. Dieser besonderen und umfangreichen (Kunden-)Schutzvorschriften bedurfte es auf Grund der Liberalisierung des Telekommunikationsmarktes, die eine privatrechtliche Organisationsform der Telekommunikationsanbieter mit sich brachte.[556] Während sich Art. 10 Var. 3 GG auf staatliche Eingriffe in die Telekommunikation bezieht, richtet sich die einfachgesetzliche Ausprägung des Fernmeldegeheimnisses in § 88 TKG an private Telekommunikationsdiensteanbieter.[557] Ausgangspunkt und Schutzgut der Datenschutzregelungen in den §§ 91 bis 107 TKG ist das Recht auf informationelle Selbstbestimmung.[558] Dieser sektorspezifische Datenschutz geht den allgemeinen Regelungen des Bundesdatenschutzgesetzes gemäß § 1 Abs. 3 BDSG vor; das Bundesdatenschutzgesetz kommt lediglich subsidiär zur Anwendung.[559]

Anhand der Vorschriften der §§ 88 ff. TKG wird die bereits vom Bundesverfassungsgericht hervorgehobene enge Verzahnung der beiden Gewährleistungen von Datenschutz einerseits und Fernmeldegeheimnis andererseits besonders deutlich.[560] Die Übergänge sind jeweils fließend. Die §§ 96 f. TKG, die sich im Abschnitt über den Datenschutz befinden, betreffen weitgehend die Verarbeitung von dem Fernmeldegeheimnis unterliegenden Verkehrsdaten. Ausdrücklich zeigt sich der Befund in § 91 Abs. 1 S. 2 TKG.[561] Danach stehen bestimmte dem Fernmeldegeheimnis unterliegende Daten den personenbezogenen Daten gleich.

---

553 Siehe im Detail im Sechsten Kapitel unter B. I. 1. b) bb).

554 Vgl. LG Frankenthal, Beschluss vom 21.5.2008 – 6 O 156/08 = K&R 2008, 467.

555 *Thomas Fetzer*, in: Arndt, Hans-Wolfgang/Fetzer, Thomas/Scherer, Joachim (Hrsg.), TKG, Berlin 2008, § 95 Rn. 3.

556 *Martin Munz*, in: Taeger, Jürgen/Gabel, Detlev (Hrsg.), Kommentar zum BDSG, Frankfurt am Main 2010, Einführung TKG Rn. 1.

557 *Achim Zerres*, in: Scheurle, Klaus-Dieter/Mayen, Thomas (Hrsg.), TKG, 2. Aufl., München 2008, § 88 Rn. 1; *Martin Munz*, in: Taeger, Jürgen/Gabel, Detlev (Hrsg.), Kommentar zum BDSG, Frankfurt am Main 2010, § 88 TKG Rn. 1.

558 *Peter Büttgen*, in: Scheurle, Klaus-Dieter/Mayen, Thomas (Hrsg.), TKG, 2. Aufl., München 2008, § 91 Rn. 3.

559 *Martin Munz*, in: Taeger, Jürgen/Gabel, Detlev (Hrsg.), Kommentar zum BDSG, Frankfurt am Main 2010, Einführung TKG Rn. 4.

560 Siehe bereits oben in diesem Kapitel unter B. II. 1. a).

561 *Martin Munz*, in: Taeger, Jürgen/Gabel, Detlev (Hrsg.), Kommentar zum BDSG, Frankfurt am Main 2010, Einführung TKG Rn. 3.

Drittes Kapitel: Die Vorratsdatenspeicherung

A. Historische Entwicklung: Von der Löschpflicht zur Speicherungspflicht

Der zentrale Regelungsgrundsatz im Datenschutzrecht ist das Verbot mit Erlaubnisvorbehalt.[562] Nach § 4 Abs. 1 BDSG ist eine Erhebung, Verarbeitung oder Nutzung personenbezogener Daten nur zulässig, soweit das Bundesdatenschutzgesetz selbst oder eine Ermächtigungsgrundlage aus einem anderen Gesetz (z.B. Telekommunikationsgesetz) dies erlaubt oder anordnet oder der Betroffene eingewilligt hat.

Das bis zum 1. Januar 2008 geltende Recht verpflichtete die Anbieter von Telekommunikationsdienstleistungen lediglich zur Erfassung der Bestandsdaten, während die Speicherung der Telekommunikationsverkehrsdaten, insbesondere für Zwecke der Strafverfolgung, zumindest im Grundsatz nicht vorgesehen war.[563] Nach Maßgabe des § 96 TKG bestand lediglich – und besteht auch weiterhin – die Möglichkeit, Telekommunikationsverkehrsdaten zu speichern und über das Ende einer Verbindung hinaus zu verwenden, soweit dies ausdrücklich zu den dort genannten Zwecken erforderlich ist.[564] § 96 Abs. 2 S. 1 TKG begrenzt die Speicherung und Verwendung von Verkehrsdaten auf den Aufbau weiterer Verbindungen, die Entgeltermittlung und Entgeltabrechnung, die Erstellung eines Einzelverbindungsnachweises und die Erkennung bzw. Beseitigung von Störungen von Telekommunikationsleistungen oder des Missbrauchs von Telekommunikationsdiensten.[565] Nach dem Ende einer Verbindung dürfen diese Daten insbesondere verwendet werden, soweit sie zur Ermittlung des Entgelts und zur Abrechnung mit den Teilnehmern benötigt werden (§ 97 Abs. 1 Satz 1 TKG), zur Erstellung eines Einzelverbindungsnachweises (§ 99 Abs. 1 Satz 1 TKG), soweit sie zum Erkennen, Eingrenzen oder Beseitigen von Störungen oder Fehlern an Telekommunikationsanlagen erforderlich sind (§ 100 Abs. 1 TKG)[566] und zur Erteilung von Auskünften

---

562 *Jürgen Kühling/Alexander Elbracht*, Telekommunikationsrecht, Heidelberg 2008, Rn. 387.

563 Die nachfolgenden Ausführungen beruhen, soweit nicht anders erwähnt, auf der sehr gelungen Darstellung der Entwicklung der Speicherungspflichten von *Hans-Jörg Albrecht/Adina Grafe/Michael Kilching*, Rechtswirklichkeit der Auskunftserteilung über Telekommunikationsverbindungsdaten nach §§ 100g, 100h StPO, Freiburg 2008, S. 59 ff.

564 BVerfG, Urteil vom 2.3.2010 – 1 BvR 256/08, 1 BvR 263/08, 1 BvR 586/08 (*Vorratsdatenspeicherung*), Rn. 6.

565 *Hans-Jörg Albrecht/Adina Grafe/Michael Kilching*, Rechtswirklichkeit der Auskunftserteilung über Telekommunikationsverbindungsdaten nach §§ 100g, 100h StPO, Freiburg 2008, S. 59.

566 Dazu *Dirk Wüstenberg*, Die Speicherung von Internetverbindungsdaten nach § 100 TKG im Lichte des EU-Rechts, MR-Int 2007, 136 ff.; *ders.*, Vorratsdatenspeicherung und § 100 TKG, DuD 2007, 595.

über die Inhaber von Anschlüssen, von denen bedrohende oder belästigende Anrufe ausgingen (sog. Fangschaltungsverfahren, § 101 Abs. 1 Satz 1 TKG).[567] Durch den Verweis auf die „durch andere gesetzliche Vorschriften begründeten Zwecke“ werden außerdem solche Vorschriften in Bezug genommen, die einen Zugriff durch Strafverfolgungs- oder Sicherheitsbehörden ermöglichen.[568] Nach Versendung der Rechnung dürfen die Daten gemäß § 97 Abs. 3 S. 2 TKG höchstens für sechs Monate gespeichert werden. Im Übrigen sind die Verkehrsdaten vom Diensteanbieter nach Beendigung der Verbindung gemäß § 96 Abs. 2 S. 2 TKG unverzüglich zu löschen. Nach der Legaldefinition in § 121 Abs. 1 S. 1 BGB bedeutet „unverzüglich“ ohne schuldhaftes Zögern. Eine sofortige Löschung ist damit nicht erforderlich.[569] Die Rechtsprechung gewährt eine Wochenfrist nach § 100 Abs. 1 TKG.[570] Gleichbedeutend mit der Löschung wäre eine Anonymisierung der Daten, sofern eine Reanonymisierung unter normalen Umständen nicht mehr oder nur mit einem unverhältnismäßig großen Aufwand möglich ist.[571]

Vor dem Hintergrund wachsender Beliebtheit von zeit- und volumenunabhängigen Tarifmodellen[572] wurden diese Speichermöglichkeiten nach und nach eingeschränkt, da für solche Telekommunikationsvorgänge keine Einzelabrechnungen erforderlich sind. Davon erfasst sind zum einen sog. *Flatrate*-Tarifmodelle, zum anderen die Abrechnung im Voraus mittels sog. *Prepaid*-Verträge. Für die letztgenannten Fälle sah das Bundesverfassungsgericht in der Speicherung der Verkehrsdaten durch die Telekommunikationsunternehmen einen Eingriff in das Fernmeldegeheimnis aus Art. 10 Abs. 1 Var. 3 GG, da ein verfassungsrechtlich anerkennenswertes Interesse an einer Datenspeicherung bis zu einem fiktiven Rechnungstermin in diesen Fällen überhaupt zweifelhaft sei.[573] Die Eingriffsqualität der Spei-

---

567 BVerfG, Urteil vom 2.3.2010 – 1 BvR 256/08, 1 BvR 263/08, 1 BvR 586/08 (*Vorratsdatenspeicherung*), Rn. 6; siehe auch *Peter Büttgen*, in: Scheurle, Klaus-Dieter/Mayen, Thomas (Hrsg.), TKG, 2. Aufl., München 2008, § 96 Rn. 10.

568 Vgl. § 100g StPO, § 8 BVerfSchG, § 8 BNDG und § 10 MADG; zitiert nach *Peter Gola/Christoph Klug/Yvette Reif*, Datenschutz- und presserechtliche Bewertung der „Vorratsdatenspeicherung“, Berlin/Bonn 2007, S. 60.

569 *Peter Büttgen*, in: Scheurle, Klaus-Dieter/Mayen, Thomas (Hrsg.), TKG, 2. Aufl., München 2008, § 96 Rn. 9.

570 Vgl. LG Darmstadt, Urteil vom 6.6.2007 – 10 O 562/03; siehe auch *Kai Welp*, Die Auskunftspflicht von Access-Providern nach dem Urheberrechtsgesetz, München 2009, S. 318; *Valerian Jenny*, Eile mit Weile – Vorratsdatenspeicherung auf dem Prüfstand, CR 2008, 282 (283).

571 Zwar ergibt sich dies nicht unmittelbar aus dem Telekommunikationsgesetz, die Vorschrift kann aber richtlinienkonform unter Bezugnahme auf Art. 6 der Datenschutzrichtlinie für elektronische Kommunikation ausgelegt werden; vgl. *Peter Büttgen*, in: Scheurle, Klaus-Dieter/Mayen, Thomas (Hrsg.), TKG, 2. Aufl., München 2008, § 96 Rn. 11 f.

572 *Alexander Dix*, Vorratsspeicherung von IP-Adressen?, DuD 2003, 234 (234).

573 BVerfG, Urteil vom 27.10.2006 – 1 BvR 1811/99 (*Einzelverbindungsnachweis*), Rn. 18 = MMR 2007, 308 (308); danach *Hans-Jörg Albrecht/Adina Grafe/Michael Kilching*,

cherung ergebe sich vor allem aus der mit der Speicherung verbundenen, abstrakten Missbrauchsgefahr durch Telekommunikationsanbieter selbst oder Dritte sowie durch die Möglichkeit staatlicher Zugriffe auf Grund von § 100 g StPO.[574] Im Zusammenhang mit der Nutzung von *Flatrates* stand insbesondere die Speicherung von IP-Adressen im Zentrum kontroverser Auseinandersetzungen. Während das Regierungspräsidium Darmstadt der Auffassung war, die Speicherung von IP-Adressen durch die T-Online AG sei für Abrechungszwecke auch bei Vorliegen von *Flatrate*-Verträgen erforderlich und somit zulässig,[575] stieß diese Einschätzung auf erhebliche Kritik. Die IP-Adresse werde bei *Flatrates* in der Praxis erst gar nicht zur Abrechnung verwendet,[576] die Speicherung von IP-Adressen sei für Abrechnungszwecke darüber hinaus aber auch weder geeignet noch erforderlich.[577] Auch die Missbrauchsbekämpfung könne nicht als Argument für eine Speicherung angeführt werden.[578] In der Tat wäre eine Regelung wie § 100 Abs. 3 TKG im Ergebnis überflüssig, wenn IP-Adressen nach Beendigung der Verbindung generell gespeichert werden dürften.[579] Die Vorschrift regelt die genauen Anforderungen, innerhalb welcher Grenzen Verkehrsdaten zur Bekämpfung von Leistungserschleichungen oder sonstigen rechtswidrigen Inanspruchnahmen von Telekommunikationsnetzen und -diensten erhoben und verwendet werden dürfen.[580] Ähnliche Be-

---

Rechtswirklichkeit der Auskunftserteilung über Telekommunikationsverbindungsdaten nach §§ 100g, 100h StPO, Freiburg 2008, S. 59.

574 Vgl. BVerfG, Urteil vom 27.10.2006 – 1 BvR 1811/99 (*Einzelverbindungsnachweis*), Rn. 17; *Hans-Jörg Albrecht/Adina Grafe/Michael Kilching*, Rechtswirklichkeit der Auskunftserteilung über Telekommunikationsverbindungsdaten nach §§ 100g, 100h StPO, Freiburg 2008, S. 59.

575 Vgl. *Flemming Moos*, Dürfen Access-Provider IP-Nummern speichern?, CR 2003, 385 (386); *Jens Eckhardt*, Fernmeldegeheimnis und Datenschutz (§§ 88-107 TKG), in: Heun, Sven-Erik (Hrsg.), Telekommunikationsrecht, 2. Aufl., Köln 2007, Teil L Rn. 230.

576 Etwas anders aber nach dem Eckpunktepapier zur Sicherung vorhandener Verkehrsdaten und Gewährleistung von Bestandsdatenauskünften im Internet, S. 3; siehe unter http://www.bmj.de/SharedDocs/Downloads/DE/pdfs/Eckpunktepapier_zur_Sicherung_vorhandener_Verkehrsdaten_und_Gewaehrleistung_von_Bestandsdatenauskuenften_im_Internet.pdf?__blob=publicationFile, zuletzt abgerufen am 26.4.2011.

577 *Alexander Dix*, Vorratsspeicherung von IP-Adressen?, DuD 2003, 234 (235); *Joerg Heidrich*, Die T-Online-Entscheidung des RP Darmstadt und ihre Folgen, DuD 2003, 237 (237); a.A. *Flemming Moos*, Dürfen Access-Provider IP-Nummern speichern?, CR 2003, 385 (386 ff.), der bezüglich reiner Flatrate-Verträge jedoch ebenfalls davon ausgeht, dass IP-Adressen nicht für Abrechungszwecke erforderlich sind und somit nicht über die Nutzungsdauer hinaus gespeichert werden dürfen.

578 Demgegenüber kann die Datenerhebung und -verwendung aber gemäß § 100 Abs. 1 TKG angebracht und verhältnismäßig sein, um Gefahren für die Funktionstüchtigkeit des Telekommunikationsbetriebs entgegenzuwirken; vgl. BGH, Urteil vom 13.1.2011 – III ZR 146/10, Rn. 25.

579 *Alexander Dix*, Vorratsspeicherung von IP-Adressen?, DuD 2003, 234 (236).

580 *Werner Kannenberg*, in: Scheurle, Klaus-Dieter/Mayen, Thomas (Hrsg.), TKG, 2. Aufl., München 2008, § 100 Rn. 23.

denken wie im Falle der Speicherung von Verkehrsdaten bei *Prepaid*-Kunden führten schließlich dazu, dass das Landgericht Darmstadt T-Online die Speicherung der IP-Adressen auch bei *Flatrate*-Kunden untersagte.[581] Darüber hinaus stellte das Gericht die Pflicht zur unverzüglichen Löschung fest, die aber ohnehin bereits aus § 96 Abs. 2 S. 2 TKG folgt. Als Folge der beiden Entscheidungen, so *Albrecht/Grafe/Kilching*, seien *T-Com* und andere *Provider* zunehmend dazu übergegangen, die Verkehrsdaten in diesen Fällen nur noch für einen Zeitraum von sieben Tagen zu speichern.[582]

Ein maßgebliches Kriterium in den beschriebenen Fällen, das letztlich zur Untersagung der Speicherung führte, waren jeweils die mit den zusätzlichen Datenbeständen potenziell einhergehenden Missbrauchsgefahren, die stets mit einem wesentlichen Problem im Zusammenhang mit dem Datenschutz verbunden sind, nämlich mit der Frage der Datensicherheit.[583] Zur Verhinderung von Missbrauch ist ein ausgeprägtes organisatorisches wie personelles Datenschutzmanagement erforderlich, das wiederum erhebliche Mehrkosten für die Telekommunikationsunternehmen verursachen dürfte.[584]

In erster Linie waren es diese oder ähnliche Bedenken, die dazu führten, dass in vielen europäischen Ländern[585] und vor allem in Deutschland die Einführung einer verdachtsunabhängigen Speicherung von Verkehrsdaten auf Vorrat sowie einer Mindestspeicherfrist zunächst nicht konsensfähig waren.[586] Eine allgemeine Vorratsdatenspeicherung wurde vom Bundesverfassungsgericht bereits in seinem Volkszählungsurteil aus dem Jahr 1983 abgelehnt. Eine „Sammlung nicht anonymisierter Daten auf Vorrat zu unbestimmten oder noch nicht bestimmbaren Zwecken“ sei wegen eines unverhältnismäßigen Eingriffs in das Recht auf informatio-

---

[581] LG Darmstadt, Urteil vom 25.1.2006 – 25 S 118/05 = MMR 2006, 330; danach BGH, Urteil vom 26.10.2006 – III ZR 40/06 = MMR 2007, 37; danach *Hans-Jörg Albrecht/Adina Grafe/Michael Kilching*, Rechtswirklichkeit der Auskunftserteilung über Telekommunikationsverbindungsdaten nach §§ 100g, 100h StPO, Freiburg 2008, S. 59.

[582] Vgl. *Hans-Jörg Albrecht/Adina Grafe/Michael Kilching*, Rechtswirklichkeit der Auskunftserteilung über Telekommunikationsverbindungsdaten nach §§ 100g, 100h StPO, Freiburg 2008, S. 59; diese Praxis bestätigend zuletzt BGH, Urteil vom 13.1.2011 – III ZR 146/10, Rn. 22 und 28.

[583] Ähnlich *Hans-Jörg Albrecht/Adina Grafe/Michael Kilching*, Rechtswirklichkeit der Auskunftserteilung über Telekommunikationsverbindungsdaten nach §§ 100g, 100h StPO, Freiburg 2008, S. 60.

[584] *Hans-Jörg Albrecht/Adina Grafe/Michael Kilching*, Rechtswirklichkeit der Auskunftserteilung über Telekommunikationsverbindungsdaten nach §§ 100g, 100h StPO, Freiburg 2008, S. 60.

[585] Vgl. *Franz Büllingen/Aurélia Gillet/Christin-Isabel Gries u.a.*, Stand und Perspektiven der Vorratsdatenspeicherung im internationalen Vergleich, Bad Honnef 2004, S. 5.

[586] *Hans-Jörg Albrecht/Adina Grafe/Michael Kilching*, Rechtswirklichkeit der Auskunftserteilung über Telekommunikationsverbindungsdaten nach §§ 100g, 100h StPO, Freiburg 2008, S. 60.

nelle Selbstbestimmung verfassungswidrig.[587] Ein derartiges Sammeln von Daten ist nach der Rechtsprechung des Bundesverfassungsgerichts nicht mit dem Gebot der notwendigen gesetzlichen Festlegung des Verwendungszwecks vereinbar. Der Gesetzgeber ist somit angehalten, den Verwendungszweck bereichsspezifisch und präzise zu bestimmen, und die Speicherung auf solche Daten zu beschränken, die für den verfolgten Zweck geeignet und erforderlich sind.[588]

Entsprechende Bundesratsinitiativen aus den Jahren 2002[589] und 2003[590] für die Einführung einer Vorratsspeicherung wurden abgewiesen. Der Bundesrat befürchtete, dass die Ermittlungsbefugnisse im Bereich der Strafverfolgung oder Gefahrenabwehr, soweit die betroffenen Daten nicht mehr vorhanden sind, ins Leere laufen könnten.[591] Die Vorschläge zur Einführung einer Vorratsdatenspeicherung waren auf die Verbesserung der Effizienz strafrechtlicher Ermittlungen gerichtet.[592] Der Deutsche Bundestag hat sich zunächst jedoch mehrfach gegen eine Mindestspeicherungspflicht ausgesprochen.[593] Er führte dazu aus, dass gesetzliche Löschungspflichten zwar im Einzelfall den Zugriff von Strafverfolgungs- und Sicherheitsbehörden auf für sie relevante Daten verhindern könnten, die Ermittlungsarbeit dieser Behörden stehe jedoch mit Regelungen des Datenschutzes, dem Fernmeldegeheimnis, dem Recht auf informationelle Selbstbestimmung sowie der Berufsfreiheit in einem natürlichen Spannungsverhältnis.[594] Eine präventive generelle Speicherung von Nutzungs- und Abrechungsdaten, verbunden mit Bestandsdaten, würde die Bildung von Persönlichkeitsprofilen erheblichen Ausmaßes zulassen.[595] Es bedürfe daher einer genauen Prüfung, ob eine derart umfassende Speicherung personenbezogener Daten der Nutzer zu Zwecken der Strafverfolgung oder der Wah-

---

[587] BVerfG, Urteil vom 15.12.1983 – 1 BvR 209/83, 1 BvR 269/83, 1 BvR 362/83, 1 BvR 420/83, 1 BvR 440/83, 1 BvR 484/83 (*Volkszählung, Mikrozensus*), Rn. 155 = BVerfGE 65, 1 (46).

[588] BVerfG, Urteil vom 15.12.1983 – 1 BvR 209/83, 1 BvR 269/83, 1 BvR 362/83, 1 BvR 420/83, 1 BvR 440/83, 1 BvR 484/83 (*Volkszählung, Mikrozensus*), Rn. 155 = BVerfGE 65, 1 (46).

[589] BT-Drucks. 14/9801, insbes. S. 13 f.

[590] BR-Drucks. 755/03 (Beschluss), S. 33 ff.

[591] BR-Drucks. 755/03 (Beschluss), S. 34; später auch BR-Drucks. 723/05 (Beschluss), S. 1.

[592] So auch später BR-Drucks. 723/05 (Beschluss), S. 1; *Hans-Jörg Albrecht/Adina Grafe/Michael Kilching*, Rechtswirklichkeit der Auskunftserteilung über Telekommunikationsverbindungsdaten nach §§ 100g, 100h StPO, Freiburg 2008, S. 60.

[593] BT-Drucks. 14/9801, S. 15; BT-Drucks. 15/4597, S. 3; darauf Bezug nehmend *Hans-Jörg Albrecht/Adina Grafe/Michael Kilching*, Rechtswirklichkeit der Auskunftserteilung über Telekommunikationsverbindungsdaten nach §§ 100g, 100h StPO, Freiburg 2008, S. 60.

[594] BT-Drucks. 14/9801, S. 15.

[595] So bereits das Bundesverfassungsgericht in seiner Volkszählungsentscheidung; BVerfG, Urteil vom 15.12.1983 – 1 BvR 209/83, 1 BvR 269/83, 1 BvR 362/83, 1 BvR 420/83, 1 BvR 440/83, 1 BvR 484/83 (*Volkszählung, Mikrozensus*), Rn. 147 = BVerfGE 65, 1 (42); ähnlich auch *Guido Hobert*, Datenschutz und Datensicherheit im Internet, 2. Aufl., Frankfurt am Main 1998, S. 56 f.

rung anderer Sicherheitsinteressen angemessen sei.[596] Zudem entstünde ein erheblicher Aufwand für die Diensteanbieter, es bleibe aber gleichzeitig ungewiss, ob die Daten für den mit der Speicherung verfolgten Zweck tatsächlich irgendwann einmal benötigt werden.[597]

Auf europäischer Ebene wurde im Zuge der Diskussionen um die *Cybercrime Convention* erstmals über die Notwendigkeit der Aufbewahrung von Verkehrsdaten gesprochen.[598] Der Rat griff diese Erwägungen im Jahr 2002 auf und plädierte ebenfalls für die Einführung einer Datenspeicherung auf Vorrat.[599] Zugleich wurde in Art. 15 der Datenschutzrichtlinie für elektronische Kommunikation[600] klargestellt, dass eine Speicherungspflicht von Daten unter Beachtung des Verhältnismäßigkeitsgrundsatzes zulässig ist. Die Überlegungen führten schließlich zu dem Entwurf eines Rahmenbeschlusses zur Vorratsdatenspeicherung, der in der dritten Säule der Europäischen Union angesiedelt war.[601] Die Richtlinie 2006/24/EG des Europäischen Parlaments und des Rates vom 15. März 2006 über die Vorratsspeicherung von Daten, die bei der Bereitstellung öffentlich zugänglicher elektronischer Kommunikationsdienste oder öffentlicher Kommunikationsnetze erzeugt oder verarbeitet werden, und zur Änderung der Richtlinie 2002/58/EG (Vorratsdatenspeicherungsrichtlinie)[602] verlangt von den Mitgliedsstaaten der Europäischen Union nunmehr eine einheitliche Gesetzgebung zur Speicherung von Telekommunikationsverkehrsdaten für mindestens sechs und höchstens 24 Monate (vgl. Art. 6). Damit sollen die Vorschriften der Mitgliedstaaten über die Pflichten von Telekommunikationsdiensteanbietern im Zusammenhang mit der Vorratsdatenspeicherung bestimmter, in Art. 5 der Richtlinie 2006/24/EG genau bezeichneter Daten harmonisiert werden, um eine Sicherstellung dieser Daten zur Verfolgung schwerer Straftaten zu gewährleisten (vgl. Art. 1 Abs. 1 der Richtlinie 2006/24/EG).[603] Frei-

---

596 BT-Drucks. 14/9801, S. 15 f.

597 BT-Drucks. 14/9801, S. 16.

598 Vgl. Mitteilung der Kommission „Schaffung einer sicheren Informationsgesellschaft durch Verbesserung der Sicherheit von Informationsinfrastrukturen und Bekämpfung der Computerkriminalität", KOM (2000) 890, S. 20 ff.

599 Nach *Claus D. Ulmer/Dorothee Schrief*, Vorratsdatenspeicherung durch die Hintertür, DuD 2004, 591 (592).

600 Richtlinie 2002/58/EG vom 12. Juli 2002 über die Verarbeitung personenbezogener Daten und den Schutz der Privatsphäre in der elektronischen Kommunikation; ABl. L 201 vom 31.7.2002, S. 37.

601 Entwurf eines Rahmenbeschlusses über die Vorratsspeicherung von Daten, die in Verbindung mit der Bereitstellung öffentlicher elektronischer Kommunikationsdienste verarbeitet und aufbewahrt werden, oder von Daten, die in öffentlichen Kommunikationsnetzen vorhanden sind, für die Zwecke der Vorbeugung, Untersuchung, Feststellung und Verfolgung von Straftaten, einschließlich Terrorismus (Ratsdok. Nr. 8958/04). Vgl. näher zum Entwurf *Claus D. Ulmer/Dorothee Schrief*, Vorratsdatenspeicherung durch die Hintertür, DuD 2004, 591 (592 f.).

602 ABl. L 105 vom 13.4.2006, S. 54.

603 Siehe auch die Erwägungsgründe 9 und 21.

lich sollen damit auch vergleichbare wirtschaftliche Rahmenbedingungen für Diensteanbieter im Bereich der elektronischen Kommunikation geschaffen werden,[604] im Vordergrund steht aber zugleich die Überzeugung, dass präventive und repressive Bedürfnisse der Terrorismusbekämpfung nach einer allgemeinen Speicherung von Verkehrsdaten in Europa verlangen.[605]

In Deutschland wurden die Vorgaben der Richtlinie 2006/24/EG durch das Gesetz zur Neuregelung der Telekommunikationsüberwachung und anderer verdeckter Ermittlungsmaßnahmen sowie zur Umsetzung der Richtlinie 2006/24/EG[606] vom 21. Dezember 2007 umgesetzt. Nach dem neu eingeführten § 113a TKG war jeder Diensteanbieter verpflichtet, bestimmte von ihm bei der Nutzung seines Dienstes erzeugte oder verarbeitete Verkehrsdaten für die Zwecke der Strafverfolgung sechs Monate lang zu speichern.[607] Der Deutsche Bundestag spricht in diesem Zusammenhang von einem Paradigmenwechsel von einer Löschpflicht hin zu einer Speicherpflicht.[608] Insgesamt hat die Vorratsdatenspeicherung erhebliche rechts- und verfassungspolitische Diskussionen über das Verhältnis zwischen Sicherheit und Freiheit und den Stellenwert des Schutzes personenbezogener Daten ausgelöst. Vor allem wird die Bedeutung des Fernmeldegeheimnisses als zentrales Menschenrecht in der Informationsgesellschaft betont.[609] *Dix* warnt davor, dass Kommunikationsnetze durch eine routinemäßige und anlassunabhängige Speicherung von Verkehrsdaten auf Vorrat zu regelrechten „Plattformen der Verdachtsschöpfung"[610] würden. Durch die verdachtsunabhängige Speicherung der Verbindungsdaten aller Telekommunikationsnutzer würden mehr als 450 Millionen unbescholtener EU-Bürger zum Objekt staatlichen Handelns.[611] In jeder obligatorischen Vorratsdatenspeicherung und ihrer späteren Auswertung durch die Sicherheitsbehörden liege ein nicht hinnehmbarer Eingriff in das Grundrecht auf eine vertrauliche Kommunikation.[612]

---

604 Vgl. Erwägungsgründe 5, 6 und 21.

605 *Hans-Jörg Albrecht/Adina Grafe/Michael Kilching*, Rechtswirklichkeit der Auskunftserteilung über Telekommunikationsverbindungsdaten nach §§ 100g, 100h StPO, Freiburg 2008, S. 61.

606 BGBl. I vom 31.12.2007, S. 3198.

607 Vgl. bereits zu § 110a TKG-E auch *Gerrit Hornung*, Die Haftung von W-LAN Betreibern, CR 2007, 88 (93).

608 BT-Drucks. 16/545, S. 2.

609 Nach *Hans-Jörg Albrecht/Adina Grafe/Michael Kilching*, Rechtswirklichkeit der Auskunftserteilung über Telekommunikationsverbindungsdaten nach §§ 100g, 100h StPO, Freiburg 2008, S. 63.

610 *Alexander Dix*, Freiheit braucht Sicherheit – Sicherheit braucht Freiheit, in: Bundeskriminalamt (Hrsg.), Informations- und Kommunikationskriminalität, München 2004, S. 159 (164).

611 BT-Drucks. 16/237, S. 1.

612 BT-Drucks. 16/237, S. 1.

B. Die Richtlinie 2006/24/EG über die Vorratsdatenspeicherung

I. Zielsetzung der Vorratsdatenspeicherung

Die Richtlinie über die Vorratsdatenspeicherung (Richtlinie 2006/24/EG) verpflichtet die Mitgliedstaaten unter expliziter Bezugnahme auf die Strafverfolgung und die Terrorismusbekämpfung, die gesetzlichen Rahmenbedingungen für eine europaweit harmonisierte Vorratsdatenspeicherung zu schaffen.[613] Nach Art. 1 der Richtlinie 2006/24/EG soll die Vorratsdatenspeicherung sicherstellen, dass Verkehrs- und Standortdaten von natürlichen und juristischen Personen sowie alle damit in Zusammenhang stehenden Daten, die zur Feststellung eines Teilnehmers oder registrierten Benutzers erforderlich sind, zum Zwecke der Ermittlung, Feststellung und Verfolgung von schweren Straftaten zur Verfügung stehen.[614] Dies müsse gewährleistet werden, da sich die Vorratsdatenspeicherung in mehreren Mitgliedstaaten als notwendiges und wirksames Ermittlungswerkzeug für die Strafverfolgung, insbesondere in schweren Fällen wie organisierter Kriminalität und Terrorismus, erwiesen habe.[615]

II. Rechtmäßigkeit der Richtlinie über die Vorratsdatenspeicherung

1. Relevanz der Überprüfung der Rechtmäßigkeit („Solange II")

Mit der fortschreitenden Harmonisierung und Integration in Europa und der damit einhergehenden Zunahme der Rechtsetzungstätigkeit auf europäischer Ebene kommt es vermehrt zu Überschneidungen zwischen nationalem und europäischem Recht.[616] Dem folgen freilich unterschiedliche Zuständigkeiten der Gerichte. Infolge der zunehmenden Prägung des Rechts durch Rechtsetzungsmaßnahmen der Europäischen Union gewinnt auch die Rechtsprechung des Europäischen Gerichtshofs an Bedeutung, der vorwiegend zur Auslegung und Anwendung des EU-Rechts berufen ist.[617] Daraus wiederum resultiert die Frage nach der Reichweite der Kompetenzen des Bundesverfassungsgerichts, insbesondere in Abgrenzung zu denjenigen des Europäischen Gerichtshofs. Vor allem das Spannungsverhältnis zwischen Ge-

---

613 *Marco Gercke*, „Cyberterrorismus" – Aktivitäten terroristischer Organisationen im Internet, CR 2007, 62 (67).

614 Erwägungsgrund 21 bezeichnet dies (neben der Harmonisierung) ausdrücklich als Ziel der Richtlinie.

615 Vgl. Erwägungsgrund 9.

616 Ähnlich *Klaus Schlaich/Stefan Korioth*, Das Bundesverfassungsgericht, 8. Aufl., München 2010, Rn. 358.

617 *Klaus Schlaich/Stefan Korioth*, Das Bundesverfassungsgericht, 8. Aufl., München 2010, Rn. 358.

meinschaftsrecht und nationalem Recht im Bereich der Grundrechte beschäftigt Rechtsprechung und Literatur bereits seit Jahrzehnten.[618]

a) Europäischer Gerichtshof und Bundesverfassungsgericht: ein „Kooperationsverhältnis“

Lange Zeit vertrat das Bundesverfassungsgericht die Auffassung, wonach europäisches Recht und nationales Recht zwei eigenständige Rechtsordnungen bildeten und verschiedene Gerichtsbarkeiten begründeten.[619] In seinem *Solange I*-Beschluss gab das Gericht diese Haltung auf. Vorschriften des Gemeinschaftsrechts seien nach Art. 100 GG vorlagefähig und mithin durch das Bundesverfassungsgericht überprüfbar, „solange der Integrationsprozess der Gemeinschaft nicht so weit fortgeschritten ist, dass das Gemeinschaftsrecht auch einen von einem Parlament beschlossenen und in Geltung stehenden formulierten Katalog von Grundrechten enthält, der dem Grundrechtskatalog des Grundgesetzes adäquat ist.“[620] In seinem *Solange II*-Beschluss revidierte das Bundesverfassungsgericht seine Ansicht zum Verhältnis von Gemeinschaftsrecht und nationalem Recht.[621] Es werde Gemeinschaftsrecht nicht mehr überprüfen, „solange die Europäischen Gemeinschaften, insbesondere die Rechtsprechung des Gerichtshofs der Gemeinschaften einen wirksamen Schutz der Grundrechte gegenüber der Hoheitsgewalt der Gemeinschaften generell gewährleisten, der dem vom Grundgesetz als unabdingbar gebotenen Grundrechtsschutz im wesentlichen gleichzuachten ist, zumal den Wesensgehalt der Grundrechte generell verbürgt.“[622] An dieser eingeschränkten Prüfungskompetenz hielt das Bundesverfassungsgericht auch im *Maastricht*-Urteil fest. Es weist ausdrücklich darauf hin, dass es seine Gerichtsbarkeit über die Anwendbarkeit von abgeleitetem Gemeinschaftsrecht in Deutschland in einem "Kooperationsverhältnis"[623] zum Europäischen Gerichtshof ausübe, „in dem der Europäische Gerichts-

---

[618] Siehe bereits *Ernst Benda/Eckart Klein*, Das Spannungsverhältnis von Grundrechten und übernationalem Recht, DVBl 1974, 389 (insbes. 393 ff.), mit einem allgemeinen Überblick über die damals vertretenen Auffassungen.

[619] *Klaus Schlaich/Stefan Korioth*, Das Bundesverfassungsgericht, 8. Aufl., München 2010, Rn. 359.

[620] Siehe BVerfG, Beschluss vom 29.5.1974 – 2 BvL 52/71 (*Solange I*), Rn. 38 = BVerfGE 37, 271 (285).

[621] Ausführlich dazu *Torsten Stein*, Umgekehrt! Bemerkungen zum „Solange II“-Beschluss des Bundesverfassungsgerichts, in: Fürst, Walther/Herzog, Roman/Umbach, Dieter C. (Hrsg.), Festschrift für Wolfgang Zeidler, Band II, Berlin 1987, S. 1711 ff.

[622] Siehe BVerfG, Beschluss vom 22.10.1986 – 2 BvR 197/83 (*Solange II*), Rn. 117 = BVerfGE 73, 339 (387).

[623] Siehe BVerfG, Urteil vom 12.10.1993 – 2 BvR 2134/92, 2 BvR 2159/92 (*Maastricht*), Rn. 70 und 80 = BVerfGE 89, 155 (175 und 178); ausführlich zum Begriff des Kooperationsverhältnisses *Elvira Pfrang*, Das Verhältnis zwischen Europäischem Gemeinschaftsrecht und deutschem Recht nach der Maastricht-Entscheidung des Bundesverfassungsgerichts, Frankfurt am Main 1997, S. 124 ff.; siehe auch *Jan Bergmann/Ulrich Karpenstein*,

hof den Grundrechtsschutz in jedem Einzelfall für das gesamte Gebiet der Europäischen Gemeinschaften garantiert, das Bundesverfassungsgericht sich deshalb auf eine generelle Gewährleistung der unabdingbaren Grundrechtsstandards [...] beschränken kann."[624] Noch deutlicher bezieht das Bundesverfassungsgericht Stellung zu seiner Prüfungskompetenz hinsichtlich des Gemeinschaftsrechts in seinem *Bananenmarktordnung*-Beschluss. Verfassungsbeschwerden und Vorlagen seien „von vornherein unzulässig, wenn ihre Begründung nicht darlegt, dass die europäische Rechtsentwicklung einschließlich der Rechtsprechung des Europäischen Gerichtshofs nach Ergehen der *Solange II*-Entscheidung [...] unter den erforderlichen Grundrechtsstandard abgesunken sei."[625] Im Übrigen ist die Forderung, den Prüfungsmaßstab des Bundesverfassungsgerichts auch auf das Unionsrecht zu erstrecken,[626] abzulehnen. Damit würden die Zuständigkeiten des Europäischen Gerichtshofs und des Bundesverfassungsgerichts unzulässig vermischt. Eine Verschränkung der beiden Rechtsordnungen und jeweiligen Kompetenzen wird bereits durch Art. 267 AEUV als Bezugsnorm der verfassungsrechtlichen Prüfung gewährleistet.[627]

b) Folgerung für die Vorratsdatenspeicherung

Konsequenz dieser als gefestigt zu bezeichnenden Rechtsprechung ist, dass eine Verfassungsbeschwerde gegen die Einführung der Vorratsdatenspeicherung grundsätzlich nur in Bezug auf die überschießende Umsetzung der Richtlinie zulässig sein kann, während diejenigen Regelungen, die lediglich die Vorgaben der Vorratsdatenspeicherungsrichtlinie umsetzen, nicht der Prüfung durch das Bundesverfassungsgerichts unterliegen[628] – freilich vorausgesetzt, das Gericht bleibt bei seiner Beurteilung des Verhältnisses von nationalem Recht und Gemeinschaftsrecht und es kommt auf die Auslegungs- oder Vorrangfrage von Unionsrecht auch tatsächlich an. Das Ergebnis der Rechtmäßigkeitsprüfung bestimmt damit unmittelbar

---

Identitäts- und Ultra-vires-Kontrolle durch das Bundesverfassungsgericht – Zur Notwendigkeit einer gesetzlichen Vorlageverpflichtung, ZEuS 2009, 529 (539).

624 BVerfG, Urteil vom 12.10.1993 – 2 BvR 2134/92, 2 BvR 2159/92 (*Maastricht*), Rn. 70 = BVerfGE 89, 155 (175).

625 Siehe BVerfG, Beschluss vom 7.6.2000 – 2 BvL 1/97 (*Bananenmarktordnung*), Rn. 63 = BVerfGE 102, 147 (164).

626 In diesem Sinne aber *Walter Frenz*, Die Verfassungsbeschwerde als Verfahren zur Durchsetzung gemeinschaftsrechtlich verliehener Rechte, DÖV 1995, 414 ff.

627 Nach *Klaus Schlaich/Stefan Korioth*, Das Bundesverfassungsgericht, 8. Aufl., München 2010, Rn. 366; im Ergebnis ebenso *Matthias Bäcker*, Altes und Neues zum EuGH als gesetzlicher Richter, NJW 2011, 270 (272); ferner *Alexander Proelß*, Zur verfassungsrechtlichen Kontrolle der Kompetenzmäßigkeit von Maßnahmen der Europäischen Union: Der „ausbrechende Rechtsakt" in der Praxis des BVerfG, EuR 2011, 241 (257).

628 Vgl. dazu *Thomas Kahler*, Vorratsdatenspeicherung: Wer spricht Recht?, DuD 2008, 449 (451).

den Umfang der Prüfungskompetenz des Bundesverfassungsgerichts.[629] Wäre umgekehrt nämlich bereits die Richtlinie rechtswidrig, unterläge das deutsche Umsetzungsgesetz vollumfänglich der verfassungsgerichtlichen Kontrolle.[630]

c) Stellungnahme und Ausblick

Im Hinblick auf die Inkorporation der Grundrechtecharta und den (erwarteten) Beitritt der Europäischen Union zur Europäischen Menschenrechtskonvention durch den Vertrag von Lissabon sind auch keine Gründe ersichtlich, die darauf hindeuteten, dass das Bundesverfassungsgericht künftig seine Rechtsprechung ändern würde. Überträgt man die Leitsätze der Entscheidungen *Solange II*, *Maastricht* oder *Bananenmarktordnung* auf die aktuelle Rechtslage in der Europäischen Union, muss vielmehr von einer Verfestigung des unionsrechtlich gewährleisteten Grundrechtsschutzes ausgegangen werden.[631] An dieser Einschätzung ändert sich im Grundsatz auch nach dem *Lissabon*-Urteil[632] des Bundesverfassungsgerichts nichts. Darin erklärte das Bundesverfassungsgericht das Zustimmungsgesetz des deutschen Gesetzgebers zum Vertrag von Lissabon für verfassungsgemäß.[633] Lediglich das

---

629 Ähnlich *Thomas A. Degen/Jochen Deister*, Computer- und Internetrecht, Stuttgart 2009, Rn. 382.

630 So auch *Kurt Graulich*, Telekommunikationsgesetz und Vorratsdatenspeicherung, NVwZ 2008, 485 (486); *Thomas Hoeren*, Die Umsetzung der Richtlinie zur Vorratsdatenspeicherung – Konsequenzen für die Privatwirtschaft, JZ 2008, 668 (672); *Jan K. Köcher*, Vorratsdatenspeicherung – Die Zweite, DuD 2009, 20 (24).

631 Ähnlich *Jürgen Schwarze*, in: Schwarze, Jürgen (Hrsg.), EU-Kommentar, 2. Aufl., Baden-Baden 2009, Einführung Rn. 30; ferner *Hans-Peter Folz*, Karlsruhe, Lissabon und das Strafrecht – ein Blick über den Zaun, ZIS 2009, 427 (429).

632 BVerfG, Urteil vom 30.6.2009 – 2 BvE 2/08, 2 BvE 5/08, 2 BvR 1010/08, 2 BvR 1022/08, 2 BvR 1259/08, 2 BvR 182/09 (*Lissabon-Vertrag*) = BVerfGE 123, 267 ff.; dazu u.a. *Martin Böse*, Die Entscheidung des Bundesverfassungsgerichts zum Vertrag von Lissabon und ihre Bedeutung für die Europäisierung des Strafrechts, ZIS 2010, 76 ff.; *Kathrin Dingemann*, Zwischen Integrationsverantwortung und Identitätskontrolle: Das „Lissabon"-Urteil des Bundesverfassungsgerichts, ZEuS 2009, 491 ff.; *Walter Frenz*, Demokratiebegründete nationale Mitwirkungsrechte und Aufgabenreservate, EWS 2009, 345 ff.; *Josef Isensee*, Integrationswille und Integrationsresistenz des Grundgesetzes, ZRP 2010, 33 ff.; *Christoph Ohler*, Herrschaft, Legitimation und Recht in der Europäischen Union – Anmerkungen zum Lissabon-Urteil des BVerfG, AöR 135 (2010), 153 ff.; *Frank Schorkopf*, Die Europäische Union im Lot, EuZW 2009, 718 ff.; *Rudolf Streinz*, Das Grundgesetz: Europafreundlichkeit und Europafestigkeit, ZfP 2009, 467 ff.; *Matthias Wiemers*, Der Lissabon-Vertrag und das Bundesverfassungsgericht – Zum BVerfG-Urteil über den Vertrag zur Reform der Europäischen Union, VR 2010, 73 (75 ff.).

633 Vgl. *Martin Böse*, Die Entscheidung des Bundesverfassungsgerichts zum Vertrag von Lissabon und ihre Bedeutung für die Europäisierung des Strafrechts, ZIS 2010, 76 (91); *Andreas Fisahn*, Bundesverfassungsgericht friert die europäische Demokratie national ein!, KJ 2009, 220 (220); *Martin Selmayr*, Endstation Lissabon? – Zehn Thesen zum „Niemals"-Urteil des Bundesverfassungsgerichts vom 30. Juni 2009, ZEuS 2009, 637

Begleitgesetz, das Gesetz über die Ausweitung und Stärkung der Rechte des Bundestages und des Bundesrates in Angelegenheiten der Europäischen Union,[634] sei verfassungswidrig und müsse dahingehend geändert werden, dass hinreichende parlamentarische Beteiligungsrechte einzuräumen seien.[635] Solange die Beteiligungsrechte nicht gesetzlich umgesetzt seien, dürfe der Vertrag von Lissabon nicht unterzeichnet werden.[636] Darüber hinaus aber bestätigte das Bundesverfassungsgericht, dass der Vertrag von Lissabon den verfassungsrechtlichen Anforderungen genüge.[637] Zu groß wäre letztlich auch das Konfliktpotenzial, das eine Infragestellung des Grundrechtsschutzes durch den Europäischen Gerichtshof bedeuten würde.[638] Eine Konkretisierung des *Lissabon*-Urteils in Bezug auf das Kooperationsverhältnis zwischen Bundesverfassungsgericht und Europäischem Gerichtshof erfolgte schließlich im *Honeywell*-Beschluss[639] des Bundesverfassungsgerichts.[640]

---

(639); *Thomas D. Würtenberger/Eugen Kunz*, Die Mitwirkung der Bundesländer in Angelegenheiten der Europäischen Union, JA 2010, 406 (407).

634 BT-Drucks. 16/8489.

635 Vgl. *Christian Calliess*, Nach dem Lissabon-Urteil des Bundesverfassungsgerichts: Parlamentarische Integrationsverantwortung auf europäischer und nationaler Ebene, ZG 2010, 1 (2); *Kathrin Dingemann*, Zwischen Integrationsverantwortung und Identitätskontrolle: Das „Lissabon"-Urteil des Bundesverfassungsgerichts, ZEuS 2009, 491 (492 und 518); *Jörg-Uwe Hahn*, Die Mitwirkungsrechte von Bundestag und Bundesrat in EU-Angelegenheiten nach dem neuen Integrationsverantwortungsgesetz, EuZW 2009, 758 (758); zu den Einzelheiten *Christoph Ohler*, Herrschaft, Legitimation und Recht in der Europäischen Union – Anmerkungen zum Lissabon-Urteil des BVerfG, AöR 135 (2010), 153 (156 ff.); *Thomas D. Würtenberger/Eugen Kunz*, Die Mitwirkung der Bundesländer in Angelegenheiten der Europäischen Union, JA 2010, 406 (407).

636 Das entsprechende Gesetz (Integrationsverantwortungsgesetz) ist noch 2009 in Kraft getreten und der Vertrag von Lissabon wurde ratifiziert; vgl. *Kathrin Dingemann*, Zwischen Integrationsverantwortung und Identitätskontrolle: Das „Lissabon"-Urteil des Bundesverfassungsgerichts, ZEuS 2009, 491 (493); *Jörg-Uwe Hahn*, Die Mitwirkungsrechte von Bundestag und Bundesrat in EU-Angelegenheiten nach dem neuen Integrationsverantwortungsgesetz, EuZW 2009, 758 (760 ff.).

637 Siehe auch *Christian Calliess*, Das Ringen des Zweiten Senats mit der Europäischen Union: Über das Ziel hinausgeschossen..., ZEuS 2009, 559 (560); *Matthias Ruffert*, An den Grenzen des Integrationsverfassungsrechts: Das Urteil des Bundesverfassungsgerichts zum Vertrag von Lissabon, DVBl 2009, 1197 (1197).

638 *Alexander Roßnagel/Mark Bedner/Michael Knopp*, Rechtliche Anforderungen an die Aufbewahrung von Vorratsdaten, DuD 2009, 536 (536).

639 BVerfG, Beschluss vom 6.7.2010 - 2 BvR 2661/06 (*Honeywell*) = NJW 2010, 3422; dazu u.a. *Franz Mayer/Maja Walter*, Die Europarechtsfreundlichkeit des BVerfG nach dem Honeywell-Beschluss, Jura 2011, 532; *Hans-Peter Folz*, Quis custodiet - Die ultra vires-Kontrolle durch das Bundesverfassungsgericht nach Honeywell, EuZA 2011, 308.

640 *Heiko Sauer*, Europas Richter Hand in Hand?, EuZW 2011, 94 (96 f.); speziell in Bezug auf die Konkretisierung hinsichtlich der Überprüfung der Kompetenzmäßigkeit von Unionsakten *Daniel Gehlhaar*, Honeywell in der Praxis - Ein Aus- und Überblick, NZA 2010, 1053 (1053); *Alexander Proelß*, Zur verfassungsrechtlichen Kontrolle der Kompe-

2. Untersuchung der Rechtmäßigkeit der Richtlinie

a) Formelle Rechtmäßigkeit

Die Überprüfung der formellen Rechtmäßigkeit war bereits Gegenstand eines Verfahrens vor dem Europäischen Gerichtshof. Irland machte im Rahmen einer Nichtigkeitsklage[641] nach Art. 230 EGV (jetzt: Art. 263 AEUV) geltend, die Vorratsdatenspeicherungsrichtlinie hätte nicht auf Art. 95 EGV (jetzt: Art. 114 AEUV) gestützt werden dürfen.[642] Vielmehr handele es sich um einen Regelungsgegenstand, der in der dritten Säule, der Polizeilichen und Justiziellen Zusammenarbeit in Strafsachen (PJZS), anzusiedeln sei. Auch der Deutsche Bundestag und der Deutsche Bundesrat waren zunächst der Ansicht, dass nicht die Rechtsangleichung nach Art. 95 EGV (jetzt: Art. 114 AEUV), sondern die dritte Säule der richtige Standort für die Einführung der Vorratsspeicherung sei.[643] Ein Antrag, Nichtigkeitsklage gegen die Richtlinie zu erheben,[644] wurde aber abgelehnt.[645] Die Einführung der Vorratsdatenspeicherung wäre – die Richtigkeit der Auffassung Irlands und der zunächst vertretenen Auffassung des Deutschen Bundestages einmal unterstellt – allerdings nur durch einen Rahmenbeschluss des Europäischen Rates möglich gewesen, der nur durch einstimmige Entscheidung seiner Mitglieder ergehen konnte, während Maßnahmen nach Art. 95 EGV (jetzt: Art. 114 AEUV) im Mitentscheidungsverfahren gemäß ex-Art. 251 EGV (vgl. jetzt: Art. 294 AEUV) entschieden werden, das lediglich einen Mehrheitsbeschluss erfordert.[646]

Zwar können neue Regeln und Vorgaben im Bereich der Telekommunikation von der Europäischen Kommission nach Art. 95 EGV (jetzt: Art. 114 AEUV) vorbereitet werden (sog. Harmonisierungsrichtlinien).[647] In Schrifttum und Praxis wird jedoch nicht dieser Umstand, sondern gerade der essentielle Unterschied hinsicht-

---

tenzmäßigkeit von Maßnahmen der Europäischen Union: Der „ausbrechende Rechtsakt" in der Praxis des BVerfG, EuR 2011, 241 (261).

641 EuGH, Urteil vom 10.2.2009 – C-301/06 (*Irland ./. Parlament und Rat*).

642 Dabei war Irland im Übrigen unter den ersten Mitgliedsstaaten der Europäischen Union, die eine Verpflichtung zur Verkehrsdatenspeicherung eingeführt hatten; *Hans-Jörg Albrecht/Adina Grafe/Michael Kilching*, Rechtswirklichkeit der Auskunftserteilung über Telekommunikationsverbindungsdaten nach §§ 100g, 100h StPO, Freiburg 2008, S. 64.

643 BT-Drucks. 16/545, S. 3 (a.E.; dort Nr. 13); BT-Drucks. 16/1622, S. 2; BR-Drucks. 723/05 (Beschluss), S. 2.

644 BT-Drucks. 16/1622.

645 *Hans-Jörg Albrecht/Adina Grafe/Michael Kilching*, Rechtswirklichkeit der Auskunftserteilung über Telekommunikationsverbindungsdaten nach §§ 100g, 100h StPO, Freiburg 2008, S. 64; ähnlich bereits zuvor BT-Drucks. 16/237, S. 1.

646 Vgl. zu den vorherigen Ausführungen insgesamt *Thomas Hoeren*, Die Umsetzung der Richtlinie zur Vorratsdatenspeicherung – Konsequenzen für die Privatwirtschaft, JZ 2008, 668 (672).

647 *Martin Wissmann*, in: Wissmann, Martin (Hrsg.), Telekommunikationsrecht, 2. Aufl., Frankfurt am Main 2006, Kap. 2 Rn. 30.

lich der Mehrheitserfordernisse als entscheidend angesehen, weshalb die Vorratsdatenspeicherung letztlich als Rechtsangleichungsmaßnahme eingeordnet wurde. Der Wechsel von der dritten in die erste Säule sei aus rein politischen Gründen erfolgt.[648] Eine Einstimmigkeit war angesichts abweichender Interessen offenbar nicht zu erreichen. Die Implementationsdebatten in den Mitgliedsstaaten lassen deutlich erkennen, dass Strafverfolgungs- und Datenschutzgesichtspunkte die Gesetzgebung maßgeblich bestimmten, und weniger genuin wirtschaftspolitische Überlegungen, die bei einer Richtlinie als Instrument zur Binnenmarktregulierung eigentlich zu erwarten gewesen wären.[649] Einiges spricht also dafür, dass tatsächlich rechtspolitische Motive den Ausschlag für die Wahl der Rechtsgrundlage darstellten. Bemerkenswert sind jedenfalls zwei Umstände. Die Vorratsdatenspeicherungsrichtlinie auf Grundlage von Art. 95 EGV (jetzt: Art. 114 AEUV) wurde erst erlassen, nachdem die Kommission dem Vorschlag eines Rahmenbeschlusses[650] entsprechenden Inhalts widersprochen hatte.[651] Außerdem ist erstaunlich, wie schnell die Richtlinie schließlich das Verfahren durchlaufen hat.

All dies besagt jedoch noch nichts darüber, ob die Vorratsdatenspeicherungsrichtlinie *de jure* formell rechtswidrig ist. Sind die Wurzeln ihres Zustandekommens gewiss auch fraglich, bedarf es doch eines näheren Blickes, ob die Gründe für die Wahl dieser Rechtsgrundlage, namentlich die Harmonisierung des Telekommunikationssektors und das Funktionieren des Binnenmarktes,[652] das Zurückgreifen auf Art. 95 EGV (jetzt: Art. 114 AEUV) tragen können oder nicht etwa Sicherheitsaspekte wie die Bekämpfung des internationalen Terrorismus oder die Bekämpfung schwerer Straftaten die verantwortlichen Organe in der Europäischen Union überwiegend und maßgeblich zur Vorratsdatenspeicherung veranlassten.

---

648 So auch BT-Drucks. 16/1622, S. 5.

649 *Hans-Jörg Albrecht/Adina Grafe/Michael Kilching*, Rechtswirklichkeit der Auskunftserteilung über Telekommunikationsverbindungsdaten nach §§ 100g, 100h StPO, Freiburg 2008, S. 64.

650 Siehe den Entwurf eines Rahmenbeschlusses über die Vorratsspeicherung von Daten, die in Verbindung mit der Bereitstellung öffentlicher elektronischer Kommunikationsdienste verarbeitet und aufbewahrt werden, oder von Daten, die in öffentlichen Kommunikationsnetzen vorhanden sind, für die Zwecke der Vorbeugung, Untersuchung, Feststellung und Verfolgung von Straftaten, einschließlich Terrorismus (Ratsdok. Nr. 8958/04). Dazu näher *Claus D. Ulmer/Dorothee Schrief*, Vorratsdatenspeicherung durch die Hintertür, DuD 2004, 591 (592 f.).

651 *Michael Lysander Fremuth*, Die Europäische Union auf dem Weg in die Supranationalität, Münster 2010, S. 57 f.

652 Siehe Erwägungsgründe 6 und 21 sowie Art. 1 Abs. 1 der Vorratsdatenspeicherungsrichtlinie.

aa) Ansicht des Europäischen Gerichtshofs

Irland machte im Rahmen der Nichtigkeitsklage, auch unter Verweis auf die Fluggastdaten-Entscheidung des Europäischen Gerichtshofs,[653] geltend, der Hauptzweck der Vorratsdatenspeicherung sei die Ermittlung, Feststellung und Verfolgung von Straftaten.[654] Dabei handele es sich um einen Regelungsgegenstand, der in der dritten Säule der Polizeilichen und Justiziellen Zusammenarbeit in Strafsachen (PJZS) anzusiedeln sei.

(1) Vergleich zur Fluggastdaten-Entscheidung

In seinem Urteil betreffend die Verarbeitung und Übermittlung von Fluggastdaten in die Vereinigten Staaten von Amerika (USA) erklärte der Europäische Gerichtshof nach Erhebung einer Nichtigkeitsklage durch das Europäische Parlament den entsprechenden Beschluss 2004/496/EG[655] des Rates vom 17. Mai 2004 über den Abschluss eines Abkommens zwischen der Europäischen Gemeinschaft und den Vereinigten Staaten von Amerika über die Verarbeitung von Fluggastdatensätzen und deren Übermittlung durch die Fluggesellschaften an das *Bureau of Customs and Border Protection (CBP)* des *United States Department of Homeland Security (DHS)* und ferner die Entscheidung 2004/535/EG[656] der Kommission vom 14. Mai 2004 über die Angemessenheit des Schutzes der personenbezogenen Daten, die in den *Passenger Name Records (PNR)* enthalten sind, welche dem CBP übermittelt werden, für nichtig.[657]

Den Beschluss erließ der Rat auf der Grundlage des Art. 95 EGV a.F. i.V.m. Art. 300 Abs. 2 Unterabs. 1 S. 1 EGV a.F. Das Europäische Parlament machte in seiner Klage geltend, Art. 95 EGV (jetzt: Art. 114 AEUV) sei keine geeignete Rechtsgrundlage. Zweck und Inhalt des Beschlusses seien nicht die Errichtung und das Funktionieren des Binnenmarktes in Form eines Beitrags zur Beseitigung von Hemmnissen für den freien Dienstleistungsverkehr, sondern vielmehr die Legalisierung der nach den Rechtsvorschriften der Vereinigten Staaten vorgeschriebenen Verarbeitung personenbezogener Daten.[658] Nach Art. 25 EG-Datenschutzrichtlinie dürfen personenbezogene Daten in einen Drittstaat übermittelt werden, wenn dieser ein angemessenes Schutzniveau gewährleistet. Der Rat ist der Auffassung, dies

---

653 EuGH, Urteil vom 30.5.2006 – C-317/04, C-318/04 (*Parlament ./. Rat und Kommission*) = NJW 2006, 2029 = DuD 2006, 507.

654 *Michael Lysander Fremuth*, Die Europäische Union auf dem Weg in die Supranationalität, Münster 2010, S. 58.

655 ABl. L 183 vom 20.5.2004, S. 83.

656 ABl. L 235 vom 6.7.2004, S. 11.

657 Ausführliche Prüfung der Rechtmäßigkeit der Fluggastdatenübermittlung in die USA bei *Ansgar Pallasky*, Datenschutz in Zeiten globaler Mobilität, Baden-Baden 2007, S. 86 ff.

658 EuGH, Urteil vom 30.5.2006 – C-317/04, C-318/04 (*Parlament ./. Rat und Kommission*), Rn. 63.

schließe die Möglichkeit ein, erforderlichenfalls Verhandlungen einzuleiten, die zum Abschluss eines Abkommens der Gemeinschaft mit diesem Land führen.[659] Nach Ansicht der Kommission begründen die Art. 25 und 26 EG-Datenschutzrichtlinie außerdem eine ausschließliche externe Zuständigkeit der Gemeinschaft.[660]

Der Europäische Gerichtshof beurteilte die Vorschriften über die Übermittlung der Fluggastdaten als „Verarbeitungen betreffend die öffentliche Sicherheit, die Landesverteidigung, die Sicherheit des Staates und die Tätigkeiten des Staates im strafrechtlichen Bereich".[661] Die fraglichen Rechtsvorschriften beträfen unter anderem die Verbesserung der Sicherheitslage in den USA sowie die Voraussetzungen, unter denen Personen dort aus- und einreisen dürfen, und die Verhütung und Bekämpfung des Terrorismus.[662] In der Tat war die Übermittlung der Daten im Ergebnis mit einem Datentransfer zwischen Sicherheitsbehörden vergleichbar, betraf also internationale Kooperationsmechanismen, die der dritten Säule zuzuordnen waren.[663] Daraus folgerte auch der Europäische Gerichtshof zutreffend, dass die Übermittlung der Daten an das CBP eine Verarbeitung darstelle, die die öffentliche Sicherheit und die Tätigkeiten des Staates im strafrechtlichen Bereich betreffe.[664] Die EG-Datenschutzrichtlinie war demnach auf die Übermittlung von Fluggastdaten überhaupt nicht anwendbar, da sie lediglich Grundlage für Maßnahmen der ersten Säule sein kann.[665] Folglich konnte auch keine Kompetenz der Kommission aus Art. 25 EG-Datenschutzrichtlinie hergeleitet werden. Im Übrigen war zwar richtig, dass aus der Verhandlungskompetenz, die die Kommission aus Art. 25 Abs. 5 EG-Datenschutzrichtlinie zu Verhandlungen mit Drittländern ermächtigt, gegebenenfalls die Kompetenz zum Abschluss eines Abkommens mit einem Drittland erwachsen konnte, worin sich dieser zu Maßnahmen zur Verbesserung des datenschutzrechtlichen Schutzniveaus verpflichtete.[666] Die Übermittlung von Fluggastdaten war aber nicht auf Datenschutzvorkehrungen gerichtet, sondern primär auf öffentliche Sicherheitsinteressen in den USA.

---

659 EuGH, Urteil vom 30.5.2006 – C-317/04, C-318/04 (*Parlament ./. Rat und Kommission*), Rn. 64.

660 EuGH, Urteil vom 30.5.2006 – C-317/04, C-318/04 (*Parlament ./. Rat und Kommission*), Rn. 65; so wohl auch *Alessandra Di Martino*, Datenschutz im europäischen Recht, Baden-Baden 2005, S. 67 f.

661 EuGH, Urteil vom 30.5.2006 – C-317/04, C-318/04 (*Parlament ./. Rat und Kommission*), Rn. 54.

662 EuGH, Urteil vom 30.5.2006 – C-317/04, C-318/04 (*Parlament ./. Rat und Kommission*), Rn. 55.

663 Ebenso zutreffend *Ansgar Pallasky*, Datenschutz in Zeiten globaler Mobilität, Baden-Baden 2007, S. 87.

664 EuGH, Urteil vom 30.5.2006 – C-317/04, C-318/04 (*Parlament ./. Rat und Kommission*), Rn. 56.

665 *Ansgar Pallasky*, Datenschutz in Zeiten globaler Mobilität, Baden-Baden 2007, S. 87.

666 *Alessandra Di Martino*, Datenschutz im europäischen Recht, Baden-Baden 2005, S. 67.

Zusammenfassend kann somit festgehalten werden, dass die in der Fluggastdaten-Entscheidung in Bezug genommene Datenverarbeitung nicht zur Erbringung einer Dienstleistung privater Wirtschaftsteilnehmer, sondern zum Schutz der öffentlichen Sicherheit und zu Strafverfolgungszwecken erforderlich war.[667] Dabei ist auch zu berücksichtigen, dass sich die Zulässigkeit der Übermittlung der Daten primär nach den nationalen Datenschutzgesetzen richten sollte.[668] Diese sind in Umsetzung der EG-Datenschutzrichtlinie erlassen worden, so dass keine spürbaren Wettbewerbsverzerrungen auf Grund unterschiedlicher Rechtsordnungen zu besorgen war.[669] Es handelte sich bei dem Abkommen daher gerade nicht um eine Maßnahme der Rechtsangleichung im Sinne des Art. 95 EGV (jetzt: Art. 114 AEUV),[670] obgleich es rein faktisch durchaus auch Auswirkungen auf die Errichtung und das Funktionieren des Binnenmarkts hätte entfalten können.[671] Entscheidend stellt der Europäische Gerichtshof in ständiger Rechtsprechung jedoch auf den Hauptzweck einer Maßnahme ab, während deren Wirkungen erst nachrangig oder ergänzend herangezogen werden.[672] Primäres Ziel des Abkommens war die Bekämpfung des Terrorismus und der organisierten Kriminalität.[673] Bloß beiläufige oder mittelbare Auswirkungen auf den Binnenmarkt genügen nach der Rechtsprechung des Europäischen Gerichtshofs indes nicht, um eine Maßnahme auf Art. 95 EGV (jetzt: Art. 114 AEUV) zu stützen.[674]

(2) Entscheidung zur Vorratsdatenspeicherung

Vor dem Hintergrund des Fluggastdaten-Urteils rechneten viele damit, dass der Europäische Gerichtshof auch die Vorratsdatenspeicherungsrichtlinie für nichtig erklären werde. Der Gerichtshof kam allerdings zu einem gegenteiligen Ergebnis. In den Leitsätzen des Urteils heißt es:

> „Es hat sich gezeigt, dass die Unterschiede zwischen den verschiedenen zur Datenvorratsspeicherung erlassenen nationalen Regelungen geeignet waren, sich unmittelbar auf das Funktionieren des Binnenmarkts auszuwirken, und dass es absehbar war, dass sich

---

667 So auch EuGH, Urteil vom 30.5.2006 – C-317/04, C-318/04 (*Parlament ./. Rat und Kommission*), Rn. 57.

668 *Ansgar Pallasky*, Datenschutz in Zeiten globaler Mobilität, Baden-Baden 2007, S. 136.

669 *Ansgar Pallasky*, Datenschutz in Zeiten globaler Mobilität, Baden-Baden 2007, S. 136.

670 Siehe dazu *Wolfgang Kahl*, in: Calliess, Christian/Ruffert, Matthias (Hrsg.), EUV/EGV, 3. Aufl., München 2007, Art. 95 EGV Rn. 15 f.

671 *Ansgar Pallasky*, Datenschutz in Zeiten globaler Mobilität, Baden-Baden 2007, S. 136.

672 *Wolfgang Kahl*, in: Calliess, Christian/Ruffert, Matthias (Hrsg.), EUV/EGV, 3. Aufl., München 2007, Art. 95 EGV Rn. 74 m.w.N.

673 Siehe ABl. L 183 vom 20.5.2004, S. 83.

674 Siehe u.a. den 2. Leitsatz in EuGH, Urteil vom 17.3.1993 – C 155/91; EuGH, Urteil vom 9.11.1995 – C-426/93 (*BRD ./. Rat*), Rn. 33; ebenso in Abgrenzung zu ex-Art. 175 EGV *Wolfgang Kahl*, in: Calliess, Christian/Ruffert, Matthias (Hrsg.), EUV/EGV, 3. Aufl., München 2007, Art. 95 EGV Rn. 76.

diese Auswirkung noch verstärken würde. In einer solchen Situation war es gerechtfertigt, dass der Gemeinschaftsgesetzgeber das Ziel, das Funktionieren des Binnenmarkts zu schützen, durch den Erlass von Harmonisierungsvorschriften verfolgte."

Die Erwägungen der Entscheidung über die Übermittlung von Fluggastdaten könnten, meint der Europäische Gerichtshof, nicht auf den Fall der Vorratsdatenspeicherungsrichtlinie übertragen werden, da die Richtlinie sich auf die Tätigkeiten der Diensteanbieter im Binnenmarkt beziehe und keine Regelung der Handlungen staatlicher Stellen zu Strafverfolgungszwecken enthalte.[675] Die Bestimmungen der Richtlinie seien im Wesentlichen auf die Tätigkeiten der Diensteanbieter beschränkt und regelten nicht den Zugang zu den Daten oder deren Nutzung durch die Polizei- und Justizbehörden der Mitgliedstaaten.[676] Die in der Richtlinie vorgesehenen Maßnahmen selbst brächten keine Strafverfolgung durch die Behörden der Mitgliedstaaten mit sich, sondern bezweckten die Angleichung der nationalen Rechtsvorschriften.[677] Angesichts dessen erfasse die Richtlinie im Wesentlichen die Tätigkeiten der Diensteanbieter im betroffenen Sektor des Binnenmarkts; sie betreffe somit im überwiegenden Maße das Funktionieren des Binnenmarktes.[678]

bb) Kritische Auseinandersetzung mit der Entscheidung des Europäischen Gerichtshofs

Eine vertiefte Auseinandersetzung des Europäischen Gerichtshofs mit der Frage, ob die Einführung einer Vorratsdatenspeicherung womöglich durch Rahmenbeschluss, der in der dritten Säule anzusiedeln gewesen wäre, hätte erfolgen müssen oder ob überhaupt eine Kompetenz auf europäischer Ebene bestand, lässt das Urteil vermissen.[679] *Fremuth* spricht daher davon, dass der Europäische Gerichtshof mit dem Urteil wieder zum Grundsatz *in dubio pro communitate* zurückgekehrt sei.[680]

Nach ständiger Rechtsprechung kommt es bei der Wahl der richtigen Rechtsgrundlage auf den Hauptzweck der zu treffenden Regelung an.[681] Entscheidend ist, wo der Regelungsschwerpunkt eines Rechtsakts zu sehen ist.[682] Maßgebliche Um-

---

675 EuGH, Urteil vom 10.2.2009 – C-301/06 (*Irland ./. Parlament und Rat*), Rn. 90 f.

676 EuGH, Urteil vom 10.2.2009 – C-301/06 (*Irland ./. Parlament und Rat*), Rn. 80.

677 EuGH, Urteil vom 10.2.2009 – C-301/06 (*Irland ./. Parlament und Rat*), Rn. 81 f.

678 EuGH, Urteil vom 10.2.2009 – C-301/06 (*Irland ./. Parlament und Rat*), Rn. 84 f.

679 *Michael Lysander Fremuth*, Die Europäische Union auf dem Weg in die Supranationalität, Münster 2010, S. 58; ferner *Spiros Simitis*, Der EuGH und die Vorratsdatenspeicherung oder die verfehlte Kehrtwende bei der Kompetenzregelung, NJW 2009, 1782 (1783).

680 *Michael Lysander Fremuth*, Die Europäische Union auf dem Weg in die Supranationalität, Münster 2010, S. 58.

681 *Wolfgang Kahl*, in: Calliess, Christian/Ruffert, Matthias (Hrsg.), EUV/EGV, 3. Aufl., München 2007, Art. 95 EGV Rn. 74 m.w.N.

682 Vgl. *Lars Wiesehahn*, Das europäische Telekommunikationsrecht und seine Umsetzung in Deutschland, Berlin 2008, S. 135 ff.

stände sind dabei vor allem das Ziel und der Inhalt des Rechtsakts.[683] Art. 95 EGV (jetzt: Art. 114 AEUV) ist demzufolge dann die richtige Rechtsgrundlage, wenn es sich um Harmonisierungsmaßnahmen handelt, die die Errichtung und das Funktionieren des Binnenmarktes zum Gegenstand haben.[684] Demgegenüber stellte der Europäische Gerichtshof höchstselbst fest, dass Strafrecht grundsätzlich nicht in die Kompetenz der Europäischen Gemeinschaft fällt.[685] Zwar ist der Zweck der Richtlinie über die Vorratsdatenspeicherung ganz offensichtlich und vorrangig auf die Effektivierung der Strafverfolgung gerichtet,[686] wofür der Europäischen Gemeinschaft grundsätzlich die Zuständigkeit fehlt. Dennoch ist dem Europäischen Gerichtshof zuzustimmen, dass die Richtlinie selbst keine Regelungen über Strafverfolgungsmaßnahmen an sich enthält. Sie betrifft lediglich die Rahmenbedingungen für die Speicherung durch die Telekommunikationsdiensteanbieter, während die Regelung des Zugriffs auf die gespeicherten Daten ausweislich des Art. 4 der Richtlinie dem innerstaatlichen Recht der Mitgliedstaaten vorbehalten bleibt. Damit ist der Hintergrund der Vorratsspeicherung strafrechtlicher bzw. strafprozessualer Natur, die Speicherung selbst hingegen betrifft unmittelbar die Tätigkeit der Diensteanbieter.[687] Angesichts der starken Abweichungen der nationalen Vorschriften im Hinblick auf die Speicherung von Telekommunikationsdaten bestehen sehr große technische wie rechtliche Unterschiede hinsichtlich der Anforderungen an die Diensteanbieter.[688] Eine Harmonisierung der mitgliedstaatlichen Vorschriften kommt daher in Betracht, um Diensteanbieter in einigen Mitgliedstaaten nicht gegenüber ihren Kontrahenten in anderen Mitgliedstaaten über Gebühr zu belasten und Wettbewerbsverzerrungen vorzubeugen.[689] Von einer bloß beiläufigen Auswirkung auf den Binnenmarkt wie im Fall der Übermittlung von Fluggastdaten kann bei der Vorratsdatenspeicherung nicht gesprochen werden. Die Zulässigkeit der Übermittlung der Flugastdaten richtete sich hauptsächlich nach den nationalen Datenschutzgesetzen,[690] die in Umsetzung der EG-Datenschutzrichtlinie erlassen und somit bereits harmonisiert wurden. In Bezug auf die Speicherungspflichten der Diensteanbieter besteht jedoch kein einheitliches Niveau in den Mitgliedstaaten,[691]

683 Vgl. EuGH, Urteil vom 11.6.1991 – C-300/89 (*Kommission ./. Rat*), Rn. 10.

684 Vgl. *Jörg Philipp Terhechte*, Rechtsangleichung zwischen Gemeinschafts- und Unionsrecht – die Richtlinie über die Vorratsdatenspeicherung vor dem EuGH, EuZW 2009, 199 (203).

685 EuGH, Urteil vom 13.9.2005 – C-176/03 (*Kommission ./. Rat*), Rn. 47

686 Siehe Art. 1 sowie die Erwägungsgründe der Richtlinie.

687 *Johannes Barbist*, EuGH zur Vorratsdatenspeicherung, MR 2009, 3 (4).

688 Vgl. auch Erwägungsgründe 5 und 6.

689 Ähnlich auch *Lars Wiesehahn*, Das europäische Telekommunikationsrecht und seine Umsetzung in Deutschland, Berlin 2008, S. 136 f.

690 *Ansgar Pallasky*, Datenschutz in Zeiten globaler Mobilität, Baden-Baden 2007, S. 136.

691 *Franz Büllingen/Aurélia Gillet/Christin-Isabel Gries u.a.*, Stand und Perspektiven der Vorratsdatenspeicherung im internationalen Vergleich, Bad Honnef 2004, S. 5.

so dass der Binnenmarkt für elektronische Kommunikation durch die zu treffenden Regelungen direkt tangiert ist.

Gehör finden muss an dieser Stelle jedoch das Argument, dass die Vorratsdatenspeicherungsrichtlinie für eine Vielzahl der Mitgliedstaaten sogar erstmals eine Rechtsgrundlage für eine verpflichtende Vorratsspeicherung von Kommunikationsdaten begründet, weshalb sie gerade nicht zu einer Harmonisierung führen könne.[692] Eine Berufung auf die Annex-Kompetenz der Europäischen Gemeinschaft, die der Juristische Dienst des Rates und die Kommission anführen,[693] kann jedenfalls nicht fruchtbar gemacht werden. Zwar kann der Europäischen Gemeinschaft in Fällen, in denen wirtschaftsbezogene Gemeinschaftsrechte der Unternehmen oder Datenschutzrechte des Einzelnen gewahrt werden müssen, hiernach eine Regelungskompetenz erwachsen.[694] Dies kann aber nicht dazu führen, dass auf diesem Wege eine Kompetenz für Politikbereiche hergeleitet wird, die ausschließlich dem Europäischen Rat zugewiesen sind.[695]

Im Ergebnis sprechen somit einige Gründe für die Auffassung des Europäischen Gerichtshofs. Dennoch muss betont werden, dass man zu dem Ergebnis des Europäischen Gerichtshofs nur auf Grund eines sehr weiten Verständnisses des Begriffs der Harmonisierungsmaßnahmen nach Art. 95 EGV (jetzt: Art. 114 AEUV) gelangt. Die Argumentation orientiert sich doch sehr stark am (offenbar) gewünschten Ergebnis. Dass der eigentliche Hauptzweck der Vorratsdatenspeicherung in der Zugriffsmöglichkeit zur Bekämpfung der Kriminalität liegt, wird man nicht ernsthaft bestreiten können.[696] Die Argumentation des Europäischen Gerichtshofs führt daher zu einer künstlichen Trennung zwischen der Datenspeicherung und der Weiterleitung der Daten.[697] Daher sind die Argumente der Gegenauffassung durchaus beachtlich. Blendet man nämlich den eigentlichen Zweck einer Maßnahme gänzlich aus, wird man mit entsprechender Begründung letztlich immer Auswirkungen auf den Binnenmarkt auf Grund rechtlicher oder technischer Unter-

---

692 *Rotraud Gitter/Christoph Schnabel*, Die Richtlinie zur Vorratsspeicherung und ihre Umsetzung in das nationale Recht, MMR 2007, 411 (412).

693 Nach *Patrick Breyer*, Rechtsprobleme der Richtlinie 2006/24/EG zur Vorratsdatenspeicherung und ihrer Umsetzung in Deutschland, StV 2007, 214 (215).

694 *Rotraud Gitter/Christoph Schnabel*, Die Richtlinie zur Vorratsspeicherung und ihre Umsetzung in das nationale Recht, MMR 2007, 411 (413).

695 *Rotraud Gitter/Christoph Schnabel*, Die Richtlinie zur Vorratsspeicherung und ihre Umsetzung in das nationale Recht, MMR 2007, 411 (413); ebenso zu diesen Ausführungen insgesamt *Lars Wiesehahn*, Das europäische Telekommunikationsrecht und seine Umsetzung in Deutschland, Berlin 2008, S. 139.

696 Dies betont ausdrücklich auch der Bewertungsbericht zur Richtlinie über die Vorratsdatenspeicherung (Richtlinie 2006/24/EG) vom 18.4.2011, KOM (2011) 225, S. 4 f.

697 *Stephanie Schiedermair*, Datenschutz in den Medien, in: Dörr, Dieter/Kreile, Johannes/Cole, Mark D. (Hrsg.), Handbuch Medienrecht, 2. Aufl., Frankfurt am Main 2011, S. 339 (353).

schiede in den Mitgliedstaaten konstatieren können[698] und Art. 95 EGV (jetzt: Art. 114 AEUV) drohte, ausgehebelt zu werden.[699] In Anbetracht dessen wären eine vertieftere Auseinandersetzung des Gerichtshofs mit der Frage der richtigen Rechtsgrundlage sowie eine ausführlichere Begründung, weshalb im konkreten Fall trotz der offensichtlichen Hauptzielrichtung der Maßnahme im Bereich der Strafverfolgung ausnahmsweise kein Rahmenbeschluss erforderlich sein soll, gewiss nicht nur wünschenswert, sondern dringend angezeigt gewesen.

cc) Ausblick

Angemerkt sei, dass dieser Streit um die Rechtsetzungskompetenz als Konsequenz des Vertrags von Lissabon für zukünftige Verfahren obsolet geworden ist.[700] Die Polizeiliche und Justizielle Zusammenarbeit in Strafsachen wurde im Zuge der Reform in die Europäische Union integriert,[701] womit das Mitentscheidungsverfahren, das nunmehr als das „ordentliche Gesetzgebungsverfahren" für die gesamte Europäische Union vorgesehen ist,[702] nach beiden Auffassungen zur Anwendung gelangen würde.[703] Als Rechtsgrundlage der Maßnahme käme im Falle einer Neuregelung oder einer Überarbeitung des Rechtsrahmens[704] ein Rahmenbeschluss nunmehr jedenfalls nicht mehr in Betracht.[705]

---

698 Ähnlich *Jörg Philipp Terhechte*, Rechtsangleichung zwischen Gemeinschafts- und Unionsrecht – die Richtlinie über die Vorratsdatenspeicherung vor dem EuGH, EuZW 2009, 199 (203).

699 So auch *Stephanie Schiedermair*, Datenschutz in den Medien, in: Dörr, Dieter/Kreile, Johannes/Cole, Mark D. (Hrsg.), Handbuch Medienrecht, 2. Aufl., Frankfurt am Main 2011, S. 339 (353).

700 Vgl. *Thomas Kahler*, Vorratsdatenspeicherung: Wer spricht Recht?, DuD 2008, 449 (454).

701 Vgl. *Martin Heger*, Perspektiven des Europäischen Strafrechts nach dem Vertrag von Lissabon, ZIS 2009, 406 (407); *Oliver Suhr*, Die polizeiliche und justizielle Zusammenarbeit in Strafsachen nach dem „Lissabon"-Urteil des Bundesverfassungsgerichts, ZEuS 2009, 687 (690).

702 Dazu ausführlich *Walter Frenz/Vera Götzkes*, Das ordentliche Gesetzgebungsverfahren nach dem Vertrag von Lissabon, ZG 2010, 34 ff.; *Markus Krajewski/Ulrich Rösslein*, in: Grabitz, Eberhard/Hilf, Meinhard/Nettesheim, Martin (Hrsg.), Das Recht der Europäischen Union, Band III, Stand: 40. EL Oktober 2009, Art. 251 EGV Rn. 6; *Klemens H. Fischer*, Der Vertrag von Lissabon, 2. Aufl., Baden-Baden 2010, S. 434 f.; *Michael Lysander Fremuth*, Die Europäische Union auf dem Weg in die Supranationalität, Münster 2010, S. 316.

703 Vgl. Art. 294 Abs. 1 i.V.m. Art. 82 ff. AEUV.

704 Eine solche Überarbeitung schlägt inzwischen auch die Kommission vor, siehe Bewertungsbericht zur Richtlinie über die Vorratsdatenspeicherung (Richtlinie 2006/24/EG), KOM (2011) 225, S. 39.

705 Einschlägig dürften vielmehr Art. 82, 87 AEUV sein.

b) Materielle Rechtmäßigkeit

Auf die materielle Rechtmäßigkeit der Vorratsdatenspeicherung soll an dieser Stelle nicht näher eingegangen werden. Die in Betracht kommenden europäischen Vorschriften, die gegebenenfalls tangiert sein könnten, wurden zum Teil bereits in den Ausführungen zum Rechtsrahmen in Europa angesprochen. Im Übrigen erfolgt die Grundrechtsprüfung geschlossen im *Vierten Kapitel.* Die maßgebliche Frage der Verhältnismäßigkeit der Vorratsspeicherung kann für alle Regelungsebenen gleichermaßen beantwortet werden, weshalb auch insofern auf die Gesamtwürdigung an späterer Stelle verwiesen werden kann (*Fünftes Kapitel*). Nichtsdestotrotz hätten sich viele eine Aussage des Europäischen Gerichtshofs zur materiellen Rechtmäßigkeit der Vorratsdatenspeicherung bereits im Urteil anlässlich der Nichtigkeitsklage Irlands gegen die Vorratsdatenspeicherungsrichtlinie erhofft.[706] In seinem Urteil machte das Gericht jedoch lediglich Ausführungen zur formellen Rechtmäßigkeit der Richtlinie.[707] Eine Entscheidung zur materiellen Rechtmäßigkeit steht nach wie vor aus. Das Gericht könnte sich aber nach einer Vorlage des Verwaltungsgerichts Wiesbaden mit dieser Frage zu befassen haben.[708]

C. Umsetzung der Richtlinie über die Vorratsdatenspeicherung im deutschen Recht

Nach bisheriger Rechtslage durften Telekommunikationsverkehrsdaten regelmäßig nicht gespeichert werden, wenn sie nicht für Abrechungszwecke benötigt wurden.[709] Dies galt insbesondere für Internetzugangsdatendaten bei sog. *Flatrate*-Verträgen. Das Gesetz zur Neuregelung der Telekommunikationsüberwachung und anderer verdeckter Ermittlungsmaßnahmen sowie zur Umsetzung der Richtlinie 2006/24/EG[710] vom 21. Dezember 2007 brachte hinsichtlich der Speicherungs-

---

706 *Spiros Simitis*, Der EuGH und die Vorratsdatenspeicherung oder die verfehlte Kehrtwende bei der Kompetenzregelung, NJW 2009, 1782 (1785 f.).

707 Dazu auch *Thomas Zerdick*, Europäisches Datenschutzrecht – neuere Rechtsprechung des EuGH, RDV 2009, 56 (64).

708 Fraglich ist aber die Zulässigkeit und die Entscheidungserheblichkeit im konkreten Fall, so dass sich der Europäische Gerichtshof mit der Vorlage möglicherweise nicht näher befassen wird; *Niko Härting*, Der Datenschutz ist im Internet-Zeitalter noch nicht angekommen, BB 2009, 744 (746). Das VG Wiesbaden „sieht in der Datenspeicherung auf Vorrat einen Verstoß gegen das Grundrecht auf Datenschutz [...] Der nach Art. 8 EMRK zu wahrende Verhältnismäßigkeitsgrundsatz [sei] durch die RL 2006/24/EG nicht gewahrt, weshalb sie ungültig [sei].“ Vgl. VG Wiesbaden, Beschluss vom 27.2.2009 – 6 K 1045/08.WI, Rn. 31 f. = K&R 2009, 354 (357); mit Anm. von *Christoph Schnabel*, Ungültigkeit der Vorratsdatenspeicherungsrichtlinie?, K&R 2009, 358 ff.; *Alexander Roßnagel/Mark Bedner/Michael Knopp*, Rechtliche Anforderungen an die Aufbewahrung von Vorratsdaten, DuD 2009, 536 (536).

709 Vgl. GDD-Mitteilungen 1/2008, S. 9.

710 BGBl. I vom 31.12.2007, S. 3198.

pflichten einige gravierende Änderungen. Wichtigste Neuerung war die Einfügung der §§ 113a, 113b TKG, die einerseits die Modalitäten der Vorratsdatenspeicherung und andererseits die Rahmenbedingungen für den Zugriff auf die Vorratsdaten regelten.[711] Ferner sollten mit den Regelungen zur Umsetzung der Richtlinie über die Vorratsdatenspeicherung zugleich die das Strafverfahrensrecht betreffenden Vorgaben des Übereinkommens des Europarats über Computerkriminalität in das nationale Recht umgesetzt werden.[712]

I. Normadressaten der Vorratsdatenspeicherungspflicht

1. Allgemeiner Adressatenkreis

Die Adressaten der Vorratsdatenspeicherung beschrieb § 113a Abs. 1 S. 1 TKG. Danach war derjenige zur Speicherung verpflichtet, der öffentlich zugängliche Telekommunikationsdienste für Endnutzer erbringt. Maßgeblich sollte dabei der Öffentlichkeitsbezug des Dienstes sein.[713] Gerade dieser Begriffsbestandteil bereitete indes erhebliche Schwierigkeiten, erfuhr er doch keine Entsprechung im Definitionskatalog des § 3 TKG. Ausdrücklich der Gesetzesbegründung bestand für Betreiber nicht öffentlicher Dienste, zum Beispiel unternehmensinterne Netzwerke, Nebenstellenanlagen oder E-Mail-Server von Universitäten ausschließlich für dort immatrikulierte Studierende oder Bedienstete sowie die Telematikinfrastruktur im Gesundheitswesen, keine Speicherungspflicht.[714] Dagegen stellte § 113a Abs. 1 S. 2 TKG klar, dass auch diejenigen Diensteanbieter zur Sicherstellung der Speicherung verpflichtet waren, die keine eigenen Telekommunikationsanlagen betrieben und in Folge dessen nicht selbst Verkehrsdaten erzeugten oder verarbeiteten. Auf Verlangen hatten solche Diensteanbieter der Bundesnetzagentur mitzuteilen, wer die Daten speicherte. Durch die Begrenzung der Speicherungspflicht auf diejenigen Daten, die bei der Erbringung eines Telekommunikationsdienstes anfallen, und durch die Fokussierung auf die Erbringer von öffentlich zugänglichen Telekommunikationsdiensten für Endnutzer sollte eine Mehrfachspeicherung gleichar-

[711] Die Ausführungen zur Vorratsdatenspeicherungspflicht und zu den korrespondierenden Auskunftspflichten in diesem Abschnitt berücksichtigen zunächst nicht das Urteil des Bundesverfassungsgericht zur Vorratsdatenspeicherung, durch das die §§ 113a, 113b TKG für nichtig erklärt wurden (dazu in diesem Kapitel unter D.). Durch diesen Aufbau soll jeweils eine zusammenhängende Darstellung sowohl der Umsetzung der Richtlinie in nationales Recht als auch des Urteils an späterer Stelle gewährleistet werden. Die Kenntnis der neu eingeführten Vorschriften dient dabei nicht nur zum besseren Verständnis der Entscheidung des Bundesverfassungsgerichts, sondern ist gleichfalls hilfreich als Ausgangspunkt für eine Revision der Vorschriften über die Vorratsdatenspeicherung.

[712] Vgl. BT-Drucks. 16/5846, S. 27; danach *Dirk Simon*, Präzeptoraler Sicherheitsstaat und Risikovorsorge, Frankfurt am Main 2008, S. 215.

[713] Vgl. GDD-Mitteilungen 1/2008, S. 7.

[714] BT-Drucks. 16/5846, S. 69.

tiger Daten weitgehend vermieden und der Aufwand für den Diensteanbieter möglichst gering gehalten werden.[715]

2. Anwendbarkeit auf Arbeitgeber?

Inwiefern auch Arbeitgeber zur Speicherung von Daten verpflichtet sein sollten, hing zunächst davon ab, ob sie Telekommunikationsdienste im Sinne des § 3 Nr. 24 TKG erbringen. Ein gewerbliches Angebot, das nach der Vorgängervorschrift des § 3 Nr. 18 TKG a.F. erforderlich war, wird von § 3 Nr. 24 TKG nicht mehr verlangt.[716] Es genügt ein „in der Regel" gegen Entgelt erbrachter Dienst. Nach *Thüsing* darf diese Formulierung nicht dahingehend gedeutet werden, dass der Arbeitgeber regelmäßig Anbieter von Telekommunikationsdiensten sei.[717] Dadurch würde der Grundsatz des § 3 Nr. 24 TKG ins genaue Gegenteil verkehrt. Folgt man dieser Argumentation, scheitert die Anwendung des Telekommunikationsgesetzes auf Arbeitgeber bereits am Merkmal des Telekommunikationsdienstes. Sieht man den Arbeitgeber im Verhältnis zu seinen Arbeitnehmern aber dennoch als Anbieter an, resultierte daraus nicht zugleich die Verpflichtung zur Speicherung von Daten auf Vorrat. Ob Arbeitgeber darüber hinaus zur Vorratsdatenspeicherung verpflichtet waren, bemiss sich nach § 113a Abs. 1 S. 1 TKG. Die Frage wäre zu bejahen gewesen, wenn auch sie öffentlich zugängliche Telekommunikationsdienste für Endnutzer erbringen.[718]

Entscheidendes Merkmal ist damit wiederum der Begriff der Öffentlichkeit. Nach der Gesetzesbegründung bestand für unternehmensinterne Netzwerke keine Speicherungspflicht.[719] Was jedoch unter einem unternehmensinternen Netz zu verstehen war, ließ die Begründung offen. Man könnte daher danach unterscheiden, ob es sich tatsächlich um ein reines Netz zur internen Kommunikation handelt oder auch weitere, beliebige Personen Zugriff auf dieses Netz haben. Ist in einem Unternehmen die private Nutzung des Internet insgesamt ausgeschlossen, ist auch die Kommunikation mit „externen" Personen nicht möglich. Soweit auch keine weiteren Personen auf das Netz zugreifen können, ist die Beurteilung bei rein dienstli-

715 So ausdrücklich hervorgehoben in der Gesetzesbegründung; BT-Drucks. 16/5846, S. 69.

716 *Simone Lünenbürger*, in: Scheurle, Klaus-Dieter/Mayen, Thomas (Hrsg.), TKG, 2. Aufl., München 2008, § 3 Rn. 54.

717 So mit guten Gründen *Gregor Thüsing*, Arbeitnehmerdatenschutz und Compliance, München 2010, Rn. 229.

718 Str.; nach herrschender Auffassung erbringt der Arbeitgeber keine öffentlich zugänglichen Telekommunikationsdienste; vgl. *Thorsten Feldmann*, Unterliegen Arbeitgeber der Pflicht zur Vorratsdatenspeicherung gem. § 113a TKG?, NZA 2008, 1398 (1398 f.); *Detlef Grimm/Isabel Michaelis*, Keine Vorratsdatenspeicherungspflicht für Arbeitgeber, DB 2009, 174 (176); *Thomas Hoeren*, Die Umsetzung der Richtlinie zur Vorratsdatenspeicherung – Konsequenzen für die Privatwirtschaft, JZ 2008, 668 (669); ebenso (jedoch noch zur früheren Rechtslage) *Ernst Georg Berger/Ludwig Gramlich*, Corporate Networks im Telekommunikationsrecht, CR 1999, 150 (154).

719 BT-Drucks. 16/5846, S. 69.

cher Nutzung des Internet durch den Arbeitnehmer eindeutig. Die Erbringung des Telekommunikationsdienstes dient nicht fremden, sondern ausschließlich dienstlichen und damit eigenen Zwecken.[720] Nichts anderes kann darüber hinaus auch bei privater Nutzung gelten.[721] Unabhängig von der Frage der Anwendbarkeit des Fernmeldegeheimnisses auf die Nutzung von Internet und E-Mail am Arbeitsplatz,[722] ist auch in diesem Fall der Öffentlichkeitsbezug zu verneinen. Zwar ist nicht von der Hand zu weisen, dass die Abgrenzung zwischen dem Begriff der Öffentlichkeit und der geschlossenen Benutzergruppe mittlerweile aufgeweicht ist.[723] Ist aus einem geschlossenen Netz heraus die Kommunikation zu beliebigen Personen möglich, könnte die Annahme der Zugänglichkeit dieses Dienstes für die Öffentlichkeit nahe liegen.[724] Ein solches Verständnis konnte § 113a TKG aber nicht zu Grunde liegen. Erst recht konnte es nicht auf die Erlaubnis zur privaten Nutzung ankommen.[725] Ein derart weiter Öffentlichkeitsbegriff hätte nämlich zu dem unhaltbaren Ergebnis führen müssen, dass der Arbeitgeber letztlich selbst hätte entscheiden können, ob er zur Vorratsspeicherung verpflichtet ist, indem er die private Nutzung zulässt oder nicht. Ein Telekommunikationsdienst ist aber nur dann an die Öffentlichkeit gerichtet, wenn nicht lediglich die Teilnehmer des unternehmensinternen Netzwerks, sondern jede weitere Person den Dienst in Anspruch nehmen kann.[726] Es ist daher allein entscheidend, dass die Telekommunikationsinfrastruktur in einem Unternehmen regelmäßig nur dem „geschlossenen" Kreis der Arbeitnehmer zugänglich ist und folglich bereits daran der Öffentlichkeitsbezug scheitert.[727] Darüber hinaus ist die Kommunikation aber bereits dann nicht mehr öffentlich,

---

720 Damit begründet die ganz h.M. die Unanwendbarkeit des Telekommunikationsgesetzes; *Detlef Grimm/Isabel Michaelis*, Keine Vorratsdatenspeicherungspflicht für Arbeitgeber, DB 2009, 174 (175); *Niko Härting*, E-Mail und Telekommunikationsgeheimnis, CR 2007, 311 (312); *Gregor Thüsing*, Arbeitnehmerdatenschutz und Compliance, München 2010, Rn. 209 ff.

721 Vgl. im Ergebnis *Thomas Hoeren*, Die Umsetzung der Richtlinie zur Vorratsdatenspeicherung – Konsequenzen für die Privatwirtschaft, JZ 2008, 668 (669).

722 Vgl. zum diesbezüglichen Meinungsstand *Gregor Thüsing*, Arbeitnehmerdatenschutz und Compliance, München 2010, Rn. 221 ff.

723 *Sven-Erik Heun*, Einführung, in: Heun, Sven-Erik (Hrsg.), Telekommunikationsrecht, 2. Aufl., Köln 2007, Teil A Rn. 55 ff.

724 So etwa *Frank A. Koch*, Rechtsprobleme privater Nutzung betrieblicher elektronischer Kommunikationsmittel, NZA 2008, 911 (915).

725 So auch *Martin Beckschulze*, Internet- und E-Mail-Einsatz am Arbeitsplatz, DB 2009, 2097 (2098).

726 *Jens Eckhardt*, Öffentliche Sicherheit, in: Heun, Sven-Erik (Hrsg.), Telekommunikationsrecht, 2. Aufl., Köln 2007, Teil B Rn. 26.

727 Siehe auch *Thomas Hoeren*, Die Umsetzung der Richtlinie zur Vorratsdatenspeicherung – Konsequenzen für die Privatwirtschaft, JZ 2008, 668 (669); *Christoph Klug/Yvette Reif*, Vorratsdatenspeicherung in Unternehmen? – Gesetzeslage und Ausblick, RDV 2008, 89 (90); *Sven Polenz*, Speicherpflichten für Unternehmer nach § 113a TKG, CR 2009, 225 (227).

wenn zumindest ein Beteiligter am Kommunikationsvorgang einer geschlossenen Benutzergruppe angehört.[728]

II. Verpflichtung zur Speicherung (§ 113a TKG)

Nach § 113a TKG waren in Bezug auf sämtliche öffentlich zugängliche Telekommunikationsdienste solche Verkehrsdaten, die Auskunft geben über die an einer Telekommunikationsverbindung beteiligten Anschlüsse, über die Zeit, zu der die Telekommunikation stattgefunden hat, und über die Orte, von denen aus kommuniziert worden ist, für sechs Monate zu speichern und für die staatliche Aufgabenwahrnehmung verfügbar zu halten.[729] Die Regelung griff damit die schon seit einigen Jahren erhobenen Forderungen des Bundesrates nach einer Vorratsspeicherungspflicht auf,[730] denen der Gesetzgeber noch bei der Novellierung des Telekommunikationsgesetzes im Jahr 2004 nach intensiven Diskussionen um das Für und Wider einer Vorratsspeicherung von Verkehrsdaten im Telekommunikationsbereich eine klare Absage erteilte.[731]

1. Allgemeine Voraussetzungen und Modalitäten der Speicherung

§ 113a Abs. 1 Satz 1 TKG verpflichtete die Betreiber öffentlich zugänglicher Telekommunikationsdienste für Endnutzer, die von ihnen bei der Nutzung ihrer Dienste erzeugten oder verarbeiteten und in § 113a Abs. 2 bis 5 TKG näher bezeichneten Verkehrsdaten für einen Zeitraum von sechs Monaten zu speichern. Derjenige, der solche Dienste für Endnutzer erbrachte, ohne selbst Verkehrsdaten zu erzeugen oder zu verarbeiten, hatte nach § 113a Abs. 1 Satz 2 TKG sicherzustellen, dass die Daten gespeichert werden, und der Bundesnetzagentur mitzuteilen, wer die Daten speichert. Die Diensteanbieter hatten die Daten nur dann zu speichern, wenn diese von ihnen bei der Nutzung des von ihnen bereitgestellten Dienstes erzeugt oder verarbeitet wurden. Dadurch wurde klargestellt, dass nur solche Daten zu speichern waren, die im Zuge der Erbringung des jeweiligen Telekommunikationsdienstes

---

728 *Detlef Grimm/Isabel Michaelis*, Keine Vorratsdatenspeicherungspflicht für Arbeitgeber, DB 2009, 174 (176); so wohl auch *Helmut Redeker*, Die Pflicht zur Vorratsdatenspeicherung, ITRB 2009, 112 (112).

729 So auch in BVerfG, Urteil vom 2.3.2010 – 1 BvR 256/08, 1 BvR 263/08, 1 BvR 586/08 (*Vorratsdatenspeicherung*), Rn. 4.

730 Vgl. BR-Drucks. 755/03 (Beschluss), S. 33 ff.; später auch BR-Drucks. 723/05 (Beschluss), S. 1 ff.

731 *Claus D. Ulmer/Dorothee Schrief*, Vorratsdatenspeicherung durch die Hintertür, DuD 2004, 591 (591); *Benjamin Rusteberg*, Die EG-Richtlinie zur Vorratsdatenspeicherung von Verkehrsdaten im System des europäischen Grund- und Menschenrechtsschutzes, VBlBW 2007, 171 (172).

ohnehin bereits vorlagen.[732] Die Vorschrift begründete mithin keine originäre Erhebungspflicht.

Wer Telekommunikationsdienste erbrachte und dabei nach § 113a TKG zu speichernde Angaben veränderte, war darüber hinaus gemäß § 113a Abs. 6 TKG zur Speicherung der ursprünglichen und der veränderten Angaben sowie des Zeitpunkts der Umschreibung verpflichtet. Dadurch sollte eine nahtlose Rückverfolgung der Daten ermöglicht werden.[733] Nicht gespeichert werden durften nach § 113a Abs. 8 TKG der Inhalt der Kommunikation und Daten über aufgerufene Internetseiten. Davon erfasst waren freilich nur die konkreten Inhalte, z.B. der Inhalt von E-Mails. Denn Rückschlüsse auf das bloße Kommunikationsverhalten wären auch durch die Verkehrsdaten möglich gewesen, deren Speicherung aber gerade Gegenstand des § 113a TKG war.[734] Zur technischen und organisatorischen Ausgestaltung der Speicherung enthielt die Vorschrift keine Vorgaben.[735] Die Speicherung musste aber so vorgenommen werden, dass Auskunftsersuchen der anfragenden Stellen unverzüglich beantwortet werden konnten (§ 113a Abs. 9 TKG). Bezüglich des Schutzes der gespeicherten Daten verwies § 113a Abs. 10 TKG auf die im Bereich der Telekommunikation erforderliche Sorgfalt und verlangte, dass der zur Speicherung Verpflichtete durch technische und organisatorische Maßnahmen sicherstellte, dass der Zugang zu den gespeicherten Daten ausschließlich hierzu von dem Diensteanbieter besonders ermächtigten Personen gewährt werden durfte.[736] Nach Ablauf der Speicherungsfrist (von sechs Monaten) waren die Daten gemäß § 113a Abs. 11 TKG innerhalb eines Monats zu löschen. Dadurch konnte es faktisch zu einer Speicherungsdauer von bis zu sieben Monaten kommen.[737]

2. Speicherungspflicht für Internetzugangsdaten

Im Gegensatz zu den Diensteanbietern im Bereich der Festnetz- oder Mobilfunktelefonie im Sinne des § 113a Abs. 2 TKG waren die Anbieter von Internetzugangsdiensten (Abs. 4) sowie die Anbieter von Diensten der elektronischen Post (Abs. 3) oder Internettelefondiensten (Abs. 2 S. 1 Nr. 5) gemäß § 150 Abs. 12b S. 2 TKG erst ab dem 1. Januar 2009 verpflichtet, die Verkehrsdaten auf Vorrat zu speichern.

---

[732] BR-Drucks. 275/07, S. 162.

[733] *Frank Fellenberg*, in: Scheurle, Klaus-Dieter/Mayen, Thomas (Hrsg.), TKG, 2. Aufl., München 2008, § 113a Rn. 27.

[734] Vgl. *Frank Fellenberg*, in: Scheurle, Klaus-Dieter/Mayen, Thomas (Hrsg.), TKG, 2. Aufl., München 2008, § 113a Rn. 29.

[735] Insbesondere ist den Diensteanbietern freigestellt, ob sie die Daten in einer gemeinsamen oder in mehreren Datenbanken speichern; vgl. BR-Drucks. 275/07, S. 161; *Frank Fellenberg*, in: Scheurle, Klaus-Dieter/Mayen, Thomas (Hrsg.), TKG, 2. Aufl., München 2008, § 113a Rn. 30.

[736] Vgl. in diesem Zusammenhang § 109 TKG.

[737] Vgl. *Frank Fellenberg*, in: Scheurle, Klaus-Dieter/Mayen, Thomas (Hrsg.), TKG, 2. Aufl., München 2008, § 113a Rn. 32.

Zulässig war die Speicherung aber bereits ab Januar 2008. Von den *Access Providern* zu speichern waren die IP-Adresse des Teilnehmers für eine Internetnutzung, die Kennung des Anschlusses, über die die Internetnutzung erfolgte, sowie Beginn und Ende der Internetnutzung. § 113a Abs. 4 TKG lautete:

> Die Anbieter von Interzugangsdiensten speichern:
> 1. die dem Teilnehmer für eine Internetnutzung zugewiesene Internetprotokoll-Adresse,
> 2. eine eindeutige Kennung des Anschlusses, über den die Internetnutzung erfolgt,
> 3. den Beginn und das Ende der Internetnutzung unter der zugewiesenen Internetprotokoll-Adresse nach Datum und Uhrzeit unter Angabe der zugrunde liegenden Zeitzone.

III. Verpflichtung zur Auskunftserteilung (§ 113b TKG)

Die Verwendung der nach § 113a TKG gespeicherten Daten war in § 113b TKG geregelt:

> [1]Der nach § 113a Verpflichtete darf die allein auf Grund der Speicherungsverpflichtung nach § 113a gespeicherten Daten
> 1. zur Verfolgung von Straftaten,
> 2. zur Abwehr von erheblichen Gefahren für die öffentliche Sicherheit oder
> 3. zur Erfüllung der gesetzlichen Aufgaben der Verfassungsschutzbehörden des Bundes und der Länder, des Bundesnachrichtendienstes und des Militärischen Abschirmdienstes
>
> an die zuständigen Stellen auf deren Verlangen übermitteln, soweit dies in den jeweiligen gesetzlichen Bestimmungen unter Bezugnahme auf § 113a vorgesehen und die Übermittlung im Einzelfall angeordnet ist; für andere Zwecke mit Ausnahme einer Auskunftserteilung nach § 113 darf er die Daten nicht verwenden. [2]§ 113 Abs. 1 Satz 4 gilt entsprechend.

Die Vorschrift regelte als datenschutzrechtliche Befugnisnorm lediglich die Übermittlungsbefugnis der Telekommunikationsdiensteanbieter.[738] Eine Auskunftserteilung durfte aber nur erfolgen, wenn das Auskunftsbegehren der ersuchenden Stelle auf einer fachgesetzlichen Rechtsgrundlage beruhte, die auf § 113a TKG Bezug nahm.[739]

Die Rechtsgrundlage für die Zwecke der Strafverfolgung bildete § 100g Abs. 1 S. 1 StPO i.V.m. § 113a TKG. Die Vorschrift wurde durch das Gesetz zur Neuregelung der Telekommunikationsüberwachung und anderer verdeckter Ermittlungsmaßnahmen sowie zur Umsetzung der Richtlinie 2006/24/EG erheblich modifiziert und enthielt in Abs. 1 S. 1 den geforderten Hinweis auf § 113a TKG. § 100g StPO

---

738 *Frank Fellenberg*, in: Scheurle, Klaus-Dieter/Mayen, Thomas (Hrsg.), TKG, 2. Aufl., München 2008, § 113b Rn. 2.

739 Vgl. *Frank Fellenberg*, in: Scheurle, Klaus-Dieter/Mayen, Thomas (Hrsg.), TKG, 2. Aufl., München 2008, § 113b Rn. 2.

ist seither nicht mehr allein als Regelung eines Auskunftsanspruchs gegenüber Telekommunikationsdiensteanbietern, sondern darüber hinaus als umfassende Erhebungsbefugnis für Verkehrsdaten ausgestaltet.[740] Die Auskunftsverpflichtung entfällt dadurch aber nicht. Nach § 100g Abs. 1 S. 1 StPO durften die auf Grund der Speicherungsverpflichtung nach § 113a TKG gespeicherten Daten bei Verdacht, dass jemand als Täter oder Teilnehmer einer Straftat von auch im Einzelfall erheblicher Bedeutung oder einer Straftat, die mittels Telekommunikation begangen wurden, erhoben werden, soweit dies für die Erforschung eines Sachverhalts oder die Ermittlung des Aufenthaltsorts eines Beschuldigten erforderlich war. Im Falle einer mittels Telekommunikation begangenen Straftat war nach § 100g Abs. 1 S. 2 StPO die Maßnahme nur zulässig, wenn die Erforschung eines Sachverhalts oder die Ermittlung des Aufenthaltsorts eines Beschuldigten auf andere Weise aussichtslos wäre und die Erhebung der Daten in einem angemessenen Verhältnis zur Bedeutung der Sache stand (Subsidiaritätsklausel)[741].

Unabhängig von der Frage, ob Vorratsdaten betroffen sind, bedürfen die Auskunftsersuchen der Strafverfolgungsbehörden nach § 100g Abs. 2 S. 1 i.V.m. § 100b Abs. 1 S. 1 StPO grundsätzlich einer richterlichen Anordnung. Bei Gefahr in Verzug genügt nach § 100b Abs. 1 S. 2 StPO eine Anordnung der Staatsanwaltschaft, die nach S. 3 jedoch innerhalb von drei Tagen von einem Gericht bestätigt werden muss. Die Auskunftsverpflichtung der Diensteanbieter folgt schließlich aus §§ 100g Abs. 2 S. 1 i.V.m. 100b Abs. 3 StPO.[742] Durch den Verweis in § 113b S. 1 Halbs. 2 TKG wollte der Gesetzgeber demgegenüber klarstellen, dass insbesondere Auskünfte über die Person, die sich hinter einer den Strafverfolgungsbehörden bekannten dynamischen IP-Adresse verbirgt, nicht den Anforderungen des § 100g StPO unterliegen, sondern auf das manuelle Auskunftsverfahren nach § 113 TKG gestützt werden können sollten.[743] Im Gegensatz zu § 100g StPO sollte damit vor allem das Erfordernis einer richterliche Anordnung entfallen.

Soweit § 113b TKG die Übermittlung zur Gefahrenabwehr oder zur Aufgabenerfüllung der Nachrichtendienste betraf, lief die Vorschrift anfänglich leer, da zunächst keine fachgesetzlichen Erhebungsvorschriften bestanden, die ausdrücklich auf § 113a TKG Bezug nahmen.[744] Die entsprechenden Befugnisnormen mussten in den landesrechtlichen Polizei- und Ordnungsgesetzen erst noch geschaffen bzw. in den nachrichtendienstlichen Vorschriften (BVerfSchG, BNDG, MADG) oder in

740 Vgl. BT-Drucks. 16/5846, S. 50.

741 *Jürgen Wolter*, in: Wolter, Jürgen (Hrsg.), SK-StPO, Band II, 4. Aufl., Köln 2010, § 100g Rn. 19.

742 Vgl. BR-Drucks. 275/07, S: 122.

743 *Jürgen Wolter*, in: Wolter, Jürgen (Hrsg.), SK-StPO, Band II, 4. Aufl., Köln 2010, § 100g Rn. 9.

744 BVerfG, Beschluss vom 11.3.2008 – 1 BvR 256/08 (*Vorratsdatenspeicherung*), Rn. 186 = BVerfGE 121, 1 (29 f.).

den korrespondierenden Landesgesetzen eingearbeitet werden.[745] Die ersten landesrechtlichen Vorschriften, die ausdrücklich den Zugriff auf nach § 113a TKG gespeicherte Daten regelten, wurden in Bayern und kurz darauf in Thüringen eingeführt: Art. 34b Abs. 2 und 3 BayPAG[746] und Art. 6c Abs. 2 BayVSG[747] sowie § 34a Abs. 1 S. 1 Nr. 3, Abs. 3 ThürPAG[748].

D. Das Urteil des Bundesverfassungsgerichts zur Vorratsdatenspeicherung

Am 2. März 2010 hat das Bundesverfassungsgericht die Vorschriften zur Vorratsdatenspeicherung in ihrer aktuellen Ausgestaltung für verfassungswidrig und nichtig erklärt.[749] Kaum eine andere Entscheidung des Bundesverfassungsgerichts ist in den letzten Jahren derart von einer so breiten Bevölkerungsschicht herbeigesehnt worden. Doch auch wenn das Bundesverfassungsgericht die Ermächtigungsgrundlagen zur Speicherung und Beauskunftung von Vorratsdaten in den §§ 113a, 113b TKG und § 100g Abs. 1 S. 1 StPO für verfassungswidrig erklärte, hat es entgegen der Hoffnungen der Vorratsdatenspeicherungsgegner der Bevorratung von Daten nicht gänzlich einen Riegel vorgeschoben.[750] Unter strengen Voraussetzungen kann nach Ansicht des Gerichts eine Vorratsspeicherung zulässig sein. Das Grundgesetz verbiete eine solche Speicherung nicht unter allen Umständen. Das Bundesverfassungsgericht forderte aber insbesondere eine strikte Wahrung des Verhältnismäßigkeitsgrundsatzes sowie normenklare Regelungen hinsichtlich Datenschutz, Datensicherheit und Transparenz.[751]

I. Gang des Verfahrens

Der Entscheidung des Bundesverfassungsgerichts lagen rund 34.000 Verfassungsbeschwerden gegen die durch das Gesetz zur Neuregelung der Telekommunikationsüberwachung und anderer verdeckter Ermittlungsmaßnahmen sowie zur Umset-

---

745 Vgl. *Frank Fellenberg*, in: Scheurle, Klaus-Dieter/Mayen, Thomas (Hrsg.), TKG, 2. Aufl., München 2008, § 113b Rn. 7 f.

746 Eingeführt mit dem Gesetz zur Änderung des Polizeiaufgabengesetzes vom 8.7.2008.

747 Eingeführt mit dem Gesetz zur Änderung des Bayerischen Verfassungsschutzgesetzes, des Ausführungsgesetzes zum Artikel 10-Gesetz und des Parlamentarischen Kontrollgremium-Gesetzes vom 8.7.2008.

748 Eingeführt mit dem Gesetz zur Änderung sicherheits- und verfassungsschutzrechtlicher Vorschriften vom 16.7.2008.

749 BVerfG, Urteil vom 2.3.2010 – 1 BvR 256/08, 1 BvR 263/08, 1 BvR 586/08 (*Vorratsdatenspeicherung*) = NJW 2010, 833.

750 Siehe u.a. *Jens Eckhardt/Marc Schütze*, Vorratsdatenspeicherung nach BVerfG: „Nach dem Gesetz ist vor dem Gesetz...“, CR 2010, 225 (225).

751 Siehe dazu *Hans Hofmann*, in: Schmidt-Bleibtreu, Bruno/Hofmann, Hans/Hopfauf, Axel (Hrsg.), GG, 12. Aufl., Köln 2011, Art. 10 Rn. 10c.

zung der Richtlinie 2006/24/EG[752] vom 21. Dezember 2007 eingeführten §§ 113a, 113b TKG und gegen den neugefassten § 100g StPO, soweit dieser die Erhebung von nach § 113a TKG gespeicherten Daten zulässt, zugrunde. Die Beschwerdeführer rügten die mit der Vorratsdatenspeicherung einhergehende Verletzung vor allem des Fernmeldegeheimnisses gemäß Art. 10 Abs. 1 Var. 3 GG, ferner der Grundrechte aus Art. 12 Abs. 1, Art. 14 Abs. 1, Art. 5 Abs. 1 sowie Art. 3 Abs. 1 GG.[753] Insbesondere hielten sie die anlasslose Speicherung aller Telekommunikationsverkehrsdaten für unverhältnismäßig.

Den Zugriff auf die nach § 113a TKG gespeicherten Daten hatte das Bundesverfassungsgericht im Jahr 2008 bereits mehrfach eingeschränkt. Auf Grund der einstweiligen Anordnung vom 11. März 2008 durften die nach § 113a TKG gespeicherten Daten zu Strafverfolgungszwecken nach § 113b S. 1 Nr. 1 TKG nur nach den in der einstweiligen Anordnung vorgesehenen Maßgaben, d.h. in erster Linie bei Vorliegen einer Katalogtat im Sinne des § 100a Abs. 2 StPO, übermittelt werden.[754] Für eine Aussetzung des Vollzugs von § 113b S. 1 Nr. 2 und 3 TKG bestand zunächst kein Anlass. Soweit § 113b TKG nämlich Übermittlungen zur Gefahrenabwehr oder zur Aufgabenerfüllung der Sicherheitsbehörden betraf, lief die Vorschrift anfänglich leer, da noch keine fachrechtlichen Abrufermächtigungen bestanden, die ausdrücklich auf § 113a TKG Bezug nahmen.[755] Erst auf Grund der Einführung der Art. 34b Abs. 2 und 3 BayPAG und Art. 6c Abs. 2 BayVSG sowie des § 34a Abs. 1 S. 1 Nr. 3, Abs. 3 ThürPAG,[756] die jeweils den Zugriff auf nach § 113a TKG gespeicherte Daten gestatteten, musste sich das Bundesverfassungsgericht erneut mit einem Antrag auf Aussetzung des Vollzugs von § 113b S. 1 Nr. 2 und 3 TKG befassen. In der einstweiligen Anordnung vom 28. Oktober 2008 beschloss das Gericht, dass auch zum Zwecke der Gefahrenabwehr (§ 113b S. 1 Nr. 2 TKG) und im Bereich des Verfassungsschutzes und der Nachrichtendienste Daten von den Telekommunikationsdiensteanbietern nur unter einschränkenden Bedingungen an die ersuchende Behörde übermittelt werden dürfen.[757] Der Abruf der Vorratsdaten zur Gefahrenabwehr war danach nur zulässig, wenn er zur Abwehr einer dringenden Gefahr für Leib, Leben oder Freiheit einer Person, für den Be-

---

752 BGBl. I vom 31.12.2007, S. 3198.

753 BVerfG, Urteil vom 2.3.2010 – 1 BvR 256/08, 1 BvR 263/08, 1 BvR 586/08 (*Vorratsdatenspeicherung*), Rn. 89.

754 BVerfG, Beschluss vom 11.3.2008 – 1 BvR 256/08 (*Vorratsdatenspeicherung*) = BVerfGE 121, 1; wiederholt durch Beschluss vom 1.9.2008 und vom 22.4.2009.

755 BVerfG, Beschluss vom 11.3.2008 – 1 BvR 256/08 (*Vorratsdatenspeicherung*), Rn. 186.

756 Auf Grund der Nichtigerklärung durch das Bundesverfassungsgericht darf bis zu einer Neuregelung der Vorratsdatenspeicherung keine Speicherung der Daten erfolgen. Auch die Zugriffsnormen in den genannten Landesgesetzen müssen sich zukünftig den Anforderungen der Entscheidung des Gerichts anpassen; *Georg Berner/Gerd Michael Köhler/Robert Käß*, PAG, 20. Aufl., Heidelberg 2010, Art. 34b Rn. 2.

757 BVerfG, Beschluss vom 28.10.2008 – 1 BvR 256/08 (*Vorratsdatenspeicherung*) = BVerGE 122, 120.

stand oder die Sicherheit des Bundes oder eines Landes oder zur Abwehr einer gemeinen Gefahr erforderlich ist.[758] Die Übermittlung für Aufgaben des Verfassungsschutzes, des Bundesnachrichtendienstes und des Militärischen Abschirmdienstes gemäß § 113b S. 1 Nr. 3 TKG war nur zulässig, wenn die Voraussetzungen von § 1 Abs. 1, § 3 des Artikel 10- Gesetzes vorliegen.[759] Gleichzeitig verlängerte das Bundesverfassungsgericht die einstweilige Anordnung vom 11. März für die Dauer von sechs Monaten.

II. Kernaussagen der Entscheidung

Das Bundesverfassungsgericht hat entschieden, dass die Regelungen des TKG und der StPO über die Vorratsdatenspeicherung verfassungswidrig sind.[760] Zwar sei eine anlasslose Speicherung von Verkehrsdaten für qualifizierte Verwendungen, wie sie durch die §§ 113a, 113b TKG angeordnet wurden, mit Art. 10 Abs. 1 Var. 3 GG nicht schlechthin unvereinbar.[761] Auch sei eine solche Speicherung im vorgesehenen Umfang nicht von vornherein unverhältnismäßig (Rn. 209).[762] Es habe insgesamt aber an einer dem Verhältnismäßigkeitsgrundsatz entsprechenden Ausgestaltung gefehlt (Rn. 269). Die angegriffenen Vorschriften genügten hinsichtlich der Regelungen zur Datensicherheit, zu den Zwecken und der Transparenz der Datenverwendung sowie zum Rechtsschutz nicht den verfassungsrechtlichen Anforderungen. Die Vorschriften seien damit insgesamt mit Art. 10 Abs. 1 Var. 3 GG nicht vereinbar und folglich nichtig gewesen (Rn. 292 und 306).

---

758 BVerfG, Beschluss vom 28.10.2008 – 1 BvR 256/08 (*Vorratsdatenspeicherung*), Rn. 89 ff., insbes. 94.

759 BVerfG, Beschluss vom 28.10.2008 – 1 BvR 256/08 (*Vorratsdatenspeicherung*), Rn. 102 ff., insbes. 111.

760 Zur Entscheidung des Bundesverfassungsgerichts u.a. *Nikolaus Forgó/Tina Krügel*, Vorschriften zur Vorratsdatenspeicherung verfassungswidrig: Nach der Entscheidung ist vor der Entscheidung, K&R 2010, 217 ff.; *Andreas Gietl*, Die Zukunft der Vorratsdatenspeicherung, DuD 2010, 398 ff.; *Gerrit Hornung/Christoph Schnabel*, Verfassungsrechtlich nicht schlechthin verboten – Das Urteil des Bundesverfassungsgerichts in Sachen Vorratsdatenspeicherung, DVBl 2010, 824 ff.; *Alexander Roßnagel*, Die „Überwachungs-Gesamtrechnung" – Das BVerfG und die Vorratsdatenspeicherung, NJW 2010, 1238 ff.; *Dietrich Westphal*, Leitplanken für die Vorratsdatenspeicherung – Abrücken von „Solange", EuZW 2010, 494 ff.

761 BVerfG, Urteil vom 2.3.2010 – 1 BvR 256/08, 1 BvR 263/08, 1 BvR 586/08 (*Vorratsdatenspeicherung*), Rn. 205.

762 Die im Folgenden in Klammern angegeben Randnummern beziehen sich auf die Absätze der amtlichen Fassung des Urteils vom 2.3.2010 – 1 BvR 256/08, 1 BvR 263/08, 1 BvR 586/08 (*Vorratsdatenspeicherung*).

1. Kompetenzgrundlage

In seiner Entscheidung stellte das Bundesverfassungsgericht fest, dass und in welchem Umfang die Gesetzgebungskompetenz des Bundes in Bezug auf die Vorratsdatenspeicherung besteht. Danach fanden die §§ 113a, 113b TKG ihre Kompetenzgrundlage in Art. 73 Abs. 1 Nr. 7 GG und § 100g StPO in Art. 74 Abs. 1 Nr. 1, Art. 72 Abs. 1 GG (Rn. 199). Die §§ 113a, 113b TKG seien von der Kompetenz zur Regelung des Telekommunikationsrechts als Bestandteil der hiermit zu verbindenden datenschutzrechtlichen Bestimmungen kraft Sachzusammenhangs miterfasst gewesen (Rn. 201).[763] Insbesondere habe der Bund solche Bestimmungen vorsehen können, die notwendig sind, damit die in § 113a TKG vorgesehene Datenspeicherung und die Übermittlung der Daten an Strafverfolgungs- und Gefahrenabwehrbehörden sowie Nachrichtendienste und ihre Verwendung zur Erteilung von Auskünften nach § 113 TKG den grundrechtlichen Anforderungen von Art. 10 Abs. 1 GG genügten (Rn. 202). Die Ausfüllung des staatlichen Zugriffs bleibe demgegenüber eigenen Regelungen zum Datenabruf auf Bundes- oder Landesebene überlassen (Rn. 202 f.).[764] Zusammenfassend gilt daher: „Die Gewährleistung der Datensicherheit sowie die normenklare Begrenzung der Zwecke der möglichen Datenverwendung obliegen als untrennbare Bestandteile der Anordnung der Speicherungsverpflichtung dem Bundesgesetzgeber gemäß Art. 73 Abs. 1 Nr. 7 GG. Demgegenüber richtet sich die Zuständigkeit für die Schaffung der Abrufregelungen selbst sowie für die Ausgestaltung der Transparenz- und Rechtsschutzbestimmungen nach den jeweiligen Sachkompetenzen."[765]

2. Fernmeldegeheimnis

a) Eingriff in den Schutzbereich des Art. 10 Abs. 1 Var. 3 GG

Zunächst bejahte das Bundesverfassungsgericht einen Eingriff in Art. 10 Abs. 1 Var. 3 GG. Die angegriffenen Vorschriften der §§ 113a, 113b TKG sowie § 100g StPO i.V.m. § 113a TKG griffen – auch soweit die Speicherung der den Internetzugang betreffende Daten geregelt war – in den Schutzbereich des Art. 10 Abs. 1 Var. 3 GG ein (Rn. 188 ff.). Dass die Speicherung nicht durch den Staat selbst, sondern durch private Diensteanbieter erfolgt sei, war nach Ansicht des Gerichts für die Eingriffsqualität unerheblich, denn diese seien allein als Hilfspersonen für

---

763 Siehe auch *Bodo Pieroth*, in: Jarass, Hans D./Pieroth, Bodo, GG, 11. Aufl., München 2011, Art. 73 Rn. 27; *Rüdiger Sannwald*, in: Schmidt-Bleibtreu, Bruno/Hofmann, Hans/Hopfauf, Axel (Hrsg.), GG, 12. Aufl., Köln 2011, Art. 73 Rn. 82a.

764 Vgl. *Rüdiger Sannwald*, in: Schmidt-Bleibtreu, Bruno/Hofmann, Hans/Hopfauf, Axel (Hrsg.), GG, 12. Aufl., Köln 2011, Art. 73 Rn. 82a.

765 So der 3. Leitsatz in BVerfG, Urteil vom 2.3.2010 – 1 BvR 256/08, 1 BvR 263/08, 1 BvR 586/08 (*Vorratsdatenspeicherung*).

die Aufgabenerfüllung durch staatliche Behörden in Anspruch genommen worden (Rn. 193 und 195).

b) Beschränkungen des Fernmeldegeheimnisses

Das Grundrecht des Fernmeldegeheimnisses wird aber nicht schrankenlos gewährleistet. Eingriffe können gerechtfertigt sein, wenn sie legitimen Gemeinwohlzwecken dienen und im Übrigen dem Grundsatz der Verhältnismäßigkeit genügen. Eine sechsmonatige anlasslose Speicherung von Telekommunikationsverkehrsdaten für qualifizierte Verwendungen im Rahmen der Strafverfolgung, der Gefahrenabwehr und der Aufgaben der Nachrichtendienste, wie sie die §§ 113a, 113b TKG anordneten, ist folgerichtig auch nach der Entscheidung des Bundesverfassungsgerichts mit Art. 10 GG nicht schlechthin unvereinbar. Bei einer Ausgestaltung, die dem besonderen Gewicht des hierin liegenden Eingriffs hinreichend Rechnung trägt, unterfalle eine anlasslose Speicherung der Telekommunikationsverkehrsdaten nicht schon als solche dem strikten Verbot einer Speicherung von Daten auf Vorrat (Rn. 205).

c) Verhältnismäßigkeit im engeren Sinne

Das Bundesverfassungsgericht stellte außerdem fest, dass die sechsmonatige Speicherung von Telekommunikationsdaten auch nicht von vornherein unverhältnismäßig im engeren Sinne war (Rn. 209).

aa) Abwägung der Interessen

Nach Meinung des Gerichts handelte es sich bei einer solchen Speicherung um einen besonders schweren Eingriff mit einer Streubreite, wie sie die Rechtsordnung bisher nicht kannte. Der Gesetzgeber habe versucht, grundsätzlich alle Telekommunikationsverbindungen möglichst flächendeckend zu erfassen (Rn. 210). Auch wenn der Inhalt der Kommunikation nicht festgehalten werden sollte, hätten sich jedoch auch aus diesen Verbindungsdaten bei umfassender und automatisierter Auswertung bis in die Intimsphäre hineinreichende inhaltliche Rückschlüsse ziehen lassen. Je nach Nutzung der Telekommunikation habe eine solche Speicherung ermöglicht, aussagekräftige Persönlichkeits- und Bewegungsprofile praktisch jeden Bürgers zu erstellen (Rn. 211). Das Bundesverfassungsgericht bezog darüber hinaus auch die Missbrauchsmöglichkeiten in seine Erwägungen ein, die mit einer solchen Datensammlung verbunden seien. Dies habe insbesondere wegen der Vielzahl verschiedener privater Anbieter, bei denen die Daten gespeichert werden, gegolten. Die große Zahl derer, die Zugriff auf die Daten hatten, verbunden mit möglichen strukturellen Grenzen der Diensteanbieter, habe zwangsläufig die Gefahr von Schwachstellen oder Manipulationen ergeben müssen. Dadurch, dass die Speicherung der Daten und die vorgesehene Verwendung von den Betroffenen unmittelbar nicht bemerkt werden, sei eine anlasslose Speicherung von Telekommunikationsverkehrsdaten allgemein geeignet, ein diffus bedrohliches Gefühl des Beobachtetseins hervorzurufen (Rn. 212).

Dennoch könne eine anlasslose Speicherung der Telekommunikationsverbindungsdaten eingebunden in eine dem Eingriff adäquate gesetzliche Ausgestaltung den Verhältnismäßigkeitsanforderungen im engeren Sinne genügen (Rn. 213). Maßgeblich hierfür sei zunächst, dass die vorgesehene Speicherung der Daten nicht direkt durch den Staat, sondern durch eine Verpflichtung der privaten Diensteanbieter verwirklicht wurde. Damit wies das Bundesverfassungsgericht darauf hin, dass die Daten bei der Speicherung selbst noch nicht zusammengeführt wurden, sondern auf viele Einzelunternehmen verteilt blieben und dem Staat somit unmittelbar als Gesamtheit nicht zur Verfügung standen (Rn. 214). Eine Speicherung der Telekommunikationsverkehrsdaten für sechs Monate habe sich auch nicht als eine Maßnahme dargestellt, die auf eine Totalerfassung der Kommunikation oder Aktivitäten der Bürger insgesamt angelegt war. Sie habe vielmehr an die besondere Bedeutung der Telekommunikation in der modernen Welt angeknüpft und auf das spezifische Gefahrenpotenzial, das sich mit dieser verbinde, reagiert. Eine Rekonstruktion der Telekommunikationsverbindungen sei daher insgesamt für eine effektive Strafverfolgung und Gefahrenabwehr von besonderer Bedeutung (Rn. 216). Das Bundesverfassungsgericht machte deutlich, dass der Gesetzgeber bei der Entscheidung, wie weit die Daten zu löschen oder zu speichern sind, einen Interessenausgleich vornehmen und die Belange staatlicher Aufgabenwahrnehmung berücksichtigen darf. Dass die Verfügbarkeit der Daten bei Geltung einer Löschungspflicht reduziert sei, dürfe dabei in die Erwägungen einbezogen werden. Als Beispiel nannte das Gericht ausdrücklich die Zunahme von *Flatrates* (Rn. 217). Die verfassungsrechtliche Unbedenklichkeit einer vorsorglich anlasslosen Speicherung der Telekommunikationsverkehrsdaten setze aber voraus, dass diese eine Ausnahme bleibt (Rn. 218).

bb) Anforderungen an die Ausgestaltung einer Vorratsdatenspeicherung

Vor dem Hintergrund dieser Erwägungen stellte das Bundesverfassungsgericht besondere verfassungsrechtliche Anforderungen hinsichtlich der Datensicherheit, des Umfangs der Datenverwendung, der Transparenz und des Rechtsschutz auf.[766]

---

[766] Siehe zu den Anforderungen auch *Thomas Petri*, Verfassungskonforme Speicherung von Nutzerdaten – Gestaltungsanforderungen nach dem Urteil des Bundesverfassungsgerichts vom 2. März 2010, RDV 2010, 197 ff. Nach *Wolff* nimmt das Bundesverfassungsgericht in Anbetracht der sehr konkreten Vorgaben, die die Entscheidung enthält, die Funktion als Ersatzgesetzgeber ein; vgl. *Heinrich Amadeus Wolff*, Vorratsdatenspeicherung – Der Gesetzgeber gefangen zwischen Europarecht und Verfassung?, NVwZ 2010, 751 (751 f.).

(1) Datensicherheit

Angesichts der vielseitigen Aussagekraft der Daten sei für deren Aufbewahrung und deren Übermittlung ein besonders hoher Sicherheitsstandard geboten (Rn. 222). Das Gericht nannte sodann einige Instrumente zur Erhöhung der Datensicherheit, angefangen bei der getrennten Speicherung der Vorratsdaten, einer anspruchsvollen Verschlüsselung bis hin zum Vier-Augen-Prinzip beim Zugriff auf die Daten (Rn. 223 f.). Dabei stehe es dem Gesetzgeber frei, die technische Konkretisierung des vorgegebenen Maßstabs einer Aufsichtsbehörde anzuvertrauen. Er habe dabei jedoch sicherzustellen, dass die Entscheidung über Art und Maß der zu treffenden Schutzvorkehrungen nicht letztlich unkontrolliert in den Händen der jeweiligen Telekommunikationsanbieter liegt (Rn. 225).

(2) Umfang der Datenverwendung

Je schwerer der in der Speicherung liegende Eingriff wiege, umso enger müssen nach Ansicht des Bundesverfassungsgerichts die Voraussetzung der Datenverwendung und deren Umfang begrenzt werden (Rn. 226). Die Verwendung der durch eine anlasslos systematische Speicherung praktisch aller Telekommunikationsverkehrsdaten gewonnenen Datenbestände unterliege dementsprechend besonders hohen Anforderungen. Eine Verwendung der Daten komme deshalb nur für überragend wichtige Aufgaben des Rechtsgüterschutzes in Betracht, d.h. zur Ahndung von Straftaten, die überragend wichtige Rechtsgüter bedrohen, oder zur Abwehr von Gefahren für solche Rechtsgüter (Rn. 227). Für die Strafverfolgung folge hieraus, dass ein Abruf der Daten zumindest den durch bestimmte Tatsachen begründeten Verdacht einer schweren Straftat voraussetze. Das Bundesverfassungsgericht forderte, dass der Gesetzgeber abschließend mit der Verpflichtung zur Datenspeicherung festlegt, welche Straftatbestände hiervon umfasst sein sollen. Die Verweisung auf Straftaten von erheblicher Bedeutung, die etwa § 100g Abs. 1 S. 1 Nr. 1 StPO enthielt, reiche dafür nicht (Rn. 228). Im Bereich der Gefahrenabwehr dürfe ein Abruf der vorsorglich gespeicherten Telekommunikationsverkehrsdaten nur zur Abwehr von Gefahren für Leib, Leben oder Freiheit einer Person, für den Bestand oder die Sicherheit des Bundes oder eines Landes oder zur Abwehr einer gemeinen Gefahr zugelassen werden (Rn. 231). Im Hinblick auf die präventive Zielsetzung müssten für die Verwendung der Daten durch die Nachrichtendienste die gleichen verfassungsrechtlichen Anforderungen gelten (Rn. 232). Angesichts der hohen Schwellen schon für die Verwendung der Daten stehe es dem Gesetzgeber frei, bei der näheren Regelung des Umfangs der Datenverwendung Verhältnismäßigkeitserwägungen dem zur Entscheidung über die Anordnung eines Datenabrufs berufenen Richter bei der Prüfung im Einzelfall zu überlassen. Verfassungsrechtlich geboten sei jedoch, zumindest für einen engen Kreis von auf besondere Vertraulichkeit angewiesenen Telekommunikationsverbindungen ein grundsätzliches Übermittlungsverbot vorzusehen, etwa bei Personen, Behörden und Organisationen in sozialen oder kirchlichen Bereichen (Rn. 238).

(3) Transparenz der Datenverwendung

Eine Verwendung der Daten ohne Wissen des Betroffenen ist nach dem Bundesverfassungsgericht verfassungsrechtlich nur dann zulässig, wenn andernfalls der Zweck der Untersuchung, dem der Datenabruf dient, vereitelt werde. Für die Gefahrenabwehr und die Wahrnehmung der Aufgaben der Nachrichtendienste kann dies grundsätzlich angenommen werden. Demgegenüber komme im Rahmen der Strafverfolgung auch eine offene Erhebung und Nutzung der Daten in Betracht. Eine heimliche Verwendung der Daten dürfe nur vorgesehen werden, wenn sie im Einzelfall erforderlich und richterlich angeordnet ist (Rn. 243). Soweit die Verwendung der Daten heimlich erfolgt, verlangte das Bundesverfassungsgericht, dass der Gesetzgeber die Pflicht einer zumindest nachträglichen Benachrichtigung vorzusehen habe. Diese müsse gewährleisten, dass diejenigen, auf die sich eine Datenabfrage unmittelbar bezogen hat, wenigstens im Nachhinein grundsätzlich in Kenntnis zu setzen sind. Ausnahmen könne der Gesetzgeber in Abwägung mit verfassungsrechtlich geschützten Rechtsgütern Dritter vorsehen. Liegen solche Gründe vor, die eine nachträgliche Benachrichtigung ausschließen, sei dies richterlich zu bestätigen (Rn. 244).

(4) Rechtsschutz

Die Gewährleistung effektiven Rechtsschutzes gebiete, eine Abfrage oder Übermittlung grundsätzlich unter Richtervorbehalt zu stellen (Rn. 247). Zur Wirksamkeit dieser vorbeugenden Kontrolle gehöre es auch, dass die Daten auf Grund der Anordnung von den Telekommunikationsunternehmen als speicherungsverpflichtete Dritte herausgefiltert und übermittelt werden, den Behörden also kein Direktzugriff auf die Daten eröffnet wird (Rn. 250). Sofern ein Betroffener vor Durchführung der Maßnahme keine Gelegenheit hatte, sich vor den Gerichten gegen die Verwendung seiner Telekommunikationsverkehrsdaten zur Wehr zu setzen, so sei ihm eine gerichtliche Kontrolle (nachträglich) zu eröffnen (Rn. 251). Nach Ansicht des Bundesverfassungsgerichts setzt eine verhältnismäßige Ausgestaltung weiterhin wirksame Sanktionen bei Rechtsverletzungen voraus (Rn. 252). Diesbezüglich räumte es dem Gesetzgeber allerdings einen weiten Gestaltungsspielraum ein. Das Gericht verwies diesbezüglich auf die geltende Rechtslage, weshalb zu beobachten sei, ob überhaupt weitergehende Regelungen erforderlich sind (Rn. 253).

cc) Verringerte Anforderungen an die Verwendung von IP-Adressen

Das Bundesverfassungsgericht nahm im Übrigen ausdrücklich Bezug auf die Verwendung von IP-Adressen. Das Gericht sprach diesbezüglich von einer nur mittelbaren Verwendung, für die weniger strenge verfassungsrechtliche Maßgaben gelten könnten. Davon erfasst seien behördliche Auskunftsansprüche gegenüber den Diensteanbietern hinsichtlich der Anschlussinhaber bestimmter, bereits bekannter IP-Adressen (Rn. 254). Die Behörden rufen im Rahmen solcher Auskunftsansprüche nicht die vorsorglich anlasslos gespeicherten Daten selbst ab, sondern erhalten lediglich personenbezogene Auskünfte über den Inhaber eines bestimmten Anschlusses, der von den Diensteanbietern unter Rückgriff auf diese Daten ermittelt wurde.

Von Bedeutung sei zum einen, dass dabei die Behörden selbst keine Kenntnis der vorsorglich zu speichernden Daten erhalten. Systematische Ausforschungen über einen längeren Zeitraum oder die Erstellung von Persönlichkeits- und Bewegungsprofilen ließen sich allein auf Grundlage solcher Auskünfte nicht verwirklichen (Rn. 256). Maßgeblich sei zum anderen, dass für solche Auskünfte nur ein von vornherein feststehender kleiner Ausschnitt der Daten verwendet werde, deren Speicherung für sich genommen unter deutlich geringeren Voraussetzungen angeordnet werden könnte. Eine Speicherung allein der für solche Auskünfte erforderlichen Internetzugangsdaten zur Identifizierung dynamischer IP-Adressen habe ein erheblich weniger belastendes Gewicht als die nahezu vollständige Speicherung der Daten sämtlicher Telekommunikationsverbindungen (Rn. 257). Allerdings habe auch die Begründung von behördlichen Auskunftsansprüchen zur Identifizierung von IP-Adressen erhebliches Gewicht. Mit ihr wirke der Gesetzgeber auf die Kommunikationsbedingungen im Internet ein und begrenze den Umfang ihrer Anonymität. Auf ihrer Grundlage könne in Verbindung mit der systematischen Speicherung der Internetzugangsdaten in weitem Umfang die Identität von Internetnutzern ermittelt werden (258). Vom Gewicht für den Betroffenen her könne die Zuordnung einer IP-Adresse nicht mit der Identifizierung einer Telefonnummer gleichgesetzt werden. Eine Auskunft über den Anschlussinhaber einer dynamischen IP-Adresse beinhalte notwendigerweise zugleich die Information, dass und von welchem Anschluss aus diese IP-Adresse zu einer bestimmten Zeit genutzt wurde (Rn. 259). Angesichts der zunehmenden Bedeutung des Internet erhöhe sich aber auch die Gefahr seiner Nutzung für Straftaten und Rechtsverletzungen. Das Internet dürfe in einem Rechtsstaat aber keinen rechtsfreien Raum bilden. Die Zuordnung von Internetkontakten bei Rechtsverletzungen von einigem Gewicht bilde deshalb ein legitimes Anliegen des Gesetzgebers (Rn. 260).

Dementsprechend dürfe der Gesetzgeber solche Auskünfte auch unabhängig von begrenzenden Rechtsgüter- oder Straftatenkatalogen für die Verfolgung von Straftaten, für die Gefahrenabwehr und die Aufgabenwahrnehmung der Nachrichtendienste auf der Grundlage der allgemeinen fachrechtlichen Eingriffsermächtigungen zulassen. Hinsichtlich der Eingriffsschwellen sei allerdings sicherzustellen, dass eine Auskunft nicht ins Blaue hinein eingeholt wird, sondern nur auf Grund eines hinreichenden Anfangsverdachts oder einer konkreten Gefahr auf einzelfallbezogener Tatsachenbasis erfolgen darf.[767] Ein Richtervorbehalt müsse demgegenüber für solche Auskünfte nicht vorgesehen werden (Rn. 261). Nicht erlaubt sei aber, solche Auskünfte allgemein und uneingeschränkt zur Verfolgung oder Verhinderung jedweder Ordnungswidrigkeiten zuzulassen. Es müsse sich um auch im Einzelfall besonders gewichtige Ordnungswidrigkeiten handeln, die der Gesetzgeber ausdrücklich benennen muss (Rn. 262).

dd) Beurteilung durch das Bundesverfassungsgericht

Das Bundesverfassungsgericht kam zu dem Ergebnis, dass die angegriffenen Vorschriften den zuvor dargestellten Anforderungen nicht genügten. Nach seiner Würdigung entsprachen die Regelungen zur Datensicherheit, zu den Zwecken und zur Transparenz der Datenverwendung sowie zum Rechtsschutz nicht den verfassungsrechtlichen Anforderungen. Damit habe es an einer dem Verhältnismäßigkeitsgrundsatz entsprechenden Ausgestaltung der Regelung insgesamt gefehlt. §§ 113a, 113b TKG und § 100g StPO, soweit dieser den Abruf der nach § 113a TKG zu speichernden Daten erlaubt habe, seien deshalb mit Art. 10 Abs. 1 Var. 3 GG nicht vereinbar gewesen (Rn. 269).

Bezüglich der Datensicherheit vermisste es die verfassungsrechtlich gebotene Gewährleistung eines besonders hohen Sicherheitsstandards. Indem das Gesetz in § 113 Abs. 10 TKG lediglich auf die im Bereich der Telekommunikation allgemein erforderliche Sorgfalt verwiesen habe, habe es an einer Vorschrift gefehlt, die den besonders hohen Anforderungen an die Sicherheit der umfangreichen und aussagekräftigen Datensammlung nach § 113a TKG Rechnung trägt. Die mit dem Verweis in Bezug genommenen §§ 88 bis 109 TKG hätten jedenfalls keinen ausreichenden Sicherheitsstandard gewährleistet. Gleiches nahm das Gericht auch für § 110 TKG an (Rn. 271 f.). Auch § 9 BDSG rügt es als zu allgemein und ohnehin nur subsidiär anwendbar (Rn. 274). Den Speicherungspflichtigen seien weder die bereits erwähnten Instrumente zur Gewährleistung der Datensicherheit (z.B. getrennte Speicherung, Verschlüsselung, Vier-Augen-Prinzip) durchsetzbar vorgegeben gewesen, noch sei ein vergleichbares Sicherheitsniveau anderweitig garantiert gewesen (Rn. 275).

Mit den aus dem Verhältnismäßigkeitsgrundsatz entwickelten Maßstäben unvereinbar sah das Gericht auch die Regelungen zur Verwendung der Daten für die Strafverfolgung (Rn. 277). § 100g Abs. 1 S. 1 Nr. 1 StPO habe nicht sichergestellt, dass allgemein und auch im Einzelfall nur schwerwiegende Straftaten Anlass für eine Erhebung der entsprechenden Daten sein dürfen, sondern habe – unabhängig

[767] Siehe dazu *Markus Möstl*, Das Bundesverfassungsgericht und das Polizeirecht, DVBl 2010, 808 (809 ff.); kritisch zu den Ausführungen des Bundesverfassungsgericht zum Gefahrenbegriff insgesamt *Thomas Darnstädt*, Karlsruher Gefahr – Eine kritische Rekonstruktion der polizeirechtlichen Ausführungen des Bundesverfassungsgerichts im Vorratsdaten-Urteil und im Online-Urteil, DVBl 2011, 263 ff.

von einem abschließenden Katalog – generell Straftaten von erheblicher Bedeutung genügen lassen. Erst recht sei § 100g Abs. 1 S. 1 Nr. 2 StPO hinter den verfassungsrechtlichen Maßgaben zurückgeblieben, indem er unabhängig von deren Schwere jede mittels Telekommunikation begangene Straftat nach Maßgabe einer allgemeinen Abwägung im Rahmen einer Verhältnismäßigkeitsprüfung als möglichen Auslöser einer Datenabfrage ausreichen ließ. Mit dieser Regelung seien die nach § 113a TKG gespeicherten Daten praktisch in Bezug auf alle Straftatbestände nutzbar gewesen. Ihre Verwendung habe damit angesichts der fortschreitenden Bedeutung der Telekommunikation im Lebensalltag ihren Ausnahmecharakter verloren. Das Bundesverfassungsgericht rügte, dass der Gesetzgeber sich hier nicht mehr auf die Verwendung der Daten für die Verfolgung schwerer Straftaten beschränkte, sondern hierüber und damit auch über die europarechtlich vorgegebene Zielsetzung der Datenspeicherung weit hinaus ging (Rn. 279). Nicht den verfassungsrechtlichen Anforderungen habe § 100g StPO auch insoweit entsprochen, als er einen Datenabruf grundsätzlich auch ohne Wissen des Betroffenen zuließ (§ 100g Abs. 1 S. 1 StPO) (Rn. 280). Demgegenüber sei die gerichtliche Kontrolle der Datenabfrage und Datennutzung sowie die Regelung der Benachrichtigungspflichten im Wesentlichen in einer den verfassungsrechtlichen Anforderungen entsprechenden Weise gewährleistet gewesen (Rn. 283). Nicht hinreichend normenklar seien allerdings die gesetzlichen Bestimmungen zu den formalen Anforderungen an die richterliche Anordnung ausgestaltet gewesen. Es wäre jedenfalls gesetzlich sicherzustellen gewesen, dass der Umfang der zu übermittelnden Daten in der Anordnung in einer dem Verhältnismäßigkeitsgrundsatz entsprechenden Weise hinreichend selektiv und für die Diensteanbieter eindeutig beschrieben wird (Rn. 284).

Die angegriffenen Vorschriften entsprachen nach der Entscheidung des Bundesverfassungsgerichts den verfassungsrechtlichen Anforderungen auch nicht im Hinblick auf den Abruf und die Verwendung der nach § 113a TKG gespeicherten Daten für die Gefahrenabwehr und für die Aufgaben der Nachrichtendienste. § 113b S. 1 Nr. 2 und 3 TKG habe den Anforderungen an eine hinreichende Begrenzung der Verwendungszwecke schon seiner Anlage nach nicht genügt. Seiner Verantwortung für die verfassungsrechtlich gebotene Begrenzung der Verwendungszwecke sei der Gesetzgeber mit dieser Regelung nicht nachgekommen. Vielmehr sei durch die Pflicht der Diensteanbieter zur vorsorglichen Speicherung aller Telekommunikationsverkehrsdaten und die gleichzeitige Freigabe dieser Daten für die Verwendung durch die Polizei und die Nachrichtendienste im Rahmen annähernd deren gesamter Aufgabenstellung ein für vielfältige und unbegrenzte Verwendungen offener Datenpool geschaffen worden (Rn. 285).

Auch § 113b S. 1 Halbs. 2 TKG genügte nach Auffassung des Gerichts den verfassungsrechtlichen Anforderungen nicht in jeder Hinsicht. Zwar habe es keinen verfassungsrechtlichen Bedenken unterlegen, dass der Gesetzgeber in § 113b S. 1 Halbs. 2 TKG Auskünfte über die Anschlussinhaber bestimmter, den Behörden bereits bekannter IP-Adressen nicht unter die besonders strengen Voraussetzungen stellte, die für die einen unmittelbaren Abruf der Vorratsdaten beachtet werden müssen. Auch sei nicht zu beanstanden gewesen, dass Auskünfte ohne vorherige richterliche Anordnung zulässig sein sollten. Zu weitgehend hielt das Gericht aber die Tatsache, dass die Vorschrift allgemein auch die Ahndung von Ordnungswidrigkeiten ausreichen ließ. Darüber hinaus habe es an Regelungen zu einer Benachrichtigung der Betroffenen gefehlt (Rn. 288 ff.).

3. Berufsfreiheit

Das Bundesverfassungsgericht sah die angegriffenen Vorschriften hinsichtlich Art. 12 Abs. 1 GG, jedenfalls soweit in diesem Verfahren hierüber zu entscheiden war, keinen verfassungsrechtlichen Bedenken ausgesetzt (Rn. 293). Bei dem Eingriff habe es sich um eine Berufsausübungsregelung gehandelt (Rn. 295). Die Auferlegung der Speicherungs- und Übermittlungspflichten stützten sich, so das Gericht, angesichts ihrer Zielsetzung auf vernünftige Gründe des Allgemeinwohls und wirkten gegenüber den betroffenen Diensteanbietern typischerweise nicht übermäßig belastend (Rn. 298 f.). Die Speicherungspflicht habe die Grenze der Zulässigkeit nicht durch den technischen Aufwand, den sie den Diensteanbietern abverlangt, überschritten (Rn. 300). Sie sei aber auch nicht unverhältnismäßig in Bezug auf die finanziellen Lasten, die den Unternehmen durch die Speicherungspflicht nach § 113a TKG und die hieran knüpfenden Folgeverpflichtungen wie die Gewährleistung von Datensicherheit erwachsen sind, gewesen. Der Gesetzgeber habe einen weiten Gestaltungsspielraum gehabt, welche Pflichten zur Sicherstellung von Gemeinwohlbelangen er Privaten im Rahmen ihrer Berufstätigkeit auferlegt. Dabei sei er nicht darauf beschränkt gewesen, Private nur dann in Dienst zu nehmen, wenn ihre berufliche Tätigkeit unmittelbar Gefahren auslösen könne oder sie hinsichtlich dieser Gefahren unmittelbar ein Verschulden treffe. Vielmehr ließ das Gericht insoweit eine hinreichende Sach- und Verantwortungsnähe zwischen der beruflichen Tätigkeit und der auferlegten Verpflichtung genügen (Rn. 301). Der Gesetzgeber habe auf diese Weise die mit der Speicherung verbundenen Kosten entsprechend der Privatisierung des Telekommunikationssektors insgesamt in den Markt verlagert. So wie die Telekommunikationsunternehmen die neuen Chancen der Telekommunikationstechnik zur Gewinnerzielung haben nutzen können, haben sie auch die Kosten für die Einhegung der neuen Sicherheitsrisiken, die mit der Telekommunikation verbunden waren, übernehmen und in ihren Preisen verarbeiten müssen (Rn. 302).

III. Rechtsfolgen der Entscheidung

Das Bundesverfassungsgericht hat die §§ 113a und 113b TKG sowie § 100g Abs. 1 S. 1 StPO, soweit er auf die Regelungen zur Vorratsdatenspeicherung im Telekommunikationsgesetz verweist, für nichtig erklärt.[768] Die nach diesen Vorschriften gespeicherten Telekommunikationsverkehrsdaten waren unverzüglich zu löschen und durften nicht an ersuchende Stellen übermittelt werden.[769] Somit war (und ist) der Gesetzgeber berufen, eine den Vorgaben des Bundesverfassungsgerichts entsprechende Regelung zu treffen. Solange dies nicht geschehen ist, gilt die vor Einführung der Vorratsdatenspeicherung bestehende Rechtslage.[770] Einem Konflikt mit dem Europäischen Gerichtshof ging das Bundesverfassungsgericht dadurch aus dem Weg, dass es bereits die Relevanz der Auslegung bzw. der Wirksamkeit von Unionsrecht verneinte.[771] Ein möglicher Vorrang des Unionsrechts sei nicht entscheidungserheblich gewesen, da die zu Grunde liegende Richtlinie verfassungsgemäß umgesetzt werden könne.[772] Ein Anlass für ein Vorabentscheidungsverfahren vor dem Europäischen Gerichtshof gemäß Art. 267 AEUV (ex-Art. 234 EGV) sah das Bundesverfassungsgericht daher nicht.[773]

Dennoch bestünde die Möglichkeit der Einleitung eines Vertragsverletzungsverfahrens durch die Kommission oder einen Mitgliedstaat der Europäischen Union gemäß Art. 258, 259 AEUV (ex-Art. 226, 227 EGV).[774] Ziel eines solchen Verfah-

---

768 Siehe Nr. 1 und 2 im Tenor der Entscheidung; BVerfG, Urteil vom 2.3.2010 – 1 BvR 256/08, 1 BvR 263/08, 1 BvR 586/08 (*Vorratsdatenspeicherung*) = BVerfG NJW 2010, 833 (833).

769 Siehe Nr. 3 im Tenor der Entscheidung; BVerfG, Urteil vom 2.3.2010 – 1 BvR 256/08, 1 BvR 263/08, 1 BvR 586/08 (*Vorratsdatenspeicherung*) = BVerfG NJW 2010, 833 (833).

770 Vgl. *Eckart Klein*, Entscheidungsbefugnis, in: Benda, Ernst/Klein, Eckart, Verfassungsprozessrecht, 2. Aufl., Heidelberg 2001, § 37 Rn. 1252; *Christian Pestalozza*, Verfassungsprozessrecht, 3. Aufl., München 1991, § 20 Rn. 127; *Klaus Schlaich/Stefan Korioth*, Das Bundesverfassungsgericht, 8. Aufl., München 2010, Rn. 458.

771 BVerfG, Urteil vom 2.3.2010 – 1 BvR 256/08, 1 BvR 263/08, 1 BvR 586/08 (*Vorratsdatenspeicherung*), Rn. 185 f. = BVerfG NJW 2010, 833 (835); dazu *Alexander Roßnagel*, Die „Überwachungs-Gesamtrechnung" – Das BVerfG und die Vorratsdatenspeicherung, NJW 2010, 1238 (1239); zuvor ferner bereits *ders./Mark Bedner/Michael Knopp*, Rechtliche Anforderungen an die Aufbewahrung von Vorratsdaten, DuD 2009, 536 (536).

772 *Hans Hofmann*, in: Schmidt-Bleibtreu, Bruno/Hofmann, Hans/Hopfauf, Axel (Hrsg.), GG, 12. Aufl., Köln 2011, Art. 10 Rn. 10c.

773 BVerfG, Urteil vom 2.3.2010 – 1 BvR 256/08, 1 BvR 263/08, 1 BvR 586/08 (*Vorratsdatenspeicherung*), Rn. 185 = BVerfG NJW 2010, 833 (835). Zu diesem Ergebnis kam das Bundesverfassungsgericht entgegen der Forderung der Beschwerdeführer; vgl. *Alexander Roßnagel*, Das Bundesverfassungsgericht und die Vorratsdatenspeicherung in Europa, DuD 2010, 544 (545 f.). Mittlerweile liegt dem Europäischen Gerichtshof jedoch ein Fall zur Vorabentscheidung vor, den das VG Wiesbaden mit Beschluss vom 27.2.2009 (6 K 1045/08.WI) unter Berufung auf einen Verstoß der Vorratsdatenspeicherungsrichtlinie gegen den Datenschutz vorlegte; vgl. K&R 2009, 354 ff., mit Anm. von *Christoph Schnabel*, „Ungültigkeit der Vorratsdatenspeicherungsrichtlinie?, K&R 2009, 358 ff.

774 Soweit ersichtlich ist bislang eine Vertragsverletzung nur durch Österreich und Schweden wegen nicht rechtzeitiger Umsetzung innerhalb der vorgeschriebenen Frist festgestellt worden; EuGH, Urteil vom 4.2.2010 – C 185/09; EuGH, Urteil vom 29.7.2010 – C 189/09 = CR 2010, 587. Schweden droht nunmehr, nachdem die Umsetzung der Richt-

rens ist es gerade, die Mitgliedstaaten zur Einhaltung der Verträge, insbesondere zur rechtzeitigen und angemessenen Umsetzung von Richtlinien, anzuhalten.[775] Die Begründetheit der Klage setzt aber voraus, dass das angegriffene Verhalten dem beklagten Mitgliedstaat auch zuzurechnen ist.[776] Zu denken wäre in diesem Zusammenhang daran, dass der deutsche Gesetzgeber die Richtlinie zunächst umgesetzt hat und die Änderungen erst durch das Urteil des Bundesverfassungsgerichts für verfassungswidrig und nichtig erklärt worden sind. Regelmäßig gehen Probleme bei der Durchsetzung oder Umsetzung einschließlich verfassungsrechtlicher Hindernisse zwar zu Lasten des Mitgliedstaats, so dass sich Deutschland darauf nicht berufen könnte.[777] Käme Deutschland im Falle der Einleitung eines Vertragsverletzungsverfahrens der Verpflichtung aus einem Urteil des Europäischen Gerichtshofs, Maßnahmen zur Behebung des europarechtswidrigen Zustands zu ergreifen, also nicht nach, könnte die Zahlung eines Pauschalbetrags oder ein Zwangsgeld verhängt werden (vgl. Art. 260 AEUV; ex-Art. 228 EGV). Die Kommission gibt den Mitgliedstaaten vor Erhebung der Klage aber die Gelegenheit zur Äußerung. Maßgeblicher Zeitpunkt für das Vorliegen einer Vertragsverletzung ist somit der Ablauf der dem Mitgliedstaat in der begründeten Stellungnahme der Kommission bestimmten Frist.[778]

Ein Verfahren gegen Deutschland ist trotz leicht verspäteter Umsetzung der Vorratsspeicherungsrichtlinie[779] nicht eingeleitet worden. Auch nach der Entscheidung des Bundesverfassungsgerichts zur Vorratsdatenspeicherung liegen (noch) keine Anhaltspunkte vor, die auf eine Klageerhebung durch die Kommission hindeuteten.[780] Die Kommission hat die Richtlinie 2006/24/EG sowie deren Umsetzung in den Mitgliedstaaten darüber hinaus genau prüfen lassen und dabei einen

---

linie durch das schwedische Parlament erneut verschoben wurde, ein Zwangsgeld; vgl. http://europa.eu/rapid/pressReleasesAction.do?reference=IP/11/409&format=HTML&aged= 0&language=DE&guiLanguage=en, zuletzt abgerufen am 15.4.2011.

775 *Stephan Hobe*, Europarecht, 5. Aufl., Köln 2010, Rn. 138; siehe auch *Joachim Vogel*, Vorratsdatenspeicherung von Telekommunikationsverbindungsdaten: Inpflichtnahme Privater zur flächendeckenden Strafverfolgungsvorsorge?, in: Griesbaum, Rainer/Hannich, Rolf/Schnarr, Karl Heinz (Hrsg.), Strafrecht und Justizgewährung – Festschrift für Kay Nehm zum 65. Geburtstag, Berlin 2006, 81 (95).

776 *Claus Dieter Classen*, Rechtsschutz, in: Oppermann, Thomas/Classen, Claus Dieter/Nettesheim, Martin, Europarecht, 4. Aufl., München 2009, § 14 Rn. 28; *Stephan Hobe*, Europarecht, 5. Aufl., Köln 2010, Rn. 141.

777 *Wolfram Cremer*, in: Calliess, Christian/Ruffert, Matthias (Hrsg.), EUV/EGV, 3. Aufl., München 2007, Art. 226 EGV Rn. 34.

778 *Wolfram Cremer*, in: Calliess, Christian/Ruffert, Matthias (Hrsg.), EUV/EGV, 3. Aufl., München 2007, Art. 226 EGV Rn. 33; *Jürgen Gündisch/Sigrid Wienhues*, Rechtsschutz in der Europäischen Union, 2. Aufl., Stuttgart 2003, S. 99.

779 Vgl. Art. 15 Abs. 1 der Richtlinie.

780 Siehe dazu http://www.spiegel.de/netzwelt/netzpolitik/0,1518,681760,00.html#; zuletzt abgerufen am 15.4.2011; siehe auch Bewertungsbericht zur Richtlinie über die Vorratsdatenspeicherung (Richtlinie 2006/24/EG), KOM (2011) 225, S. 25.

Veränderungsbedarf hinsichtlich des Spielraums bei der Umsetzung, des Datenschutzstandards sowie der Speicherungsdauer festgestellt.[781] Ein neuer Entwurf wird aber nicht vor Ende des Jahres 2011 erwartet. Darin sollen unter anderem die Bestimmungen zur Aufbewahrung und zum Umgang mit den Daten einschränkend konkretisiert werden, womit insgesamt der Forderung nach Gewährleistung der Rechte der Bürger sowie nach Rechtssicherheit Rechnung getragen werden soll.[782] Die Kommission dürfte im Falle der Vorratsdatenspeicherung außerdem darauf vertrauen, dass zu gegebener Zeit im Wege eines Vorabentscheidungsverfahrens gemäß Art. 267 AEUV (ex-Art. 234 EGV) über die offenen (materiell-rechtlichen) Fragen entschieden wird.[783] Gleichwohl aber bleibt Deutschland gemäß Art. 4 Abs. 3 EUV i.V.m. Art. 288 AEUV (ex-Art. 10 i.V.m. ex-Art. 249 EGV) weiterhin zur Umsetzung verpflichtet.[784]

---

781 Siehe Bewertungsbericht zur Richtlinie über die Vorratsdatenspeicherung (Richtlinie 2006/24/EG), KOM (2011) 225; http://www.welt.de/print/die_welt/politik/article13179292/Bruessel-will-neue-Regeln-fuer-Vorratsdaten-erlassen.html; zuletzt abgerufen am 15.4.2011; entgegen anfänglich offenbar gegenteiliger Einschätzung der Kommission; siehe unter http://www.spiegel.de/netzwelt/netzpolitik/0,1518,681760,00.html#; zuletzt abgerufen am 15.4.2011.

782 Vgl. im Einzelnen den Bewertungsbericht der Kommission zur Richtlinie über die Vorratsdatenspeicherung (Richtlinie 2006/24/EG), KOM (2011) 225.

783 Vgl. auch die Vorlage durch VG Wiesbaden, Beschluss vom 27.2.2009 – 6 K 1045/08.WI = K&R 2009, 354; siehe ferner das angekündigte Vorlageverfahren durch den irischen High Court; dazu http://www.unwatched.org/node/1929, zuletzt abgerufen am 25.4.2011; allgemein dazu *Jürgen Gündisch/Sigrid Wienhues*, Rechtsschutz in der Europäischen Union, 2. Aufl., Stuttgart 2003, S. 98.

784 *Gabriela M. Sierck/Frank Schöning/Matthias Pöhl*, Zulässigkeit der Vorratsdatenspeicherung nach europäischem und deutschem Recht, Berlin 2006, S. 20; so auch die Innenkommissarin *Cecilia Malmström*; vgl. http://www.welt.de/print/die_welt/politik/article13179292/Bruessel-will-neue-Regeln-fuer-Vorratsdaten-erlassen.html, zuletzt abgerufen am 15.4.2011.

Viertes Kapitel: Rechtliche Würdigung der Vorratsdatenspeicherung

Nachdem im *Dritten Kapitel* die Entscheidung und die Argumentation des Bundesverfassungsgerichts zur Umsetzung der Vorratsdatenspeicherung im deutschen Recht dargestellt worden ist, soll im vorliegenden Kapitel eine umfassende Würdigung der Grund- und Menschenrechte, die allgemein von einer anlasslosen Speicherung auf Vorrat betroffen sein könnten, erfolgen.[785] Dabei hat sich vor dem Hintergrund der klassischen Funktion der Grundrechte als Abwehrrechte gegen Eingriffe des Staates[786] eine besondere Eingriffs- bzw. Grundrechtsdogmatik entwickelt.[787] Wesentliche Merkmale der Grundrechtsprüfung sind danach die Unterscheidung zwischen grundrechtlichem Schutzbereich und Möglichkeiten der Einschränkung des Grundrechts, die Unterscheidung von formeller und materieller Schutzfunktion der Grundrechte sowie die Koordination dieser beiden Schutzfunktionen.[788] Die Schnittstelle zwischen beiden Schutzfunktionen bildet der Begriff des Eingriffs.[789] Unterschieden wird – kurzum – zwischen dem grundrechtlichen Schutzbereich, dem Grundrechtseingriff und den Schrankenregelungen, d.h. den

---

785 Die für nichtig erklärten §§ 113a, 113b TKG werden dabei verschiedentlich lediglich als Anhaltspunkte herangezogen, um so die Problematik der Einführung einer Vorratsdatenspeicherung aufzuzeigen.

786 Siehe dazu *Franz-Josef Peine*, Der Grundrechtseingriff, in: Merten, Detlef/Papier, Hans-Jürgen (Hrsg.), Handbuch der Grundrechte, Band III, Heidelberg 2009, § 57 Rn. 2; *Michael Sachs*, Abwehrrechte, in: Merten, Detlef/Papier, Hans-Jürgen (Hrsg.), Handbuch der Grundrechte, Band II, Heidelberg 2006, § 39 Rn. 1 und 4.

787 So ähnlich formuliert von *Christian Calliess*, Grundpflichten und Bürgerverantwortung in der Europäischen Konvention zum Schutze der Menschenrechte und Grundfreiheiten (EMRK), in: Bröhmer, Jürgen (Hrsg.), Der Grundrechtsschutz in Europa, Baden-Baden 2002, S. 67 (74); *Wolfram Cremer*, Freiheitsgrundrechte, Tübingen 2003, S. 74; ausführlich dazu *Gertrude Lübbe-Wolff*, Die Grundrechte als Eingriffsabwehrrechte, Baden-Baden 1988, S. 25 ff.; siehe auch *Hans D. Jarass*, EU-Grundrechte, München 2005, § 6 Rn. 1; *Klaus Stern*, Idee und Elemente eines Systems der Grundrechte, in: Isensee, Josef/Kirchhof, Paul (Hrsg.), Handbuch des Staatsrechts, Band V, 2. Aufl., Heidelberg 2000, § 109 Rn. 41; zu Geschichte, Entwicklung und Stand der grundrechtlichen Abwehrrechte siehe umfassend *Ralf Poscher*, Grundrechte als Abwehrrechte, Tübingen 2003, insbes. S. 15 ff.

788 Vgl. *Gertrude Lübbe-Wolff*, Die Grundrechte als Eingriffsabwehrrechte, Baden-Baden 1988, S. 25.

789 Ähnlich *Gertrude Lübbe-Wolff*, Die Grundrechte als Eingriffsabwehrrechte, Baden-Baden 1988, S. 14, 30; danach *Christian Calliess*, Grundpflichten und Bürgerverantwortung in der Europäischen Konvention zum Schutze der Menschenrechte und Grundfreiheiten (EMRK), in: Bröhmer, Jürgen (Hrsg.), Der Grundrechtsschutz in Europa, Baden-Baden 2002, S. 67 (75); näher zum Eingriffsbegriff *Franz-Josef Peine*, Der Grundrechtseingriff, in: Merten, Detlef/Papier, Hans-Jürgen (Hrsg.), Handbuch der Grundrechte, Band III, Heidelberg 2009, § 57 Rn. 19 ff.

Möglichkeiten der Grundrechtseinschränkung (Rechtfertigung).[790] Auf der letzten Stufe, d.h. auf der Rechtfertigungsebene, kann wiederum zwischen formeller und materieller Rechtfertigung differenziert werden.[791] Im Mittelpunkt der formellen Rechtfertigung steht dabei der aus dem Rechtsstaatsprinzip des Art. 20 Abs. 3 GG resultierende Grundsatz des Vorbehalts des Gesetzes. Die materielle Rechtfertigung betrifft vornehmlich die Prüfung des „Übermaßverbots" bzw. der „Verhältnismäßigkeit"[792] als sog. Schranken-Schranke, d.h. als Grenze der staatlichen Gestaltungs- oder Ermessensfreiheit.[793]

Dieses dogmatische Muster liegt auch den in der Europäischen Menschenrechtskonvention verbürgten Gewährleistungen[794] und dem Grundrechtsschutz in der Europäischen Union[795] zu Grunde. Das Drei-Stufen-Schema – Schutzbereich, Eingriff, Rechtfertigung – findet somit nicht nur im nationalen Verfassungsrecht, sondern auch bei der Verletzung eines von der Europäischen Menschenrechtskonvention oder der Grundrechtecharta garantierten Grund- bzw. Menschenrechts An-

---

790 Siehe dazu *Matthias Herdegen*, in: Maunz, Theodor/Dürig, Günter/Herzog, Roman/Scholz, Rupert, Grundgesetz, Stand: 56. EL Oktober 2009, Art. 1 Abs. 3 Rn. 29; ausführlich *Josef Isensee*, Das Grundrecht als Abwehrrecht und als staatliche Schutzpflicht, in: Isensee, Josef/Kirchhof, Paul (Hrsg.), Handbuch des Staatsrechts, Band V, 2. Aufl., Heidelberg 2000, § 111 Rn. 40 ff.; *Franz-Josef Peine*, Der Grundrechtseingriff, in: Merten, Detlef/Papier, Hans-Jürgen (Hrsg.), Handbuch der Grundrechte, Band III, Heidelberg 2009, § 57 Rn. 4 ff.

791 Differenzierung nach *Lothar Michael/Martin Morlok*, Grundrechte, 2. Aufl., Baden-Baden 2010, § 4 Rn. 38.

792 Die beiden Begriffe werden überwiegend synonym verwendet. Dieser Befund soll auch der vorliegenden Arbeit zu Grunde liegen; vgl. dazu *Detlef Merten*, Verhältnismäßigkeitsgrundsatz, in: Merten, Detlef/Papier, Hans-Jürgen (Hrsg.), Handbuch der Grundrechte, Band III, Heidelberg 2009, § 68 Rn. 50.

793 *Christian Starck*, in: Mangoldt, Hermann von/Klein, Friedrich/Starck, Christian (Hrsg.), GG, Band 1, 6. Aufl., München 2010, Art. 1 Abs. 3 Rn. 277; *Klaus Stern*, Zur Entstehung und Ableitung des Übermaßverbots, in: Badura, Peter/Scholz, Rupert (Hrsg.), Wege und Verfahren des Verfassungslebens – Festschrift für Peter Lerche zum 65. Geburtstag, München 1993, S. 165 (167); *Hans D. Jarass*, in: Jarass, Hans D./Pieroth, Bodo, GG, 11. Aufl., München 2011, Vorb. vor Art. 1 Rn. 46 f. und 52; zur Zumutbarkeit, mit Ausführungen zur Beziehung zur Verhältnismäßigkeit, auch *Fritz Ossenbühl*, Zumutbarkeit als Verfassungsmaßstab, in: Rüthers, Bernd/Stern, Klaus (Hrsg.), Freiheit und Verantwortung im Verfassungsstaat, München 1984, S. 315 (317).

794 Vgl. hierzu *Volker Epping*, Grundrechte, 4. Aufl., Berlin 2010, Rn. 1022; *Christoph Grabenwarter*, Europäische Menschenrechtskonvention, 4. Aufl., München 2009, § 18 Rn. 1 ff.; *Michael Holoubek*, Der Grundrechtseingriff, DVBl 1997, 1031 (1031); *Anne Peters*, Einführung in die Europäische Menschenrechtskonvention, München 2003, S. 22 ff.; *Mark E. Villiger*, Handbuch der Europäischen Menschenrechtskonvention (EMRK), 2. Aufl., Zürich 1999, S. 343 ff.

795 Vgl. hierzu *Hans D. Jarass*, EU-Grundrechte, München 2005, § 6 Rn. 1 ff.; *Hans-Werner Rengeling*, Grundrechtsschutz in der Europäischen Gemeinschaft, München 1993, S. 15; *ders./Peter Szczekalla*, Grundrechte in der Europäischen Union, Köln 2004, Rn. 505 ff.

wendung.[796] Demgemäß folgt auch die nachfolgende Prüfung der Grund- und Menschenrechte dem überkommenen dreistufigen Aufbau. Nachdem im vorliegenden Kapitel herausgearbeitet wird, welche Grundrechte möglicherweise durch welche Maßnahmen beeinträchtigt sein könnten, werden im *Fünften Kapitel* Überlegungen zur Verhältnismäßigkeit der Vorratsdatenspeicherung angestellt.

Wie schon aus den Ausführungen zum normativen Ordnungsrahmen im Grundlagenteil (*Zweites Kapitel*) sowie zur Kompetenzverteilung zwischen Europäischem Gerichtshof und Bundesverfassungsgericht im *Dritten Kapitel* hervorgeht, ergibt sich ein bestimmtes Rang- und Kompetenzverhältnis zwischen den verschiedenen Regelungsebenen. Es wird zwar angenommen, dass – unter Berücksichtigung der *Solange*-Rechtsprechung des Bundesverfassungsgerichts – die Ebene des europäischen Sekundärrechts grundsätzlich nicht der Prüfungskompetenz des Bundesverfassungsgerichts unterfällt. Nach der Entscheidung des Europäischen Gerichtshofs vom 10. Februar 2009 in der Rechtssache *Irland ./. Parlament und Rat*[797] betreffend eine Nichtigkeitsklage nach ex-Art. 230 EGV (jetzt: Art. 263 AEUV) hat die Vorratsdatenspeicherungsrichtlinie weiterhin Bestand. Für eine verfassungsrechtliche Überprüfung bliebe damit in dem Umfang kein Raum, soweit die Vorratsspeicherungs- und Auskunftspflichten in Deutschland den Vorgaben durch die Vorratsdatenspeicherungsrichtlinie entsprechen. Mit Blick auf die zahlreichen Hinweise, das Bundesverfassungsgericht treffe gegebenenfalls eine Pflicht zur Vorlage gemäß Art. 267 AEUV (ex-Art. 234 EGV) an den Europäischen Gerichtshof,[798] und unter Außerachtlassung des Rangverhältnisses sollen die Vorratsspeicherungs- und Auskunftspflichten aber nach Maßgabe beider Regelungsebenen – Grundrechtecharta und Grundgesetz – einer Prüfung unterzogen werden. Der Schwerpunkt der Untersuchung soll dabei auf der Ebene des Verfassungsrechts liegen, womit letztlich auch der umfassenden Begründung des Bundesverfassungsgerichts in seinem Urteil zur Vorratsdatenspeicherung Rechnung getragen wird, wonach es auf eine Auslegungs- oder Vorrangfrage überhaupt nicht ankomme.[799]

---

796 So bezüglich der Europäischen Menschenrechtskonvention *Christian Calliess*, Grundpflichten und Bürgerverantwortung in der Europäischen Konvention zum Schutze der Menschenrechte und Grundfreiheiten (EMRK), in: Bröhmer, Jürgen (Hrsg.), Der Grundrechtsschutz in Europa, Baden-Baden 2002, S. 67 (75); *Volker Epping*, Grundrechte, 4. Aufl., Berlin 2010, Rn. 1022 und 1032.

797 EuGH, Urteil vom 10.2.2009 – C-301/06 (*Irland ./. Parlament und Rat*).

798 Vgl. *Andreas Gietl*, Das Schicksal der Vorratsdatenspeicherung, DuD 2008, 317 (323); *Thomas Hoeren*, Die Umsetzung der Richtlinie zur Vorratsdatenspeicherung – Konsequenzen für die Privatwirtschaft, JZ 2008, 668 (672); *Thomas Kahler*, Vorratsdatenspeicherung: Wer spricht Recht?, DuD 2008, 449 (450 f.).

799 Das Bundesverfassungsgericht sieht insbesondere keinen Anlass für ein Vorabentscheidungsverfahren vor dem Europäischen Gerichtshof nach Art. 267 AEUV; BVerfG, Urteil vom 2.3.2010 – 1 BvR 256/08, 1 BvR 263/08, 1 BvR 586/08 (*Vorratsdatenspeicherung*), Rn. 185 = BVerfG NJW 2010, 833 (835): „[Es] kann eine solche Vorlage nur dann zulässig und geboten sein, wenn es auf die Auslegung beziehungsweise Wirksamkeit des Unionsrechts ankommt. Dies ist vorliegend nicht der Fall. Die Wirksamkeit der Richtlinie

Zu bedenken wäre bei genauer Betrachtung ferner, dass Unionsrecht, namentlich damit auch die Grundrechtecharta, im Allgemeinen eine Vorrangstellung genießt.[800] Auch bei der normativen Umsetzung von Unionsrecht wäre danach die Geltung der Unionsgrundrechte zu beachten.[801] Soweit aber – wie hier – bereits die Rechtmäßigkeit einer Richtlinie selbst in Frage steht und demzufolge die Rechtswidrigkeit eines Rechtsakts der Europäischen Union zu besorgen ist, bliebe zunächst nur der geschilderte Weg eines Vorabentscheidungsverfahrens. Darüber hinaus wäre schließlich zu beachten, dass durch die Grundrechtecharta aber keinesfalls eine Einschränkung der Grundrechte auf nationaler Ebene erfolgt.[802]

Durch die Erörterung der Grund- und Menschenrechte der Europäischen Menschenrechtskonvention als dritter Regelungsebene wird zum Ausdruck gebracht, dass nach hier vertretener Auffassung der Europäischen Menschenrechtskonvention im Ergebnis zwar weder ein Verfassungs- noch ein Übergesetzesrang zukommt, sie gleichwohl aber einen gewissen Interpretationsvorrang gegenüber sonstigem einfachen Recht genießt und in Verbindung mit dem Rechtstaatsprinzip sowie den jeweils betroffenen Grundrechten sogar mittelbar zum verfassungsrechtlichen Prüfungsmaßstab erwachsen kann. Darüber hinaus hätten sich viele vom Europäischen Gerichtshof bereits anlässlich der Nichtigkeitsklage Irlands materielle Ausführungen insbesondere zur Vereinbarkeit der Vorratsdatenspeicherungsrichtlinie mit den Gemeinschaftsgrundrechten oder der Europäischen Menschenrechtskonvention, vor allem Art. 8 EMRK, gewünscht.[803]

2006/24/EG und ein sich hieraus möglicherweise ergebender Vorrang des Gemeinschaftsrechts vor deutschen Grundrechten sind nicht entscheidungserheblich. [...] Die Richtlinie [kann] ohne Verstoß gegen die Grundrechte des Grundgesetzes umgesetzt werden."

800 Das Vorrangprinzip gegenüber nationalem Recht gilt auch nach dem Vertrag von Lissabon. Der Vorrang der Grundrechtecharta folgt aus der Erhebung in den Rang des Primärrechts (vgl. Art. 6 Abs. 1 EUV n.F.); vgl. dazu *Jörg Philipp Terhechte*, Der Vertrag von Lissabon: Grundlegende Verfassungsurkunde der europäischen Rechtsgemeinschaft oder technischer Änderungsvertrag?, EuR 2008, 143 (155 und 170). Zur Auffassung des Europäischen Gerichtshofs und des Bundesverfassungsgerichts zur Frage des Vorrang des Unionsrechts siehe zusammenfassend *Johannes Maria Baumann*, Die Rechtsprechung des EuGH zum Vorrang von Gemeinschaftsrecht vor mitgliedstaatlichen Verwaltungsakten und Gerichtsurteilen, Frankfurt am Main 2010, S. 21 ff. und 33 ff.

801 *Matthias Niedobitek*, Entwicklung und allgemeine Grundsätze, in: Merten, Detlef/Papier, Hans-Jürgen (Hrsg.), Handbuch der Grundrechte, Band VI/1, Heidelberg 2010, § 159 Rn. 105. Nationale Vorschriften, die gegen die Grundrechtecharta verstoßen, könnten unter bestimmten Umständen gar unanwendbar sein; kritisch in diesem Zusammenhang aber die absolute Feststellung dieser Aussage bei *Hans D. Jarass*, GRCh, München 2010, Einl. Rn. 69.

802 Siehe Art. 53 GRCh.

803 Davon fest ausgehend *Thomas Kahler*, Vorratsdatenspeicherung: Wer spricht Recht?, DuD 2008, 449 (450).

A. *Untersuchung am Maßstab des deutschen Verfassungsrechts*

Wie zuvor geschildert folgt die Prüfung der Grund- und Menschenrechte in der Regel einem Drei-Stufen-Schema. Im Rahmen der nachfolgenden Ausführungen werden insbesondere die tatbestandlich einschlägigen Grundrechte sowie die Eingriffstatbestände erläutert. Hinsichtlich der Eingriffsrechtfertigung werden nur die Klassifizierung von Beschränkungen und die Anforderungen an die Bestimmtheit der Maßnahmen aufgezeigt. Die Erörterung der materiellen Rechtfertigung, d.h. insbesondere der Verhältnismäßigkeit, bleibt einem eigenen Kapitel (*Fünftes Kapitel*) vorbehalten.

I. Access Provider als Grundrechtsträger und Grundrechtsverpflichtete

1. Grundrechtsträger

Im Zusammenhang mit der Überwachung der Internetkommunikation kann hinsichtlich der Normadressaten regelmäßig unterschieden werden zwischen den Befugnisnormen gegenüber den Internetnutzern und den Mitwirkungspflichten der Internetdiensteanbieter.[804] Grundrechtsträger kann grundsätzlich derjenige sein, der aus den Grundrechten eigene subjektive Rechte herleiten kann.[805] Insoweit ist die natürliche Person der idealtypische Träger der Grundrechte.[806] Neben diesen können sich gemäß Art. 19 Abs. 3 GG aber auch inländische juristische Personen auf Grundrechte berufen, soweit diese ihrem Wesen nach anwendbar sind. Darin kommt zum Ausdruck, dass die Bildung und Betätigung juristischer Personen letztlich nur die Auswirkung der freien Entfaltung natürlicher Personen darstellt.[807] Juristische Personen weisen ein „personales Substrat" auf und dienen im Ergebnis der Grundrechtsverwirklichung von Individuen.[808]

Unter juristischen Personen i.S.d. Art. 19 Abs. 3 GG sind zuvörderst solche des Privatrechts zu verstehen, etwa die Aktiengesellschaft (AG), die Gesellschaft mit beschränkter Haftung (GmbH), die Kommanditgesellschaft auf Aktien (KGaA) oder der eingetragene Verein (e.V.).[809] Darüber hinaus können aber auch sonstige

---

804 *Thilo Marauhn*, Sicherheit in der Kommunikationstechnik durch legislatives Risikomanagement, KritV 1999, 57 (65).

805 Vgl. *Stefan Ulrich Pieper*, Verfassungsrecht der Bundesrepublik Deutschland, Wiesbaden 2008, S. 117.

806 *Peter M. Huber*, Natürliche Personen als Grundrechtsträger, in: Merten, Detlef/Papier, Hans-Jürgen (Hrsg.), Handbuch der Grundrechte, Band II, Heidelberg 2006, § 49 Rn. 4.

807 *Volker Epping*, Grundrechte, 4. Aufl., Berlin 2010, Rn. 154.

808 Vgl. *Volker Epping*, Grundrechte, 4. Aufl., Berlin 2010, Rn. 154; *Peter J. Tettinger*, Juristische Personen des Privatrechts als Grundrechtsträger, in: Merten, Detlef/Papier, Hans-Jürgen (Hrsg.), Handbuch der Grundrechte, Band II, Heidelberg 2006, § 51 Rn. 31.

809 *Peter J. Tettinger*, Juristische Personen des Privatrechts als Grundrechtsträger, in: Merten, Detlef/Papier, Hans-Jürgen (Hrsg.), Handbuch der Grundrechte, Band II, Heidelberg 2006, § 51 Rn. 25 und 31.

privatrechtliche Organisationen losgelöst von der Rechtsform erfasst sein, soweit sie eine ausreichende Binnenorganisation aufweisen.[810] Unter diesen Voraussetzungen können grundsätzlich auch *Access Provider* Grundrechtsschutz genießen. Dass es sich bei *Access Providern* um juristische Personen des Privatrechts, etwa um Aktiengesellschaften oder Gesellschaften mit beschränkter Haftung, handelt, kann ohne weiteres unterstellt werden. Ob sie sich in Bezug auf die ihnen übertragenen Speicherungs- und Auskunftspflichten auf Grundrechte berufen können, muss aber jeweils anhand des konkreten Grundrechts entschieden werden.[811]

2. Grundrechtsverpflichtete

Die Grundrechtsverpflichtung bzw. -adressierung ergibt sich aus Art. 1 Abs. 3 GG.[812] Grundrechte binden danach „Gesetzgebung, vollziehende Gewalt und Rechtsprechung". Die Adressierung ist nicht an sonstige Personen gerichtet, auch nicht an juristische Personen des Privatrechts. Folglich sind *Access Provider* nicht unmittelbar Grundrechtsadressat i.S.d. Art. 1 Abs. 3 GG. Da der Staat aber nicht über die notwendige technische Infrastruktur verfügt, um Telekommunikationsdaten selbst vorzuhalten, ist er auf die Mithilfe der Diensteanbieter, im Hinblick auf die Speicherung von Internetzugangsdaten insbesondere der *Access Provider,* angewiesen. Ausweislich der Gesetzesbegründung werden diese „im Zuge hoheitlicher Ermittlungsmaßnahmen" im Sinne eines „vernünftigen Gemeinwohlbelangs" zum Zwecke einer wirksamen Strafverfolgung tätig.[813] Daher stellt sich die Frage, wie sich die Einbeziehung privater *Access Provider* in die Erfüllung hoheitlicher Aufgaben auswirkt.[814] Vor allem ist fraglich, ob diese zumindest mittelbar Grundrechtsadressat sein können. Nähmen die *Access Provider* wie im Falle der Vorrats-

---

[810] *Stefan Ulrich Pieper*, Verfassungsrecht der Bundesrepublik Deutschland, Wiesbaden 2008, S. 119.

[811] Nur der Vollständigkeit halber sei erwähnt, dass, von wenigen Ausnahmen abgesehen, die Grundrechtsfähigkeit juristischer Personen des öffentlichen Rechts abgelehnt wird. Grundrechte sind in erster Linie Abwehrrechte gegen den Staat, weshalb juristische Personen des öffentlichen Rechts, die dem Staat selbst zuzuordnen sind, sie nicht in Anspruch nehmen können. Ausnahmen bestehen nur, sofern sie der Natur der Sache nach als Grundrechtsträger betroffen sind. Dazu zählen etwa Universitäten (Art. 5 Abs. 3 GG), Rundfunkanstalten (Art. 5 Abs. 1 S. 2 GG) sowie Kirchen. Privatrechtlich organisierte juristische Personen, die sich in öffentlicher Hand befinden, fallen ebenfalls nicht unter Art. 19 Abs. 3 GG, es sei denn, es sind auch Private und somit natürliche Personen beteiligt. Vgl. *Stefan Ulrich Pieper*, Verfassungsrecht der Bundesrepublik Deutschland, Wiesbaden 2008, S. 120 f.

[812] *Bernhard Kempen*, Grundrechtsverpflichtete, in: Merten, Detlef/Papier, Hans-Jürgen (Hrsg.), Handbuch der Grundrechte, Band II, Heidelberg 2006, § 54 Rn. 23; *Ralf Poscher*, Grundrechte als Abwehrrechte, Tübingen 2003, S. 160.

[813] BR-Drucks. 275/07, insbes. S: 62 f.

[814] Von einer privatrechtlichen Organisationsform der *Access Provider* kann an dieser Stelle ausgegangen werden.

datenspeicherung originär hoheitliche Aufgaben auf staatliche Veranlassung hin wahr, handelten die Behörden jedenfalls mittelbar durch sie.[815]

Insofern bestehen bezüglich der Tätigkeit der *Access Provider* mehrere Deutungsmöglichkeiten. Bei jeder dieser Deutungsmöglichkeiten geht es um die Wahrnehmung öffentlicher Aufgaben durch Private. Im Hinblick auf die privatrechtliche Organisationsform könnte man zunächst an eine privatrechtlich organisierte Verwaltungsträgerschaft denken.[816] Kennzeichnend dafür wäre die Gründung durch einen öffentlich-rechtlichen Verwaltungsträger, der zumindest die Mehrheit der Anteile an der gegründeten juristischen Person des Privatrechts besitzt und darüber weiterhin Einfluss auf die Gesellschaft ausüben kann.[817] *Access Provider* sind jedoch bereits bestehende Privatrechtssubjekte, die lediglich zur Wahrnehmung einzelner hoheitlicher Aufgaben herangezogen werden. Auf Grund dieser Ausgangssituation kommen nur solche Deutungsmöglichkeiten für die Tätigkeit der *Access Provider* in Betracht, die an die Verlagerung von Verwaltungsaufgaben an Private anknüpfen, nicht aber schon deren Schaffung voraussetzen. Insofern könnten *Access Provider* Beliehene oder Verwaltungshelfer sein, oder es könnte sich um eine Indienstnahme Privater handeln.

Die Beleihung ist die Betrauung von Privatrechtssubjekten mit der Kompetenz zur selbständigen Wahrnehmung bestimmter öffentlicher Aufgaben im eigenen Namen.[818] Da dem *Access Provider* genau vorgeschrieben ist, welche Daten zu speichern sind, kommt ihm insofern kein eigenes Ermessen zu. Damit scheitert eine Beleihung bereits an der mangelnden eigenverantwortlichen Wahrnehmung auszuübender Hoheitsmacht. Vielmehr hat der *Access Provider* lediglich eine ausführende Funktion. Es handelt sich aber gleichwohl nicht um einen Fall der Verwaltungshilfe. Die Tätigkeit des *Access Providers* beruht nicht auf einem Vertrag, d.h. gerade nicht auf einer für eine Verwaltungshilfe typischen Kooperation,[819] sondern wird ihm gesetzlich auferlegt.[820] Die Erledigung der Aufgabe erfolgt als eigene Aufgabe

---

815 *Ansgar Koreng*, Zensur im Internet, Baden-Baden 2010, S. 144.

816 Man spricht in diesem Zusammenhang auch von „Organisationsprivatisierung“ oder bloß „formeller Privatisierung“; vgl. *Andreas Voßkuhle*, Neue Verwaltungsrechtswissenschaft, in: Hoffmann-Riem, Wolfgang/Schmidt-Aßmann, Eberhard/Voßkuhle, Andreas (Hrsg.), GVwR, Band I, München 2006, § 1 Rn. 60; *Helmuth Schulze-Fielitz*, Grundmodi der Aufgabenwahrnehmung, in: Hoffmann-Riem, Wolfgang/Schmidt-Aßmann, Eberhard/Voßkuhle, Andreas (Hrsg.), GVwR, Band I, München 2006, § 12 Rn. 109.

817 *Hartmut Maurer*, Allgemeines Verwaltungsrecht, 17. Aufl., München 2009, § 21 Rn. 15.

818 Vgl. *Thomas Groß*, Die Verwaltungsorganisation als Teil organisierter Staatlichkeit, in: Hoffmann-Riem, Wolfgang/Schmidt-Aßmann, Eberhard/Voßkuhle, Andreas (Hrsg.), GVwR, Band I, München 2006, § 13 Rn. 89; *Hartmut Maurer*, Allgemeines Verwaltungsrecht, 17. Aufl., München 2009, § 23 Rn. 56.

819 Vgl. *Hartmut Maurer*, Allgemeines Verwaltungsrecht, 17. Aufl., München 2009, § 23 Rn. 59.

820 Zu trennen ist diese Konstellation begrifflich von der sog. funktionellen Privatisierung, bei der der Vollzug einer Aufgabe ebenfalls auf ein Privatrechtssubjekt übertragen wird, das als Verwaltungshelfer fungiert; dazu *Gunnar Folke Schuppert*, Verwaltungsorganisa-

des *Access Providers*. Der Staat ist dafür weder zuständig noch verantwortlich.[821] Bei der Speicherung von Daten auf staatliche Veranlassung hin handelt es sich aus diesem Grund um einen Fall der sog. Indienstnahme Privater.[822] Diese ist dadurch gekennzeichnet, dass einem Privatrechtssubjekt gegen seinen Willen anlässlich einer grundrechtlich geschützten Freiheitsbetätigung die Erfüllung einer gemeinwohlbezogenen Pflicht auferlegt wird, deren Beachtung die Freiheitsbetätigung als solche nicht notwendig erfordert.[823] Die unfreiwillige Erfüllung der hoheitlichen Aufgabe erfolgt somit unmittelbar durch den belasteten *Access Provider*.[824] Im Ergebnis löst das Tätigwerden des *Access Providers* im Bereich der staatlichen Aufgaben der Strafverfolgung aber unmittelbar die Grundrechtsbindung des Staates aus.[825]

II. Das Fernmeldegeheimnis (Art. 10 Abs. 1 Var. 3 GG)

Ein zentraler Punkt in der verfassungsrechtlichen Diskussion über die Einführung der Vorratsdatenspeicherung ist die Frage, ob eine anlasslose Speicherung von Telekommunikationsverkehrsdaten auf Vorrat mit dem Fernmeldegeheimnis des Art. 10 Abs. 1 Var. 3 GG vereinbar ist. Die Maßgeblichkeit dieser Frage spiegelte sich auch in der umfassenden Erörterung des Fernemeldegeheimnisses durch das Bundesverfassungsgericht in seiner Entscheidung vom 3. März 2010 wider.[826]

Das Fernmeldegeheimnis ergänzt das Brief- und Postgeheimnis, indem es die Vertraulichkeit der Kommunikation im Wege körperlicher Übermittlung auch auf

tion und Verwaltungsorganisationsrecht als Steuerungsfaktoren, in: Hoffmann-Riem, Wolfgang/Schmidt-Aßmann, Eberhard/Voßkuhle, Andreas (Hrsg.), GVwR, Band I, München 2006, § 16 Rn. 83. In diesem Zusammenhang mit zumindest missverständlicher Schlussfolgerung *Ansgar Koreng*, Zensur im Internet, Baden-Baden 2010, S. 144.

821 *Hartmut Maurer*, Allgemeines Verwaltungsrecht, 17. Aufl., München 2009, § 23 Rn. 59, 62. Als typische Beispiele der Verwaltungshilfe nennt *Maurer* den Bereich des Straßenwesens und Abschleppfälle.

822 Dazu ausführlich *Tim Greenawalt*, Die Indienstnahme privater Netzbetreiber bei der Telekommunikationsüberwachung in Deutschland, Berlin 2009, S. 151 ff.

823 Definition nach *Andreas Voßkuhle*, Beteiligung Privater an der Wahrnehmung öffentlicher Aufgaben und staatliche Verantwortung, VVDStRL 62 (2003), 266 (300) (dort Fn. 139); *ders.*, Neue Verwaltungsrechtswissenschaft, in: Hoffmann-Riem, Wolfgang/Schmidt-Aßmann, Eberhard/Voßkuhle, Andreas (Hrsg.), GVwR, Band I, München 2006, § 1 Rn. 60.

824 *Helmuth Schulze-Fielitz*, Grundmodi der Aufgabenwahrnehmung, in: Hoffmann-Riem, Wolfgang/Schmidt-Aßmann, Eberhard/Voßkuhle, Andreas (Hrsg.), GVwR, Band I, München 2006, § 12 Rn. 107.

825 Vgl. allgemein dazu *Stefan Ulrich Pieper*, Verfassungsrecht der Bundesrepublik Deutschland, Wiesbaden 2008, S. 122.

826 BVerfG, Urteil vom 2.3.2010 – 1 BvR 256/08, 1 BvR 263/08, 1 BvR 586/08 (*Vorratsdatenspeicherung*), Rn. 188-292.

technische Übertragungsmedien ausdehnt.[827] Wesentliches Merkmal der fernmeldetechnischen Übertragung ist die körperlose Übermittlung von Informationen.[828] Auf die technischen Einzelheiten der Übertragungsart soll es für die Anwendbarkeit des Fernmeldegeheimnisses nicht ankommen.[829] Übermittlungen über das Internet fallen demnach grundsätzlich in den Anwendungsbereich des Grundrechts.

1. Internetkommunikationsspezifischer Schutzbereich

Von einer Vorratsdatenspeicherung erfasst sind als Telekommunikationsverkehrsdaten auch die IP-Adressen. Für die Zwecke der vorliegenden Untersuchung ist daher ausschließlich die Frage der Eröffnung des Schutzbereichs des Fernmeldegeheimnisses im Bereich der Übermittlung über das Internet maßgeblich. Bevor jedoch die genauen Inhalte des Grundrechtsschutzes des Fernmeldegeheimnisses zu erörtern sind, ist zunächst zu klären, ob bereits der reine Internetzugang überhaupt dem Schutzbereich unterfällt. Dabei kommt es entscheidend darauf an, ob es sich bei der Kommunikation über das Internet um Massen- oder Individualkommunikation handelt.

a) Schutz der Individualkommunikation

Problematisch ist die Abgrenzung zwischen individueller und allgemeiner Kommunikation im Internet. Das Fernmeldegeheimnis dient spezifisch dem Schutz der Vertraulichkeit individueller Kommunikation, die wegen der räumlichen Distanz zwischen den beteiligten Personen auf eine Übermittlung durch andere angewiesen und infolge dessen der Gefahr des Zugriffs Dritter in besonderem Maße ausgesetzt ist.[830] Daher wird auch nur die Individualkommunikation vom Schutzbereich des Art. 10 Abs. 1 Var. 3 GG erfasst. Die Unterscheidung gestaltet sich deshalb schwierig, weil das Internet Massenmedium und Individualmedium zugleich sein kann. Je nach Art der Verwendung richtet sich die Kommunikation an einen unbestimmten, nicht mehr begrenzbaren Adressatenkreis. Daneben bestehen Dienste im Internet, bei denen es sich um Formen der Individualkommunikation handelt (z.B. E-Mail, Internettelefonie oder *Mailing*-Listen). In dem Moment, in dem nur noch

---

[827] *Christoph Gusy*, in: Mangoldt, Hermann von/Klein, Friedrich/Starck, Christian (Hrsg.), GG, Band 1, 6. Aufl., München 2010, Art. 10 Rn. 39.

[828] *Georg Hermes*, in: Dreier, Horst (Hrsg.), GG, 2. Aufl., Tübingen 2004, Art. 10 Rn. 37; *Thilo Marauhn*, Sicherheit in der Kommunikationstechnik durch legislatives Risikomanagement, KritV 1999, 57 (80).

[829] *Georg Hermes*, in: Dreier, Horst (Hrsg.), GG, 2. Aufl., Tübingen 2004, Art. 10 Rn. 37; *Rainer Grote*, Kommunikative Selbstbestimmung im Internet und Grundrechtsordnung, KritV 1999, 27 (39).

[830] *Rainer Grote*, Kommunikative Selbstbestimmung im Internet und Grundrechtsordnung, KritV 1999, 27 (39).

einzelne Personen oder Personengruppen miteinander kommunizieren, wird das Internet zu einem Individualmedium.[831]

Vor dem Hintergrund dieser Gegebenheiten ist fraglich, ob der reine Internetzugang dem Schutzbereich des Fernmeldegeheimnisses unterfällt.[832] Stellt man auf den bekanntesten Dienst im Internet, das *World Wide Web*, ab, handelt es sich in der Regel nicht um Individual- sondern um Massenkommunikation. Das Internet ermöglicht, wie gesehen, aber auch den Informationsaustausch innerhalb einer kleinen und bestimmten oder bestimmbaren Personengruppe. Es käme somit in Betracht, bei jeder Nutzung gesondert zu prüfen, ob es sich um Individual- oder Massenkommunikation handelt, und so die Anwendbarkeit des Fernmeldegeheimnisses zu bestimmen. Dass dies jedoch nicht nur unpraktikabel, sondern auch unzulässig ist, verdeutlicht der Hinweis auf die einzig greifbare Möglichkeit, tatsächlich fallbezogen differenzieren zu können. Nur die Bewertung der Inhalte könnte letztlich klären, welche Art der Kommunikation im Einzelfall vorliegt. Eine solche Unterscheidung ohne eine der Schutzfunktion des Grundrechts zuwiderlaufende Anknüpfung an den Inhalt der übermittelten Information ist aber nicht möglich.[833] Die Differenzierung anhand des Inhalts der Kommunikation muss von vornherein ausscheiden, da die Kenntniserlangung von den Inhalten bereits vom Schutz des Fernmeldegeheimnisses erfasst ist.[834] Um diese Konsequenz also zu vermeiden, kann Art. 10 Abs. 1 Var. 3 GG nur als einheitlicher Kommunikationsschutz verstanden werden.[835] Dafür spricht auch die technische Funktionsweise des Internet. Selbst der Abruf frei zugänglicher Informationen bedarf des Aufbaus einer individuellen Internetverbindung.[836] Damit genießt jede Kommunikation über das Internet den grundrechtlichen Schutz des Fernmeldegeheimnisses.

b) Schutz der Inhalte und Umstände der Kommunikation

Der Grundrechtsschutz des Fernmeldegeheimnisses umfasst den Kommunikationsinhalt sowie die Vertraulichkeit der näheren Umstände des Telekommunikationsvorgangs, insbesondere, „ob, wann und wie oft zwischen welchen Personen oder

---

[831] *Volker Haug*, Internetrecht, 2. Aufl., Stuttgart 2010, Rn. 1 f.

[832] Siehe *Peter Gola/Christoph Klug/Yvette Reif*, Datenschutz- und presserechtliche Bewertung der „Vorratsdatenspeicherung", Berlin/Bonn 2007, S. 26.

[833] BVerfG, Urteil vom 2.3.2010 – 1 BvR 256/08, 1 BvR 263/08, 1 BvR 586/08 (*Vorratsdatenspeicherung*), Rn. 192; siehe auch *Christoph Gusy*, in: Mangoldt, Hermann von/Klein, Friedrich/Starck, Christian (Hrsg.), GG, Band 1, 6. Aufl., München 2010, Art. 10 Rn. 44.

[834] *Phillip W. Brunst*, Anonymität im Internet – rechtliche und tatsächliche Rahmenbedingungen, Berlin 2009, S. 266.

[835] *Georg Hermes*, in: Dreier, Horst (Hrsg.), GG, 2. Aufl., Tübingen 2004, Art. 10 Rn. 39; dem folgend *Phillip W. Brunst*, Anonymität im Internet – rechtliche und tatsächliche Rahmenbedingungen, Berlin 2009, S. 267.

[836] *Peter Gola/Christoph Klug/Yvette Reif*, Datenschutz- und presserechtliche Bewertung der „Vorratsdatenspeicherung", Berlin/Bonn 2007, S. 26 f.

Fernmeldeanschlüssen Fernmeldeverkehr stattgefunden hat oder versucht worden ist."[837] In den sachlichen Schutzbereich fallen neben dem Inhalt somit alle Umstände, die den jeweiligen Telekommunikationsvorgang individualisierbar und nachverfolgbar machen.[838] Zu den näheren Umständen der Kommunikation gehören vor allem Verkehrsdaten im Sinne des § 3 Nr. 30 TKG, womit auch IP-Adressen, die nach dem für nichtig erklärten § 113a Abs. 4 Nr. 1 TKG gespeichert werden mussten, erfasst sind. Daneben lassen auch Datum und Uhrzeit (vgl. § 113a Abs. 4 Nr. 3 TKG), kombiniert mit weiteren Daten, Rückschlüsse auf einen konkreten Telekommunikationsvorgang zu.[839] Diese Daten spielen bei der Strafverfolgung, im Übrigen aber auch bei der Rechtsverfolgung, eine bedeutende Rolle für die Ermittlung eines Internetnutzers.

2. Eingriffstatbestände

Ein Eingriff liegt allgemein vor, wenn staatliche Stellen sich ohne Zustimmung der Beteiligten unmittelbar Kenntnis vom Inhalt oder den Umständen eines Kommunikationsvorgangs verschaffen oder die so gewonnenen Daten nutzen.[840] Das Gleiche muss für Regelungen gelten, die Telekommunikationsdiensteanbieter verpflichten, bestimmte Daten zu speichern und an staatliche Stellen zu übermitteln.[841]

a) Eingriff durch die Speicherung von IP-Adressen

Einen Eingriff in das Fernmeldegeheimnis stellt nach Ansicht des Bundesverfassungsgerichts nicht erst die Kenntnisnahme durch staatliche Stellen dar.[842] Ein Eingriff liege schon in der Erfassung der Daten. In der darauf folgenden Speicherung

---

837 BVerfG, Urteil vom 14.7.1999 – 1 BvR 2226/94, 1 BvR 2420/95, 1 BvR 2437/95 (*Telekommunikationsüberwachung*), Rn. 163 = BVerfGE 100, 313 (358); vgl. ebenso oder ähnlich BVerfG, Beschluss vom 20.6.1984 – 1 BvR 1494/78 (*Post- und Telefonkontrolle*), Rn. 46 = BVerfGE 67, 157 (172); BVerfG, Beschluss vom 25.3.1992 – 1 BvR 1430/88 (*Fangschaltung*), Rn. 47 = BVerfGE 85, 386 (396); BVerfG, Urteil vom 12.3.2003 – 1 BvR 330/96, 1 BvR 348/99 (*Handy-Überwachung*), Rn. 50 = BVerfG NJW 2003, 1787 (1788); BVerfG, Beschluss vom 4.2.2005 – 2 BvR 308/04 (*Wohnungsdurchsuchung*), Rn. 23 = NJW 2005, 1637 (1639); BVerfG, Urteil vom 2.3.2006 – 2 BvR 2099/04 (*Telekommunikationsüberwachung*), Rn. 72 = BVerfGE 115, 166 (183).

838 Vgl. *Jürgen Kühling/Alexander Elbracht*, Telekommunikationsrecht, Heidelberg 2008, Rn. 37.

839 Vgl. BVerfG, Urteil vom 2.3.2006 – 2 BvR 2099/04 (*Telekommunikationsüberwachung*), Rn. 72 = BVerfGE 115, 166 (183).

840 Nach *Phillip W. Brunst*, Anonymität im Internet – rechtliche und tatsächliche Rahmenbedingungen, Berlin 2009, S. 272.

841 *Hans D. Jarass*, in: Jarass, Hans D./Pieroth, Bodo, GG, 11. Aufl., München 2011, Art. 10 Rn. 11.

842 BVerfG, Urteil vom 14.7.1999 – 1 BvR 2226/94, 2420/95, 2437/95 (*Telekommunikationsüberwachung*) = NJW 2000, 55 (59).

der Daten liegt ebenfalls ein Eingriff.[843] Die Daten, die nach § 113a TKG zu speichern waren, gaben Auskunft darüber, ob, wann und wie oft zwischen welchen Telekommunikationseinrichtungen Verbindungen bestanden.[844] Dass die Beeinträchtigung durch die Datenspeicherung durch die Telekommunikationsdiensteanbieter und nicht unmittelbar durch staatliche Stellen stattfindet, kann dabei keine Rolle spielen. Das Verhalten der Diensteanbieter ist dennoch an Art. 10 Abs. 1 Var. 3 GG zu messen und wird dem Staat zugerechnet, ist es im Falle der Vorratsspeicherungspflicht schließlich doch auch von diesem veranlasst.[845]

b) Eingriff durch die Auskunft über IP-Adressen

Vom Schutzbereich des Art. 10 Abs. 1 Var. 3 GG werden auch die Umstände der Kommunikation umfasst. Dazu zählen alle Daten, die Aufschluss über die an der Kommunikation beteiligten Personen geben können, insbesondere auch IP-Adressen. Zwar ermöglichte § 113b S. 1 Halbs. 1 TKG allein noch keine Verwendung der Vorratsdaten, doch setzte sich in dem staatlichen Zugriff auf diese Daten der bereits aus der Speicherung resultierende Eingriff in das Fernmeldegeheimnis fort und wurde noch intensiviert.[846] Gleiches musste daher auch für Auskünfte aus § 113b S. 1 Halbs. 2 i.V.m. § 113 TKG gelten, unabhängig von der Frage, ob man Auskunftsersuchen über den Namen einer Person hinter einer IP-Adresse auf § 113 TKG stützen kann. Für § 100g StPO konnte ebenfalls nichts anderes gelten. Die datenschutzrechtliche Befugnisnorm und die konkrete Abrufnorm mussten insoweit in ihrem Zusammenwirken stets als Gesamtregelung der Verwendung betrachtet werden.[847]

3. Verfassungsrechtliche Rechtfertigung (Bestimmtheit)

Eine Beeinträchtigung des Fernmeldegeheimnisses ist nach Art. 10 Abs. 2 S. 1 GG nur zulässig, wenn sie auf Grund eines Gesetzes erfolgt. Das einschränkende Gesetz muss den allgemeinen formellen und materiellen Anforderungen des Grundge-

---

843 Vgl. auch *Hans D. Jarass*, in: Jarass, Hans D./Pieroth, Bodo, GG, 11. Aufl., München 2011, Art. 10 Rn. 11; *Sabine Leutheusser-Schnarrenberger*, Vorratsdatenspeicherung – Ein vorprogrammierter Verfassungskonflikt, ZRP 2007, 9 (10).

844 BVerfG, Urteil vom 2.3.2010 – 1 BvR 256/08, 1 BvR 263/08, 1 BvR 586/08 (*Vorratsdatenspeicherung*), Rn. 192.

845 *Peter Gola/Christoph Klug/Yvette Reif*, Datenschutz- und presserechtliche Bewertung der „Vorratsdatenspeicherung", Berlin/Bonn 2007, S. 28; *Rainer Grote*, Kommunikative Selbstbestimmung im Internet und Grundrechtsordnung, KritV 1999, 27 (39).

846 *Peter Gola/Christoph Klug/Yvette Reif*, Datenschutz- und presserechtliche Bewertung der „Vorratsdatenspeicherung", Berlin/Bonn 2007, S. 29 und 59.

847 Siehe auch BVerfG, Urteil vom 2.3.2010 – 1 BvR 256/08, 1 BvR 263/08, 1 BvR 586/08 (*Vorratsdatenspeicherung*), Rn. 194.

setzes an Grundrechtsbeschränkungen genügen.[848] Insbesondere sind das Zitiergebot und die Grundsätze der Normenbestimmtheit und Normenklarheit zu beachten. Die Voraussetzungen und der Umfang der Beschränkung müssen sich ausdrücklich aus dem Gesetz ergeben.[849] Das Bundesverfassungsgericht hat betont, dass die datenschutzrechtlichen Grundsätze aus dem Volkszählungsurteil, die bei dem Recht auf informationelle Selbstbestimmung Anwendung finden, auch auf die Eingriffe in das speziellere Grundrecht des Fernmeldegeheimnisses zu übertragen sind.[850] Eine Sammlung nicht anonymisierter Daten auf Vorrat zu unbestimmten oder noch nicht bestimmbaren Zwecken wäre mit dem Grundrecht auf informationelle Selbstbestimmung daher nicht vereinbar.[851] Vielmehr muss der Verwendungszweck bereichsspezifisch und präzise bestimmt werden.[852] Die konkreten Anforderungen an die Normenbestimmtheit und Normenklarheit richten sich dabei nach der Schwere des Eingriffs.[853] Eine Speicherung für bestimmte, auch in der Zukunft liegende, Zwecke ist zulässig, wenn die Speicherung die gesetzlichen Voraussetzungen erfüllt und die Ermächtigungsgrundlage dem Verhältnismäßigkeitsgrundsatz genügt.[854]

An der Bestimmtheit der §§ 113a, 113b TKG wurden im Schrifttum erhebliche Bedenken geäußert. § 113a TKG enthielt eine ausführliche Auflistung aller zu speichernder Daten sowie der zur Speicherung Verpflichteten, so dass für alle Beteiligte ersichtlich war, unter welchen Voraussetzungen und in welchem Umfang sich Beschränkungen ergaben. Dass § 113a TKG den verfassungsrechtlichen Anforderungen genügte, wurde daher soweit ersichtlich nicht ernsthaft bezweifelt. Die Kritik bezog sich insbesondere auf die weite Formulierung „zur Verfolgung von Straftaten" in § 113b S. 1 Nr. 1 TKG. Die gespeicherten Daten dürfen nach dem Zweckbindungsgrundsatz nur zu den Zwecken verwendet werden, die in der Be-

---

848 *Phillip W. Brunst*, Anonymität im Internet – rechtliche und tatsächliche Rahmenbedingungen, Berlin 2009, S. 273.

849 *Hans D. Jarass*, in: Jarass, Hans D./Pieroth, Bodo, GG, 11. Aufl., München 2011, Art. 10 Rn. 17.

850 BVerfG, Urteil vom 14.7.1999 – 1 BvR 2226/94, 1 BvR 2420/95, 1 BvR 2437/95 (*Telekommunikationsüberwachung*), Rn. 166 = BVerfGE 100, 313 (359); siehe auch *Marie-Theres Tinnefeld/Eugen Ehmann/Rainer W. Gerling*, Einführung in das Datenschutzrecht, 4. Aufl., München 2005, S. 145 f.

851 BVerfG, Urteil vom 15.12.1983 – 1 BvR 209/83, 1 BvR 269/83, 1 BvR 362/83, 1 BvR 420/83, 1 BvR 440/83, 1 BvR 484/83 (*Volkszählung, Mikrozensus*), Rn. 155 = BVerfGE 65, 1 (46).

852 BVerfG, Urteil vom 15.12.1983 – 1 BvR 209/83, 1 BvR 269/83, 1 BvR 362/83, 1 BvR 420/83, 1 BvR 440/83, 1 BvR 484/83 (*Volkszählung, Mikrozensus*), Rn. 155 = BVerfGE 65, 1 (46).

853 *Hans D. Jarass*, in: Jarass, Hans D./Pieroth, Bodo, GG, 11. Aufl., München 2011, Art. 10 Rn. 17.

854 *Peter Gola/Christoph Klug/Barbara Körffer/Rudolf Schomerus*, BDSG, 10. Aufl., München 2010, § 14 Rn. 8; *Thilo Marauhn*, Sicherheit in der Kommunikationstechnik durch legislatives Risikomanagement, KritV 1999, 57 (81).

fugnisnorm bestimmt sind. Eine zweckwidrige Verwendung stellt einen Eingriff in Art. 10 Abs. 1 Var. 3 GG dar. Erst recht gilt dies für die Verwendung solcher Daten, deren Speicherung bereits rechtswidrig war. Einer bereichsspezifischen und präzisen Bestimmung des Verwendungszwecks wurde die Formulierung in § 113b S. 1 Nr. 1 TKG aber nicht gerecht.[855] Handelt es sich um Maßnahmen der Strafverfolgung, wird allgemein gefordert, die in Bezug genommenen Straftatbestände genau festzulegen.[856] Eine Eingrenzung der Straftaten, bei denen ein Zugriff erlaubt sein soll, ergab sich im Falle des § 113b S. 1 Nr. 1 TKG aber erst aus der Verknüpfung mit § 100g Abs. 1 i.V.m. § 100a Abs. 2 StPO. Nicht ausreichend war jedoch auch die dort enthaltende allgemeine Umschreibung der „erheblichen Straftaten".[857] Keinen Bedenken begegnete insofern die Formulierung des Verwendungszwecks der „Abwehr von erheblichen Gefahren für die öffentliche Sicherheit" in § 113b S. 1 Nr. 2 TKG, da diese Begriffe durch die Rechtsprechung ausreichend konkretisiert sind.[858] Dies gilt jedenfalls hinsichtlich der Bestimmtheit des Verwendungszwecks.[859] Den verfassungsrechtlichen Anforderungen an eine hinreichende Begrenzung der Verwendungszwecke genügte § 113b S. 1 Nr. 2 und 3 TKG jedoch nicht. Die Vorratsdaten standen auf Grund der sehr weiten Formulierung in § 113b S. 1 Nr. 2 und 3 TKG der Polizei und den Nachrichtendiensten im Grunde für sämtliche Aufgaben zur Verfügung.[860]

Im Ergebnis kann somit festgehalten werden, dass eine umfassende und detaillierte Normierung der Voraussetzungen der Speicherung nach dem Vorbild des (für nichtig erklärten) § 113a TKG jedenfalls ganz überwiegend den verfassungsrechtlichen Anforderungen an die Bestimmtheit der Speicherverpflichtung genügen kann.

---

855 *Peter Gola/Christoph Klug/Yvette Reif*, Datenschutz- und presserechtliche Bewertung der „Vorratsdatenspeicherung", Berlin/Bonn 2007, S. 31.

856 *Hans D. Jarass*, in: Jarass, Hans D./Pieroth, Bodo, GG, 11. Aufl., München 2011, Art. 10 Rn. 17; *Christoph Klug/Yvette Reif*, Vorratsdatenspeicherung in Unternehmen? – Gesetzeslage und Ausblick, RDV 2008, 89 (95); *Patrick Breyer*, Rechtsprobleme der Richtlinie 2006/24/EG zur Vorratsdatenspeicherung und ihrer Umsetzung in Deutschland, StV 2007, 214 (217).

857 *Patrick Breyer*, Rechtsprobleme der Richtlinie 2006/24/EG zur Vorratsdatenspeicherung und ihrer Umsetzung in Deutschland, StV 2007, 214 (217).

858 *Peter Gola/Christoph Klug/Yvette Reif*, Datenschutz- und presserechtliche Bewertung der „Vorratsdatenspeicherung", Berlin/Bonn 2007, S. 31.

859 Problematisch war aber, dass der deutsche Gesetzgeber in § 113b TKG deutlich über die Vorgaben der Richtlinie über die Vorratsdatenspeicherung hinausschoss. Dort ist in Art. 1 Abs. 1 lediglich davon die Rede, dass die Daten zum Zwecke der Ermittlung, Feststellung und Verfolgung schwerer Straftaten zur Verfügung stehen sollen. § 113b TKG geht in all seinen Alternativen über diese Vorgabe hinaus. Es wird im Sinne einer grundrechtsschonenden Richtlinienumsetzung daher gefordert, die Zweckbindung an den Vorgaben der Richtlinie auszurichten. Vgl. *Peter Gola/Christoph Klug/Yvette Reif*, Datenschutz- und presserechtliche Bewertung der „Vorratsdatenspeicherung", Berlin/Bonn 2007, S. 61.

860 Ähnlich auch BVerfG, Urteil vom 2.3.2010 – 1 BvR 256/08, 1 BvR 263/08, 1 BvR 586/08 (*Vorratsdatenspeicherung*), Rn. 285.

Bezüglich des Zugriffs auf die zu speichernden Daten geht eine Vorschrift wie (der für nichtig erklärte) § 113b TKG aber deutlich zu weit. Bereits die datenschutzrechtliche Befugnisnorm sollte eine hinreichende Begrenzung der Verwendungszwecke beinhalten, indem sie beispielsweise die schweren Straftaten, die eine Verwendung erlauben sollen, selbst benennt oder wenigstens auf einen hinreichend bestimmten Straftatenkatalog direkt verweist. Doch selbst wenn man in der Befugnisnorm eine solche Begrenzung noch nicht verlangen würde, genügte jedenfalls auch § 100g StPO, soweit er auf § 113a TKG verwies, nicht den verfassungsrechtlichen Anforderungen an die Bestimmtheit. Wird nämlich allgemein auf die „Verfolgung von Straftaten“ (wie in § 113b S. 1 Nr. 1 TKG), eine „Straftat von erheblicher Bedeutung“ (wie in § 100g Abs. 1 S. 1 Nr. 1 StPO) oder gar unabhängig von der Schwere auf eine „Straftat mittels Telekommunikation“ (wie in § 100g Abs. 1 S. 1 Nr. 2 StPO) abgestellt, wären die Vorratsdaten letztlich für nahezu alle Straftatbestände nutzbar.[861] Ließe man schließlich für die Verwendung von auf Vorrat gespeicherten IP-Adressen die Bestandsdatenabfrage nach § 113 TKG ohne eine näher zu bestimmende Eingrenzung zu, wäre in diesem Bereich sogar die Verfolgung jedweder Ordnungswidrigkeit ausreichend.[862] Auf Grund der Schwere des Eingriffs genügt ein derart weitreichender Verwendungszweck gewiss nicht den Grundsätzen der Normenbestimmtheit und Normenklarheit.

III. Weitere Grundrechte im Überblick

1. Das Recht auf informationelle Selbstbestimmung (Art. 2 Abs. 1 GG i.V.m. Art. 1 Abs. 1 GG)

Fernmeldegeheimnis und Recht auf informationelle Selbstbestimmung stehen in enger Verbindung zueinander. Kann das Recht auf informationelle Selbstbestimmung als Voraussetzung der Kommunikationsfähigkeit bezeichnet werden, das dem Einzelnen ermöglicht, selbstbestimmt über die Inhalte der Kommunikation zu bestimmen, so muss damit auch die freie Entscheidung über die Art und Weise der Kommunikationsmittel und -partner einhergehen.[863] Die Vorratsspeicherung sämtlicher Verkehrsdaten im Sinne der §§ 113a, 113b TKG bezog sich direkt auf den Kommunikationsvorgang. Die gespeicherten IP-Adressen sollten Aufschluss geben über diejenigen Personen, die an einer konkreten Kommunikation beteiligt waren. Als speziellere Regelung geht Art. 10 GG daher dem Recht auf informationelle

---

[861] So auch BVerfG, Urteil vom 2.3.2010 – 1 BvR 256/08, 1 BvR 263/08, 1 BvR 586/08 (*Vorratsdatenspeicherung*), Rn. 279.

[862] So im Ergebnis auch BVerfG, Urteil vom 2.3.2010 – 1 BvR 256/08, 1 BvR 263/08, 1 BvR 586/08 (*Vorratsdatenspeicherung*), Rn. 291.

[863] Dazu *Marie-Theres Tinnefeld/Eugen Ehmann/Rainer W. Gerling*, Einführung in das Datenschutzrecht, 4. Aufl., München 2005, S. 145.

Selbstbestimmung nach Art. 2 Abs. 1 GG i.V.m. Art. 1 Abs. 1 GG vor.[864] Gleichzeitig betont das Bundesverfassungsgericht jedoch, dass die datenschutzrechtlichen Grundsätze aus dem Volkszählungsurteil auch auf die Eingriffe in das speziellere Grundrecht des Fernmeldegeheimnisses zu übertragen sind.[865]

2. Die Wirtschaftsgrundrechte

Aus der Sicht der Telekommunikationsdiensteanbieter – vorliegend ist in erster Linie freilich auf *Access Provider* abzustellen – ist zuvörderst zu untersuchen, ob mit der Einführung der Vorratsdatenspeicherung Einschränkungen der Wirtschaftsgrundrechte verbunden sind. Die Grenzen zwischen Berufsfreiheit und Eigentumsgarantie sind im Einzelfall fließend. Während die Berufsfreiheit im Grundsatz die Erwerbstätigkeit als solche schützt, erfasst die Eigentumsgarantie in erster Linie das Erworbene.[866] Art. 12 Abs. 1 GG gewährleistet die Freiheit des Bürgers, „jede Tätigkeit, für die er sich geeignet glaubt, als „Beruf" zu ergreifen, d.h. zur Grundlage seiner Lebensführung zu machen [...] und [dadurch] zugleich seinen Beitrag zur gesellschaftlichen Gesamtleistung"[867] zu erbringen. Das Grundrecht der Berufsfreiheit ist damit in erster Linie persönlichkeitsbezogen.[868] Demgegenüber ergänzt die Gewährleistung des Eigentums „die Handlungs- und Gestaltungsfreiheit, indem sie dem Einzelnen vor allem den durch eigene Arbeit und Leistung erworbenen Bestand an vermögenswerten Gütern anerkennt."[869] Greift somit ein Akt der öffentlichen Gewalt eher in die Freiheit der individuellen Erwerbs- und Leistungstätigkeit ein, so ist der Schutzbereich des Art. 12 Abs. 1 GG berührt, begrenzt er mehr das Innehaben und die Verwendung vorhandener Vermögensgüter, so kommt der

---

864 Zur Abgrenzung konkret *Thilo Marauhn*, Sicherheit in der Kommunikationstechnik durch legislatives Risikomanagement, KritV 1999, 57 (82).

865 BVerfG, Urteil vom 14.7.1999 – 1 BvR 2226/94, 1 BvR 2420/95, 1 BvR 2437/95 (*Telekommunikationsüberwachung*), Rn. 166 = BVerfGE 100, 313 (359); siehe auch *Marie-Theres Tinnefeld/Eugen Ehmann/Rainer W. Gerling*, Einführung in das Datenschutzrecht, 4. Aufl., München 2005, S. 145 f.

866 BVerfG, Urteil vom 16.3.1971 – 1 BvR 52/66, 1 BvR 665/66, 1 BvR 667/66, 1 BvR 754/66 (*Erdölbevorratung*), Rn. 111 = BVerfGE 30, 292 (335); *Otto Depenheuer*, in: Mangoldt, Hermann von/Klein, Friedrich/Starck, Christian (Hrsg.), GG, Band 1, 6. Aufl., München 2010, Art. 14 Rn. 99; *Gerrit Manssen*, in: Mangoldt, Hermann von/Klein, Friedrich/Starck, Christian (Hrsg.), GG, Band 1, 6. Aufl., München 2010, Art. 12 Abs. 2 Rn. 289.

867 BVerfG, Urteil vom 11.6.1958 – 1 BvR 596/56 (*Apothekenurteil*), Rn. 55 = BVerfGE 7, 377 (397).

868 BVerfG, Urteil vom 16.3.1971 – 1 BvR 52/66, 1 BvR 665/66, 1 BvR 667/66, 1 BvR 754/66 (*Erdölbevorratung*), Rn. 110 = BVerfGE 30, 292 (334).

869 BVerfG, Urteil vom 16.3.1971 – 1 BvR 52/66, 1 BvR 665/66, 1 BvR 667/66, 1 BvR 754/66 (*Erdölbevorratung*), Rn. 111 = BVerfGE 30, 292 (334); zuvor auch BVerfG, Urteil vom 11.10.1962 – 1 BvL 22/57 (*Selbstversicherung*), Rn. 15 = BVerfGE 14, 288 (293).

Schutz des Art. 14 GG in Betracht.[870] Im Ergebnis spielt die Abgrenzung regelmäßig aber keine große Rolle. Staatliche Maßnahmen, die sowohl in die Erwerbstätigkeit als auch in das Erworbene eingreifen, sind an Art. 12 GG und an Art. 14 GG zu messen.[871] Jedenfalls die Schrankenregelungen laufen dabei häufig parallel.[872] Gründe, die einen Eingriff in Art. 14 Abs. 1 GG rechtfertigen, werden überwiegend auch als „sachgerechte und vernünftige Erwägungen des Gemeinwohls"[873] die Einschränkung der Berufsfreiheit im Sinne des Art. 12 Abs. 1 GG rechtfertigen können.[874]

a) Die unternehmerische Betätigungsfreiheit (Art. 12 Abs. 1, Art. 14 Abs. 1 und Art. 2 Abs. 1 GG)

Die unternehmerische Betätigungsfreiheit wird umfassend geschützt. Darüber besteht soweit ersichtlich Einigkeit. Eine ausdrückliche Regelung enthält das Grundgesetz allerdings nicht.[875] Lediglich die Frage, auf welcher Grundlage der Schutz im Einzelfall beruht, wird nicht einheitlich bewertet. Pauschal lässt sich vertreten, dass die freie wirtschaftliche Betätigung allgemein durch die Art. 12, 14 und 2 Abs. 1 GG gewährleistet wird.[876] In diesem Sinne findet sie nach einer Auffassung ihre verfassungsrechtliche Grundlage in Art. 12 Abs. 1 GG i.V.m. Art. 14 Abs. 1 GG.[877] Nach anderer Ansicht ist hingegen ausschließlich auf Art. 12 Abs. 1 GG abzustellen.[878] Ein Rückgriff auf die wirtschaftliche Handlungsfreiheit nach Art. 2 Abs. 1 GG kommt allenfalls ausnahmsweise und nur dann in Betracht, soweit nicht ein spezielleres Wirtschaftsgrundrecht betroffen ist.[879] Betrifft eine Regelung aber

---

[870] BVerfG, Urteil vom 16.3.1971 – 1 BvR 52/66, 1 BvR 665/66, 1 BvR 667/66, 1 BvR 754/66 (*Erdölbevorratung*), Rn. 111 = BVerfGE 30, 292 (335).

[871] *Otto Depenheuer*, in: Mangoldt, Hermann von/Klein, Friedrich/Starck, Christian (Hrsg.), GG, Band 1, 6. Aufl., München 2010, Art. 14 Rn. 99.

[872] *Otto Depenheuer*, in: Mangoldt, Hermann von/Klein, Friedrich/Starck, Christian (Hrsg.), GG, Band 1, 6. Aufl., München 2010, Art. 14 Rn. 99.

[873] BVerfG, Urteil vom 1.3.1979 - 1 BvR 532/77, 1 BvR 533/77, 1 BvR 419/78, 1 BvL 21/78 (*Mitbestimmung*), Rn. 177 = BVerfGE 50, 290 (365).

[874] *Gerrit Manssen*, in: Mangoldt, Hermann von/Klein, Friedrich/Starck, Christian (Hrsg.), GG, Band 1, 6. Aufl., München 2010, Art. 12 Abs. 2 Rn. 290.

[875] Siehe auch *Fritz Ossenbühl*, Die Freiheiten des Unternehmers nach dem Grundgesetz, AöR 115 (1990), 1 (3).

[876] *Rainer Grote*, Kommunikative Selbstbestimmung im Internet und Grundrechtsordnung, KritV 1999, 27 (41).

[877] Vgl. dazu auch *Rudolf Wendt*, Berufsfreiheit als Grundrecht der Arbeit, DÖV 1984, 601 (insbes. 603 f.).

[878] So offenbar *Albert Bleckmann*, Staatsrecht II, 4. Aufl., Köln 1997, § 33 Rn. 35.

[879] Vgl. *Peter Badura*, Staatsrecht, 4. Aufl., München 2010, S. 262 f.

die Handlungsfreiheit im Bereich des Berufsrechts, erfolgt die Prüfung am Maßstab des Art. 12 GG; für Art. 2 Abs. 1 GG bleibt daneben kein Raum.[880]

Grundsätzlich ist jede Form der wirtschaftlichen Betätigung durch natürliche Personen oder juristische Personen des Privatrechts geschützt, die auf die Schaffung und Erhaltung einer Lebensgrundlage gerichtet und auf eine gewisse Dauer angelegt ist.[881] Diese Aussage knüpft an das Grundrecht der Berufsfreiheit an, das nach *Ossenbühl* als „Modellfall" oder „Hauptgrundrecht" der freien wirtschaftlichen Betätigung dient.[882] Als Bestandteile der Unternehmerfreiheit nennt *Ossenbühl* unter anderem die Gründungsfreiheit, die Organisationsfreiheit, die Freiheit der Unternehmensführung oder die Freiheit der marktmäßigen Betätigung.[883] Insbesondere umfasst die Unternehmerfreiheit die Entscheidung über die sachliche und personelle Organisation eines Unternehmens und über den Einsatz der Betriebs- und Investitionsmittel.[884] Damit weist sie stets auch einen Bezug zum Eigentum auf, weshalb neben Art. 12 Abs. 1 GG in der Regel auch der Anwendungsbereich des Art. 14 GG eröffnet ist.[885] Je nach Sachverhalt kann es auch vertretbar erscheinen, ausschließlich Art. 14 GG als Grundlage heranzuziehen. Dies kommt vor allem in Betracht, wenn nicht nur die unternehmerische Initiative, d.h. die Willens- oder Dispositionsfreiheit des Unternehmers, sondern der Bestand des Unternehmens als Basis des unternehmerischen Handelns betroffen ist.[886] Gleichwohl aber kann auf die Anwendung des Art. 14 Abs. 1 GG als selbständiger Prüfungsmaßstab regelmäßig verzichtet werden,[887] da für den Fall, dass eine Belastung nicht aus anderweitigen Gründen auf einer verfassungsmäßigen Grundlage beruht, auch der Eigentumsschutz aktiviert wäre.[888]

---

880 So BVerfG, Beschluss vom 22.1.1997 – 2 BvR 1915/91 (*Warnhinweise für Tabakerzeugnisse*), Rn. 70.

881 *Thomas Mann*, in: Sachs, Michael (Hrsg.), GG, 5. Aufl., München 2009, Art. 12 Rn. 43 ff.

882 *Fritz Ossenbühl*, Die Freiheiten des Unternehmers nach dem Grundgesetz, AöR 115 (1990), 1 (5); in diesem Sinne zur Unternehmerfreiheit nach Art. 16 GRCh auch *Walter Frenz*, Die Europäische Unternehmerfreiheit, GewArch 2009, 427 (427 f.).

883 Siehe *Fritz Ossenbühl*, Die Freiheiten des Unternehmers nach dem Grundgesetz, AöR 115 (1990), 1 (12 ff.).

884 *Peter Badura*, Staatsrecht, 4. Aufl., München 2010, S. 263.

885 Mit diesem Befund auch *Fritz Ossenbühl*, Die Freiheiten des Unternehmers nach dem Grundgesetz, AöR 115 (1990), 1 (25).

886 So ähnlich *Fritz Ossenbühl*, Die Freiheiten des Unternehmers nach dem Grundgesetz, AöR 115 (1990), 1 (3 und 25 f.).

887 Das Bundesverfassungsgericht lässt diese Frage häufig offen; vgl. etwa BVerfG, Urteil vom 29.11.1967 – 1 BvR 175/66 (*Kuponsteuer*), Rn. 13.

888 So zur Unternehmensbesteuerung *Rudolf Wendt*, Spreizung von Körperschaftsteuersatz und Einkommensteuerspitzensatz als Verfassungsproblem, in: Wendt, Rudolf/Höfling, Wolfram/Karpen, Ulrich/Oldiges, Martin (Hrsg.), Staat, Wirtschaft, Steuern – Festschrift für Karl Heinrich Friauf zum 65. Geburtstag, Heidelberg 1996, S. 859 (864); a.A. offenbar *Fritz Ossenbühl*, Die Freiheiten des Unternehmers nach dem Grundgesetz, AöR 115 (1990), 1 (26 und 32).

Im Hinblick auf das Internet erlangt die unternehmerische Betätigungsfreiheit vor allem für diejenigen Unternehmen Bedeutung, die durch ihre Dienstleistung die technisch notwendige Infrastruktur für die Herstellung einer Internetverbindung bereitstellen.[889] *Access Provider* zählen zu den Beteiligten, die für die Infrastruktur der Internet-Kommunikation verantwortlich sind. Es kann davon ausgegangen werden, dass sie ihre Leistungen im Rahmen einer gewerblichen Dienstleistung erbringen, so dass die Zugangsvermittlung zum Internet auch ihre berufliche Tätigkeit darstellt. Im Bereich der hier vorliegenden selbständig-unternehmerischen Tätigkeit sind zahlreiche gesetzgeberische Einschränkungen denkbar. Die Indienstnahme von Unternehmen für öffentliche Zwecke ist nur ein Beispiel für staatliche Maßnahmen, die Eingriffscharakter haben können.[890] Die Verpflichtung zur Vorratsspeicherung der Internetzugangsdaten und zur Auskunftserteilung gegenüber den Strafverfolgungsbehörden tangiert demzufolge die unternehmerische Freiheit der *Access Provider* im Sinne des Art. 12 Abs. 1 GG (i.V.m. Art. 14 Abs. 1 GG).

b) Die entschädigungslose Vorratsspeicherungspflicht als Inhalts- und Schrankenbestimmung (Art. 14 Abs. 1 S. 2 GG)

Vom verfassungsrechtlichen Eigentumsbegriff des Art. 14 GG erfasst sind „alle vermögenswerten Rechte [...], die dem Berechtigten von der Rechtsordnung [...] zugeordnet sind."[891] Welche vermögenswerten Rechtspositionen geschützt sind, bestimmt sich nach dem Zweck und der Funktion der Eigentumsgarantie.[892] Art. 14 GG geht dabei von einem weiten, jedenfalls alle vermögenswerten Rechte des Privatrechts umfassenden Eigentumsbegriff aus.[893] Davon erfasst sind sowohl der Bestand des Eigentums als auch dessen Nutzung.[894] Nach ganz überwiegender Auffassung zählt dazu neben dem Bestand eines Unternehmens auch dessen (wirtschafts-)funktionswesentliche Tätigkeit[895] oder – allgemeiner – dessen Entscheidungsfreiheit[896] oder dessen Handlungsfreiheit auf wirtschaftlichem Gebiet[897]. Die Telekommunikationsdiensteanbieter müssen zur Erfüllung ihrer Pflichten zur Vorratsdatenspeicherung und Auskunftserteilung gegenüber Strafverfolgungsbehörden

---

889 Ähnlich *Rainer Grote*, Kommunikative Selbstbestimmung im Internet und Grundrechtsordnung, KritV 1999, 27 (41).

890 *Rudolf Wendt*, Berufsfreiheit als Grundrecht der Arbeit, DÖV 1984, 601 (605).

891 BVerfG, Urteil vom 9.1.1991 – 1 BvR 929/89 (*Vorkaufsrecht*) = BVerfGE 83, 201.

892 *Rudolf Wendt*, in: Sachs, Michael (Hrsg.), GG, 5. Aufl., München 2009, Art. 14 Rn. 21.

893 *Rudolf Wendt*, Eigentum und Gesetzgebung, Hamburg 1985, S. 63.

894 *Bodo Pieroth/Bernhard Schlink*, Grundrechte, 26. Aufl., Heidelberg 2010, Rn. 990 ff.; *Rudolf Wendt*, in: Sachs, Michael (Hrsg.), GG, 5. Aufl., München 2009, Art. 14 Rn. 41.

895 *Rudolf Wendt*, in: Sachs, Michael (Hrsg.), GG, 5. Aufl., München 2009, Art. 14 Rn. 48 f.

896 *Jürgen Eschenbach*, Der verfassungsrechtliche Schutz des Eigentums, Berlin 1996, S. 623.

897 *Otto Depenheuer*, in: Mangoldt, Hermann von/Klein, Friedrich/Starck, Christian (Hrsg.), GG, Band 1, 6. Aufl., München 2010, Art. 14 Rn. 100.

in die dafür notwendige Infrastruktur in ihrem Unternehmen investieren. Dabei handelt es sich um die Bereitstellung von Hard- und Software sowie deren dauerhafte Unterhaltung und Anpassung an technologische Entwicklungen.[898] Soweit die entsprechenden zur Überwachung geeigneten Einrichtungen bereits vorhanden sind, so müssen sie nach Maßgabe der gesetzlich auferlegten Pflichten genutzt werden.[899] Damit vermag die Verpflichtung zur Anpassung des Unternehmens an die Erfordernisse der Vorratsspeicherung und die Verpflichtung zur Beauskunftung von Verkehrsdaten das Eigentumsrecht in der Ausprägung der Nutzungsfreiheit zu beeinträchtigen.

Der Gesetzgeber ist nach Art. 14 Abs. 1 S. 2 GG jedoch berechtigt, Inhalt und Schranken des Eigentums zu bestimmen. Nach der Rechtsprechung des Bundesverfassungsgerichts bedarf es dabei keiner Differenzierung zwischen Inhalts- und Schrankenbestimmungen. Vielmehr verstehe das Grundgesetz unter Inhalts- und Schrankenbestimmungen „die generelle und abstrakte Festlegung von Rechten und Pflichten durch den Gesetzgeber hinsichtlich solcher Rechtsgüter, die als Eigentum im Sinne der Verfassung zu verstehen sind.“[900] Nach richtiger Auffassung aber ist zwischen Inhaltsbestimmungen und Schrankennormen zu unterscheiden. Der Gesetzgeber erschafft vermögenswerte Rechte nicht, sondern verleiht wirtschaftlich ohnehin meist anerkannten Vermögenswerten lediglich die rechtliche Anerkennung durch gesetzliche Regelung.[901] Während eine Inhaltsnorm somit eine Eigentumsposition konstitutiv festlegt, hat eine Schrankenregelung demgegenüber ausschließlich begrenzenden Charakter.[902] Eine Norm, die ein Eigentumsrecht aber erst begründet, kann nicht zugleich beeinträchtigend auf dieses Recht wirken.[903] Freilich kommt der Frage, ob eine Differenzierung angezeigt ist oder nicht, bei der Beurteilung der Vorratsdatenspeicherungspflicht keine maßgebliche Bedeutung zu. Eine Festlegung wäre nur notwendig, wenn es sich um eine Inhaltsnorm handeln würde, da nach der differenzierenden Auffassung Art. 14 Abs. 2 GG auf diese nicht anwendbar ist. Eine Entscheidung ist hier aber nicht notwendig. Losgelöst von den Pflichten, die die für verfassungswidrig erklärten Normen der §§ 113a, 113b TKG statuierten, gilt etwa für die Überwachung der Telekommunikation § 110 TKG.[904]

---

898 *Hans-Jörg Albrecht/Adina Grafe/Michael Kilching*, Rechtswirklichkeit der Auskunftserteilung über Telekommunikationsverbindungsdaten nach §§ 100g, 100h StPO, Freiburg 2008, S. 23.

899 *Hans-Jörg Albrecht/Adina Grafe/Michael Kilching*, Rechtswirklichkeit der Auskunftserteilung über Telekommunikationsverbindungsdaten nach §§ 100g, 100h StPO, Freiburg 2008, S. 23.

900 BVerfG, Beschluss vom 12.3.1986 – 1 BvL 81/79 (*Flughafen Salzburg*), Rn. 32 = BVerfGE 72, 66 (76).

901 So überzeugend *Jörn Ipsen*, Staatsrecht II, 13. Aufl., München 2010, Rn. 741.

902 *Rudolf Wendt*, Eigentum und Gesetzgebung, Hamburg 1985, S. 148 f.

903 *Rudolf Wendt*, Eigentum und Gesetzgebung, Hamburg 1985, S. 149.

904 *Gabriele Löwnau*, in: Scheurle, Klaus-Dieter/Mayen, Thomas (Hrsg.), TKG, 2. Aufl., München 2008, § 110 Rn. 3.

Wer eine Telekommunikationsanlage betreibt, mit der Telekommunikationsdienste für die Öffentlichkeit erbracht werden, hat nach § 110 Abs. 1 TKG auf eigene Kosten technische Einrichtungen zur Umsetzung gesetzlich vorgesehener Maßnahmen zur Überwachung der Telekommunikation vorzuhalten.[905]

Bei *Access Providern* ist die Vorhaltung der Überwachungseinrichtungen mit besonderen Anforderungen verbunden. Diese betreffen – einmal abgesehen von der enormen anfallenden Datenmenge – die technische Umsetzung des bei Anordnungen anzuwendenden Verfahrens.[906] Dadurch wird den Telekommunikationsdiensteanbietern eine Handlungspflicht auferlegt, die eigentumsbeeinträchtigend und demzufolge als Schrankennorm zu qualifizieren ist.[907] Die Sozialbindung des Art. 14 Abs. 2 GG beansprucht damit nach beiden Auffassungen Geltung.[908]

c) Die entschädigungslose Vorratsspeicherungspflicht als Indienstnahme Privater zur Erfüllung staatlicher Aufgaben

Wenn der Staat ohne Aufwendungsersatz oder Entschädigung Privaten bestimmte Leistungen auferlegt, müssen diese dem Grundsatz der Lastengleichheit entsprechen.[909] Bevor die Frage der Entschädigung allerdings zu beantworten ist, muss bei systematischer Herangehensweise zunächst die Frage der Rechtmäßigkeit der Indienstnahme selbst untersucht werden.[910]

Die Verfassungsmäßigkeit der Indienstnahme Privater zur Erfüllung öffentlicher Aufgaben beurteilt das Bundesverfassungsgericht regelmäßig – als Berufs*ausübungs*regel – nach der Berufsfreiheit der Unternehmer in Verbindung mit dem Gebot der Lastengleichheit aus Art. 12 Abs. 1 GG i.V.m. Art. 3 Abs. 1 GG.[911] Eine Beurteilung am Maßstab der Freiheit der Berufs*wahl* wäre nur anzunehmen, wenn

---

905 Kritisch *Patrick Breyer*, Bürgerrechte und TKG-Novelle – Datenschutzrechtliche Auswirkungen der Neufassung des Telekommunikationsgesetzes, RDV 2004, 147 (152).

906 Dazu *Tim Greenawalt*, Die Indienstnahme privater Netzbetreiber bei der Telekommunikationsüberwachung in Deutschland, Berlin 2009, S. 135 f.

907 Vgl. zur Unterscheidung *Rudolf Wendt*, Eigentum und Gesetzgebung, Hamburg 1985, S. 157.

908 Nach der nicht differenzierenden Auffassung des Bundesverfassungsgerichts ist dies ohnehin der Fall, nach der differenzierenden Ansicht allerdings nur, wenn ein Gesetz als Schrankennorm zu qualifizieren ist; vgl. *Rudolf Wendt*, in: Sachs, Michael (Hrsg.), GG, 5. Aufl., München 2009, Art. 14 Rn. 59.

909 *Christian Starck*, in: Mangoldt, Hermann von/Klein, Friedrich/Starck, Christian (Hrsg.), GG, Band 1, 6. Aufl., München 2010, Art. 3 Abs. 1 Rn. 83; ausführlich mit Bezug zur Vorratsdatenspeicherung *Frank Braun*, Die entschädigungslose Indienstnahme Privater am Beispiel der sog. Vorratsdatenspeicherung, K&R 2009, 386 (insbes. 388 ff.).

910 So auch *Martin Burgi*, Finanzieller Ausgleich für Bürokratielasten – ein Verfassungsgebot!, GewArch 1999, 393 (396 f.); *Frank Braun*, Die entschädigungslose Indienstnahme Privater am Beispiel der sog. Vorratsdatenspeicherung, K&R 2009, 386 (387).

911 BVerfG, Urteil vom 16.3.1971 – 1 BvR 52/66, 1 BvR 665/66, 1 BvR 667/66, 1 BvR 754/66 (*Erdölbevorratung*) = BVerfGE 30, 292 (312 ff., 327, 333).

die Betroffenen ausnahmsweise nicht mehr in der Lage wären, den gewählten Beruf zur Grundlage ihrer Lebensführung zu machen.[912] Es ist indes nicht ersichtlich, dass die Auferlegung der mit der Vorratsdatenspeicherung verbundenen Kosten die wirtschaftlichen Grundlagen der Unternehmenstätigkeit der Telekommunikationsunternehmen insgesamt entfallen lässt.[913] Vielmehr haben die auferlegten Leistungspflichten eine unmittelbare Auswirkung auf die berufliche Tätigkeit und betreffen somit die Freiheit der Berufsausübung.[914] Dabei genügt es, dass die Pflichten nicht die eigentliche Berufsausübung berühren, sondern lediglich im Zusammenhang mit dem Beruf stehen.[915] Soweit die Indienstnahme nach vernünftigen Erwägungen des Gemeinwohls also zweckmäßig erscheint, steht sie im Einklang mit Art. 12 Abs. 1 GG und damit in der Regel zugleich mit Art. 3 Abs. 1 GG.[916] Dass die mit der Indienstnahme bezweckte Effektivierung der Strafverfolgung und die damit verbundene Gewährleistung der Sicherheit hinreichende Gründe im Interesse des Gemeinwohls darstellen, dürfte kaum zu bezweifeln sein.[917]

Eine Verletzung von Art. 12 Abs. 1 GG i.V.m. Art. 3 Abs. 1 GG durch die zunächst verfassungsmäßige Berufsausübungsregelung käme folglich nur dann in Betracht, wenn bestimmte Gruppen durch die Maßnahme ohne zureichenden sachlichen Grund wesentlich stärker als andere belastet würden.[918] Bei der Beurteilung dieser Frage hat der Gesetzgeber einen weiten Gestaltungsspielraum.[919] Im Falle der Vorratsdatenspeicherung stehen die den Telekommunikationsunternehmen auferlegten Leistungspflichten in einem engen Zusammenhang mit der von ihnen erbrachten beruflichen Tätigkeit.[920] Resultieren aus einer beruflichen Tätigkeit unmittelbar oder mittelbar Gefahren oder liegt in der Tätigkeit eine besondere Nähe zu einem Risikobereich begründet, kann daraus eine Verantwortlichkeit zur Verhinderung dieser Gefahren oder zur Ermöglichung der Strafverfolgung folgen.[921] Zwar

---

912 Dazu BVerfG, Beschluss vom 17.10.1984 – 1 BvL 18/82, 1 BvL 46/83, 1 BvL 2/84, Rn. 38.

913 So auch OVG Berlin-Brandenburg, Beschluss vom 2.12.2009 – OVG 11 S 10.09, Rn. 51.

914 Vgl. auch *Frank Braun*, Die entschädigungslose Indienstnahme Privater am Beispiel der sog. Vorratsdatenspeicherung, K&R 2009, 386 (387).

915 Vgl. BVerfG, Urteil vom 29.11.1967 – 1 BvR 175/66 (*Kuponsteuer*), Rn. 10.

916 *Christian Starck*, in: Mangoldt, Hermann von/Klein, Friedrich/Starck, Christian (Hrsg.), GG, Band 1, 6. Aufl., München 2010, Art. 3 Abs. 1 Rn. 83.

917 Ebenso *Frank Braun*, Die entschädigungslose Indienstnahme Privater am Beispiel der sog. Vorratsdatenspeicherung, K&R 2009, 386 (387 f.).

918 BVerfG, Beschluss vom 17.10.1984 – 1 BvL 18/82, 1 BvL 46/83, 1 BvL 2/84, Rn. 43; siehe auch *Martin Burgi*, Finanzieller Ausgleich für Bürokratielasten – ein Verfassungsgebot!, GewArch 1999, 393 (399).

919 Vgl. BVerfG, Urteil vom 2.3.2010 – 1 BvR 256/08, 1 BvR 263/08, 1 BvR 586/08 (*Vorratsdatenspeicherung*), Rn. 301.

920 So auch BVerfG, Urteil vom 2.3.2010 – 1 BvR 256/08, 1 BvR 263/08, 1 BvR 586/08 (*Vorratsdatenspeicherung*), Rn. 302.

921 *Kay Waechter*, Bereitstellungspflicht für Fernmeldeanlagenbetreiber, VerwArch 87 (1996), 68 (90).

kann bezweifelt werden, ob den Telekommunikationsunternehmen eine Mitverantwortung für etwaige Straftaten, die über die von ihnen bereit gestellten Kommunikationswege, insbesondere über das Internet, begangen werden, auferlegt werden kann, und diese wiederum eine entschädigungslose Mitwirkung an der Strafverfolgung im Sinne einer Verkehrssicherungspflicht rechtfertigen könnte.[922] Dabei ist aber in Betracht zu ziehen, dass durch die Vorratsdatenspeicherungspflichten nicht einzelnen Diensteanbietern einzelfallbezogen Sonderopfer auferlegt werden, sondern in allgemeiner Form die Rahmenbedingungen für die Erbringung von Telekommunikationsdiensten ausgestaltet werden.[923] Nach Ansicht des Bundesverfassungsgerichts ist es verfassungsrechtlich daher nicht zu beanstanden, wenn die Unternehmen hierfür auch die anfallenden Kosten zu tragen haben.[924] Daneben wird nach Auffassung des Bundesverfassungsgerichts Art. 14 GG durch die Indienstnahme Privater regelmäßig nicht berührt.[925] Es soll sich in jedem Fall aber um eine ausgleichsfreie Sozialbindung handeln.[926]

In der Literatur stößt diese Ansicht auf breite Kritik. Die Indienstnahme Privater verpflichte zur Kostenerstattung und sei ansonsten verfassungswidrig.[927] Denn auch die Indienstnahme verursache auf Grund des zusätzlichen Verwaltungsaufwands und Personalbedarfs Kosten, die das Vermögen des Unternehmens schmälerten und daher in die Gesamtbelastung im Sinne des Halbteilungsgrundsatzes, der darüber hinaus auf alle hoheitlichen Abgabenlasten anzuwenden sei,[928] mit einzustellen sei.[929] Untersucht man die Indienstnahme der Telekommunikationsunternehmen am Maßstab gerechter Lastenverteilung oder am Maßstab des Art. 14 GG, hat der Gesetzgeber – bei Vorliegen einer gewissen Sachnähe[930] oder eines sozialen Bezugs des Eigentums, der im Falle der Telekommunikation angenommen werden kann – nicht nur nach Ansicht des Bundesverfassungsgerichts, sondern auch nach

---

922 Ablehnend etwa *Frank Braun*, Die entschädigungslose Indienstnahme Privater am Beispiel der sog. Vorratsdatenspeicherung, K&R 2009, 386 (390); ferner *Martin Burgi*, Finanzieller Ausgleich für Bürokratielasten – ein Verfassungsgebot!, GewArch 1999, 393 (400).

923 So BVerfG, Urteil vom 2.3.2010 – 1 BvR 256/08, 1 BvR 263/08, 1 BvR 586/08 (*Vorratsdatenspeicherung*), Rn. 302.

924 BVerfG, Urteil vom 2.3.2010 – 1 BvR 256/08, 1 BvR 263/08, 1 BvR 586/08 (*Vorratsdatenspeicherung*), Rn. 302.

925 BVerfG, Urteil vom 16.3.1971 – 1 BvR 52/66, 1 BvR 665/66, 1 BvR 667/66, 1 BvR 754/66 (*Erdölbevorratung*), Rn. 109 ff. = BVerfGE 30, 292 (334 f.).

926 Siehe *Otto Depenheuer*, in: Mangoldt, Hermann von/Klein, Friedrich/Starck, Christian (Hrsg.), GG, Band 1, 6. Aufl., München 2010, Art. 14 Rn. 362 m.w.N.

927 *Otto Depenheuer*, in: Mangoldt, Hermann von/Klein, Friedrich/Starck, Christian (Hrsg.), GG, Band 1, 6. Aufl., München 2010, Art. 14 Rn. 362 (dort Fn. 392).

928 Siehe dazu auch *Walter Leisner*, Steuer- und Eigentumswende, NJW 1995, 2591 (2596).

929 *Otto Depenheuer*, in: Mangoldt, Hermann von/Klein, Friedrich/Starck, Christian (Hrsg.), GG, Band 1, 6. Aufl., München 2010, Art. 14 Rn. 363 m.w.N.

930 Zum Begriff siehe *Kay Waechter*, Bereitstellungspflicht für Fernmeldeanlagenbetreiber, VerwArch 87 (1996), 68 (75 ff.).

wohl überwiegender Auffassung im Schrifttum einen weiten Gestaltungsspielraum.[931] Damit ist aber noch keine Aussage darüber getroffen, ob den Unternehmen auch eine Vermögenseinbuße abverlangt werden kann.[932] In jedem Fall muss, wenn den Unternehmen im öffentlichen Interesse bestimmte Leistungspflichten auferlegt werden, zumindest darauf geachtet werden, dass nicht eine bestimmte Gruppe von Unternehmen übermäßig belastet wird.[933] Ist eine Gruppe im besonderen Maße betroffen oder dient die Indienstnahme in ihrer Gesamtheit schon nicht vernünftigen Erwägungen des Gemeinwohls, ist eine Entschädigungsregelung, wie gesehen, auch nach der Rechtsprechung des Bundesverfassungsgerichts jedenfalls angezeigt.[934] Daran anknüpfend empfehlen auch *Albrecht/Grafe/Kilching* in ihrem Gutachten zur Praxis der Auskunftserteilung über Telekommunikationsverkehrsdaten eine Teilung der Kosten für die Entwicklung und Unterhaltung der Überwachungssysteme zwischen Unternehmen und Staat.[935] Allerdings ist zu bedenken, dass nach dem oben gefundenen Ergebnis gerade nicht nur einzelne Telekommunikationsunternehmen belastet werden. Darüber hinaus wird selbst von den Kritikern einer entschädigungslosen Verpflichtung zur Vorratsdatenspeicherung der Gemeinwohlbezug bejaht.[936] Allein diese gemeinwohlbezogene Zielsetzung gebietet es nach zutreffender Auffassung des Bundesverfassungsgerichts aber noch nicht, hierfür einen Kostenersatz vorzusehen.[937]

3. Der allgemeine Gleichheitssatz (Art. 3 Abs. 1 GG)

Für die Anwendung des Art. 3 Abs. 1 GG ist ein Vergleich zwischen Lebensverhältnissen oder Sachverhalten erforderlich.[938] Die Maßstäbe und Kriterien, wann eine Verletzung des allgemeinen Gleichheitssatzes gegeben ist, können stets nur im Einzelfall anhand des konkreten Sachbereichs bestimmt werden. Die bereichsspezifische Anwendung des Art. 3 Abs. 1 GG folgt dabei einer mehrstufigen Gleich-

---

931 Vgl. *Rudolf Wendt*, Der Garantiegehalt der Grundrechte und das Übermaßverbot, AöR 104 (1979), 414 (470).

932 *Rudolf Wendt*, Der Garantiegehalt der Grundrechte und das Übermaßverbot, AöR 104 (1979), 414 (472).

933 *Hans D. Jarass*, in: Jarass, Hans D./Pieroth, Bodo, GG, 11. Aufl., München 2011, Art. 12 Rn. 83.

934 Vgl. BVerfG, Beschluss vom 17.10.1984 – 1 BvL 18/82, 1 BvL 46/83, 1 BvL 2/84, Rn. 43 ff.

935 *Hans-Jörg Albrecht/Adina Grafe/Michael Kilching*, Rechtswirklichkeit der Auskunftserteilung über Telekommunikationsverbindungsdaten nach §§ 100g, 100h StPO, Freiburg 2008, S. 417.

936 Siehe *Frank Braun*, Die entschädigungslose Indienstnahme Privater am Beispiel der sog. Vorratsdatenspeicherung, K&R 2009, 386 (387 f.).

937 BVerfG, Urteil vom 2.3.2010 – 1 BvR 256/08, 1 BvR 263/08, 1 BvR 586/08 (*Vorratsdatenspeicherung*), Rn. 302.

938 *Paul Kirchhof*, Allgemeiner Gleichheitssatz, in: Isensee, Josef/Kirchhof, Paul (Hrsg.), Handbuch des Staatsrechts, Band VIII, 3. Aufl., Heidelberg 2010, § 181 Rn. 177.

heitsprüfung. Eine Verletzung des allgemeinen Gleichheitssatzes liegt vor, wenn einander gegenüber stehende Lebenssachverhalte, die im Wesentlichen miteinander vergleichbar sind, ungleich behandelt werden, obwohl die Verschiedenheiten der Sachverhalte ihrer Art und ihrem Gewicht nach die ungleiche Behandlung nicht rechtfertigen können.[939] Der nach dieser sog. „neuen Formel" gebotene genau differenzierende Vergleich zwischen den Normadressaten ermöglicht gegenüber der früheren bloßen Willkürkontrolle eine erhöhte Kontrolldichte.[940] Im Wesentlichen kann der Prüfungsmaßstab aber weiterhin wie folgt umschrieben werden: Art. 3 Abs. 1 GG verbietet die Ungleichbehandlung von wesentlich Gleichem und die Gleichbehandlung von wesentlich Ungleichem.[941]

Ausgangspunkt der Prüfung ist die Frage, ob die sich gegenüberstehenden Sachverhalte in wesentlichen Elementen miteinander vergleichbar sind und somit überhaupt als vergleichbare Regelungskomplexe in Betracht kommen.[942] An dieser Stelle ist indes bereits fraglich, ob überhaupt zwei Vergleichsgruppen gebildet werden können, die durch die Vorratsdatenspeicherung unterschiedlich behandelt werden. Da die Daten sämtlicher Bürger gespeichert werden, kommt auf Nutzerseite wohl kaum eine Verletzung des Gleichheitssatzes in Betracht.[943] Auf die Kommunikation als solche abzustellen und sodann zwischen direkter und vermittelter Kommunikation zu differenzieren, erscheint jedenfalls fragwürdig. Soweit im Übrigen auf die Diensteanbieter abgestellt wird, bestehen im Ergebnis gleichfalls Bedenken. Die Anwendung des Gleichheitssatzes setzt voraus, dass die einander gegenüber stehenden Sachbereiche zunächst vergleichbar sind.[944] Die Vergleichbarkeit wird verneint, wenn die Sachverhalte unterschiedlichen „rechtlichen Ordnungsbereichen angehören und in anderen systematischen und sozial-

---

939 Vgl. *Rudolf Wendt*, Der Gleichheitssatz, NVwZ 1988, 778 (781 f.); zusammenfassend zum Aufbau auch *Paul Kirchhof*, Allgemeiner Gleichheitssatz, in: Isensee, Josef/Kirchhof, Paul (Hrsg.), Handbuch des Staatsrechts, Band VIII, 3. Aufl., Heidelberg 2010, § 181 Rn. 190.

940 *Rudolf Wendt*, Der Gleichheitssatz, NVwZ 1988, 778 (781).

941 Mit Verweis auf die ständige Rechtsprechung des Bundesverfassungsgerichts *Christoph Kannengießer*, in: Schmidt-Bleibtreu, Bruno/Hofmann, Hans/Hopfauf, Axel (Hrsg.), GG, 12. Aufl., Köln 2011, Art. 3 Rn. 14.

942 *Rudolf Wendt*, Spreizung von Körperschaftsteuersatz und Einkommensteuerspitzensatz als Verfassungsproblem, in: Wendt, Rudolf/Höfling, Wolfram/Karpen, Ulrich/Oldiges, Martin (Hrsg.), Staat, Wirtschaft, Steuern – Festschrift für Karl Heinrich Friauf zum 65. Geburtstag, Heidelberg 1996, S. 859 (865).

943 A.A. *Patrick Breyer*, Die systematische Aufzeichnung und Vorhaltung von Telekommunikations-Verkehrsdaten für staatliche Zwecke in Deutschland, Berlin 2005, S. 315 ff., der auf die unterschiedliche Behandlung von Telekommunikation einerseits und räumlich-unmittelbarer Kommunikation andererseits abstellt.

944 *Rudolf Wendt*, Der Gleichheitssatz, NVwZ 1988, 778 (782).

geschichtlichen Zusammenhängen stehen".[945] Es genügt aber nicht, auf die ein oder andere noch so geringe Verschiedenheit hinzuweisen.[946] Allein die Bildung eines gemeinsamen Oberbegriffs kann noch nicht die Vergleichbarkeit zweier Sachverhalte begründen. Ansonsten wären dem Begriff der Vergleichbarkeit im Grunde gar keine Grenzen gesetzt, womit er als tauglicher Maßstab nicht mehr in Frage käme. Ein Oberbegriff kann, soweit man nur genügend abstrahiert, *de facto* immer gefunden werden. Die Vergleichbarkeit vorausgesetzt, fragt Art. 3 Abs. 1 GG überdies danach, ob eine Differenzierung ihrer Art und ihrem Gewicht nach gerechtfertigt ist. Eine Ungleichbehandlung im Sinne des Art. 3 Abs. 1 GG von Telekommunikationsdiensteanbietern mit Steuerbürgern[947] oder von Telekommunikationsdiensten mit Zustelldiensten[948] ist nach hier vertretener Auffassung aber weder zu erkennen noch wäre sie sachgerecht. Der Gesetzgeber hat bei der Auswahl der betroffenen Personengruppen grundsätzlich einen mehr oder weniger großen Gestaltungs- und Beurteilungsspielraum.[949] Orientiert an der Sachgerechtigkeit im Einzelfall kommt wiederum dem anzuwendenden Vergleichsmaßstab eine maßgebliche Bedeutung zu.[950] Demnach begegnet auch die Auffassung Bedenken, eine unzulässige Gleichbehandlung ungleicher Sachverhalte bei der unterschiedslosen Verpflichtung zur Vorratsdatenspeicherung von Kleinunternehmen sowie größeren Unternehmen anzunehmen.[951] Da beide Normadressaten sich in einer Wettbewerbssituation im Te-

---

945 Vgl. BVerfG, Beschluss vom 25.7.1960 – 1 BvL 5/59, Rn. 27 = BVerfGE 11, 283 (293); danach genauso BVerfG, Beschluss vom 18.6.1975 – 1 BvL 4/74, Rn. 59 = BVerfGE 40, 121 (139 f.).

946 *Rudolf Wendt*, Spreizung von Körperschaftsteuersatz und Einkommensteuerspitzensatz als Verfassungsproblem, in: Wendt, Rudolf/Höfling, Wolfram/Karpen, Ulrich/Oldiges, Martin (Hrsg.), Staat, Wirtschaft, Steuern – Festschrift für Karl Heinrich Friauf zum 65. Geburtstag, Heidelberg 1996, S. 859 (864).

947 Siehe dazu *Patrick Breyer*, Die systematische Aufzeichnung und Vorhaltung von Telekommunikations-Verkehrsdaten für staatliche Zwecke in Deutschland, Berlin 2005, S. 357; *Daniela Strauß*, Verfassungsfragen der Kostenüberwälzung bei staatlichen Indienstnahmen privater Unternehmen, Halle-Wittenberg 2009, S. 165.

948 Siehe dazu *Patrick Breyer*, Die systematische Aufzeichnung und Vorhaltung von Telekommunikations-Verkehrsdaten für staatliche Zwecke in Deutschland, Berlin 2005, S. 331 ff.

949 *Christoph Kannengießer*, in: Schmidt-Bleibtreu, Bruno/Hofmann, Hans/Hopfauf, Axel (Hrsg.), GG, 12. Aufl., Köln 2011, Art. 3 Rn. 17 f.

950 *Rudolf Wendt*, Spreizung von Körperschaftsteuersatz und Einkommensteuerspitzensatz als Verfassungsproblem, in: Wendt, Rudolf/Höfling, Wolfram/Karpen, Ulrich/Oldiges, Martin (Hrsg.), Staat, Wirtschaft, Steuern – Festschrift für Karl Heinrich Friauf zum 65. Geburtstag, Heidelberg 1996, S. 859 (865).

951 Mit beachtlichen Argumenten aber *Patrick Breyer*, Die systematische Aufzeichnung und Vorhaltung von Telekommunikations-Verkehrsdaten für staatliche Zwecke in Deutschland, Berlin 2005, S. 351 ff. Dennoch stellt sich die Frage, ob die tatsächliche Ungleichheit auch so groß oder bedeutsam ist, dass ihre Nichtbeachtung gegen eine am Gerechtigkeitsgedanken orientierte Betrachtungsweise verstößt; vgl. *Hans D. Jarass*, in: Jarass, Hans D./Pieroth, Bodo, GG, 11. Aufl., München 2011, Art. 3 Rn. 8 und 28.

lekommunikationsdienstesektor befinden, wäre allenfalls an einen Eingriff in die Chancengleichheit zu denken, der etwa bei unterschiedlicher Besteuerung von Kapital- und Personengesellschaften diskutiert wird.[952] Ob eine Verletzung des allgemeinen Gleichheitssatzes konkret vorliegt, ist letztlich aber eine Frage der Verhältnismäßigkeit.[953]

Bei der Bewertung der beschriebenen Sachverhalte muss stets aber Beachtung finden, dass für die Anwendung des allgemeinen Gleichheitssatzes wenig Raum bleibt, soweit durch eine Maßnahme des Gesetzgebers spezifische Freiheitsrechte tangiert sind.[954] Zumindest kann festgehalten werden, dass der Gleichheitssatz in einem engen Verhältnis zu dem Verhältnismäßigkeitsgrundsatz steht.[955] Beide Prinzipien sind besondere Aspekte der Sachgerechtigkeit.[956] Damit folgt aus der Verhältnismäßigkeit einer Regelung unter dem Gesichtspunkt des Freiheitsrechts zugleich die Legitimität der entsprechenden Gruppenbildung unter dem Gesichtspunkt des allgemeinen Gleichheitssatzes.[957] Oder mit *Wittig* (umgekehrt) ausgedrückt: „Außerhalb des Bereiches der besonderen Freiheitsrechte würde sich [...] das Übermaß als Verstoß gegen Art. 3 Abs. 1 GG darstellen, im Bereich der besonderen Freiheitsrechte dagegen wäre das Übermaß [...] ein Verstoß gegen das jeweilige Freiheitsrecht.“[958] Die Gleichheit vor dem Gesetz tritt damit hinter das Freiheitsrecht zurück.[959]

Im Bereich des Datenschutzes, insbesondere für die Speicherung und Verwendung personenbezogener Daten, sind das Recht auf informationelle Selbstbestimmung nach Art. 2 Abs. 1 i.V.m. Art. 1 Abs. 1 GG und das Fernmeldegeheimnis nach Art. 10 Abs. 1 Var. 3 GG der Maßstab, wonach sich mögliche Befugnisse

---

952 *Rudolf Wendt*, Spreizung von Körperschaftsteuersatz und Einkommensteuerspitzensatz als Verfassungsproblem, in: Wendt, Rudolf/Höfling, Wolfram/Karpen, Ulrich/Oldiges, Martin (Hrsg.), Staat, Wirtschaft, Steuern – Festschrift für Karl Heinrich Friauf zum 65. Geburtstag, Heidelberg 1996, S. 859 (866).

953 *Christoph Kannengießer*, in: Schmidt-Bleibtreu, Bruno/Hofmann, Hans/Hopfauf, Axel (Hrsg.), GG, 12. Aufl., Köln 2011, Art. 3 Rn. 17; *Rudolf Wendt*, Spreizung von Körperschaftsteuersatz und Einkommensteuerspitzensatz als Verfassungsproblem, in: Wendt, Rudolf/Höfling, Wolfram/Karpen, Ulrich/Oldiges, Martin (Hrsg.), Staat, Wirtschaft, Steuern – Festschrift für Karl Heinrich Friauf zum 65. Geburtstag, Heidelberg 1996, S. 859 (865).

954 Vgl. *Bodo Pieroth/Bernhard Schlink*, Grundrechte, 26. Aufl., Heidelberg 2010, Rn. 348 f.

955 *Peter Wittig*, Zum Standort des Verhältnismäßigkeitsgrundsatzes im System des Grundgesetzes, DÖV 1968, 817 (822).

956 So *Peter Wittig*, Zum Standort des Verhältnismäßigkeitsgrundsatzes im System des Grundgesetzes, DÖV 1968, 817 (822).

957 *Christian Starck*, in: Mangoldt, Hermann von/Klein, Friedrich/Starck, Christian (Hrsg.), GG, Band 1, 6. Aufl., München 2010, Art. 3 Abs. 1 Rn. 300.

958 *Peter Wittig*, Zum Standort des Verhältnismäßigkeitsgrundsatzes im System des Grundgesetzes, DÖV 1968, 817 (823).

959 *Christian Starck*, in: Mangoldt, Hermann von/Klein, Friedrich/Starck, Christian (Hrsg.), GG, Band 1, 6. Aufl., München 2010, Art. 3 Abs. 1 Rn. 300.

richten müssen.[960] Werden durch die Verpflichtung zur Speicherung die Telekommunikationsdiensteanbieter in Anspruch genommen, so ist vorrangig nicht ein Eingriff in den Schutzbereich des Art. 3 Abs. 1 GG zu besorgen, sondern ein Eingriff in die unternehmerische Betätigungsfreiheit nach Art. 12 Abs. 1 (i.V.m. Art. 14 Abs. 1 GG). Nach diesem Befund müssen auch die oben beschriebenen Vergleichssachverhalte unter dem Gesichtspunkt der jeweils einschlägigen Freiheitsrechte gelöst werden. Es ist dann im Rahmen der Verhältnismäßigkeit des Eingriffs in das jeweils zu prüfende Grundrecht zu fragen, ob es sich bei der Speicherungsverpflichtung um eine sachangemessene Maßnahme handelt. Dieses Kriterium einer „willkürfreien Sachgerechtigkeit" darf aber nicht mit dem Erfordernis der Sachgerechtigkeit im Sinne des Art. 3 Abs. 1 GG verwechselt werden, sondern konkretisiert lediglich das Erfordernis der Angemessenheit im Rahmen des Verhältnismäßigkeitsgrundsatzes.[961] Für eine isolierte Anwendung des allgemeinen Gleichheitssatzes bleibt daneben kaum ein Anwendungsbereich.

B. Untersuchung am Maßstab des europäischen Rechts

Wie zu Beginn des *Vierten Kapitels* bereits geschildert, soll unabhängig von der Frage des Rangverhältnisses der verschiedenen Regelungsebenen eine umfassende rechtliche Würdigung der Vorratsdatenspeicherung vorgenommen werden. Daher ist es angezeigt, die Verpflichtung zur Vorratsdatenspeicherung nicht nur am Maßstab des nationalen Verfassungsrechts, sondern auch am Maßstab der Europäischen Menschenrechtskonvention und der Grundrechtecharta zu untersuchen.

I. Vereinbarkeit der Vorratsdatenspeicherung mit der Europäischen Menschenrechtskonvention

Wenngleich die Europäische Menschenrechtskonvention nach hier vertretener Auffassung keinen Übergesetzes- oder gar Verfassungsrang im nationalen Recht genießt, kommt ihr dennoch eine erhebliche Bedeutung wenigstens bei der Auslegung des nationalen Rechts zu.[962] Darüber hinaus wird in der Diskussion über die Rechtmäßigkeit der Richtlinie 2006/24/EG im Schrifttum vor allem eine Verletzung der Gewährleistungen der Europäischen Menschenrechtskonvention gerügt.

---

960 *Paul Kirchhof*, Allgemeiner Gleichheitssatz, in: Isensee, Josef/Kirchhof, Paul (Hrsg.), Handbuch des Staatsrechts, Band VIII, 3. Aufl., Heidelberg 2010, § 181 Rn. 182.

961 Dazu ausführlich *Rudolf Wendt*, Der Garantiegehalt der Grundrechte und das Übermaßverbot, AöR 104 (1979), 414 (423).

962 Siehe dazu näher im Zweiten Kapitel unter A. I. 1. a) dd).

1. Vorbemerkungen

Bis zum Vertrag von Lissabon hatten lediglich die beigetretenen Einzelstaaten[963] als Vertragsparteien die Einhaltung der Regelungen der Europäischen Menschenrechtskonvention unmittelbar zugesichert, nicht aber die Europäische Union. Eingriffe in die durch die Europäische Menschenrechtskonvention gewährleisteten Menschenrechte konnten somit ausschließlich gegenüber den Vertragsstaaten geltend gemacht werden.[964] Mit dem Beitritt der Europäischen Union zur Europäischen Menschenrechtskonvention wird diese, wie im Grundlagenteil bereits erörtert, Rechtsquelle des Unionsrechts (vgl. Art. 6 Abs. 2 S. 1 EUV n.F.). Die Konventionsrechte gelten damit unmittelbar, so dass sich auch Hoheitsakte der Europäischen Union und Urteile des Europäischen Gerichthofs unmittelbar an der Europäischen Menschenrechtskonvention messen lassen müssen.[965] Um den Beitritt überhaupt möglich zu machen, war eine Änderung der Europäischen Menschenrechtskonvention notwendig, die bis Mitte 2010 von Russland blockiert wurde.[966] Nachdem sämtliche rechtliche Hindernisse nunmehr ausgeräumt sind, steht einem Beitritt rein formal nichts mehr im Weg.[967] Nunmehr lautet Art. 59 Abs. 2 EMRK: „Die Europäische Union kann dieser Konvention beitreten."

2. Das Recht auf Achtung des Privatlebens (Art. 8 EMRK)

Der Europäische Gerichtshof wird sich nach einer Vorlage des Verwaltungsgerichts Wiesbaden gemäß Art. 267 AEUV aller Voraussicht nach mit der Vereinbarkeit der Vorratsdatenspeicherungsrichtlinie mit Art. 8 EMRK befassen müssen.[968] Das Verwaltungsgericht sieht in der Datenspeicherung auf Vorrat einen Verstoß gegen das Grundrecht auf Datenschutz. Insbesondere sei der nach Art. 8 EMRK zu wah-

---

963 In der Bundesrepublik Deutschland wurde die Europäische Menschenrechtskonvention am 5.12.1952 ratifiziert.

964 So zur alten Rechtslage *Dirk Simon*, Präzeptoraler Sicherheitsstaat und Risikovorsorge, Frankfurt am Main 2008, S. 209.

965 *Elena Schulte-Herbrüggen*, Der Grundrechtsschutz in der Europäischen Union nach dem Vertrag von Lissabon, ZEuS 2009, 343 (362).

966 Vgl. *Christoph Herrmann*, Der Vertrag von Lissabon – Ein Überblick, Jura 2010, 161 (166); *Franz Mayer*, Der Vertrag von Lissabon im Überblick, JuS 2010, 189 (192).

967 *Eckart Klein*, Das Verhältnis des Europäischen Gerichtshofs zum Europäischen Gerichtshof für Menschenrechte, in: Merten, Detlef/Papier, Hans-Jürgen (Hrsg.), Handbuch der Grundrechte, Band VI/1, Heidelberg 2010, § 167 Rn. 67.

968 Allerdings wird der Europäische Gerichtshof vermutlich keine Aussage zu möglicherweise verletzten Grundrechten treffen müssen, da bereits erhebliche Zweifel an der Zulässigkeit und der Entscheidungserheblichkeit im konkreten Fall bestehen; *Niko Härting*, Der Datenschutz ist im Internet-Zeitalter noch nicht angekommen, BB 2009, 744 (746).

rende Verhältnismäßigkeitsgrundsatz durch die Richtlinie nicht ausreichend berücksichtigt und die Richtlinie deshalb ungültig.[969]

Ein explizit formuliertes Datenschutzgrundrecht enthält die Europäische Menschenrechtskonvention nicht. Hauptanknüpfungspunkt des Datenschutzes in der Europäischen Menschenrechtskonvention ist daher Art. 8 EMRK.[970] Dort wird in Abs. 1 das Menschenrecht auf Achtung des Privat- und Familienlebens, der Wohnung und der Korrespondenz geregelt. Damit wird zwischen vier Schutzbereichen unterschieden. Für die individuelle Kommunikation und die Nutzung des Internet sind in erster Linie das Recht auf Achtung des Privatlebens und das Recht auf Achtung der Korrespondenz maßgeblich.[971] Obgleich bei der Unterzeichnung der Europäischen Menschenrechtskonvention am 4. November 1950 in Rom mit der Umschreibung „Korrespondenz" offenbar noch das Briefgeheimnis in Bezug genommen wurde, ist unter Berücksichtigung der technischen Entwicklung, insbesondere im Bereich der elektronischen Kommunikation, unter Auslegung des Regelungswerks davon auszugehen, dass davon nunmehr insgesamt der Schutz der Kommunikation umfasst sein soll.[972] Streng genommen gehört jedoch auch die Korrespondenz zum Recht eines Menschen auf Privatleben, dessen Schutzbereich letztlich in der überwiegenden Anzahl der Fälle, die Art. 8 EMRK tangieren, betroffen sein dürfte.[973] Eine präzise Abgrenzung erscheint meist kaum möglich,[974] weshalb verschiedentlich bereits vorgeschlagen wurde, die einzelnen Rechte zusammenzufassen, oder vereinzelt ganz allgemein und unscharf von dem Recht auf Privatsphäre die Rede ist.[975] Selbst der Europäische Gerichtshof für Menschenrechte vermied bisweilen die genaue Bezeichnung des verletzten Rechts.[976] Der Terminologie des Art. 8 EMRK dürfte man wohl am ehesten gerecht werden, wenn man die Rechte auf Achtung des Familienlebens, der Wohnung und der Korrespondenz schlicht als eine besondere Ausprägung des Rechts auf Achtung des Privatlebens betrachtet. Fest steht jedenfalls, dass der Schutz des Art. 8 EMRK sowohl die Vertraulichkeit

---

969 Vgl. VG Wiesbaden, Beschluss vom 27.2.2009 – 6 K 1045/08.WI, Rn. 32 = K&R 2009, 354 (357); mit Anm. *Christoph Schnabel*, Ungültigkeit der Vorratsdatenspeicherungsrichtlinie?, K&R 2009, 358 ff.

970 *Birte Siemen*, Datenschutz als europäisches Grundrecht, Berlin 2006, S. 204.

971 Vgl. *Robert Uerpmann-Wittzack/Magdalena Jankowska-Gilberg*, Die Europäische Menschenrechtskonvention als Ordnungsrahmen für das Internet, MMR 2008, 83 (86).

972 So zutreffend *Dirk Simon*, Präzeptoraler Sicherheitsstaat und Risikovorsorge, Frankfurt am Main 2008, S. 209 m.w.N.

973 *Birte Siemen*, Datenschutz als europäisches Grundrecht, Berlin 2006, S. 53.

974 Von einer Überschneidung spricht *Jochen Abr. Frowein*, in: Frowein, Jochen Abr./Peukert, Wolfgang, EMRK-Kommentar, 2. Aufl., Kehl 1996, Art. 8 Rn. 1; allgemein dazu *Stephan Breitenmoser*, Der Schutz der Privatsphäre gemäss Art. 8 EMRK, Basel/Frankfurt am Main 1986, S. 33.

975 Vgl. *Birte Siemen*, Datenschutz als europäisches Grundrecht, Berlin 2006, S. 53 ff. m.w.N.

976 *Birte Siemen*, Datenschutz als europäisches Grundrecht, Berlin 2006, S. 54.

der Inhalte der Individualkommunikation als auch die Kommunikationsumstände, insbesondere Verkehrsdaten wie beispielsweise IP-Adressen, umfasst.[977]

Jede Erhebung, Speicherung, Weitergabe oder sonstige Verarbeitung personenbezogener Daten stellt einen Eingriff in das Recht auf Achtung des Privatlebens und der Korrespondenz dar und bedarf einer Rechtfertigung.[978] Damit kann freilich auch jegliche Überwachung der Internetnutzung einen Eingriff in Art. 8 EMRK bedeuten.[979] Im Besonderen gilt der Schutz persönlicher Daten als wesentlicher Teil des Rechts einer Person auf Schutz ihres Privatlebens.[980] Eine Leitentscheidung des Europäischen Gerichtshofs für Menschenrechte zum Datenschutz ist das Urteil in der Sache *Leander ./. Schweden*[981].[982] Ein Eingriff in dieses Recht kann danach in der Sammlung von Informationen über Personen und deren späteren Verwertung liegen.[983] Dabei deutet bereits der Wortlaut „*Both the storing and the release of such information [...]*" darauf hin, dass die Speicherung und die Verwendung der Informationen jeweils selbständige Eingriffe darstellen.[984]

Einschränkungen sind nach Art. 8 Abs. 2 EMRK möglich. Ein Eingriff kann gerechtfertigt sein, wenn er gesetzlich vorgesehen ist, eines oder mehrere der in Abs. 2 genannten rechtmäßigen Ziele verfolgt und in einer demokratischen Gesellschaft notwendig ist.[985] Als legitime Ziele nennt Art. 8 Abs. 2 EMRK den Schutz der nationalen oder öffentlichen Sicherheit, das wirtschaftliche Wohl des Landes, die Aufrechterhaltung der Ordnung, die Verhütung von Straftaten, den Schutz der

---

977 *Jürgen Kühling/Christian Seidel/Anastasios Sivridis*, Datenschutzrecht, Frankfurt am Main 2008, S. 37.

978 *Jürgen Kühling/Christian Seidel/Anastasios Sivridis*, Datenschutzrecht, Frankfurt am Main 2008, S. 38 m.w.N.

979 Vgl. *Michael Kloepfer*, Informationsrecht, München 2002, § 2 Rn. 39; *Robert Uerpmann-Wittzack/Magdalena Jankowska-Gilberg*, Die Europäische Menschenrechtskonvention als Ordnungsrahmen für das Internet, MMR 2008, 83 (87).

980 *Jens Meyer-Ladewig*, EMRK, 2. Aufl., Baden-Baden 2006, Einleitung Rn. 11; *Robert Uerpmann-Wittzack/Magdalena Jankowska-Gilberg*, Die Europäische Menschenrechtskonvention als Ordnungsrahmen für das Internet, MMR 2008, 83 (87).

981 EGMR, Urteil vom 26.3.1987 – 9248/81 (*Leander ./. Schweden*), Serie A 116; siehe dazu *Mark Ennulat*, Datenschutzrechtliche Verpflichtungen der Gemeinschaftsorgane -und Einrichtungen, Frankfurt am Main 2008, S. 52; *Aalt Willem Heringa/Leo Zwaak*, Right to Respect for Privacy, in: Dijk, Pieter van/Hoof, Fried van/Rijn, Arjen van/Zwaak, Leo (Hrsg.), Theory and Practice of the European Convention on Human Rights, 4. Aufl., Antwerpen/Oxford 2006, S. 663 (667).

982 *Birte Siemen*, Datenschutz als europäisches Grundrecht, Berlin 2006, S. 88 ff., die nicht nur eine Bewertung des Urteils vornimmt, sondern auch auf die Rechtsprechung des Europäischen Gerichtshofs für Menschenrechte in der Folge ausführlich eingeht.

983 EGMR, Urteil vom 26.3.1987 – 9248/81 (*Leander ./. Schweden*), Serie A 116, Rn. 48.

984 Ausdrücklich *Aalt Willem Heringa/Leo Zwaak*, Right to Respect for Privacy, in: Dijk, Pieter van/Hoof, Fried van/Rijn, Arjen van/Zwaak, Leo (Hrsg.), Theory and Practice of the European Convention on Human Rights, 4. Aufl., Antwerpen/Oxford 2006, S. 663 (667); *Birte Siemen*, Datenschutz als europäisches Grundrecht, Berlin 2006, S. 135.

985 So eindeutig betonend jüngst EGMR, Urteil vom 29.6.2006 – 54934/00, Rn. 80.

Gesundheit oder der Moral und den Schutz der Rechte und Freiheiten anderer. Im Fall der Speicherung von Verkehrsdaten und der Telefonüberwachung beispielsweise stellt der Europäische Gerichtshof für Menschenrechte erhebliche Anforderungen an die Rechtfertigung eines Eingriffs. Besonders hoch sind die Hürden, die das Gericht dem Gesetzgeber hinsichtlich der Bestimmtheit der gesetzlichen Rechtsgrundlage für den Eingriff auferlegt.[986]

3. Weitere Grundrechte im Überblick

Ein allgemeines Prinzip der Gleichheit enthält die Europäische Menschenrechtskonvention im Gegensatz zum Grundgesetz oder zur Grundrechtecharta nicht.[987] Das Diskriminierungsverbot in Art. 14 EMRK hat keine eigenständige Bedeutung, sondern ergänzt nur die anderen Vorschriften der Europäischen Menschenrechtskonvention.[988] Es wird daher nicht geprüft, wenn die Verletzung einer oder weiterer anderer Vorschriften festgestellt wurde.[989] Ebenso wenig kennt die Europäische Menschenrechtskonvention eine Berufs- oder Unternehmerfreiheit.[990]

In Betracht kommt aber eine Verletzung des Eigentumsrechts der Diensteanbieter. Der Schutz des Eigentums wird in Art. 1 des ersten Zusatzprotokolls zur EMRK (im Folgenden: ZEMRK)[991] garantiert:

> (1) Jede natürliche oder juristische Person hat ein Recht auf Achtung ihres Eigentums. Niemandem darf sein Eigentum entzogen werden, es sei denn, dass das öffentliche Interesse es verlangt, und nur unter den durch Gesetz und durch die allgemeinen Grundsätze des Völkerrechts vorgesehenen Bedingungen.
> (2) Die vorstehenden Bestimmungen beeinträchtigen jedoch in keiner Weise das Recht des Staates, diejenigen Gesetze anzuwenden, die er für die Regelung der Benutzung des Eigentums im Einklang mit dem Allgemeininteresse oder zur Sicherung der Zahlung der Steuern, sonstiger Abgaben oder von Geldstrafen für erforderlich hält.

Die Prüfung einer Verletzung des Eigentumsrechts folgt grundsätzlich dem aus dem deutschen Recht bekannten Muster.[992] Geschützt sind alle vermögenswerten

---

986 *Jürgen Kühling/Christian Seidel/Anastasios Sivridis*, Datenschutzrecht, Frankfurt am Main 2008, S. 38 f.

987 *Dieter Kugelmann*, Gleichheitsrechte und Gleichheitsgrundsätze, in: Merten, Detlef/Papier, Hans-Jürgen (Hrsg.), Handbuch der Grundrechte, Band VI/1, Heidelberg 2010, § 160 Rn. 21.

988 Zu beachten ist aber Art. 1 des 12. Zusatzprotokolls zur EMRK, das am 1.4.2005 in Kraft trat. Anders als Art. 14 EMRK ist dieser gerade nicht akzessorisch; vgl. *Jens Meyer-Ladewig*, EMRK, 2. Aufl., Baden-Baden 2006, Art. 14 Rn. 4 f.

989 *Jens Meyer-Ladewig*, EMRK, 2. Aufl., Baden-Baden 2006, Art. 14 Rn. 21.

990 *Hans D. Jarass*, GRCh, München 2010, Art. 17 Rn. 12.

991 Vgl. Gesetz über das Zusatzprotokoll vom 20.3.1952 zur Konvention zum Schutze der Menschenrechte und Grundfreiheiten vom 20.12.1956, BGBl. II vom 29.12.1956, S. 1879.

Rechte, wobei sich der Schutz nur auf bereits erworbenes Eigentums bezieht.[993] Von Art. 1 ZEMRK nicht umfasst ist das Vermögen als solches. Die bloße finanzielle Belastung der Diensteanbieter durch die Vorratsspeicherungspflicht begründet daher noch keinen Eingriff in das Eigentumsrecht des Art. 1 ZEMRK.[994] Auch ein Entzug des Eigentums gemäß Art. 1 Abs. 1 S. 2 ZEMRK wird man im Ergebnis ablehnen müssen. Dies wäre allenfalls bezüglich der Anlagen zu begründen, auf die der Diensteanbieter auf Grund der Speicherverpflichtung gar keine Zugriffsmöglichkeit mehr hat.[995] Zwar werden von Art. 1 Abs. 1 S. 2 ZEMRK auch *de facto*-Enteignungen erfasst, d.h. solche hoheitliche Maßnahmen, die so schwer wiegen, dass sie in ihren Wirkungen dem förmlichen Entzug der Eigentümerstellung gleichkommen.[996] Diese sind aber von Regelungen der Eigentumsnutzung im Sinne des Art. 1 Abs. 2 ZEMRK abzugrenzen. Nach der Rechtsprechung des Europäischen Gerichtshofs für Menschenrechte kommt es entscheidend darauf an, ob dem Eigentümer alternative Nutzungsmöglichkeiten verbleiben, bloße Wertminderungen begründen noch keine Enteignung.[997] Die Vorratsdatenspeicherungspflicht könnte aber eine Regelung über die Nutzung des Eigentums nach Art. 1 Abs. 2 ZEMRK darstellen. Nutzungsregelungen sind dabei grundsätzlich alle hoheitlichen Maßnahmen, die einen bestimmten Gebrauch des Eigentums gebieten oder untersagen.[998] Es handelt sich also in erster Linie um alle Maßnahmen, die zwar in die Eigentümerposition eingreifen, dieser jedoch noch eine Substanz lassen.[999] Da die Europäische Menschenrechtskonvention den Schutz der Berufsfreiheit nicht kennt, fällt nach der Rechtsprechung des Europäischen Gerichtshofs für Menschenrechte beispielsweise auch die wirtschaftliche Betätigungsfreiheit in den Schutzbereich

---

992 *Bernhard W. Wegener*, in: Ehlers, Dirk (Hrsg.), Europäische Grundrechte und Grundfreiheiten, 3. Aufl., Berlin 2009, § 5 Rn. 6.

993 *Bernhard W. Wegener*, in: Ehlers, Dirk (Hrsg.), Europäische Grundrechte und Grundfreiheiten, 3. Aufl., Berlin 2009, § 5 Rn. 10.

994 *Patrick Breyer*, Die systematische Aufzeichnung und Vorhaltung von Telekommunikations-Verkehrsdaten für staatliche Zwecke in Deutschland, Berlin 2005, S. 382.

995 So jedenfalls *Patrick Breyer*, Die systematische Aufzeichnung und Vorhaltung von Telekommunikations-Verkehrsdaten für staatliche Zwecke in Deutschland, Berlin 2005, S. 383.

996 *Rudolf Dolzer*, Der Schutz des Eigentums, in: Merten, Detlef/Papier, Hans-Jürgen (Hrsg.), Handbuch der Grundrechte, Band VI/1, Heidelberg 2010, § 140 Rn. 21.

997 *Rudolf Dolzer*, Der Schutz des Eigentums, in: Merten, Detlef/Papier, Hans-Jürgen (Hrsg.), Handbuch der Grundrechte, Band VI/1, Heidelberg 2010, § 140 Rn. 22.

998 *Patrick Breyer*, Die systematische Aufzeichnung und Vorhaltung von Telekommunikations-Verkehrsdaten für staatliche Zwecke in Deutschland, Berlin 2005, S. 384; *Rudolf Dolzer*, Der Schutz des Eigentums, in: Merten, Detlef/Papier, Hans-Jürgen (Hrsg.), Handbuch der Grundrechte, Band VI/1, Heidelberg 2010, § 140 Rn. 24.

999 *Bernhard W. Wegener*, in: Ehlers, Dirk (Hrsg.), Europäische Grundrechte und Grundfreiheiten, 3. Aufl., Berlin 2009, § 5 Rn. 27.

des Art. 1 ZEMRK.[1000] Durch die Einführung einer Vorratsdatenspeicherung werden die Diensteanbieter zur Nutzung ihres Eigentums gezwungen, um die ihnen auferlegten Pflichten zu erfüllen.[1001] Dabei handelt es sich um eine Nutzungsregelung, die die Betätigungsfreiheit der Diensteanbieter betrifft und erheblich einschränkt.

II. Vereinbarkeit der Vorratsdatenspeicherung mit der Charta der Grundrechte der Europäischen Union

Durch den Vertrag von Lissabon hat sich der Grundrechtsschutz in der Europäischen Union erheblich geändert. Art. 6 EUV n.F. regelt in Abs. 2 S. 1 nicht nur den Beitritt der Europäischen Union zur Europäischen Menschenrechtskonvention; daneben nimmt Abs. 1 ausdrücklich die Grundrechtecharta in Bezug und erhebt diese auf die Ebene des Primärrechts.[1002] Die Grundrechtecharta erlangt damit erstmals Rechtsverbindlichkeit und stellt der Europäischen Union einen verbindlichen Grundrechtskatalog zur Verfügung.

1. Anwendbarkeit und Rechtsschutz

Für Sachverhalte vor Inkrafttreten des Vertrags von Lissabon am 1. Dezember 2009 gilt die Grundrechtecharta grundsätzlich nicht. Ausnahmsweise können aber auch solche Umstände, die vor Inkrafttreten entstanden sind, berücksichtigt werden, wenn sie nach wie vor andauernde Wirkungen entfalten.[1003] Sofern eine fortdauernde Maßnahme in den Anwendungsbereich der Grundrechtecharta fällt und eine Verletzung eines der in der Grundrechtecharta enthaltenen Grundrechte bewirkt, kann sich der Grundrechteinhaber grundsätzlich unmittelbar auf das betroffene Grundrecht berufen.[1004] Der Europäische Gerichtshof für Menschenrechte fordert darüber hinaus neben der bloßen Fortdauer der Beeinträchtigung, dass der fortdauernde Akt neue Beeinträchtigungen erzeugt.[1005]

Die Anwendbarkeit der Grundrechtecharta folglich im Hinblick auf die konkreten Umstände und Auswirkungen der Maßnahme vorausgesetzt, könnte die Richtli-

---

[1000] *Rudolf Dolzer*, Der Schutz des Eigentums, in: Merten, Detlef/Papier, Hans-Jürgen (Hrsg.), Handbuch der Grundrechte, Band VI/1, Heidelberg 2010, § 140 Rn. 5.

[1001] *Patrick Breyer*, Die systematische Aufzeichnung und Vorhaltung von Telekommunikations-Verkehrsdaten für staatliche Zwecke in Deutschland, Berlin 2005, S. 384 f.

[1002] Vgl. *Rudolf Streinz/Christoph Ohler/Christoph Herrmann*, Der Vertrag von Lissabon zur Reform der EU, 2. Aufl., München 2008, S. 98; dem folgend *Elena Schulte-Herbrüggen*, Der Grundrechtsschutz in der Europäischen Union nach dem Vertrag von Lissabon, ZEuS 2009, 343 (347); in diesem Sinne wohl auch *Franz Mayer*, Der Vertrag von Lissabon im Überblick, JuS 2010, 189 (190).

[1003] EuGH, Urteil vom 6.6.2002 – C 360/00 (*Ricordi*), Rn. 25 f. = WRP 2002, 816 (818).

[1004] *Hans D. Jarass*, GRCh, München 2010, Einl. Rn. 50 f.

[1005] Nach *Hans D. Jarass*, GRCh, München 2010, Einl. Rn. 7 m.w.N.

nie über die Vorratsdatenspeicherung als Rechtsakt der Europäischen Union einen Verstoß gegen Grundrechte, insbesondere eine Beeinträchtigung des Datenschutzrechts, bedeuten.[1006] Datenschutzrechtlich relevante Bestimmungen finden sich vor allem in den Art. 7 und 8 GRCh. Daneben regelt Art. 16 Abs. 1 AEUV ein eigenes Datenschutzgrundrecht, das jedoch neben dem Recht auf Schutz personenbezogener Daten in Art. 8 GRCh keine selbständige Bedeutung erlangen wird.[1007] Insbesondere enthält Art. 16 AEUV keine Schrankenbestimmung.[1008] Auswirkungen entfaltet ein Verstoß gegen Grundrechte jedoch erst mit Feststellung der Unwirksamkeit durch den Europäischen Gerichtshof. Solange dieser darüber keine Entscheidung getroffen hat, ist ein Rechtsakt – hier also die Vorratsdatenspeicherungsrichtlinie – weiterhin wirksam.[1009]

Möchte der einzelne Grundrechtsberechtigte die Feststellung der Unwirksamkeit erreichen, so ist er auf die im Unionsrecht vorgesehenen Verfahrensarten angewiesen. Das Rechtsschutzsystem der Europäischen Union wird daher nach verbreiteter Ansicht im Schrifttum als „defizitär"[1010] oder „problematisch"[1011] betrachtet. Die Ausweitung der Rechtsschutzmöglichkeiten einzelner natürlicher oder juristischer Personen gegen Rechtsakte der Union durch den Vertrag von Lissabon kann aber immerhin als deutliche Verbesserung angesehen werden.[1012] Wichtigste Möglichkeit eines Grundrechtsberechtigten ist die Erhebung der Nichtigkeitsklage nach Art. 263 Abs. 4 AEUV (ex-Art. 230 Abs. 4 EGV).[1013] Jedoch betrifft diese Klage Handlungen, die gegen den Grundrechtsträger gerichtet sind oder ihn unmittelbar und individuell betreffen, sowie Rechtsakte mit Verordnungscharakter, die ihn unmittelbar betreffen und keine Durchführungsakte nach sich ziehen. Da die Vorratsdatenspeicherungsrichtlinie, anders als eine Verordnung, nicht unmittelbar gilt, sondern erst durch den nationalen Gesetzgeber umzusetzen ist, scheidet die Nichtigkeitsklage als Rechtsmittel aus.[1014] Damit ist der einzelne Grundrechtsberechtigte in erster Linie darauf angewiesen, Klage vor einem nationalen Gericht zu erheben und den Verstoß gegen Grundrechte auf Unionsebene als Vorfrage geltend

---

[1006] Siehe auch *Alfred Büllesbach*, Vorratsdatenspeicherung, in: Herzog, Felix/Neumann, Ulfrid (Hrsg.), Festschrift für Winfried Hassemer, Heidelberg 2010, S. 1185 (1188).

[1007] *Jürgen Kühling/Christian Seidel/Anastasios Sivridis*, Datenschutzrecht, Frankfurt am Main 2008, S. 46.

[1008] *Jürgen Kühling/Christian Seidel/Anastasios Sivridis*, Datenschutzrecht, Frankfurt am Main 2008, S. 46.

[1009] *Hans D. Jarass*, GRCh, München 2010, Einl. Rn. 59.

[1010] *Hans D. Jarass*, GRCh, München 2010, Einl. Rn. 65.

[1011] *Dirk Ehlers*, in: Ehlers, Dirk (Hrsg.), Europäische Grundrechte und Grundfreiheiten, 3. Aufl., Berlin 2009, § 14 Rn. 76.

[1012] *Stephan Hobe*, Europarecht, 5. Aufl., Köln 2010, Rn. 117.

[1013] *Hans D. Jarass*, GRCh, München 2010, Einl. Rn. 63; *Yvonne Kerth/Andrea Schmelz*, Die Geltendmachung der Gemeinschaftsgrundrechte im Wege des Individualrechtsschutzes, JA 2004, 340 (341).

[1014] *Daniel Heck*, Rechtsschutz gegen durch EG-Richtlinien determiniertes Gesetzesrecht, NVwZ 2008, 523 (524); *Stephan Hobe*, Europarecht, 5. Aufl., Köln 2010, Rn. 150.

zu machen.[1015] Das nationale Gericht wäre, sofern es sich um ein letztinstanzliches Gericht handelt,[1016] in diesem Fall aber gezwungen, sollte es überhaupt zu einem Verstoß gegen Unionsgrundrechte gelangen, die Frage dem Europäischen Gerichtshof im Wege des Vorabentscheidungsverfahrens nach Art. 267 AEUV (ex-Art. 234 EGV) vorzulegen.[1017]

2. Die Rechte auf Achtung der Kommunikation und auf Datenschutz (Art. 7, 8 GRCh)

Art. 7 GRCh regelt das Recht auf Achtung des Privat- und Familienlebens, der Wohnung und der Kommunikation. Damit wird wie in Art. 8 EMRK zwischen vier Schutzbereichen unterschieden.[1018] Anders als die Europäische Menschenrechtskonvention enthält die Grundrechtecharta in Art. 8 aber ein eigenständiges Datenschutzgrundrecht, das in seinem Anwendungsbereich das Recht auf Achtung des Privat- und Familienlebens nach Art. 7 GRCh verdrängt.[1019] Im Hinblick auf die individuelle Kommunikation und die Nutzung des Internet sind in erster Linie das Recht auf Achtung der Kommunikation und das Datenschutzrecht von Bedeutung.

Die Abgrenzung ist bisweilen schwierig. Ein effektiver Schutz der Vertraulichkeit der Kommunikation erfordert nicht nur den Schutz der Kommunikationsinhalte, sondern auch den Schutz der Kommunikationsumstände.[1020] Hierzu zählen alle Daten, die Aufschluss geben können über einen Kommunikationsvorgang und die an der Kommunikation beteiligten Personen. Damit fallen auch Verkehrsdaten wie IP-Adressen in den Schutzbereich des Art. 7 GRCh. Da Verkehrsdaten allerdings regelmäßig personenbezogene Daten darstellen,[1021] ist zugleich der Schutzbereich des Art. 8 Abs. 1 GRCh eröffnet. Nach Art. 8 Abs. 1 GRCh hat jede Person das Recht auf Schutz der sie betreffenden Daten. Geschützt werden alle personenbezogene Daten. Davon erfasst sind alle Informationen über eine bestimmte oder be-

---

1015 *Hans D. Jarass*, GRCh, München 2010, Einl. Rn. 68; *Daniel Heck*, Rechtsschutz gegen durch EG-Richtlinien determiniertes Gesetzesrecht, NVwZ 2008, 523 (524).

1016 In diesem Fall wäre der Europäische Gerichtshof gesetzlicher Richter i.S.d. Art. 101 Abs. 1 S. 2 GG; vgl. *Matthias Bäcker*, Altes und Neues zum EuGH als gesetzlicher Richter, NJW 2011, 270 (270).

1017 *Bernhard W. Wegener*, in: Calliess, Christian/Ruffert, Matthias (Hrsg.), EUV/EGV, 3. Aufl., München 2007, Art. 234 EGV Rn. 23 ff.; ferner *Yvonne Kerth/Andrea Schmelz*, Die Geltendmachung der Gemeinschaftsgrundrechte im Wege des Individualrechtsschutzes, JA 2004, 340 (343).

1018 *Norbert Bernsdorff*, in: Meyer, Jürgen (Hrsg.), Charta der Grundrechte der Europäischen Union, 2. Aufl., Baden-Baden 2006, Art. 7 Rn. 1.

1019 *Hans D. Jarass*, GRCh, München 2010, Art. 8 Rn. 4; *Matthias Knecht*, in: Schwarze, Jürgen (Hrsg.), EU-Kommentar, 2. Aufl., Baden-Baden 2009, Art. 8 GRCh Rn. 5.

1020 *Jürgen Kühling/Christian Seidel/Anastasios Sivridis*, Datenschutzrecht, Frankfurt am Main 2008, S. 44.

1021 Siehe ausführlich im Zweiten Kapitel unter B. I. 3. b).

stimmbare natürliche Person.[1022] Darüber hinaus werden nach ganz überwiegender Ansicht aber auch juristische Personen in den Anwendungsbereich einbezogen, soweit das Grundrecht wesensmäßig auch auf juristische Personen anwendbar ist.[1023]

Bei strenger Anwendung des Grundsatzes der Spezialität würde Art. 7 GRCh von Art. 8 GRCh verdrängt. Jedoch wird die Frage aufgeworfen, ob in Bezug auf Telekommunikationsdaten Art. 7 GRCh eventuell gar die speziellere Vorschrift ist.[1024] Zieht man die verfassungsrechtlichen Erwägungen bei der Abgrenzung des Fernmeldegeheimnisses zu dem Recht auf informationelle Selbstbestimmung in Betracht, ist dieser Einwand nicht ganz von der Hand zu weisen. Dort unterfallen Daten, die in einem konkreten Verhältnis zu einem Kommunikationsvorgang stehen, dem spezielleren Schutz des Fernmeldegeheimnisses.[1025] Betrachtete man (rein hypothetisch) den Schutz personenbezogener Daten als Pendant zum Schutz der informationellen Selbstbestimmung und den Schutz der Kommunikation demgegenüber als Pendant zum Schutz des Fernmeldegeheimnisses, dürfte man wohl zur Anwendung des Art. 7 GRCh gelangen. Fraglich ist aber, ob diese Maßstäbe auf die Grundrechtecharta übertragen werden können. Ein Vergleich zur Europäischen Menschenrechtskonvention deutet eher auf die Anwendbarkeit des Art. 8 GRCh hin. Die Europäische Menschenrechtskonvention enthält kein spezielles Datenschutzrecht, sondern in Art. 8 EMRK ein dem Art. 7 GRCh hinsichtlich der Schutzbereiche vergleichbares Grundrecht. Bei der Normierung der Grundrechtecharta wurde der Schutz der personenbezogenen Daten jedoch bewusst von dem Anwendungsbereich des Art. 7 GRCh ausgenommen und in einer eigenen Vorschrift geregelt.[1026] Damit wurde der herausragenden Stellung des Datenschutzes Rechnung getragen.[1027] Ob damit aber stets der Anwendungsbereich des Art. 8 GRCh eröffnet sein soll, wenn personenbezogene Daten betroffen sind,[1028] ist nicht

---

[1022] *Hans D. Jarass*, GRCh, München 2010, Art. 8 Rn. 5.

[1023] *Thorsten Kingreen*, in: Calliess, Christian/Ruffert, Matthias (Hrsg.), EUV/EGV, 3. Aufl., München 2007, Art. 8 GRCh Rn. 12; *Matthias Knecht*, in: Schwarze, Jürgen (Hrsg.), EU-Kommentar, 2. Aufl., Baden-Baden 2009, Art. 8 GRCh Rn. 3; a.A. zunächst *Hans D. Jarass*, EU-Grundrechte, München 2005, § 13 Rn. 6; siehe aber nunmehr *ders.*, GRCh, München 2010, Art. 8 Rn. 7.

[1024] *Jürgen Kühling/Christian Seidel/Anastasios Sivridis*, Datenschutzrecht, Frankfurt am Main 2008, S. 45.

[1025] Siehe im Zweiten Kapitel unter B. II. 1. a) sowie im Vierten Kapitel unter A. III. 1.

[1026] Vgl. *Norbert Bernsdorff*, in: Meyer, Jürgen (Hrsg.), Charta der Grundrechte der Europäischen Union, 2. Aufl., Baden-Baden 2006, Art. 8 Rn. 6 ff.

[1027] *Norbert Bernsdorff*, in: Meyer, Jürgen (Hrsg.), Charta der Grundrechte der Europäischen Union, 2. Aufl., Baden-Baden 2006, Art. 8 Rn. 1; *Frank Schorkopf*, in: Ehlers, Dirk (Hrsg.), Europäische Grundrechte und Grundfreiheiten, 3. Aufl., Berlin 2009, § 16.1 Rn. 43.

[1028] So jedenfalls *Matthias Knecht*, in: Schwarze, Jürgen (Hrsg.), EU-Kommentar, 2. Aufl., Baden-Baden 2009, Art. 8 GRCh Rn. 5.

abschließend geklärt. Es spricht allerdings Einiges dafür, den Anwendungsbereich der Vorschrift im Verhältnis zu Art. 7 GRCh umfassend und weit auszulegen.

Ein Eingriff in den Schutzbereich des Art. 8 GRCh kann in jeder Form der Verarbeitung personenbezogener Daten liegen.[1029] Unter einer Verarbeitung ist jede Erhebung, Speicherung, Verwendung, Weitergabe oder sonstige Verarbeitung personenbezogener Daten zu verstehen.[1030] Jede Maßnahme, die den Übermittlungsvorgang betrifft und eine Kenntnisnahme der Kommunikationsinhalte oder der Kommunikationsdaten ermöglicht, wäre ebenso ein Eingriff in die Gewährleistung der Kommunikation nach Art. 7 Var. 4 GRCh.[1031] Vor allem durch die Überwachung der Telekommunikation können sich folglich Eingriffe sowohl in das Recht auf Achtung der Kommunikation als auch in das Datenschutzrecht ergeben.[1032] Damit kann jegliche Überwachung der Internetnutzung einen Eingriff in Art. 7, 8 GRCh bedeuten.[1033] Für die Speicherung von Verkehrsdaten auf Vorrat gilt dies freilich erst recht.[1034]

Einschränkungen des Art. 8 Abs. 1 GRCh sind nach Art. 8 Abs. 2 S. 1 i.V.m. Art. 52 Abs. 1 GRCh möglich. Eine Datenverarbeitung kann gerechtfertigt sein, wenn sie mit Einwilligung der betroffenen Person oder auf Grund einer gesetzlichen Grundlage erfolgt und der Zweck der Verarbeitung feststeht. Insbesondere ist gemäß Art. 52 Abs. 1 S. 2 GRCh der Grundsatz der Verhältnismäßigkeit zu wahren.[1035] Darüber hinaus gelangen über Art. 52 Abs. 3 GRCh die Einschränkungsmöglichkeiten der Europäischen Menschenrechtskonvention zur Anwendung, soweit jeweils korrespondierende Rechte in beiden Regelungswerken vorhanden sind. Damit kommt insbesondere die Vorschrift des Art. 8 Abs. 2 EMRK zur Anwendung. Die dafür erforderliche Übereinstimmung der Grundrechte in Art. 7, 8 GRCh

---

[1029] Dazu *Thorsten Kingreen*, in: Calliess, Christian/Ruffert, Matthias (Hrsg.), EUV/EGV, 3. Aufl., München 2007, Art. 8 GRCh Rn. 13; *Hans D. Jarass*, GRCh, München 2010, Art. 8 Rn. 8.

[1030] Eine ausführliche Aufzählung der Verarbeitungstatbestände siehe bei *Matthias Knecht*, in: Schwarze, Jürgen (Hrsg.), EU-Kommentar, 2. Aufl., Baden-Baden 2009, Art. 8 GRCh Rn. 6; *Frank Schorkopf*, in: Ehlers, Dirk (Hrsg.), Europäische Grundrechte und Grundfreiheiten, 3. Aufl., Berlin 2009, § 16.1 Rn. 44.

[1031] *Hans D. Jarass*, GRCh, München 2010, Art. 7 Rn. 49; ders., EU-Grundrechte, München 2005, § 13 Rn. 46.

[1032] Ausdrücklich zu Art. 7 GRCh *Matthias Knecht*, in: Schwarze, Jürgen (Hrsg.), EU-Kommentar, 2. Aufl., Baden-Baden 2009, Art. 7 GRCh Rn. 10.

[1033] In Bezug auf die Europäische Menschenrechtskonvention so Michael Kloepfer, Informationsrecht, München 2002, § 2 Rn. 39; R*obert Uerpmann-Wittzack/Magdalena Jankowska-Gilberg*, Die Europäische Menschenrechtskonvention als Ordnungsrahmen für das Internet, MMR 2008, 83 (87).

[1034] Unter ausdrücklicher Bezugnahme auf die Vorratsdatenspeicherung *Frank Schorkopf*, in: Ehlers, Dirk (Hrsg.), Europäische Grundrechte und Grundfreiheiten, 3. Aufl., Berlin 2009, § 16.1 Rn. 46.

[1035] *Thorsten Kingreen*, in: Calliess, Christian/Ruffert, Matthias (Hrsg.), EUV/EGV, 3. Aufl., München 2007, Art. 8 GRCh Rn. 15.

und Art. 8 EMRK ist zu bejahen.[1036] Spätestens an dieser Stelle wird deutlich, dass die Zuordnung der personenbezogenen Verkehrsdaten zu Art. 7 oder Art. 8 GRCh keine entscheidende Rolle spielt.[1037] Denn in beiden Fällen greifen neben dem ohnehin für beide Vorschriften geltenden Art. 52 Abs. 1 GRCh die Einschränkungsgründe des Art. 8 Abs. 2 EMRK. Da Art. 8 Abs. 2 S. 1 GRCh weder zu einem engeren noch zu einem weiteren Verständnis der Einschränkungsgründe führt,[1038] wird auf der Rechtfertigungsebene ein Gleichlauf der beiden Vorschriften erzielt.

3. Weitere Grundrechte im Überblick

Die Einführung der Vorratsdatenspeicherung ist hinsichtlich der betroffenen Diensteanbieter auch im unionalen Grundrechtssystem in erster Linie am Maßstab der Wirtschaftsgrundrechte zu messen. Neben der Berufsfreiheit in Art. 15 Abs. 1 GRCh enthält Art. 16 GRCh ein eigenständiges Grundrecht auf unternehmerische Freiheit,[1039] das nach herrschender Meinung in seinem Anwendungsbereich als *lex specialis* die Vorschrift des Art. 15 Abs. 1 verdrängt.[1040] In den sachlichen Schutzbereich fällt jede unternehmerische Betätigung, d.h. jede Wirtschafts- oder Geschäftstätigkeit, die selbständig und dauerhaft erbracht wird.[1041] Zwar enthält Art. 16 GRCh im Unterschied zu anderen Wirtschaftsgrundrechten keine ausdrück-

1036 *Hans D. Jarass*, GRCh, München 2010, Art. 52 Rn. 61 (dort Fn. 190).

1037 *Jürgen Kühling/Christian Seidel/Anastasios Sivridis*, Datenschutzrecht, Frankfurt am Main 2008, S. 44.

1038 *Hans D. Jarass*, GRCh, München 2010, Art. 8 Rn. 11 ff.

1039 Umfassend dazu *Henning Schwier*, Der Schutz der „Unternehmerischen Freiheit" nach Artikel 16 der Charta der Grundrechte der Europäischen Union, Frankfurt 2008, insbes. S. 131 ff.

1040 *Hans D. Jarass*, GRCh, München 2010, Art. 16 Rn. 4. *Blanke* und *Durner* sprechen von einer speziellen Ausprägung des Grundrechts der Berufsfreiheit; *Hermann-Josef Blanke*, Die Gewährleistungen der Berufsfreiheit und des Rechts zu arbeiten sowie der unternehmerischen Freiheit in der Grundrechtecharta der Europäischen Union (Art. 75 und 76 VVE), in: Stern, Klaus/Tettinger, Peter J. (Hrsg.), Die Europäische Grundrechte-Charta im wertenden Verfassungsvergleich, Berlin 2005, S. 233 (239); *Wolfgang Durner*, Wirtschaftliche Grundrechte, in: Merten, Detlef/Papier, Hans-Jürgen (Hrsg.), Handbuch der Grundrechte, Band VI/1, Heidelberg 2010, § 162 Rn. 36.

1041 *Norbert Bernsdorff*, in: Meyer, Jürgen (Hrsg.), Charta der Grundrechte der Europäischen Union, 2. Aufl., Baden-Baden 2006, Art. 16 Rn. 11; *Hermann-Josef Blanke*, Die Gewährleistungen der Berufsfreiheit und des Rechts zu arbeiten sowie der unternehmerischen Freiheit in der Grundrechtecharta der Europäischen Union (Art. 75 und 76 VVE), in: Stern, Klaus/Tettinger, Peter J. (Hrsg.), Die Europäische Grundrechte-Charta im wertenden Verfassungsvergleich, Berlin 2005, S. 233 (239); *Hans D. Jarass*, GRCh, München 2010, Art. 16 Rn. 7; *Matthias Ruffert*, in: Calliess, Christian/Ruffert, Matthias (Hrsg.), EUV/EGV, 3. Aufl., München 2007, Art. 16 GRCh Rn. 1; mit einer Aufzählung der geschützten Bestandteile *Walter Frenz*, Die Europäische Unternehmerfreiheit, GewArch 2009, 427 (428 ff.).

liche Regelung der Grundrechtsträgerschaft.[1042] Um aber einen angemessenen Grundrechtsstandard, der nicht hinter den anderer Wirtschaftsgrundrechte, insbesondere der Berufsfreiheit, zurückfällt, zu gewährleisten,[1043] umfasst der persönliche Schutzbereich alle Selbständigen, egal ob natürliche Personen oder juristische Personen des Privatrechts.[1044] Das *Access Providing* stellt eine gewerbliche Dienstleistung dar, die regelmäßig von juristischen Personen des Privatrechts ausgeübt wird.[1045] Damit ist der Anwendungsbereich des Art. 16 GRCh für *Access Provider* eröffnet. Durch die Verpflichtung zur Vorratsspeicherung der Internetzugangsdaten und zur Auskunftserteilung gegenüber den Strafverfolgungsbehörden wird die unternehmerische Freiheit der verpflichteten Diensteanbieter eingeschränkt.

In Betracht kommt auch eine Verletzung des Eigentumsrechts des Art. 17 Abs. 1 GRCh. Davon erfasst ist jedes vermögenswerte Recht und zwar nicht nur der Bestand, sondern auch die Nutzung.[1046] Ähnlich der Unterscheidung im deutschen Recht schützt das Eigentumsrecht nach Art. 17 GRCh das Erworbene, während die unternehmerische Freiheit und die Berufsfreiheit nach Art. 15, 16 GRCh den Erwerb betreffen.[1047] Durch die Verpflichtung zur Vorratsspeicherung entstehen erhebliche Investitionskosten für die Telekommunikationsdiensteanbieter, insbesondere für die *Access Provider*, die zur Vorhaltung der im Internet anfallenden Daten angehalten sind. Darüber hinaus muss die bereits bestehende bzw. die gegebenenfalls zu modernisierende Infrastruktur für Zwecke der Speicherung und Beauskunftung von Daten genutzt werden. Dabei handelt es sich um eine Nutzungsregelung. Dies ergibt sich aus Art. 1 ZEMRK, auf den der Europäische Gerichtshof zum Zwecke der Beurteilung des Eingriffs zurückgreift. Danach ist zu unterscheiden, ob dem Eigentümer sein Eigentumsrecht gänzlich entzogen oder lediglich die Ausübung des Rechts beschränkt wird. Es kann insoweit auf die obigen Ausführungen zur Europäischen Menschenrechtskonvention verwiesen werden.[1048] Eine Beeinträchtigung der Eigentumsfreiheit in Form der Nutzungsfreiheit liegt jedenfalls vor.

Der Vollständigkeit halber sei erwähnt, dass auch eine Verletzung der Gleichheit zu besorgen ist. Der allgemeine Gleichheitssatz des Art. 20 GRCh besagt, dass vergleichbare Sachverhalte nicht unterschiedlich behandelt werden dürfen, es sei

---

[1042] *Walter Frenz*, Die Europäische Unternehmerfreiheit, GewArch 2009, 427 (427).
[1043] Vgl. *Walter Frenz*, Die Europäische Unternehmerfreiheit, GewArch 2009, 427 (427 f.).
[1044] *Matthias Ruffert*, in: Calliess, Christian/Ruffert, Matthias (Hrsg.), EUV/EGV, 3. Aufl., München 2007, Art. 16 GRCh Rn. 3.
[1045] Siehe bereits in diesem Kapitel unter A. III. 2. a).
[1046] *Wolfgang Durner*, Wirtschaftliche Grundrechte, in: Merten, Detlef/Papier, Hans-Jürgen (Hrsg.), Handbuch der Grundrechte, Band VI/1, Heidelberg 2010, § 162 Rn. 44 und 47.
[1047] *Hans D. Jarass*, GRCh, München 2010, Art. 17 Rn. 4; *Jürgen Schwarze*, in: Schwarze, Jürgen (Hrsg.), EU-Kommentar, 2. Aufl., Baden-Baden 2009, Art. 17 GRCh Rn. 4.
[1048] Siehe in diesem Kapitel unter B. I. 3.

denn, dass eine Differenzierung objektiv gerechtfertigt wäre.[1049] Eine Ungleichbehandlung liegt auch vor, wenn wesentlich unterschiedliche Sachverhalte gleich behandelt werden.[1050] Die verglichenen Sachverhalte sind sorgfältig abzugrenzen. Sie müssen sowohl Gemeinsamkeiten als auch Unterschiede aufweisen.[1051] Wie im Zusammenhang mit Art. 3 Abs. 1 GG bereits erörtert, bestehen jedoch schon an der Vergleichbarkeit der an angegebener Stelle erwähnten Sachverhalte Zweifel.[1052]

Diese kurzen Ausführungen machen bereits deutlich, dass die Maßstäbe im deutschen Verfassungsrecht und im unionalen Grundrechtssystem in erheblichem Maße deckungsgleich sind. Nach diesem Befund können die im Rahmen der verfassungsrechtlichen Untersuchung gefundenen Ergebnisse weitestgehend auch auf die Grundrechte der Grundrechtecharta übertragen werden. Weitere Ausführungen sind an dieser Stelle somit entbehrlich, zumal der Schwerpunkt der Prüfung auf der Verhältnismäßigkeit der Vorratsdatenspeicherung liegen soll.

[1049] *Sven Hölscheidt*, in: Meyer, Jürgen (Hrsg.), Charta der Grundrechte der Europäischen Union, 2. Aufl., Baden-Baden 2006, Art. 20 Rn. 14; *Dieter Kugelmann*, Gleichheitsrechte und Gleichheitsgrundsätze, in: Merten, Detlef/Papier, Hans-Jürgen (Hrsg.), Handbuch der Grundrechte, Band VI/1, Heidelberg 2010, § 160 Rn. 27.

[1050] *Hans D. Jarass*, GRCh, München 2010, Art. 20 Rn. 10.

[1051] *Sven Hölscheidt*, in: Meyer, Jürgen (Hrsg.), Charta der Grundrechte der Europäischen Union, 2. Aufl., Baden-Baden 2006, Art. 20 Rn. 15.

[1052] Siehe in diesem Kapitel unter A. III. 3.

„Jede staatliche Maßnahme, die [die Freiheit und Selbstbestimmung des einzelnen Bürgers] verkürzt, ist rechtfertigungs- und begründungsbedürftig. Das Übermaßverbot erweist sich damit als Prinzip der Freiheitssicherung.“[1053] Mit diesen wenigen Worten begründet *Ossenbühl* zutreffend die Notwendigkeit des Grundsatzes der Verhältnismäßigkeit.[1054] In diesem Sinne bedarf gewiss auch der Eingriff in die im *Vierten Kapitel* besprochenen Grund- und Menschenrechte einer Überprüfung anhand des Verhältnismäßigkeitsgrundsatzes, zumal sich die Diskussionen im Schrifttum vorrangig um diesen Aspekt ranken. Bei der hier maßgeblichen Frage, ob die Verhältnismäßigkeit bei der Verpflichtung zur Vorratsspeicherung von Internetzugangsdaten und der sich potenziell anschließenden Beauskunftung gewahrt ist, dürften für alle Regelungsebenen (Grundgesetz, Europäische Menschenrechtskonvention, Grundrechtecharta) weitgehend deckungsgleiche Argumente greifen und sich somit einheitliche Ergebnisse darstellen.[1055] Dies folgt bereits daraus, dass auf allen Regelungsebenen Eingriffe in Grundrechte durch den Grundsatz der Verhältnismäßigkeit begrenzt werden.[1056] Die einzelnen Elemente des Prüfungsaufbaus sind ebenfalls auf allen Regelungsebenen weitgehend vergleichbar.[1057] In Bezug auf die Prüfung der materiellen Rechtfertigung[1058] des Eingriffs sind demzufolge keine wesentlichen Unterschiede zu konstatieren. Angesichts der Kongruenz der Prüfungsreihenfolge wird die Prüfung der Verhältnismäßigkeit daher zwecks Übersichtlichkeit und zur Vermeidung von Redundanzen und Wiederholungen unter

1053 *Fritz Ossenbühl*, Maßhalten mit dem Übermaßverbot, in: Badura, Peter/Scholz, Rupert (Hrsg.), Wege und Verfahren des Verfassungslebens – Festschrift für Peter Lerche zum 65. Geburtstag, München 1993, S. 152 (155).

1054 Zu seiner Entstehung umfassend *Klaus Stern*, Zur Entstehung und Ableitung des Übermaßverbots, in: Badura, Peter/Scholz, Rupert (Hrsg.), Wege und Verfahren des Verfassungslebens – Festschrift für Peter Lerche zum 65. Geburtstag, München 1993, S. 165 ff.

1055 So im Ergebnis auch *Hans D. Jarass*, EU-Grundrechte, München 2005, § 6 Rn. 45.

1056 *Hans D. Jarass*, GRCh, München 2010, Art. 52 Rn. 35.

1057 Zum Grundsatz der Verhältnismäßigkeit im Unionsrecht *Hans D. Jarass*, EU-Grundrechte, München 2005, § 6 Rn. 45 ff.; *ders.*, GRCh, München 2010, Art. 52 Rn. 35 ff.; zum Grundsatz der Verhältnismäßigkeit bei Eingriffen in Rechte der Europäischen Menschenrechtskonvention *Volker Epping*, Grundrechte, 4. Aufl., Berlin 2010, Rn. 1022; *Ulrich Hoffmann-Remy*, Die Möglichkeiten der Grundrechtseinschränkung nach den Art. 8-11 Abs. 2 der Europäischen Menschenrechtskonvention, Berlin 1976, S. 34 ff.; zur Verhältnismäßigkeitsprüfung im Rahmen der Europäischen Menschenrechtskonvention und im Unionsrecht *Detlef Merten*, Verhältnismäßigkeitsgrundsatz, in: Merten, Detlef/Papier, Hans-Jürgen (Hrsg.), Handbuch der Grundrechte, Band III, Heidelberg 2009, § 68 Rn. 20 f.; zu den einzelnen Elementen näher in diesem Kapitel unter A. III.

1058 In Abgrenzung zur formellen Rechtfertigung mit dem wesentlichen Kriterium des Vorbehalts des Gesetzes inklusive Normenbestimmtheit; vgl. *Lothar Michael/Martin Morlok*, Grundrechte, 2. Aufl., Baden-Baden 2010, § 4 Rn. 38.

einem gemeinsamen Gliederungspunkt zusammengefasst. Sofern erforderlich, erfolgt ein Hinweis auf die rechtskreisspezifischen[1059] Besonderheiten.

A. *Struktur des Verhältnismäßigkeitsgrundsatzes*

Die Umschreibung des Verhältnismäßigkeitsgrundsatzes und der übermäßige Umgang damit haben in der Literatur einige sehr akzentuierten Phrasen hervorgebracht. Der Grundsatz der Verhältnismäßigkeit diene praktisch zur Erreichung oder Bekräftigung für nahezu „jedes gewünschte Ergebnis“[1060]. Oder er sei „der Obermaßstab, der alle anderen Verfassungsmaßstäbe gleichsam nivelliert und absorbiert [...], der große Gleich- und Weichmacher der Verfassungsmaßstäbe.“[1061] In der Tat scheint der Verhältnismäßigkeitsgrundsatz in jeglicher Situation als argumentative Stütze herangezogen werden zu können.[1062] Zur Vorbereitung auf die Prüfung der Verhältnismäßigkeit der Vorratsspeicherungs- und Auskunftspflichten soll dem Begriff der Verhältnismäßigkeit zunächst eine abstrakt-theoretische Kontur verliehen werden. Zu diesem Zweck wird in der gebotenen Kürze auf die verschiedenen Herleitungsversuche und rechtskreisspezifischen Verankerungen eingegangen (I.), bevor sodann die Grundlagen der rechtstaatlichen Bindung (II.) und darauf die Begrifflichkeiten der einzelnen Elemente der Verhältnismäßigkeitsprüfung kurz erläutert werden (III.).

I. Standort in den einzelnen Regelungsebenen

Das Verhältnismäßigkeitsprinzip ist, wenngleich mehr oder weniger ausgeprägt, in allen Regelungsebenen verankert. Teils wurde auf eine ausdrückliche Kodifikation verzichtet, teils fand das Prinzip Eingang in die grundrechtsrelevanten Regelungswerke.

[1059] Dass es sich um unterschiedliche Rechtskreise handelt, bestätigte das Bundesverfassungsgericht in seiner Görgülü-Entscheidung; vgl. BVerfG, Beschluss vom 14.10.2004 – 2 BvR 1481/04 (*Görgülü*), Rn. 34 = BVerfGE 111, 307 (318).

[1060] *Wolfgang Grunsky*, Abwehraussperrung und Allgemeininteresse im Arbeitskampf, ZRP 1976, 129 (131).

[1061] *Fritz Ossenbühl*, VVDStRL 39 (1981), 189 (Diskussionsbeitrag); später *ders.*, Maßhalten mit dem Übermaßverbot, in: Badura, Peter/Scholz, Rupert (Hrsg.), Wege und Verfahren des Verfassungslebens – Festschrift für Peter Lerche zum 65. Geburtstag, München 1993, S. 152 (152).

[1062] Ausführlich zu Begriff und Kasuistik *Detlef Merten*, Verhältnismäßigkeitsgrundsatz, in: Merten, Detlef/Papier, Hans-Jürgen (Hrsg.), Handbuch der Grundrechte, Band III, Heidelberg 2009, § 68 Rn. 1 ff.

1. Verfassungsrechtlicher Standort

Eine ausdrückliche Festschreibung des Grundsatzes der Verhältnismäßigkeit im Grundgesetz sucht man vergebens. Ungeachtet dessen gilt er nach der gefestigten Rechtsprechung des Bundesverfassungsgerichts unangefochten als ungeschriebener Grundsatz des Verfassungsrechts.[1063] Angesichts dessen sind vereinzelte Auffassungen, die eine Verankerung des Verhältnismäßigkeitsprinzips im Verfassungsrecht mit Verweis auf eine drohende Beeinflussung der Gesetzgebung und einer Politisierung der Justiz kritisierten,[1064] mittlerweile jedenfalls überholt. Zu seiner verfassungsrechtlichen Herleitung jedoch bezieht auch das Bundesverfassungsgericht nicht eindeutig Stellung. Der Grundsatz habe verfassungsrechtlichen Rang, der sich „aus dem Rechtsstaatsprinzip, im Grunde [aber] bereits aus dem Wesen der Grundrechte selbst“ ergebe.[1065] Er sei eine „Ausprägung des allgemeinen Rechtsstaatsprinzips“.[1066] Den „richtigen“ verfassungsrechtlichen Standort des allgemein anerkannten Grundsatzes aber konnte „man bisher [...] noch niemals exakt lokalisieren“, so beschrieb *Dürig* bereits vor mehr als einem halben Jahrhundert den Versuch der Einordnung des Verhältnismäßigkeitsprinzips in das innerstaatliche Rechtssystem und verwies zugleich auf Art. 19 Abs. 2 GG (i.V.m. Art. 1 Abs. 1 GG) als richtige Lokalisierung des öffentlich-rechtlichen Übermaßverbots.[1067] Seither wurden in Rechtsprechung und Literatur neben den beschriebenen Ansichten zahlreiche weitere Begrifflichkeiten und Herleitungen vertreten. Der Verhältnismäßigkeitsgrundsatz sei beispielsweise als Ausfluss des Gleichheitssatzes im Sinne des Art. 3 Abs. 1 GG zu betrachten. Er könne als Differenzierungsgebot bezeichnet werden, d.h. als Gebot der Differenzierung zwischen verschiedenen Sachverhalten, bei denen eine verschiedene Relation zwischen Zweck und Mittel besteht. Somit beinhalte der Gleichheitssatz den Verhältnismäßigkeitsgrundsatz.[1068] Nach *Ossenbühl* ergeben sich der Grundsatz der Verhältnismäßigkeit und das Übermaßverbot „als übergreifende Leitregeln allen staatlichen Handelns zwingend aus dem Rechtstaatsprinzip. [...] Weitere Reflexionen erscheinen [daher] unnötig.“[1069] Festzuhal-

---

1063 *Fritz Ossenbühl*, Zumutbarkeit als Verfassungsmaßstab, in: Rüthers, Bernd/Stern, Klaus (Hrsg.), Freiheit und Verantwortung im Verfassungsstaat, München 1984, S. 315 (325).

1064 So noch *Hans Peters*, Die Verfassungsmäßigkeit des Verbots der Beförderung von Massengütern im Fernverkehr auf der Straße, Bielefeld 1954, S. 14 f.

1065 BVerfG, Urteil vom 15.12.1965 – 1 BvR 513/65, Rn. 17.

1066 BVerfG, Urteil vom 8.2.1977 – 1 BvR 79/70, 1 BvR 278/70, 1 BvR 282/70, Rn. 129.

1067 *Günter Dürig*, Der Grundrechtssatz von der Menschenwürde, AöR 81 (1956), 117 (146); so wohl auch *Reinhold Zippelius*, Das Verbot übermäßiger gesetzlicher Beschränkung von Grundrechten, DVBl 1956, 353 (354).

1068 *Peter Wittig*, Zum Standort des Verhältnismäßigkeitsgrundsatzes im System des Grundgesetzes, DÖV 1968, 817 (822 f.).

1069 *Fritz Ossenbühl*, Maßhalten mit dem Übermaßverbot, in: Badura, Peter/Scholz, Rupert (Hrsg.), Wege und Verfahren des Verfassungslebens – Festschrift für Peter Lerche zum 65. Geburtstag, München 1993, S. 152 (154 f.) mit Verweis auf BVerfG, Urteil vom 5.3.1968 – 1 BvR 579/67 (*Zeugen Jehovas*), Rn. 19 = BVerfGE 23, 127 (133).

ten bleibt, dass diese Auffassung am ehesten mit der Tendenz des Bundesverfassungsgerichts korrespondiert und sich somit jedenfalls aus dem Rechtsstaatsprinzip eine Begründung des Verhältnismäßigkeitsgrundsatzes herleiten lässt. Die Daseinsberechtigung und die Notwendigkeit des Grundsatzes werden ohnehin übereinstimmend anerkannt.

2. Standort in der Europäischen Menschenrechtskonvention

Den Anknüpfungspunkt für die Verhältnismäßigkeitsprüfung bietet in der Europäischen Menschenrechtskonvention das Merkmal der Notwendigkeit in den Art. 8 bis 11 EMRK.[1070] Notwendig ist ein Eingriff, wenn er einem dringenden sozialen Bedürfnis entspricht, um das berechtigte Ziel zu erreichen, und die angewandten Mittel verhältnismäßig sind.[1071] Der Europäische Gerichtshof prüft unter Berücksichtigung aller Umstände, ob der Eingriff verhältnismäßig zu dem verfolgten berechtigten Ziel ist und die von den staatlichen Behörden und Gerichten zur Rechtfertigung angeführten Gründe stichhaltig und ausreichend sind.[1072] Im Vordergrund der Prüfung steht dabei die Angemessenheit, während die beiden ersten Stufen der Verhältnismäßigkeitsprüfung regelmäßig nicht ausdrücklich untersucht werden.[1073] Wenngleich der Grundsatz lediglich in den Art. 8 bis 11 EMRK verankert ist, findet eine Prüfung bei allen Einschränkungen der Konventionsrechte statt.[1074]

3. Standort in der Charta der Grundrechte der Europäischen Union

Der Grundsatz der Verhältnismäßigkeit hat in der Grundrechtecharta eine Doppelstellung.[1075] In der Grundrechtecharta ist der Grundsatz der Verhältnismäßigkeit mittlerweile fest in Art. 52 Abs. 1 S. 2 GRCh verankert. Eine Einschränkung der Rechte und Freiheiten der in der Grundrechtecharta anerkannten Rechte ist nur unter Wahrung des Grundsatzes möglich. Losgelöst davon entnimmt der Europäische Gerichtshof einen eigenständigen allgemeinen Grundsatz der Verhältnismäßigkeit als allgemeinen Grundsatz des Unionsrechts bereits unmittelbar aus den Vertrags-

---

[1070] Dort jeweils in Abs. 2; vgl. *Detlef Merten*, Verhältnismäßigkeitsgrundsatz, in: Merten, Detlef/Papier, Hans-Jürgen (Hrsg.), Handbuch der Grundrechte, Band III, Heidelberg 2009, § 68 Rn. 20.

[1071] *Jens Meyer-Ladewig*, EMRK, 2. Aufl., Baden-Baden 2006, Art. 8 Rn. 42.

[1072] *Jens Meyer-Ladewig*, EMRK, 2. Aufl., Baden-Baden 2006, Art. 8 Rn. 44.

[1073] *Detlef Merten*, Verhältnismäßigkeitsgrundsatz, in: Merten, Detlef/Papier, Hans-Jürgen (Hrsg.), Handbuch der Grundrechte, Band III, Heidelberg 2009, § 68 Rn. 20.

[1074] *Detlef Merten*, Verhältnismäßigkeitsgrundsatz, in: Merten, Detlef/Papier, Hans-Jürgen (Hrsg.), Handbuch der Grundrechte, Band III, Heidelberg 2009, § 68 Rn. 20.

[1075] *Meinhard Hilf*, Die Schranken der EU-Grundrechte, in: Merten, Detlef/Papier, Hans-Jürgen (Hrsg.), Handbuch der Grundrechte, Band VI/1, Heidelberg 2010, § 164 Rn. 22.

bestimmungen.[1076] Dessen Anwendung durch den Europäischen Gerichtshof unterscheidet sich von der üblichen sowohl im Unionsrecht als auch im deutschen Recht bekannten Anwendung vor allem darin, dass ohne Anknüpfung an ein konkretes Grundrecht geprüft wird, ob Belastungen in Relation zum Ziel einer Maßnahme unverhältnismäßig sind.[1077]

III. Bindung an den Verhältnismäßigkeitsgrundsatz

Da die Untersuchung am Maßstab des deutschen Verfassungsrechts im Vordergrund der vorliegenden Arbeit steht, eine Kodifizierung des Verhältnismäßigkeitsgrundsatzes im deutschen Grundrechtssystem aber nicht erfolgte, bleibt festzustellen, woraus sich die Bindungswirkung der Staatsgewalt an den Grundsatz ergibt. Einer Festlegung auf eine bestimmte Auffassung oder Begrifflichkeit im verfassungsrechtlichen Verständnis bedarf es an dieser Stelle nicht. Die Bindung aller Staatsgewalt an den Verhältnismäßigkeitsgrundsatz folgt jedenfalls aus Art. 1 Abs. 3 GG, dessen Bindungswirkung nicht nur die Grundrechte und grundrechtsgleichen Rechte selbst, sondern auch die ungeschriebenen Schranken-Schranken und demzufolge die Verhältnismäßigkeit betrifft.[1078] Die Bindung an den Grundsatz der Verhältnismäßigkeit gilt sowohl für die Gesetzgebung als auch die Rechtsanwendung. Das Rechtsstaatsprinzip des Art. 20 Abs. 3 GG, genauer die Verfassungsmäßigkeit der Gesetzgebung, verpflichtet den Gesetzgeber, bei allen belastenden grundrechtsrelevanten Gesetzen die Verhältnismäßigkeit der Mittel zu wahren.[1079] Doch auch Verwaltung und Rechtsprechung sind an Gesetz und Recht gebunden. Auch diese müssen die ungeschriebene Schranken-Schranke des Grundsatzes der Verhältnismäßigkeit beachten. Berücksichtigung bei der Rechtsanwendung findet der Grundsatz in erster Linie als Ermessensschranke.[1080]

III. Elemente der Verhältnismäßigkeitsprüfung

Im Wesentlichen unterscheidet sich die Prüfung der Verhältnismäßigkeit auf der Ebene des Verfassungsrechts nicht von der Ebene der Europäischen Menschen-

---

[1076] *Hans D. Jarass*, GRCh, München 2010, Art. 52 Rn. 36; *Helmut Lecheler*, Allgemeine Grundsätze des Unionsrechts, in: Merten, Detlef/Papier, Hans-Jürgen (Hrsg.), Handbuch der Grundrechte, Band VI/1, Heidelberg 2010, § 158 Rn. 29.

[1077] Vgl. *Hans D. Jarass*, GRCh, München 2010, Art. 52 Rn. 36.

[1078] *Detlef Merten*, Verhältnismäßigkeitsgrundsatz, in: Merten, Detlef/Papier, Hans-Jürgen (Hrsg.), Handbuch der Grundrechte, Band III, Heidelberg 2009, § 68 Rn. 42.

[1079] *Hans Hofmann*, in: Schmidt-Bleibtreu, Bruno/Hofmann, Hans/Hopfauf, Axel (Hrsg.), GG, 12. Aufl., Köln 2011, Art. 20 Rn. 73; *Detlef Merten*, Verhältnismäßigkeitsgrundsatz, in: Merten, Detlef/Papier, Hans-Jürgen (Hrsg.), Handbuch der Grundrechte, Band III, Heidelberg 2009, § 68 Rn. 43.

[1080] *Detlef Merten*, Verhältnismäßigkeitsgrundsatz, in: Merten, Detlef/Papier, Hans-Jürgen (Hrsg.), Handbuch der Grundrechte, Band III, Heidelberg 2009, § 68 Rn. 43, m.w.N. aus der Rechtsprechung des Bundesverfassungsgerichts.

rechtskonvention und der Ebene des Unionsrechts.[1081] Im Sinne einer deutlichen und anschaulichen Darstellung kann daher unproblematisch unterstellt werden, dass der Prüfungsaufbau auf allen drei Ebenen einer deckungsgleichen Struktur folgt. Sofern überhaupt geringfügige Abweichungen in den einzelnen Regelungsebenen hinsichtlich der Kontrolldichte[1082] oder der Verwendung differierender Termini[1083] zu besorgen wären, soll als Bezugspunkt der vorliegenden Untersuchung vorrangig das Verständnis im nationalen Verfassungsrecht gelten.

1. Prinzip der stufenweisen Prüfung

„Der Staat darf nicht mit Kanonen auf Spatzen schießen."[1084] Daraus folgt, dass der Gesetzgeber für jeden Eingriff in ein Grundrecht einen legitimen Zweck benennen muss, nämlich entweder das Wohl der Allgemeinheit oder die Rechte Dritter.[1085] Der Eingriff muss zur Erreichung dieses Zwecks geeignet, erforderlich und angemessen sein. Eine knappe, aber dennoch präzise Umschreibung der einzelnen Stufen der Verhältnismäßigkeitsprüfung liefert *Starck*:[1086] „Die in Frage stehende Grundrechtsbeschränkung muss geeignet sein, den Schutz des Rechtsgutes zu bewirken. Sie muss dazu erforderlich sein, was nicht der Fall ist, wenn ein milderes Mittel ausreicht. Schließlich muss sie im engeren Sinne verhältnismäßig sein, d.h.

1081 Vgl. *Volker Epping*, Grundrechte, 4. Aufl., Berlin 2010, Rn. 1022 und 1032; *Hans D. Jarass*, EU-Grundrechte, München 2005, § 6 Rn. 45.

1082 Der Europäische Gerichtshof nimmt häufig keine gleichsam genaue Prüfung der Verhältnismäßigkeit vor, sondern beschränkt sich bisweilen auf eine Art Ermessenskontrolle und die Prüfung des Wesensgehalts eines Grundrechts; vgl. *Thomas von Danwitz/Sonja Röder*, Vorüberlegungen zu einer Schutzbereichslehre der europäischen Charta-Grundrechte, in: Stern, Klaus/Tettinger, Peter J. (Hrsg.), Die europäische Grundrechte-Charta im wertenden Verfassungsvergleich, Berlin 2005, S. 31 (55 f.); *Carolin Eisner*, Die Schrankenregelung der Grundrechtecharta der Europäischen Union, Baden-Baden 2005, S. 142; *Meinhard Hilf*, Die Schranken der EU-Grundrechte, in: Merten, Detlef/Papier, Hans-Jürgen (Hrsg.), Handbuch der Grundrechte, Band VI/1, Heidelberg 2010, § 164 Rn. 22 ff.

1083 Art. 8 Abs. 2 EMRK etwa spricht nicht von „Verhältnismäßigkeit", sondern davon, ein Eingriff müsse „notwendig" sein. Auch nach Art. 52 Abs. 1 S. 2 GRCh dürfen Einschränkungen unter Wahrung des Grundsatzes der Verhältnismäßigkeit nur vorgenommen werden, wenn sie „notwendig" sind.

1084 *Christoph Gröpl*, Das verfassungsrechtliche Konzept der informationellen Selbstbestimmung und des Datenschutzes, in: Rüßmann, Helmut (Hrsg.), Festschrift für Gerhard Käfer, Saarbrücken 2009, S. 95 (104); *Fritz Ossenbühl*, Der Grundsatz der Verhältnismäßigkeit (Übermaßverbot) in der Rechtsprechung der Verwaltungsgerichte, Jura 1997, 617 (617).

1085 *Christoph Gröpl*, Das verfassungsrechtliche Konzept der informationellen Selbstbestimmung und des Datenschutzes, in: Rüßmann, Helmut (Hrsg.), Festschrift für Gerhard Käfer, Saarbrücken 2009, S. 95 (104).

1086 *Christian Starck*, in: Mangoldt, Hermann von/Klein, Friedrich/Starck, Christian (Hrsg.), GG, Band 1, 6. Aufl., München 2010, Art. 1 Abs. 3 Rn. 278.

in angemessenem Verhältnis zu dem Gewicht und der Bedeutung des Grundrechts stehen.“ Ausgehend von dieser Formulierung lassen sich die einzelnen Elemente des Verhältnismäßigkeitsprinzips bezeichnen und die Prüfungsmaßstäbe der durchzuführenden Güterabwägung bestimmen.

2. Begrifflichkeiten beim Zusammentreffen mehrerer Rechtsgüter

Zwar sind Grundrechte in erster Linie Abwehrrechte des Bürgers gegen den Staat, der Grundrechtsabschnitt enthält seit der *Lüth*-Entscheidung des Bundesverfassungsgerichts anerkanntermaßen aber darüber hinaus eine objektive Wertordnung und ein Wertsystem, das als verfassungsrechtliche Grundentscheidung für alle Bereiche des Rechts gilt.[1087] Dies impliziert ebenso die Notwendigkeit der Anwendung des Verhältnismäßigkeitsgrundsatzes als Abwägungsgrundlage[1088] – auch und gerade im Fall der Vorratsdatenspeicherung, im Rahmen deren Einführung zahlreiche widerstreitende Interessen abzuwägen und in Ausgleich zu bringen sind.

Im „Gleichrangigkeitsverhältnis“[1089] der Bürger untereinander stößt der Verhältnismäßigkeitsgrundsatz im klassischen Sinne nach verbreiteter Ansicht indes an seine Grenzen.[1090] Dieses Verhältnis ist nicht etwa mit der Verpflichtung des Gesetzgebers oder der polizeilichen Aufgabe im staatlichen Eingriffsrecht vergleichbar, die Verhältnismäßigkeit der Mittel wahren zu müssen.[1091] Als Schranken-Schranke steuert der Verhältnismäßigkeitsgrundsatz vielmehr den rechtfertigungs-

---

1087 BVerfG, Urteil vom 15.1.1958 – 1 BvR 400/51 (*Lüth*), insbes. Rn. 26 = BVerfGE 7, 198 (205); siehe dazu *Robert Alexy*, Grundrechte als subjektive Rechte und als objektive Normen, Der Staat 29 (1990), 49 (49); *Ernst-Wolfgang Böckenförde*, Grundrechte als Grundsatznormen, Der Staat 29 (1990), 1 (4); *Siegfried Broß*, Der Einfluss des Verfassungsrechts auf strafprozessuale Eingriffsmaßnahmen, HFR 2009, 1 (3).

1088 Vgl. *Ernst-Wolfgang Böckenförde*, Grundrechte als Grundsatznormen, Der Staat 29 (1990), 1 (19).

1089 Damit soll kenntlich gemacht werden, dass nicht das Über-/Unterordnungsverhältnis Staat-Bürger betroffen ist und auch nicht eine in Betracht kommende Vorrangstellung in Bezug genommen wird, sondern schützenswerte Interessen mehrerer Bürger aufeinandertreffen; so bezeichnet und verstanden auch bei *Paul Kirchhof*, Gleichheit in der Funktionenordnung, in: Isensee, Josef/Kirchhof, Paul (Hrsg.), Handbuch des Staatsrechts, Band V, 2. Aufl., Heidelberg 2000, § 125 Rn. 58.

1090 Auch *Ossenbühl* spricht in diesem Zusammenhang von einer allenfalls sprachlichen Gemeinsamkeit; vgl. *Fritz Ossenbühl*, Maßhalten mit dem Übermaßverbot, in: Badura, Peter/Scholz, Rupert (Hrsg.), Wege und Verfahren des Verfassungslebens – Festschrift für Peter Lerche zum 65. Geburtstag, München 1993, S. 152 (160).

1091 Zum Ursprung der Verhältnismäßigkeit im Polizeirecht *Paul Kirchhof*, Gleichmaß und Übermaß, in: Badura, Peter/Scholz, Rupert (Hrsg.), Wege und Verfahren des Verfassungslebens – Festschrift für Peter Lerche zum 65. Geburtstag, München 1993, S. 133 (136 und 143).

bedürftigen Grundrechtseingriff *des Staates*.[1092] Um die Gestaltungsmöglichkeiten des Gesetzgebers bzw. allgemein des Staates nicht auf Null zu reduzieren, ist die Abwägung daher nicht vor dem Hintergrund einer einzig richtigen, optimalen Lösung durchzuführen, sondern darauf zu beschränken, ob der geltend gemachte Eingriff in ein Grundrecht unverhältnismäßig ist.[1093] Die Abwägung folgt damit einem eher negativen Prüfungsansatz.[1094] Die häufig synonym zur Verhältnismäßigkeit verwendete Begrifflichkeit des „Übermaßverbots" bringt diese Umkehrung des Prüfungsansatzes noch deutlicher zum Ausdruck.[1095] Nach *Zippelius* besagt der Verhältnismäßigkeitsgrundsatz, „dass Eingriffe in Grundrechte, wenn sie schon erfolgen, auf das geringstmögliche, zwingend gebotene Maß beschränkt bleiben müssen."[1096] Ob damit aber ein gegenüber dem Übermaßverbot hinausgehendes Erfordernis benannt werden soll, ist eher fraglich. Nimmt man etwa die Rechtsprechung des Bundesverfassungsgerichts, in der ebenfalls von dem Erfordernis des „Zwingend-Geboten-Seins" die Rede ist, zum Vergleich, verbirgt sich dahinter schlicht die Prüfung der Erforderlichkeit.[1097] Denkbar wäre aber auch, dass damit die „ganz normale Abwägung im Sinne des Verhältnismäßigkeitsgebots im engeren Sinne" zum Ausdruck gebracht werden soll.[1098]

Stoßen grundrechtlich geschützte Rechtsgüter verschiedener Bürger zusammen, steht der Ausgleich der kollidierenden Interessen im Vordergrund.[1099] Um eine Grundrechtskollision handelt es sich demzufolge, wenn Grundrechte verschiedener Grundrechtsträger in Konflikt geraten.[1100] Dass eine solche Spannungslage

---

1092 *Herbert Bethge*, Grundrechtskollisionen, in: Merten, Detlef/Papier, Hans-Jürgen (Hrsg.), Handbuch der Grundrechte, Band III, Heidelberg 2009, § 72 Rn. 84; siehe aber auch die Ausnahme in Art. 9 Abs. 3 S. 2 GG.

1093 *Christian Starck*, in: Mangoldt, Hermann von/Klein, Friedrich/Starck, Christian (Hrsg.), GG, Band 1, 6. Aufl., München 2010, Art. 1 Abs. 3 Rn. 279; ähnlich *Rudolf Wendt*, Der Garantiegehalt der Grundrechte und das Übermaßverbot, AöR 104 (1979), 414 (457).

1094 *Christian Starck*, in: Mangoldt, Hermann von/Klein, Friedrich/Starck, Christian (Hrsg.), GG, Band 1, 6. Aufl., München 2010, Art. 1 Abs. 3 Rn. 279.

1095 *Christian Starck*, in: Mangoldt, Hermann von/Klein, Friedrich/Starck, Christian (Hrsg.), GG, Band 1, 6. Aufl., München 2010, Art. 1 Abs. 3 Rn. 279; zum synonymen Gebrauch der Begrifflichkeiten *Fritz Ossenbühl*, Der Grundsatz der Verhältnismäßigkeit (Übermaßverbot) in der Rechtsprechung der Verwaltungsgerichte, Jura 1997, 617 (617).

1096 *Reinhold Zippelius*, Das Verbot übermäßiger gesetzlicher Beschränkung von Grundrechten, DVBl 1956, 353 (354).

1097 Vgl. dazu *Rudolf Wendt*, Der Garantiegehalt der Grundrechte und das Übermaßverbot, AöR 104 (1979), 414 (429 f.).

1098 So auch *Rudolf Wendt*, Der Garantiegehalt der Grundrechte und das Übermaßverbot, AöR 104 (1979), 414 (430).

1099 *Christian Starck*, in: Mangoldt, Hermann von/Klein, Friedrich/Starck, Christian (Hrsg.), GG, Band 1, 6. Aufl., München 2010, Art. 1 Abs. 3 Rn. 320.

1100 Abzugrenzen ist der Begriff der Grundrechtskollision von der Grundrechtskonkurrenz i.e.S. (ein Grundrechtsträger beruft sich auf mehrere Grundrechte) und von der Grundrechtsparallelität (mehrere Grundrechte verschiedener Grundrechtsträger gehen in die gleiche Zielrichtung), allesamt Unterfälle einer Grundrechtsnormenkonkurrenz; vgl. zur überhaupt eintritt, kann das Grundgesetz nicht bereits von vorneherein ausschließen. Dem Grundrechtskatalog des Grundgesetzes liegt nämlich kein Ordnungssystem zu Grunde, das eine feste Rangordnung der einzelnen Grundrechte oder die Auflösung eines Grundrechtskonflikts festlegte.[1101] Ziel ist daher die möglichst weitgehende Optimierung der Rechtswerte, ohne aber auf ein einziges richtiges Ergebnis abzuzielen.[1102] An dieser Stelle fehle aber, so *Böckenförde*, der feste Bezugspunkt, den der Zweck einer staatlichen Maßnahme, etwa einer Gesetzesnorm, im Rahmen der Abwägung bildet.[1103] Aus dieser Feststellung und dem oben geschilderten Ausgangspunkt folgert er, dass der Verhältnismäßigkeitsgrundsatz in seinem klassischen Verständnis schon mit Blick auf diese Zielrichtung nicht als Ausgleichsmechanismus bei der Kollision „gleichrangiger“ Rechtsgüter taugen könne.[1104] *Böckenförde* bezeichnet die Verhältnismäßigkeit, die gerade nicht mit der Verhältnismäßigkeit im engeren Sinne identisch sei, als sog. „Angemessenheits-Verhältnismäßigkeit“.[1105]

Trotz dieser begriffstheoretischen Erwägungen aber schließt die klassische Prüfung der Verhältnismäßigkeit gleichwohl eine Abwägung der kollidierenden Rechts- bzw. Verfassungsgüter in Form eines Ausgleichs im Wege der „praktischen Konkordanz“[1106] mit ein.[1107] Um aber einen schonenden Ausgleich bewirken zu können, bedarf es zunächst überhaupt der Feststellung der kollidierenden Rechtspositionen, um schließlich in einem weiteren Schritt die widerstreitenden Rechtsgüter derart ausgleichen zu können, dass beide ihre optimale Wirksamkeit

Unterscheidung *Christoph Spielmann*, Konkurrenz von Grundrechtsnormen, Baden-Baden 2008, S. 23 ff.

1101 *Rudolf Wendt*, Der Garantiegehalt der Grundrechte und das Übermaßverbot, AöR 104 (1979), 414 (433).

1102 Siehe auch *Rudolf Wendt*, Der Garantiegehalt der Grundrechte und das Übermaßverbot, AöR 104 (1979), 414 (457 f.).

1103 *Ernst-Wolfgang Böckenförde*, Grundrechte als Grundsatznormen, Der Staat 29 (1990), 1 (20).

1104 *Ernst-Wolfgang Böckenförde*, Grundrechte als Grundsatznormen, Der Staat 29 (1990), 1 (20 f.); so auch *Paul Kirchhof*, Gleichheit in der Funktionenordnung, in: Isensee, Josef/Kirchhof, Paul (Hrsg.), Handbuch des Staatsrechts, Band V, 2. Aufl., Heidelberg 2000, § 125 Rn. 58; dem folgend *Herbert Bethge*, Grundrechtskollisionen, in: Merten, Detlef/Papier, Hans-Jürgen (Hrsg.), Handbuch der Grundrechte, Band III, Heidelberg 2009, § 72 Rn. 84.

1105 *Ernst-Wolfgang Böckenförde*, Grundrechte als Grundsatznormen, Der Staat 29 (1990), 1 (20).

1106 Begriff nach *Konrad Hesse*, Grundzüge des Verfassungsrechts der Bundesrepublik Deutschland, 20. Aufl., Heidelberg 1995, Rn. 72 und 317 f.

1107 Vgl. *Hans D. Jarass*, in: Jarass, Hans D./Pieroth, Bodo, GG, 11. Aufl., München 2011, Vorb. vor Art. 1 Rn. 47 und 52; *Lothar Michael/Martin Morlok*, Grundrechte, 2. Aufl., Baden-Baden 2010, § 23 Rn. 711.

entfalten.[1108] Die Eckpunkte praktischer Konkordanz sind dabei stets dieselben, egal ob es sich um Grundrechte mit Gesetzesvorbehalt oder um vorbehaltlos gewährleistete Grundrechte handelt.[1109] Es geht vor allem nicht darum, eine Vorrangstellung eines Rechtsguts zu begründen. Vielmehr müssen den kollidierenden Gütern Grenzen gezogen werden, die im jeweiligen konkreten Fall verhältnismäßig sein müssen.[1110] Unter dieser Prämisse könnte also durchaus von der „Aufgabe einer Optimierung“[1111] gesprochen werden. *Lerche* hingegen rät zu Zurückhaltung beim Gebrauch einer solchen Formulierung. Er bevorzugt den von ihm entwickelten „Gedanken des nach beiden Seiten hin schonendsten Ausgleichs“[1112].

B. Verhältnismäßigkeit der Vorratsdatenspeicherung

Die Verhältnismäßigkeit der Vorratsdatenspeicherung war wesentlicher Bestandteil der Entscheidung des Bundesverfassungsgerichts vom 2. März 2010.[1113] Die Kernaussagen des Gerichts wurden im *Dritten Kapitel* bereits ausführlich dargestellt,[1114] weshalb es geboten erscheint, sich an dieser Stelle etwas kürzer zu fassen. Dennoch soll im Folgenden ein Überblick über die verschiedenen Bedenken und konträren Interessen gegeben werden, der zugleich als Denkanstoß für die Frage verstanden werden kann, auf welche Weise eine „moderate“ Vorratsdatenspeicherung zu erreichen wäre.

I. Legitimer Zweck

Der Grundsatz der Zweckbindung ist einer der wesentlichen Prinzipien des Datenschutzrechts. Damit nicht vereinbar wäre die Sammlung nicht anonymisierter Da-

---

1108 So bezüglich der Einschränkung durch kollidierendes Verfassungsrecht *Hans-Jürgen Papier*, Vorbehaltlos gewährleistete Grundrechte, in: Merten, Detlef/Papier, Hans-Jürgen (Hrsg.), Handbuch der Grundrechte, Band III, Heidelberg 2009, § 64 Rn. 17.

1109 In diesem Sinne auch *Christoph Degenhart*, Grundrechtsausgestaltung und Grundrechtsbeschränkung, in: Merten, Detlef/Papier, Hans-Jürgen (Hrsg.), Handbuch der Grundrechte, Band III, Heidelberg 2009, § 61 Rn. 73.

1110 *Konrad Hesse*, Grundzüge des Verfassungsrechts der Bundesrepublik Deutschland, 20. Aufl., Heidelberg 1995, Rn. 72.

1111 *Konrad Hesse*, Grundzüge des Verfassungsrechts der Bundesrepublik Deutschland, 20. Aufl., Heidelberg 1995, Rn. 72.

1112 Siehe *Peter Lerche*, Übermass und Verfassungsrecht, Köln 1961, S. 153; *ders.*, Grundrechtsschranken, in: Isensee, Josef/Kirchhof, Paul (Hrsg.), Handbuch des Staatsrechts, Band V, 2. Aufl., Heidelberg 2000, § 122 Rn. 5 f.

1113 BVerfG, Urteil vom 2.3.2010 – 1 BvR 256/08, 1 BvR 263/08, 1 BvR 586/08 (*Vorratsdatenspeicherung*), insbes. Rn. 204 ff.

1114 Siehe im Dritten Kapitel unter D. II.

ten auf Vorrat zu unbestimmten oder noch nicht bestimmbaren Zwecken.[1115] Die Speicherung und Verwendung von Vorratsdaten ist daher nur zulässig, wenn sie auf einen gesetzlich bestimmten Zweck begrenzt ist.[1116] Darüber hinaus muss es sich bei diesem Zweck um einen legitimen Zweck handeln. Daran besteht bei der Vorratsdatenspeicherung kein Zweifel.[1117] Die Verfolgung von Straftaten, die Abwehr von Gefahren für die öffentliche Sicherheit oder die Erfüllung der Aufgaben der Nachrichtendienste sind legitime Zwecke, die einen Eingriff in die von den Speicherungs- und Auskunftspflichten tangierten Grundrechte rechtfertigen können. Der Auffassung von *Simitis*, die Effizienz der Strafverfolgung stelle für sich genommen keinen legitimen Verwendungszweck dar, da es dann kaum noch unzugängliche Daten gebe,[1118] kann pauschal nicht gefolgt werden. Würde dies zutreffen, wäre vielmehr umgekehrt etlichen Maßnahmen im Sicherheitsbereich schon von vornherein ein Riegel vorgeschoben. Zu einem angemessenen Ausgleich gelangt man indes anhand der notwendigen Überprüfung, ob eine Maßnahme zur Erreichung eines bestimmten Zwecks auch geeignet, erforderlich und angemessen ist.

II. Geeignetheit

Geeignet kann eine gesetzliche grundrechtseinschränkende Maßnahme nur dann sein, wenn sie überhaupt in der Lage ist, das gefährdete Rechtsgut wirksam zu schützen.[1119] Konkret heißt dies: Ermöglicht die Vorratsdatenspeicherung überhaupt eine mit der Speicherung bezweckte effektivere Strafverfolgung?

1. Erfolgsaussichten

Wenn insbesondere schwere Straftaten, die von einzelnen Personen begangen werden, tatsächlich ermittelt und aufgeklärt werden können, indem die Verkehrsdaten aller Bürger gespeichert werden, wäre die Geeignetheit der Vorratsspeicherung zu bejahen. In der Praxis und im Schrifttum wird dies allerdings vielfach bestritten. Die Zunahme der Überwachungsmaßnahmen führe nicht zu einer Zunahme der Ermittlungserfolge.[1120] Vielmehr sei die Aufklärung von Straftaten im Internet auch

---

[1115] BVerfG, Urteil vom 15.12.1983 – 1 BvR 209/83, 1 BvR 269/83, 1 BvR 362/83, 1 BvR 420/83, 1 BvR 440/83, 1 BvR 484/83 (*Volkszählung, Mikrozensus*), Rn. 155 = BVerfGE 65, 1 (46).

[1116] *Marie-Theres Tinnefeld/Eugen Ehmann/Rainer W. Gerling*, Einführung in das Datenschutzrecht, 4. Aufl., München 2005, S. 150.

[1117] *Mark A. Zöller*, Vorratsdatenspeicherung zwischen nationaler und europäischer Strafverfolgung, GA 2007, 393 (411).

[1118] *Spiros Simitis*, Hat der Datenschutz noch eine Zukunft?, RDV 2007, 143 (145).

[1119] *Christian Starck*, in: Mangoldt, Hermann von/Klein, Friedrich/Starck, Christian (Hrsg.), GG, Band 1, 6. Aufl., München 2010, Art. 1 Abs. 3 Rn. 278.

[1120] *Claus D. Ulmer/Dorothee Schrief*, Vorratsdatenspeicherung durch die Hintertür, DuD 2004, 591 (594).

mit den bestehenden rechtlichen und technischen Instrumenten möglich.[1121] Diese Bedenken halten einer näheren Auseinandersetzung mit der aufgeworfenen Frage indes nicht stand. Das Ergebnis einer empirischen Untersuchung von *Albrecht/Grafe/Kilching* zur Praxis der Auskunftserteilung über Telekommunikationsverkehrsdaten zeigt, dass die Verkehrsdatenabfrage insbesondere im Ermittlungsverfahren Wirkung entfaltet.[1122] In den Fällen, in denen die Verkehrsdatenabfrage in den Akten oder von den Bearbeitern der Akte als erfolgreich eingestuft wurde, war die Anklagequote im Vergleich zu den anderen Fallgruppen deutlich erhöht. Dementsprechend stieg die Einstellungsquote mit der Erfolglosigkeit der Verkehrsdatenabfrage. Schon diese Erhebung macht deutlich, dass Verkehrsdaten eine wichtige Rolle bei der Verfolgung von Straftaten spielen können. Bei der Beurteilung der Frage der Geeignetheit spielt es keine Rolle, ob der Zweck einer Regelung auch in jedem Fall lückenlos erreicht wird. Es reicht vielmehr aus, dass die Zweckerreichung gefördert wird.[1123]

2. Umgehungsmöglichkeiten

Das Gesagte muss im Ergebnis auch gelten, soweit auf die verschiedenen Umgehungsmöglichkeiten durch Straftäter abgestellt wird.[1124] Freilich bestehen Möglichkeiten, die Rückverfolgung anhand der gespeicherten Daten zu verhindern. Im Bereich des Internet ist bei Nutzung von Anonymisierungsdiensten, bei Unkenntlichmachung von IP-Adressen[1125] oder bei Nutzung von außereuropäischen *Access Providern* eine Ermittlung der Identität im Grunde ausgeschlossen.[1126] Dass in die-

---

[1121] *Dennis Jlussi*, Ist die Speicherung dynamischer IP-Adressen von Kunden, die einen Flatrate-Vertrag haben, durch Access Provider zulässig?, in: Jlussi, Dennis (Hrsg.), Studienarbeiten im IT-Recht, München 2007, S. 9 (120).

[1122] *Hans-Jörg Albrecht/Adina Grafe/Michael Kilching*, Rechtswirklichkeit der Auskunftserteilung über Telekommunikationsverbindungsdaten nach §§ 100g, 100h StPO, Freiburg 2008, S. 412.

[1123] BVerfG, Urteil vom 2.3.2010 – 1 BvR 256/08, 1 BvR 263/08, 1 BvR 586/08 (*Vorratsdatenspeicherung*), Rn. 207; zuvor bereits BVerfG, Beschluss vom 27.1.1983 – 1 BvR 1008/79, 1 BvR 1091/81, 1 BvR 322/80 (*Versorgungsausgleich*), Rn. 97 = NJW 1983, 1417 (1419); BVerfG, Beschluss vom 20.6.1984 – 1 BvR 1494/78 (*Telefonüberwachung*), Rn. 49 = NJW 1985, 121 (122); BVerfG, Beschluss vom 10.4.1997 – 2 BvL 45/92 (*Räumliche Aufenthaltsbeschränkung*), Rn. 61 = NVwZ 1997, 1109 (1111); BVerfG, Beschluss vom 3.4.2001 – 1 BvL 32/97 (*Urlaubsanrechnung*), Rn. 51 = DVBl 2001, 1128 (1129).

[1124] Siehe u.a. *Kerstin Orantek*, Die Vorratsdatenspeicherung in Deutschland, NJ 2010, 193 (200).

[1125] Vgl. dazu *Tarek Abdallah/Björn Gercke*, Strafrechtliche und strafprozessuale Probleme der Ermittlung nutzerbezogener Daten im Internet, ZUM 2005, 368 (370); *Andreas Pfitzmann/Stefan Köpsell*, Risiken der Vorratsspeicherung, DuD 2009, 542 (545 f.).

[1126] Vgl. *Franz Büllingen*, Vorratsspeicherung von Telekommunikationsdaten im internationalen Vergleich, DuD 2005, 349 (350); *Claus D. Ulmer/Dorothee Schrief*, Vorratsdatensen Fällen die Einführung einer Vorratsdatenspeicherungspflicht keine wesentliche Verbesserung der Verbrechensbekämpfung bewirken kann,[1127] ist zwar Tatsache, letztlich aber unerheblich, da im Rahmen der Geeignetheit nicht das bestmögliche oder geeignetste Mittel verlangt wird, sondern ein Mittel, das die Möglichkeit der Zweckerreichung bietet.[1128]

III. Erforderlichkeit

Die Erforderlichkeit der Vorratsdatenspeicherungspflicht ist gegeben, wenn der Zweck der Speicherung nicht auch durch ein anderes, gleich wirksames, die Grundrechte aber weniger oder gar nicht beeinträchtigendes Mittel erreichbar ist.[1129]

1. Alternative „Quick Freeze"

Als Alternative zur Vorratsdatenspeicherung wird bisweilen vorgeschlagen, das Prinzip des sog. „*Quick Freeze*", „*Data Freeze*" oder „*Data Preservation*" einzuführen.[1130] Darunter versteht man ein Verfahren, nach dem Daten bei bestehendem Verdacht ab einem bestimmten Zeitpunkt auf richterliche, staatsanwaltschaftliche oder polizeiliche Sicherungsanordnung hin gespeichert und „eingefroren" werden („*quick freeze*").[1131] Durch richterliche Anordnung können die so gespeicherten

---

speicherung durch die Hintertür, DuD 2004, 591 (595); *Mark A. Zöller*, Vorratsdatenspeicherung zwischen nationaler und europäischer Strafverfolgung, GA 2007, 393 (411).

1127 So *Claus D. Ulmer/Dorothee Schrief*, Vorratsdatenspeicherung durch die Hintertür, DuD 2004, 591 (595); *Patrick Breyer*, Bürgerrechte und TKG-Novelle – Datenschutzrechtliche Auswirkungen der Neufassung des Telekommunikationsgesetzes, RDV 2004, 147 (152).

1128 *Hans D. Jarass*, in: Jarass, Hans D./Pieroth, Bodo, GG, 11. Aufl., München 2011, Art. 20 Rn. 84 m.w.N.

1129 Vgl. *Hans D. Jarass*, in: Jarass, Hans D./Pieroth, Bodo, GG, 11. Aufl., München 2011, Art. 20 Rn. 85 m.w.N.

1130 So auch das Eckpunktepapier zur Sicherung vorhandener Verkehrsdaten und Gewährleistung von Bestandsdatenauskünften im Internet unter http://www.bmj.de/SharedDocs/Downloads/DE/pdfs/Eckpunktepapier_zur_Sicheung_vorhandener_Verkehrsdaten_und_Gewaehrleistung_von_Bestandsdatenauskuenften_im_Internet.pdf?_blob=publicationFile, zuletzt abgerufen am 26.4.2011. Dieses Verfahren wird auch in der *Convention on Cybercrime* in Bezug genommen (vgl. Art. 16). Siehe dazu *Hans-Jörg Albrecht/Adina Grafe/Michael Kilching*, Rechtswirklichkeit der Auskunftserteilung über Telekommunikationsverbindungsdaten nach §§ 100g, 100h StPO, Freiburg 2008, S. 63 m.w.N.; *Kurt Graulich*, Telekommunikationsgesetz und Vorratsdatenspeicherung, NVwZ 2008, 485 (490); *Claus D. Ulmer/Dorothee Schrief*, Vorratsdatenspeicherung durch die Hintertür, DuD 2004, 591 (595); *Dietrich Westphal*, Die neue EG-Richtlinie zur Vorratsdatenspeicherung, EuZW 2006, 555 (558); *Mark A. Zöller*, Vorratsdatenspeicherung zwischen nationaler und europäischer Strafverfolgung, GA 2007, 393 (411).

1131 *Hans-Jörg Albrecht/Adina Grafe/Michael Kilching*, Rechtswirklichkeit der Auskunftserteilung über Telekommunikationsverbindungsdaten nach §§ 100g, 100h StPO, Freiburg

Daten daraufhin „aufgetaut" und den Ermittlungsbehörden zur Verfügung gestellt werden („*fast thaw*").[1132] Insbesondere die USA verfügen über umfassende und detaillierte Regelungen in diesem Bereich; Gesetzesentwürfe zur Einführung einer Vorratsdatenspeicherung wurden hingegen mehrfach durch den Kongress als zu weitgehend abgewiesen.[1133]

Dieser Lösungsansatz der anlassbezogenen Speicherung von Verkehrsdaten wird auch von *Ulmer/Schrief* bevorzugt.[1134] Bei einer präventiven Überwachung, finden sie, könne mit Hilfe der Verkehrsdaten nur über vergangenes Nutzerverhalten Auskunft gegeben werden. Die Datenüberwachung bei bestehendem Verdacht enthalte demgegenüber schon nach bisheriger Rechtslage die Möglichkeit, in Echtzeit auf Verbindungs- und Inhaltsdaten zuzugreifen. Daraus könne man auch Hinweise auf geplante Taten entnehmen. Dem ist jedoch entgegenzuhalten, dass solche Daten, die mangels Erfordernis für Abrechnungs- oder vertragliche Zwecke nicht gespeichert werden dürfen oder Daten, die vor Ablauf der in der Vorratsdatenspeicherungspflicht vorgesehenen Mindestspeicherungsfrist von sechs Monaten gelöscht werden müssten, von dem *Quick-Freeze*-Verfahren gerade nicht erfasst werden.[1135] Denn in erster Linie greift diese Alternative lediglich die derzeit geltende Verkehrsdatenabfrage auf, mit der ab dem Zeitpunkt einer richterlichen Anordnung auf entstehende Telekommunikationsverbindungen zugegriffen werden kann.[1136] Zwar ist *Ulmer/Schrief* zuzugeben, dass die Eingriffsintensität bei einer anlassbezogenen Speicherung geringer ist. Statt einer umfassenden Speicherung von Verkehrsdaten der gesamten Bevölkerung wird auf diesem Wege auf Grund eines konkreten Verdachts nur die Speicherung von Daten einzelner Bürger veranlasst.[1137]

2008, S. 63; *Gabriela M. Sierck/Frank Schöning/Matthias Pöhl*, Zulässigkeit der Vorratsdatenspeicherung nach europäischem und deutschem Recht, Berlin 2006, S. 13 f.

[1132] *Alexander Dix*, Freiheit braucht Sicherheit – Sicherheit braucht Freiheit, in: Bundeskriminalamt (Hrsg.), Informations- und Kommunikationskriminalität, München 2004, S. 159 (162); *Peter Gola/Christoph Klug/Yvette Reif*, Datenschutz- und presserechtliche Bewertung der „Vorratsdatenspeicherung", Berlin/Bonn 2007, S. 36; *Bianca Uhe/Jens Herrmann*, Überwachung im Internet, Berlin 2003, S. 154.

[1133] *Franz Büllingen*, Vorratsspeicherung von Telekommunikationsdaten im internationalen Vergleich, DuD 2005, 349 (351); *ders./Aurélia Gillet/Christin-Isabel Gries u.a.*, Stand und Perspektiven der Vorratsdatenspeicherung im internationalen Vergleich, Bad Honnef 2004, S. 6 und 75.

[1134] *Claus D. Ulmer/Dorothee Schrief*, Vorratsdatenspeicherung durch die Hintertür, DuD 2004, 591 (595), siehe auch *Claus D. Ulmer*, Vorratsdatenspeicherung – Eine Bewertung aus Unternehmenssicht, K&R 2008, 8 (9).

[1135] Vgl. *Hans-Jörg Albrecht/Adina Grafe/Michael Kilching*, Rechtswirklichkeit der Auskunftserteilung über Telekommunikationsverbindungsdaten nach §§ 100g, 100h StPO, Freiburg 2008, S. 63 und 83.

[1136] *Hans-Jörg Albrecht/Adina Grafe/Michael Kilching*, Rechtswirklichkeit der Auskunftserteilung über Telekommunikationsverbindungsdaten nach §§ 100g, 100h StPO, Freiburg 2008, S. 63.

[1137] *Claus D. Ulmer/Dorothee Schrief*, Vorratsdatenspeicherung durch die Hintertür, DuD 2004, 591 (595).

Dabei handelt es sich zweifelsohne auch um ein milderes Mittel zum Zwecke der Strafverfolgung.[1138]

Jedoch ist das *Quick-Freeze*-Verfahren keine gleich effiziente Maßnahme.[1139] Die Speicherung der Verkehrsdaten auf Vorrat soll gewährleisten, dass diese Daten den Strafverfolgungsbehörden zur Aufklärung von Straftaten zur Verfügung stehen. Dürfen die entsprechenden Daten aber vor dem Hintergrund der starken Verbreitung von *Flatrate*-Tarifen im Telekommunikationsbereich von vorneherein nicht gespeichert werden, kann eine allein zukunftsgerichtete Speicherung nicht die gleiche Wirkung erzielen wie eine Mindestspeicherfrist, die eine Bevorratung wenigstens von sechs Monaten vorsieht. Ein Rückgriff auf das vergangene Kommunikationsverhalten eines potenziellen Straftäters wäre damit ausgeschlossen. Eine Befragung von Staatsanwälten hat ergeben, dass eine Verkehrsdatenabfrage im Vergleich zur Telekommunikationsüberwachung nach §§ 100a, 100b StPO gerade dann sinnvoll ist, wenn es um Daten aus der Vergangenheit geht.[1140] Das *Quick-Freeze*-Verfahren würde demgegenüber aber lediglich eine Maßnahme zur Datensicherung ab dem Zeitpunkt der richterlichen Anordnung darstellen.[1141]

Zwar besteht darüber hinaus bereits nach aktueller Rechtslage die Möglichkeit, Verkehrsdaten routinemäßig zu speichern. Dies kommt insbesondere in Betracht, um der Gefahr von Störungen des Telekommunikationsbetriebs entgegnen zu können (vgl. § 100 Abs. 1 TKG). Allerdings handelt es sich in der Praxis dabei um eine Speicherung von in der Regel bis zu sieben Tagen. Genau definiert ist die Speicherdauer hingegen nicht; sie kann von *Provider* zu *Provider* unterschiedlich gestaltet sein.[1142] Schon auf Grund dieses Umstands und in Anbetracht der wesentlich kürzeren Speicherdauer kann eine vergleichbare Wirksamkeit des *Quick-Freeze*-Verfahrens gegenüber der Vorratsdatenspeicherung nicht angenommen werden.[1143]

Auch der Hinweis auf die Rechtslage in den USA kann zu keiner anderen Bewertung führen. Es fehlt bereits an der Vergleichbarkeit der Ausgangslage. In den USA besitzen die Strafverfolgungsbehörden die Möglichkeit, alle in den Unternehmen gespeicherten Daten abzufragen. Dabei ist zu berücksichtigen, dass amerikanische Unternehmen Bestands- und Verkehrsdaten für ihre Zwecke in der Regel

---

[1138] So auch *Bianca Uhe/Jens Herrmann*, Überwachung im Internet, Berlin 2003, S. 155.

[1139] So auch die ganz überwiegende Ansicht in der Praxis; vgl. *Hans-Jörg Albrecht/Adina Grafe/Michael Kilching*, Rechtswirklichkeit der Auskunftserteilung über Telekommunikationsverbindungsdaten nach §§ 100g, 100h StPO, Freiburg 2008, S. 83.

[1140] Siehe *Hans-Jörg Albrecht/Adina Grafe/Michael Kilching*, Rechtswirklichkeit der Auskunftserteilung über Telekommunikationsverbindungsdaten nach §§ 100g, 100h StPO, Freiburg 2008, S. 338.

[1141] Vgl. auch den Bewertungsbericht zur Richtlinie über die Vorratsdatenspeicherung (Richtlinie 2006/24/EG), KOM (2011) 225, S. 5 f.

[1142] *Marc Schramm/Christoph Wegener*, Neue Anforderungen an eine anlasslose Speicherung von Vorratsdaten, MMR 2011, 9 (9).

[1143] *Marc Schramm/Christoph Wegener*, Neue Anforderungen an eine anlasslose Speicherung von Vorratsdaten, MMR 2011, 9 (9).

in großem Umfang speichern dürfen, da sie – anders als deutsche Unternehmen – keinen Einschränkungen durch Datenschutzgesetze unterliegen.[1144]

2. Verkürzung der Speicherungsfrist

Immerhin verweisen auch *Ulmer/Schrief* auf eine Untersuchung in Schweden, wonach Abfragen der Strafverfolgungsbehörden in der Regel in den ersten drei Monaten nach Beginn der Speicherung erfolgen.[1145] Dieser Befund korrespondiert im Ansatz mit der ohnehin bestehenden Rechtslage hinsichtlich der Erhebung von Verkehrsdaten. Auch nach § 100g Abs. 2 S. 1 i.V.m. § 100b Abs. 1 bis 3 StPO können Verkehrsdaten während eines Zeitraums von grundsätzlich höchstens drei Monaten erhoben werden. Allerdings bestehen zwei entscheidende Unterschiede. Zum Einen hat diese Erhebung Wirkung nur für die Zukunft. Erfolgt andererseits aber (beispielsweise auf Grund des fehlenden Erfordernisses für Abrechnungszwecke) erst gar keine Speicherung, so gingen manche Auskunftsersuchen von vorneherein ins Leere. Darüber hinaus hat die besagte Untersuchung ergeben, dass sich lediglich 80-85% der Datenabfragen auf den Zeitraum der letzten drei Monate beziehen.[1146] Die gleiche Wirksamkeit wie durch eine längere Speicherung (von sechs Monaten) kann dadurch aber nicht erreicht werden.

IV. Angemessenheit

Eine Maßnahme darf nach ihrer Intensität nicht außer Verhältnis zum angestrebten Ziel stehen (Angemessenheit oder Verhältnismäßigkeit im engeren Sinn). Es bedarf daher einer genauen Prüfung, ob die mit der Vorratsdatenspeicherungspflicht verbundene umfassende Speicherung personenbezogener Daten der Nutzer zu Zwecken der Strafverfolgung oder der Wahrung anderer Sicherheitsinteressen angemessen ist.[1147] Die praktischen Bedenken gegen die Vorratsdatenspeicherung sind vielfältig. Zweifel bestehen hauptsächlich im Hinblick auf die Streubreite des Eingriffs, die Veränderung des Kommunikationsverhaltens, die damit verbundenen

---

1144 *Franz Büllingen/Aurélia Gillet/Christin-Isabel Gries u.a.*, Stand und Perspektiven der Vorratsdatenspeicherung im internationalen Vergleich, Bad Honnef 2004, S. 75 und 85.

1145 *Claus D. Ulmer/Dorothee Schrief*, Vorratsdatenspeicherung durch die Hintertür, DuD 2004, 591 (595). Gleiches gilt im Übrigen auch für England und Österreich; *Hans-Jörg Albrecht/Adina Grafe/Michael Kilching*, Rechtswirklichkeit der Auskunftserteilung über Telekommunikationsverbindungsdaten nach §§ 100g, 100h StPO, Freiburg 2008, S. 84.

1146 *Franz Büllingen*, Vorratsspeicherung von Telekommunikationsdaten im internationalen Vergleich, DuD 2005, 349 (351); *Peter Gola/Christoph Klug/Yvette Reif*, Datenschutz- und presserechtliche Bewertung der „Vorratsdatenspeicherung", Berlin/Bonn 2007, S. 35 f.; *Gabriela M. Sierck/Frank Schöning/Matthias Pöhl*, Zulässigkeit der Vorratsdatenspeicherung nach europäischem und deutschem Recht, Berlin 2006, S. 14.

1147 So auch in BT-Drucks. 14/9801, S. 15 f.

Kostenrisiken, die Beherrschbarkeit der anfallenden Datenmengen sowie die Gefahren einer missbräuchlichen Verwendung der Daten.

1. Streubreite

Von der Vorratsdatenspeicherung sind neben den zur Speicherung und Beauskunftung herangezogenen Telekommunikationsdiensteanbietern nahezu alle Nutzer der Telekommunikation betroffen,[1148] unabhängig davon, ob sie durch ihr Verhalten irgendeinen Anlass für einen etwaigen Verdacht gegeben hätten.[1149] Auf Grund der starken Verbreitung der Telekommunikationstechnik umfasst dies sogar nahezu alle Bürger.[1150] Durch die verdachtsunabhängige Speicherung der Telekommunikationsdaten werden somit mehr als 450 Millionen unbescholtener Bürger in der Europäischen Union zum „Objekt staatlichen Handelns".[1151] Auch das Bundesverfassungsgericht kam zu dem Ergebnis, dass es sich bei einer solchen Speicherung um einen besonders schweren Eingriff mit einer Streubreite, wie sie die Rechtsordnung bisher nicht kenne, handelt.[1152] Nach *Dix* besteht daher die Gefahr, dass Kommunikationsnetze durch eine routinemäßige und anlassunabhängige Speicherung von Verkehrsdaten auf Vorrat zu regelrechten „Plattformen der Verdachtsschöpfung"[1153] würden. *Orantek* spricht von einem „Generalverdacht" gegen jeden Menschen.[1154]

Vermutlich aus solchen oder ähnlichen Gründen geht auch das Bundesverfassungsgericht seit dem Volkszählungsurteil grundsätzlich davon aus, dass eine Sammlung personenbezogener Daten auf Vorrat zu unbestimmten oder noch nicht bestimmbaren Zwecken mit dem Grundgesetz nicht vereinbar ist.[1155] Das Gericht hält aber trotz der außerordentlichen Streubreite und des mit ihr verbundenen Ein-

---

1148 *Sabine Leutheusser-Schnarrenberger* dehnt die Eingriffswirkung mit Blick auf die intensive Nutzung der elektronischen Kommunikation auf nahezu alle Menschen aus; *Sabine Leutheusser-Schnarrenberger*, Vorratsdatenspeicherung – Ein vorprogrammierter Verfassungskonflikt, ZRP 2007, 9 (11).

1149 *Peter Gola/Christoph Klug/Yvette Reif*, Datenschutz- und presserechtliche Bewertung der „Vorratsdatenspeicherung", Berlin/Bonn 2007, S. 37 f.

1150 Vgl. auch *Gabriele Britz*, Schutz informationeller Selbstbestimmung gegen schwerwiegende Grundrechtseingriffe – Entwicklungen im Lichte des Vorratsdatenspeicherungsurteils, JA 2011, 81 (81).

1151 BT-Drucks. 16/237, S. 1.

1152 BVerfG, Urteil vom 2.3.2010 – 1 BvR 256/08, 1 BvR 263/08, 1 BvR 586/08 (*Vorratsdatenspeicherung*), Rn. 210.

1153 *Alexander Dix*, Freiheit braucht Sicherheit – Sicherheit braucht Freiheit, in: Bundeskriminalamt (Hrsg.), Informations- und Kommunikationskriminalität, München 2004, S. 159 (164).

1154 *Kerstin Orantek*, Datenschutz im Informationszeitalter, Chemnitz 2008, S. 162.

1155 BVerfG, Urteil vom 15.12.1983 – 1 BvR 209/83, 1 BvR 269/83, 1 BvR 362/83, 1 BvR 420/83, 1 BvR 440/83, 1 BvR 484/83 (*Volkszählung, Mikrozensus*), Rn. 155 = BVerfGE 65, 1 (46).

griffsgewichts die Einführung einer sechsmonatigen Speicherungspflicht, wie sie in § 113a TKG vorgesehen war, nicht schlechthin für verfassungswidrig.[1156] Bei einer anlasslosen Speicherung der Telekommunikationsverkehrsdaten handele es sich nicht in jedem Fall um eine verbotene Form der Datensammlung. Erfolge sie zu bestimmten Zwecken, könne eine solche Speicherung, eingebunden in eine dem Eingriff adäquate gesetzliche Ausgestaltung, vielmehr auch den Verhältnismäßigkeitsanforderungen genügen. Eine weite und unspezifische Regelung wie die vom Bundesverfassungsgericht verworfene Vorschrift des § 113b TKG kann diesen Anforderungen nicht genügen. Erforderlich ist vielmehr, dass die Kenntnisnahme der Daten auf das absolut notwendigste Maß beschränkt bleibt und die Voraussetzungen hierfür bereits in den entsprechenden Befugnisnormen klar zum Ausdruck kommen.[1157] Eine Regelung, die allgemein auf Strafverfolgung und präventive Zwecke abstellt, erfasst aber im Grunde alle staatlichen Maßnahmen im Bereich der Strafverfolgung und Sicherheit, ohne hinsichtlich der Schwere und dem Gewicht der potenziellen Straftaten zu differenzieren. Eine solche Maßnahme wird dem „schieren Ausmaß"[1158] der Datensammlung und den damit verbundenen Gefahren nicht gerecht. Zu berücksichtigen ist aber auch, dass die Verkehrsdaten ohne die Einführung einer Pflicht zur Vorratsspeicherung regelmäßig mangels einschlägiger Ermächtigungsgrundlage zur Speicherung[1159] gelöscht werden müssen und damit gar nicht mehr zur Verfügung stehen. An die Voraussetzungen der Speicherung der Daten kann deshalb kein ähnlich strenger Maßstab anzulegen sein wie an die Frage der Zugriffsmöglichkeit. Die Belange staatlicher Aufgabenwahrnehmung sind vielmehr stets zu berücksichtigen.[1160] Erst die Gewährleistung der Speicherung führt zur Frage der Begrenzung des Zugriffs auf die Daten.

2. Vertrauensverlust

„Es gefährdet die Unbefangenheit der Nutzung der Telekommunikation und in der Folge die Qualität der Kommunikation einer Gesellschaft, wenn die Streubreite von Ermittlungsmaßnahmen dazu beiträgt, dass Risiken des Missbrauchs und ein Gefühl des Überwachtwerdens entstehen."[1161] Wer also ständig damit rechnen muss,

---

[1156] BVerfG, Urteil vom 2.3.2010 – 1 BvR 256/08, 1 BvR 263/08, 1 BvR 586/08 (*Vorratsdatenspeicherung*), Rn. 213.

[1157] Vgl. auch BVerfG, Urteil vom 2.3.2010 – 1 BvR 256/08, 1 BvR 263/08, 1 BvR 586/08 (*Vorratsdatenspeicherung*), Rn. 214.

[1158] *Kurt Graulich*, Telekommunikationsgesetz und Vorratsdatenspeicherung, NVwZ 2008, 485 (490).

[1159] Bei *Flatrate*-Verträgen besteht beispielsweise kein Erfordernis der Speicherung für Abrechnungszwecke; siehe dazu ausführlich im Dritten Kapitel unter A.

[1160] Vgl. BVerfG, Urteil vom 2.3.2010 – 1 BvR 256/08, 1 BvR 263/08, 1 BvR 586/08 (*Vorratsdatenspeicherung*), Rn. 217.

[1161] BVerfG, Urteil vom 12.3.2003 – 1 BvR 330/96, 348/99 (*Handy-Überwachung*), Rn. 101 = NJW 2003, 1787 (1793).

dass sein Kommunikationsverhalten überwacht werden könnte, wird sich, so auch die Befürchtung von *Gola/Klug/Reif*, möglichst unauffällig verhalten oder an der Kommunikation gar nicht mehr teilnehmen wollen.[1162] Diese Form der Pauschalverdächtigung sei geeignet, das Vertrauen des Einzelnen in die Nutzung moderner Kommunikationsmittel und in den Schutz der Unzugänglichkeit der privaten Kommunikation erheblich und nachhaltig zu beeinträchtigen.[1163] Die Gewährleistung eines Mindestmaßes an unbeobachteter Kommunikation sei daher schon im Hinblick auf die Funktionsfähigkeit eines demokratischen Staatssystems unentbehrlich.[1164]

Zwar kann man diesen Bedenken durchaus folgen. Dennoch ist fraglich, welches Gewicht man ihnen im Einzelnen beimessen sollte. Ein Teil der Bevölkerung ist offenbar in vielerlei Hinsicht bereit, persönliche Daten gegenüber verschiedenen Empfängern anzugeben, man denke nur an Telefonumfragen, Preisausschreibungen oder die Teilnahme an sonstigen Gewinnspielen. Vor allem hinsichtlich des Internet wird eingewandt, ohne die Möglichkeit einer vertraulichen Kommunikation werde sich auch das Internet nicht weiterentwickeln können.[1165] Auch hier muss man allerdings danach fragen, in welchem Umfang der Bevölkerung Schutz gewährt werden muss, wenn immer mehr Bürger freiwillig und ohne erkennbare Hemmungen teils höchstpersönliche Daten in sog. *Social Networks* wie *Facebook* oder „*Wer kennt wen?*" preisgeben.[1166]

Trotz der wachsenden Beliebtheit dieser Netzwerke und eines anscheinend unbegrenzten Mitteilungsbedürfnisses mancher Bürger darf andererseits natürlich nicht vergessen werden, dass im Rahmen einer anlasslosen Vorratsspeicherung auch Daten von Millionen von Bürgern bevorratet würden, die auf die Vertraulichkeit der Kommunikation Wert legen und nicht ohnehin allzu freizügig mit ihren Daten umgehen. Wenigstens im Interesse dieser muss der Zugriff auf die bevorrateten Daten auf das absolut notwendigste Maß begrenzt werden. Um außerdem dem Gefühl permanenter Überwachung und Bedrohung durch die Datenspeicherung entgegenzuwirken, bedarf es angemessener Transparenzregeln. Soweit die Verwendung der Vorratsdaten offen erfolgt oder wenigstens eine nachträgliche Be-

---

[1162] *Peter Gola/Christoph Klug/Yvette Reif*, Datenschutz- und presserechtliche Bewertung der „Vorratsdatenspeicherung", Berlin/Bonn 2007, S. 39; ähnlich auch *Kerstin Orantek*, Datenschutz im Informationszeitalter, Chemnitz 2008, S. 163.

[1163] *Peter Gola/Christoph Klug/Yvette Reif*, Datenschutz- und presserechtliche Bewertung der „Vorratsdatenspeicherung", Berlin/Bonn 2007, S. 39; auch *Franz Büllingen*, Vorratsspeicherung von Telekommunikationsdaten im internationalen Vergleich, DuD 2005, 349 (350); *Roland Hefendehl*, Daten-Dammbrüche – oder warum nicht jede Nase zu einem Kamel führt, JZ 2009, 165 (173).

[1164] *Peter Gola/Christoph Klug/Yvette Reif*, Datenschutz- und presserechtliche Bewertung der „Vorratsdatenspeicherung", Berlin/Bonn 2007, S. 40.

[1165] *Bianca Uhe/Jens Herrmann*, Überwachung im Internet, Berlin 2003, S. 152.

[1166] Siehe auch *Stephanie Iraschko-Luscher/Pia Kiekenbeck*, Datenschutz im Internet – Widerspruch oder Herausforderung, RDV 2010, 261 (262).

nachrichtigung des Betroffenen vorgesehen ist,[1167] kann nämlich auch der Verunsicherung, die aus der Unwissenheit über die Relevanz der Daten entsteht, vorgebeugt oder abgeholfen werden.[1168] Sofern die Verwendung der Daten aber in diesem Sinne ausreichend beschränkt ist, dürfte auch in Ansehung einer vorgelagerten und umfassenden Speicherung der Verkehrsdaten eine wesentliche Beeinträchtigung des Vertrauens der Bürger in die moderne Kommunikationstechnik und eine daraus resultierende Beschränkung des Nutzungsverhaltens kaum zu beobachten sein.[1169]

3. Kosten-Nutzen-Effizienz

Durch die Einführung der Vorratsdatenspeicherung entstehen den Telekommunikationsdiensteanbietern erhebliche Kosten für die Beschaffung und die Unterhaltung der notwendigen Infrastruktur und die Anpassung der betrieblichen Abläufe nebst damit einhergehendem Personalaufwand.[1170] Eine abschließende Kosten-Nutzen-Analyse liegt soweit ersichtlich aber noch nicht vor. Nach unterschiedlichen Schätzungen umfassen die Kosten jedoch Beträge im zwei- bis dreistelligen Millionenbetrag.[1171] Im Bereich des Internet ist der Investitionsaufwand im Hinblick auf die Bereitstellung der Speicherkapazitäten[1172], die Anpassung der Systemtechnik zur

---

[1167] Für die Einführung eines zweischneidigen Auskunftsanspruchs des Betroffenen *Tobias Kläner*, Verfassungswidrigkeit der Vorschriften zur anlasslosen Speicherung und späteren Nutzung von Telekommunikationsverkehrsdaten, NJ 2010, 204 (205).

[1168] Vgl. *Gabriele Britz*, Schutz informationeller Selbstbestimmung gegen schwerwiegende Grundrechtseingriffe – Entwicklungen im Lichte des Vorratsdatenspeicherungsurteils, JA 2011, 81 (85).

[1169] So im Ergebnis auch die abweichende Meinung des Richters *Eichberger* zum Urteil des BVerfG vom 2.3.2010 – 1 BvR 256/08, 1 BvR 263/08, 1 BvR 586/08 (*Vorratsdatenspeicherung*), Rn. 338; a.A. offenbar *Claus D. Ulmer*, Vorratsdatenspeicherung – Eine Bewertung aus Unternehmenssicht, K&R 2008, 8 (10).

[1170] *Mark A. Zöller*, Vorratsdatenspeicherung zwischen nationaler und europäischer Strafverfolgung, GA 2007, 393 (413); siehe auch BT-Drucks. 16/128, S. 2.

[1171] Siehe dazu die verschiedenen Kostenschätzungen bei *Hans-Jörg Albrecht/Adina Grafe/Michael Kilching*, Rechtswirklichkeit der Auskunftserteilung über Telekommunikationsverbindungsdaten nach §§ 100g, 100h StPO, Freiburg 2008, S. 86; *Patrick Breyer*, Rechtsprobleme der Richtlinie 2006/24/EG zur Vorratsdatenspeicherung und ihrer Umsetzung in Deutschland, StV 2007, 214 (216); *Franz Büllingen*, Vorratsspeicherung von Telekommunikationsdaten im internationalen Vergleich, DuD 2005, 349 (350); *Diethelm Klesczewski*, Kritik der Vorratsdatenspeicherung, in: Weßlau, Edda/Wohlers, Wolfgang (Hrsg.), Festschrift für Gerhard Fezer, Berlin 2008, S. 19 (31); *Gabriela M. Sierck/Frank Schöning/Matthias Pöhl*, Zulässigkeit der Vorratsdatenspeicherung nach europäischem und deutschem Recht, Berlin 2006, S. 14.

[1172] Nach einer Stellungnahme des Unabhängigen Landeszentrums für Datenschutz Schleswig-Holstein vom 27.6.2007 zur Vorratsdatenspeicherung handelt es sich in einem Zeitraum von sechs Monaten um mehrere Milliarden Datensätze (siehe dort S. 21); abrufbar

Generierung der Datenspeicherung, die Anpassung der betrieblichen Abläufe und die Maßnahmen zur Sicherung der Daten besonders groß.[1173] Dies stelle einige Unternehmen sogar vor existenzielle Fragen.[1174] Gleichzeitig bleibe aber ungewiss, ob die Daten für den mit der Speicherung verfolgten Zweck tatsächlich irgendwann einmal benötigt werden.[1175] Aus diesem Grund ließe sich hinsichtlich der Verpflichtung zur Vorhaltung von Internetzugangsdaten durchaus über die Einführung einer Marginalgrenze für Klein- oder Kleinstunternehmen nach dem Muster der Telekommunikations-Überwachungsverordnung (TKÜV) nachdenken.[1176]

Andererseits gilt es aber zu beachten, dass die Telekommunikationsunternehmen die Chancen der Telekommunikationstechnik zur Gewinnerzielung nutzen. Wenn ihnen also die positiven Seiten der Technik zur Verfügung stehen, können sie sich nicht zugleich von der Auferlegung der Lasten als deren Kehrseite befreien.[1177] Damit sind insbesondere die Risiken in Bezug genommen, die mit dem Gebrauch der Telekommunikationseinrichtungen, die die Diensteanbieter zur Verfügung stellen, einhergehen. Die Telekommunikationsunternehmen tragen dementsprechend nicht nur zur Erleichterung der Kommunikation zwischen den Bürgern bei, sondern stellen mit ihren Kommunikationseinrichtungen auch ein Mittel zur Verfügung, das zugleich für kriminelle Aktivitäten genutzt werden kann. Durch die Speicherung von Verkehrsdaten auf Vorrat soll eine Möglichkeit geschaffen werden, die Strafverfolgung effektiver zu machen. Wären verschiedene Anbieter auf Grund einer Marginalgrenze nicht zur Speicherung verpflichtet, würde dadurch ein Raum zur Umgehung der Vorratsdatenspeicherung insgesamt geschaffen.

Da die Verkehrsdaten bei der Bereitstellung der Dienste der Telekommunikationsunternehmen anfallen, kann eine Bevorratung zunächst auch nur von diesen vorgenommen werden. Damit werden sie verpflichtet, einen Beitrag zur Effektivierung der Strafverfolgung und somit zur Gewährleistung der Sicherheit der Allgemeinheit zu leisten. Nach Ansicht des Bundesverfassungsgerichts hat der Gesetzgeber einen weiten Gestaltungsspielraum, welche Pflichten zur Sicherstellung von Gemeinwohlbelangen er Privaten im Rahmen ihrer Berufstätigkeit auferlegen

---

unter https://www.datenschutzzentrum.de/polizei/20070627vorratsdatenspeicherung.htm, zuletzt abgerufen am 24.3.2011.

1173 *Claus D. Ulmer/Dorothee Schrief*, Vorratsdatenspeicherung durch die Hintertür, DuD 2004, 591 (596).

1174 *Claus D. Ulmer/Dorothee Schrief*, Vorratsdatenspeicherung durch die Hintertür, DuD 2004, 591 (596).

1175 BT-Drucks. 14/9801, S. 16.

1176 Vgl. § 3 Abs. 2 Nr. 5 TKÜV; so auch das Eckpunktepapier zur Sicherung vorhandener Verkehrsdaten und Gewährleistung von Bestandsdatenauskünften im Internet, S. 5 f.; siehe unter http://www.bmj.de/SharedDocs/Downloads/DE/pdfs/Eckpunktepapier_zur_Sicherung_vorhandener_Verkehrsdaten_und_Gewaehrleistung_von_Bestandsdatenauskuenften_im_Internet.pdf?_blob=publicationFile, zuletzt abgerufen am 26.4.2011.

1177 So im Ergebnis auch BVerfG, Urteil vom 2.3.2010 – 1 BvR 256/08, 1 BvR 263/08, 1 BvR 586/08 (*Vorratsdatenspeicherung*), Rn. 302.

möchte. Maßgeblich sei allein eine hinreichende Sach- und Verantwortungsnähe zwischen der beruflichen Tätigkeit und der auferlegten Verpflichtung.[1178] Zu diesem Ergebnis muss man genauso bei strikter Beachtung der Sozialbindung des Eigentums gelangen. Die Befugnisse des Gesetzgebers sind dabei umso größer, je stärker der soziale Bezug des Eigentumsobjekts ist.[1179]

4. Missbrauchsmöglichkeiten

Es darf nicht außer Acht gelassen werden, dass die Gefahr des Datenmissbrauchs, der Datenmanipulation und des unberechtigten Zugriffs auf die gespeicherten Daten mit der Erhöhung der zu speichernden Datenmenge ansteigt.[1180] Denn mit dem bevorrateten Datenvolumen steigt auch das Interesse Dritter an den gespeicherten Daten.[1181] Eine anlasslose generelle Speicherung von Nutzungs- und Abrechungsdaten, jeweils verbunden mit Bestandsdaten, lässt die Bildung von Bewegungs- und Persönlichkeitsprofilen erheblichen Ausmaßes zu.[1182] Über mobile Internetnutzer oder im Bereich des Mobilfunks können mit Hilfe der gespeicherten Daten Bewegungsprofile erstellt werden.[1183]

Daher bedarf es besonderer Sicherheitsvorkehrungen, um den Schutz der Daten vor Missbrauch oder Zugriffen Dritter zu gewährleisten. Um keine unmittelbare Verknüpfung mit anderen Daten zu ermöglichen, wäre beispielsweise eine getrennte Speicherung angezeigt. Hierzu äußerte sich die Gesetzesbegründung im Zusammenhang mit der Vorratsdatenspeicherungspflicht lediglich dahingehend, dass Diensteanbieter nicht verpflichtet seien, alle gespeicherten Daten in einer Datenbank aufzubewahren. Vielmehr sei ihnen in den Grenzen der geltenden Daten-

---

1178 BVerfG, Urteil vom 2.3.2010 – 1 BvR 256/08, 1 BvR 263/08, 1 BvR 586/08 (*Vorratsdatenspeicherung*), Rn. 301.

1179 *Hans D. Jarass*, in: Jarass, Hans D./Pieroth, Bodo, GG, 11. Aufl., München 2011, Art. 14 Rn. 42.

1180 *Claus D. Ulmer/Dorothee Schrief*, Vorratsdatenspeicherung durch die Hintertür, DuD 2004, 591 (596); ähnlich *Peter Gola/Christoph Klug/Yvette Reif*, Datenschutz- und presserechtliche Bewertung der „Vorratsdatenspeicherung", Berlin/Bonn 2007, S. 38 f.

1181 Ähnlich *Gabriele Britz*, Schutz informationeller Selbstbestimmung gegen schwerwiegende Grundrechtseingriffe – Entwicklungen im Lichte des Vorratsdatenspeicherungsurteils, JA 2011, 81 (82).

1182 So bereits das Bundesverfassungsgericht in seiner Volkszählungsentscheidung; BVerfG, Urteil vom 15.12.1983 – 1 BvR 209/83, 1 BvR 269/83, 1 BvR 362/83, 1 BvR 420/83, 1 BvR 440/83, 1 BvR 484/83 (*Volkszählung, Mikrozensus*), Rn. 147 = BVerfGE 65, 1 (42); ähnlich auch *Dirk Hensel*, Die Vorratsdatenspeicherung aus datenschutzrechtlicher Sicht, DuD 2009, 527 (528); *Guido Hobert*, Datenschutz und Datensicherheit im Internet, 2. Aufl., Frankfurt am Main 1998, S. 56 f.; *Sabine Leutheusser-Schnarrenberger*, Vorratsdatenspeicherung – Ein vorprogrammierter Verfassungskonflikt, ZRP 2007, 9 (11).

1183 *Jürgen Kühling*, Grundrechte, in: Bogdandy, Armin von/Bast, Jürgen (Hrsg.), Europäisches Verfassungsrecht, 2. Aufl., Berlin 2009, S. 657 (658); *Andreas Pfitzmann/Stefan Köpsell*, Risiken der Vorratsspeicherung, DuD 2009, 542 (543).

schutz- und Datensicherheitsbestimmungen freigestellt, die einzelnen Datenarten nach Maßgabe ihrer technischen Gegebenheiten in unterschiedlichen Datenbanken zu speichern, sofern dies dem Erfordernis unverzüglicher Auskunftserteilung nicht entgegenstehe.[1184] Damit war die Gewährleistung der Datensicherheit aber keinesfalls verbindlich und durchsetzbar vorgegeben. Ein gesetzlicher Verweis auf die im Bereich der Telekommunikation erforderliche Sorgfalt, wie ihn beispielsweise § 113a Abs. 10 TKG enthielt, genügte den besonders hohen Anforderungen an die Sicherheit der umfangreichen und aussagekräftigen Datensammlung nach § 113a TKG auch nach Ansicht des Bundesverfassungsgerichts jedenfalls nicht.[1185] Zum Schutz der Daten muss vielmehr ein wirksames Datenschutzmanagement gewährleistet werden.[1186] Denn dem Risiko der Bevorratung großer Datenmengen, d.h. vor allem der Missbrauchsgefahr, kann nur durch ausreichende Maßnahmen zur Datensicherheit begegnet werden.[1187]

Notwendig ist ein besonders hoher Sicherheitsstandard und eine Verfahrenssicherung sowohl hinsichtlich der Speicherung der Daten als auch des Zugriffs auf die Daten. Welche Maßnahmen zur Sicherstellung der Datensicherheit in Betracht kommen, hat das Bundesverfassungsgericht anknüpfend an Stellungnahmen von Sachverständigen konkretisiert. Danach muss „eine getrennte Speicherung der Daten, eine anspruchsvolle Verschlüsselung[1188], ein gesichertes Zugriffsregime unter Nutzung etwa des Vier-Augen-Prinzips sowie eine revisionssichere Protokollierung sichergestellt sein [...], um die Sicherheit der Daten verfassungsrechtlich hinreichend zu gewährleisten."[1189] Um die Beachtung dieser Grundsätze verpflichtend zu machen, dürfen die dafür notwendigen Maßnahmen aber nicht der freien Einschätzung der Diensteanbieter vorbehalten bleiben, sondern müssen gesetzlich „normenklar und verbindlich" vorgeschrieben werden.[1190] Darüber hinaus wird ein Sanktio-

---

[1184] BR-Drucks. 275/07, S: 161.

[1185] BVerfG, Urteil vom 2.3.2010 – 1 BvR 256/08, 1 BvR 263/08, 1 BvR 586/08 (*Vorratsdatenspeicherung*), Rn. 271 ff.

[1186] So auch die Stellungnahme des Unabhängigen Landeszentrums für Datenschutz Schleswig-Holstein vom 27.6.2007 zur Vorratsdatenspeicherung (siehe dort S. 22); abrufbar unter https://www.datenschutzzentrum.de/polizei/20070627vorratsdaten-speicherung.htm, zuletzt abgerufen am 24.3.2011.

[1187] *Gabriele Britz*, Schutz informationeller Selbstbestimmung gegen schwerwiegende Grundrechtseingriffe – Entwicklungen im Lichte des Vorratsdatenspeicherungsurteils, JA 2011, 81 (82).

[1188] Zu den möglichen Verschlüsselungsverfahren *Marc Schramm/Christoph Wegener*, Neue Anforderungen an eine anlasslose Speicherung von Vorratsdaten, MMR 2011, 9 (10).

[1189] BVerfG, Urteil vom 2.3.2010 – 1 BvR 256/08, 1 BvR 263/08, 1 BvR 586/08 (*Vorratsdatenspeicherung*), Rn. 224.

[1190] So auch BVerfG, Urteil vom 2.3.2010 – 1 BvR 256/08, 1 BvR 263/08, 1 BvR 586/08 (*Vorratsdatenspeicherung*), Rn. 225.

nensystem verlangt, das Verstößen gegen die Datensicherheit ein angemessenes Gewicht beimisst.[1191]

5. Gebot einer grundrechtsschonenden Umsetzung

a) Vorgaben der Richtlinie 2006/24/EG

Die Kritik an der Umsetzung der Vorratsdatenspeicherungsrichtlinie bezog sich vor allem auf die Abweichung der Regelung des Verwendungszwecks der gespeicherten Daten von den Vorgaben der Richtlinie. § 100g Abs. 1 S. 1 StPO erlaubte die Erhebung und § 100g Abs. 2 S. 1 i.V.m. § 100b StPO die Beauskunftung von Verkehrsdaten. Diese Ermächtigungsgrundlage für die Auskunftsersuchen der Strafverfolgungsbehörden setzte in erster Linie voraus, dass ein Verdacht entweder auf Straftaten von auch im Einzelfall erheblicher Bedeutung, insbesondere solche des § 100a Abs. 2 StPO, oder auf mittels Telekommunikation begangene Straftaten vorlag. Die datenschutzrechtliche Befugnisnorm des § 113b S. 1 Nr. 1 TKG sprach sogar nur von der Verfolgung von Straftaten, ohne auf die Qualität dieser näher einzugehen. Nach Art. 1 Abs. 1 der Richtlinie haben die Mitgliedstaaten sicherzustellen, dass die auf Vorrat zu speichernden Verkehrsdaten zum Zwecke der Ermittlung, Feststellung und Verfolgung von *schweren* Straftaten, wie sie von jedem Mitgliedstaat in seinem nationalen Recht bestimmt werden, zur Verfügung stehen.

Die Gesetzesmaterialien enthalten eine ausführliche Begründung für die Abweichung der deutschen Regelung von den Vorgaben der Richtlinie. Darin wird darauf hingewiesen, dass nach der vom Ministerrat für Justiz und Inneres am 21. Februar 2006 angenommenen Erklärung zu Art. 1 Abs. 1 der Richtlinie die Mitgliedstaaten bei der Definition des Begriffs „schwere Straftat" im einzelstaatlichen Recht die in Art. 2 Abs. 2 des Rahmenbeschlusses des Rates über den europäischen Haftbefehl genannten Straftaten, d.h. Straftaten, die mit einer Freiheitsstrafe oder einer freiheitsentziehenden Maßregel der Sicherung im Höchstmaß von mindestens drei Jahren bedroht sind, sowie Straftaten unter Einsatz von Telekommunikationseinrichtungen angemessen zu berücksichtigen haben.[1192] Durch die Anknüpfung in § 100g Abs. 1 S. 1 StPO an eine Straftat von erheblicher Bedeutung (Nr. 1) bzw. an eine mittels Telekommunikation begangene Straftat (Nr. 2) werde diesen Vorgaben Rechnung getragen. Der in der englischen Fassung der Richtlinie verwendete Begriff „*serious crime*" sei nicht gleichzusetzen mit dem Begriff der „schweren Straftat" im Sinne des § 100a StPO. Während eine „schwere Straftat" im Sinne des § 100a Abs. 2 StPO regelmäßig eine Mindesthöchststrafe von fünf Jahren Freiheitsstrafe voraussetze, diene der Begriff nach europäischem Verständnis re-

---

[1191] Vgl. *Gabriele Britz*, Schutz informationeller Selbstbestimmung gegen schwerwiegende Grundrechtseingriffe – Entwicklungen im Lichte des Vorratsdatenspeicherungsurteils, JA 2011, 81 (82).

[1192] Dazu und zu den folgenden Ausführungen BT-Drucks. 16/5846, S. 52 f.

gelmäßig lediglich dazu, Tatbestände der Qualität von Ordnungswidrigkeiten oder von Bagatellkriminalität auszugrenzen. *„Serious crime“* bedeute im europäischen Kontext somit eher „ernsthafte Straftat“. Die Begründung verweist zudem auf die Europäische Kommission, die von einer „schweren Straftat“ dann ausgehe, wenn eine Freiheitsstrafe von im Höchstmaß mindestens einem Jahr angedroht sei.[1193] Schließlich sei zu bedenken, dass Art. 1 der Richtlinie keine Schwelle für den Zugriff auf die zu speichernden Daten vorgebe, sondern lediglich den Zweck der Richtlinie umschreibe.

Unterzieht man diese Argumente einer genaueren Überprüfung, wird man zu dem Ergebnis kommen müssen, dass eine Auslegung anhand des Wortlauts der in der Gesetzesbegründung in Bezug genommenen Bestimmungen schwer fällt. Auch Art. 1 der Richtlinie erlaubt zweierlei Interpretationen. Man könnte an dem reinen Wortlaut in der deutschen Fassung ansetzen, womit wohl nur eine Verwendung zur Verfolgung schwerer Straftaten, wie sie das deutsche Recht näher bestimmt, eine richtliniengetreue Umsetzung darstellen könnte. Im deutschen Rechtssystem beschreibt der Begriff nach der Terminologie des Bundesverfassungsgerichts Straftaten im oberen Kriminalitätsbereich, wozu jedenfalls Straftaten von nur erheblicher Bedeutung oder mittels Telekommunikation begangene Straftaten grundsätzlich nicht zählen.[1194] Damit wäre etwa ein direkter Verweis auf § 100a Abs. 2 StPO oder eine eigenständige und abschließende Regelung zu „schweren Straftaten“ angebracht. Wenn man aber, wie in der Gesetzesbegründung, nicht am deutschen Wortlaut der Richtlinie festhält, sondern auf die europäische Ebene oder die Verschiedenheiten in den Mitgliedstaaten abstellt, wird man dem deutschen Gesetzgeber folgen müssen. Dafür spricht neben dem Vergleich zum Europäischen Haftbefehl auch ein Vergleich zum Schengener Durchführungsübereinkommen (SDÜ). Die in Art. 99 Abs. 2 SDÜ enthaltene Formulierung *„extremely serious criminal offences“* wird in der deutschen Fassung mit „außergewöhnlich schwere Straftaten“ übersetzt, meint aber lediglich „Straftaten von erheblicher Bedeutung“.[1195] Mit diesem Inhalt wurde schließlich § 163e Abs. 1 StPO umgesetzt. Die Bestimmung der konkreten Verwendung der Daten bleibt nach Art. 4 der Richtlinie darüber hinaus ohnehin dem Gesetzgeber in den Mitgliedstaaten überlassen.

[1193] Vgl. auch Art. 2 Abs. 1 des Rahmenbeschlusses des Rates vom 13.6.2002 über den Europäischen Haftbefehl und die Übergabeverfahren zwischen den Mitgliedstaaten; ABl. L 190, S. 1.

[1194] *Patrick Breyer*, Rechtsprobleme der Richtlinie 2006/24/EG zur Vorratsdatenspeicherung und ihrer Umsetzung in Deutschland, StV 2007, 214 (217).

[1195] Nach *Dirk Simon*, Präzeptoraler Sicherheitsstaat und Risikovorsorge, Frankfurt am Main 2008, S. 222.

b) Umfang der Datenspeicherung und -verwendung

Gleichwohl handelte es sich bei den nationalen Vorschriften über die Vorratsdatenspeicherung nicht um die grundrechtsschonendste Umsetzung.[1196] Dies würde nämlich erfordern, den Zugriff auf die Vorratsdaten auf das geringste mögliche Maß einzuschränken. Dabei handelt es sich im Übrigen auch um eine Zielvorgabe der Richtlinie, die in der Gesetzesbegründung keine Erwähnung fand. Ist der Zugang zu den Vorratsdaten auch nicht von der Richtlinie berührt,[1197] so enthält sie an einigen Stellen doch wenigstens Hinweise auf die Gestaltung der Datenverwendung. Erwägungsgrund 17 verlangt die vollständige Achtung der Grundrechte. Nach Erwägungsgrund 25 muss nationales Recht, das den Zugang und die Nutzung von Daten regelt, die Grundrechte, wie sie sich aus den gemeinsamen Verfassungstraditionen der Mitgliedstaaten ergeben und durch die Europäische Menschenrechtskonvention gewährleistet sind, in vollem Umfang wahren. Und auch nach Art. 4 der Richtlinie müssen das Verfahren und die Bedingungen für den Zugang zu den auf Vorrat gespeicherten Daten den Anforderungen der Verhältnismäßigkeit genügen. Vor allem in Anbetracht der Schwere des Grundrechtseingriffs im Vergleich zum möglichen Nutzen ist eine grundrechtsschonende Lösung angezeigt. Im Rahmen der Geeignetheit der Vorratsdatenspeicherung wurden bereits Umgehungsmöglichkeiten oder die geringe Aussicht auf eine Effektivierung der Strafverfolgung angesprochen. Vor allem im Internetbereich ist zu berücksichtigen, dass es einige Möglichkeiten gibt, mehr oder weniger anonym zu bleiben. Außerdem fallen hier besonders große Datenmengen an. Nach *Uhe/Herrmann* beträgt aber beispielsweise bei T-Online die Menge an Daten, für die es Anträge zur Herausgabe durch Strafverfolgungsbehörden gibt, im Vergleich zum Gesamtverkehr nur 0,0004%.[1198]

Dennoch muss man differenzieren. Sofern die Vorschriften über die Speicherungspflichten ein ausreichendes Maß an Datensicherheit gewährleisten, bestehen an der *Speicherung* der Verkehrsdaten zunächst keine Bedenken, zumal die Speicherung auf Grund der Bevorratung beim Diensteanbieter nicht dem unmittelbaren Zugriff des Staates unterliegt. Überdies ist der deutsche Gesetzgeber hinsichtlich der Speicherungsverpflichtungen durch die Vorgaben der Richtlinie 2006/24/EG gebunden und hat insoweit keinen erheblichen Gestaltungsspielraum. In Bezug auf die Speicherungsdauer bleibt er außerdem bei der Mindestspeicherfrist von sechs Monaten.[1199]

Die Regelung der *Verwendung* der Daten wird hingegen den nationalen Gesetzgebern überlassen. Die damit verbundenen Umsetzungsspielräume sind ange-

---

[1196] *Dietrich Westphal*, Die neue EG-Richtlinie zur Vorratsdatenspeicherung, EuZW 2006, 555 (558).

[1197] Vgl. Erwägungsgrund 25.

[1198] *Bianca Uhe/Jens Herrmann*, Überwachung im Internet, Berlin 2003, S. 153.

[1199] Vgl. Art. 6 der Richtlinie 2006/24/EG.

sichts der Schwere des Eingriffs auch auszunutzen.[1200] Der Datenzugriff ist daher möglichst grundrechtsschonend auszugestalten.[1201] Je enger der Verwendungszweck gefasst ist, desto unwahrscheinlicher ist auch eine für den Betroffenen nachteilige Verwendung und desto geringer wird damit auch die Bedrohung, die mit der Speicherung verbunden ist, empfunden werden.[1202] In § 113b TKG ging der deutsche Gesetzgeber aber deutlich über die Vorgaben der Richtlinie 2006/24/EG hinaus. Dort ist in Art. 1 Abs. 1 davon die Rede, dass die Daten zum Zwecke der Ermittlung, Feststellung und Verfolgung *schwerer* Straftaten zur Verfügung stehen sollen. § 113b TKG schoss in all seinen Alternativen über diese Vorgabe hinaus. Im Sinne einer grundrechtsschonenden Richtlinienumsetzung fordern *Gola/Klug/Reif* daher zu Recht, die Zweckbindung an den Vorgaben der Richtlinie auszurichten.[1203] Die Verwendung der Vorratsdaten kann nur dann als verhältnismäßig angesehen werden, wenn sie besonders hochrangigen Gemeinwohlbelangen dient.[1204] Außerdem müssen die Tatbestandsvoraussetzungen des Zugriffs rechtsstaatlich hinreichend konkret bestimmt und objektiv überprüfbar sein.[1205] Dadurch wird der Eingriff insgesamt abgemildert.[1206] In Bezug auf die Strafverfolgung konkretisiert das Bundesverfassungsgericht: „Für die Strafverfolgung folgt hieraus, dass ein Abruf der Daten zumindest den durch bestimmte Tatsachen begründeten Verdacht einer schweren Straftat voraussetzt. Welche Straftatbestände hiervon umfasst sein sollen, hat der Gesetzgeber abschließend mit der Verpflichtung zur Datenspeicherung festzulegen. [...] Er kann dabei entweder auf bestehende Kataloge zurückgreifen oder einen eigenen Katalog schaffen, etwa um Straftaten, für die die Telekommunikationsverkehrsdaten besondere Bedeutung haben, zu erfassen. Die Qualifizierung einer Straftat als schwer muss aber in der Strafnorm [...] einen objektivierten Ausdruck finden. Über die abstrakte Festlegung eines entsprechenden Straftatenkatalogs hinaus hat der Gesetzgeber sicherzustellen, dass ein Rückgriff auf die vorsorglich gespeicherten Telekommunikationsverkehrsdaten nur dann zu-

---

1200 Ähnlich zum Europäischen Haftbefehl BVerfG, Urteil vom 18.7.2005 – 2 BvR 2236/04 (*EU-Haftbefehl*), Rn. 80 = NJW 2005, 2289 (2291).

1201 *Peter Gola/Christoph Klug/Yvette Reif*, Datenschutz- und presserechtliche Bewertung der „Vorratsdatenspeicherung“, Berlin/Bonn 2007, S. 50.

1202 *Gabriele Britz*, Schutz informationeller Selbstbestimmung gegen schwerwiegende Grundrechtseingriffe – Entwicklungen im Lichte des Vorratsdatenspeicherungsurteils, JA 2011, 81 (83).

1203 *Peter Gola/Christoph Klug/Yvette Reif*, Datenschutz- und presserechtliche Bewertung der „Vorratsdatenspeicherung“, Berlin/Bonn 2007, S. 61.

1204 BVerfG, Urteil vom 2.3.2010 – 1 BvR 256/08, 1 BvR 263/08, 1 BvR 586/08 (*Vorratsdatenspeicherung*), Rn. 227.

1205 So zur Gefahrenabwehr *Thomas Darnstädt*, Karlsruher Gefahr – Eine kritische Rekonstruktion der polizeirechtlichen Ausführungen des Bundesverfassungsgerichts im Vorratsdaten-Urteil und im Online-Urteil, DVBl 2011, 263 (263).

1206 Vgl. *Gabriele Britz*, Schutz informationeller Selbstbestimmung gegen schwerwiegende Grundrechtseingriffe – Entwicklungen im Lichte des Vorratsdatenspeicherungsurteils, JA 2011, 81 (83).

lässig ist, wenn auch im Einzelfall die verfolgte Straftat schwer wiegt und die Verwendung der Daten verhältnismäßig ist."[1207] Gleichwohl begründet sind die Bedenken, dem besonderen Gewicht von mittels Telekommunikation begangenen Taten im Einzelfall bei einer derart engen Gestaltung nicht genügend Rechnung tragen zu können, vor allem vor dem Hintergrund erheblicher Aufklärungsschwierigkeiten in diesem Bereich.[1208] Die Gewährleistung einer wirksamen Strafverfolgung sei Sache des Gesetzgebers. Die Aufnahme einer strengen Subsidiaritätsklausel, wie sie etwa § 100g Abs. 1 S. 2 StPO enthielt, genüge insoweit den Anforderungen an die Angemessenheit eines Datenabrufs. Diese Auffassung verkennt aber die besondere Schwere des Eingriffs, die sich auch in der Eingriffsschwelle widerspiegeln muss.[1209] Dies zumal nach Ansicht des Bundesverfassungsgerichts und dem Willen des Gesetzgebers gerade für Auskünfte über IP-Adressen ein geminderter Maßstab, insbesondere eine wesentlich geringere Eingriffsschwelle, anzulegen ist. Wie auch immer man diese Auffassung beurteilen mag, so wird dadurch im Bereich der Internet-Kommunikation, die Hauptangriffsziel im Hinblick auf Rechtsverletzungen oder kinderpornografische Schriften ist, jedenfalls ein ausreichender Schutz gewährleistet. Eine Ausweitung des Straftatenkatalogs in § 100g StPO ist daneben nicht erforderlich.

[1207] BVerfG, Urteil vom 2.3.2010 – 1 BvR 256/08, 1 BvR 263/08, 1 BvR 586/08 (*Vorratsdatenspeicherung*), Rn. 228 f.

[1208] Siehe dazu die abweichende Meinung des Richters *Schluckebier* zum Urteil des Bundesverfassungsgericht vom 2.3.2010 – 1 BvR 256/08, 1 BvR 263/08, 1 BvR 586/08 (*Vorratsdatenspeicherung*), Rn. 331 f.

[1209] So im Ergebnis auch *Dirk Simon*, Präzeptoraler Sicherheitsstaat und Risikovorsorge, Frankfurt am Main 2008, S: 224; *Dietrich Westphal*, Die neue EG-Richtlinie zur Vorratsdatenspeicherung, EuZW 2006, 555 (558 f.).

Sechstes Kapitel: Speicherungs- und Auskunftspflichten der Access Provider de lege lata und Anregungen zur Einführung einer verhältnismäßigen Vorratsdatenspeicherung de lege ferenda

Den Schwerpunkt dieses Kapitels bilden die *de lege lata* bestehenden Speicherungs- und Auskunftspflichten der Telekommunikationsdiensteanbieter am Beispiel der Anbieter von Internetzugangsdiensten. Obgleich eine Pflicht zur Vorratsspeicherung nach dem Urteil des Bundesverfassungsgerichts vom 2. März 2010 nicht besteht, sollen im Folgenden dennoch die jeweils einschlägigen (wenngleich für nichtig erklärten) Vorschriften in Bezug genommen werden. Dadurch werden die Unterschiede und praktischen Auswirkungen besonders deutlich, die die Einführung einer Vorratsdatenspeicherung im Vergleich zur aktuellen Rechtslage herbeiführen kann. Zudem ist die Bundesrepublik Deutschland weiterhin zur Umsetzung der Richtlinie über die Vorratsdatenspeicherung verpflichtet, so dass die (nichtigen) §§ 113a, 113b TKG i.V.m. § 100g Abs. 1 S. 1 StPO zumindest als Vorlage für einen neuerlichen Gesetzesentwurf dienen können. Bei der Neugestaltung der Vorratsspeicherungspflicht inklusive der Verwendungsmöglichkeiten der Vorratsdaten müssen besonders die vom Bundesverfassungsgericht vorgegebenen Anforderungen an die Verhältnismäßigkeit einer solchen Maßnahme Beachtung finden.

A. Die Speicherungspflichten

Hinsichtlich der Speicherungspflichten der *Access Provider* ist nach den betroffenen Datenkategorien zu unterscheiden. Maßgeblich ist, ob es sich entweder um Bestandsdaten oder um Verkehrsdaten handelt.

I. Organisatorische Ausgestaltung der Speicherung

Besonders problematisch dürfte sich die Unterscheidung der Vorratsdaten von den ohnehin, etwa zu Abrechnungszwecken gespeicherten Daten darstellen. Nach der Gesetzesbegründung der vom Bundesverfassungsgericht inzwischen verworfenen Umsetzung der Richtlinie 2006/24/EG hinsichtlich der Vorratsdatenspeicherungspflicht aus dem Jahre 2007 waren die Diensteanbieter in Bezug auf die Art und Weise der Bevorratung nicht verpflichtet, alle gespeicherten Daten in einer Datenbank aufzubewahren. Vielmehr war es ihnen in den Grenzen der geltenden Datenschutz- und Datensicherheitsbestimmungen freigestellt, die einzelnen Datenarten nach Maßgabe ihrer technischen Gegebenheiten in unterschiedlichen Datenbanken zu speichern, sofern dies dem Erfordernis unverzüglicher Auskunftserteilung nicht entgegenstand.[1210] Die Formulierung machte nicht deutlich, ob und unter welchen

[1210] BR-Drucks. 275/07, S: 161.

Voraussetzungen eine Trennung eventuell geboten sein sollte oder ob auch die zu anderen Zwecken gespeicherten Daten mit den Vorratsdaten gemeinsam in einer Datenbank hätten gespeichert werden dürfen. Der Gesetzgeber wollte damit offenbar letztlich nur sämtliche von § 113a TKG erfasste Daten in Bezug nehmen.[1211] Mit Blick auf die unterschiedlichen Zugriffsrechte, die jeweils von der Datenkategorie sowie der Grundlage der Speicherung abhängen, ist eine eindeutige Trennung bereits bei der Speicherung aber nicht nur wünschenswert, sondern dringend angezeigt. Wenngleich einige Provider bereits eine getrennte Speicherung vorgenommen hatten,[1212] waren technische Ansätze für eine *ökonomische* Lösung des Problems bislang allerdings kaum identifiziert oder gar realisiert.[1213] Die getrennte Speicherung führte unweigerlich zu einer teilweisen Doppelspeicherung der Daten nach den Verwendungszwecken: nach § 113a TKG und nach § 96 TKG.[1214] *Welp* schlägt daher vor, statt einer physikalischen Trennung eine logische Trennung durch spezifische Kennzeichnung der Vorratsdaten vorzunehmen.[1215] Er weist aber auch darauf hin, dass eine physikalisch getrennte Speicherung unvermeidbar ist,[1216] wenn eine solche Kennzeichnung aus organisatorischen Gründen scheitert.

II. Speicherung von Bestandsdaten

Unabhängig von der Frage der Verfassungsmäßigkeit waren auch von der Verpflichtung zur Vorratsdatenspeicherung im Sinne der §§ 113a, 113b TKG Bestandsdaten jedenfalls nicht erfasst. Deren Speicherung bestimmte und bestimmt sich somit nach §§ 95 und 111 TKG. Zu differenzieren ist zwischen der Speicherung zu betrieblichen Zwecken und der Speicherung für Auskunftsersuchen der Strafverfolgungsbehörden.

Diensteanbieter dürfen Bestandsdaten gemäß § 95 Abs. 1 S. 1 TKG erheben und verwenden, soweit dies zur Erreichung des in § 3 Nr. 3 TKG genannten Zwecks erforderlich ist.[1217] Demnach dürfen diejenigen Daten gespeichert werden,

---

1211 So auch *Frank Fellenberg*, in: Scheurle, Klaus-Dieter/Mayen, Thomas (Hrsg.), TKG, 2. Aufl., München 2008, § 113a Rn. 30.

1212 *Helmut Hoffmann*, Das Auskunftsverfahren nach § 101 Abs. 9 UrhG n.F., MMR 2009, 655 (657 f.).

1213 Vgl. GDD-Mitteilungen 1/2008, S. 9.

1214 *Helmut Hoffmann*, Das Auskunftsverfahren nach § 101 Abs. 9 UrhG n.F., MMR 2009, 655 (657 f.); *Stefan Maaßen*, Urheberrechtlicher Auskunftsanspruch und Vorratsdatenspeicherung, MMR 2009, 511 (512).

1215 *Kai Welp*, Die Auskunftspflicht von Access-Providern nach dem Urheberrechtsgesetz, München 2009, S. 318; zur Kennzeichnungspflicht bereits BVerfG, Urteil vom 14.7.1999 – 1 BvR 2226/94, 1 BvR 2420/95, 1 BvR 2437/95 (*Telekommunikationsüberwachung*), Rn. 170 = BVerfGE 100, 313 (386).

1216 So im Ergebnis auch *Marc Schramm/Christoph Wegener*, Neue Anforderungen an eine anlasslose Speicherung von Vorratsdaten, MMR 2011, 9 (10).

1217 *Thomas Groß*, Datenschutz in der Telekommunikation, in: Roßnagel, Alexander (Hrsg.), Handbuch Datenschutzrecht, München 2003, S. 1258 (1268).

die erforderlich sind, damit der Diensteanbieter seine Rechte und Pflichten aus dem Vertragsverhältnis wahrnehmen und eine reibungslose Abwicklung des Vertrags, von der Erbringung der Leistung bis hin zur Bezahlung, gewährleisten kann.[1218] Dazu zählen insbesondere Namen, Adressen und Anschlussnummern.[1219] Unter den genannten Voraussetzungen dürfen Bestandsdaten längstens bis zum Ablauf des auf die Beendigung eines Vertragsverhältnisses folgenden Kalenderjahres gespeichert werden (vgl. § 95 Abs. 3 TKG).

Davon abzugrenzen ist die Verpflichtung der Anbieter von Telekommunikationsdiensten zur Datenerhebung und Speicherung für die Auskunftsverfahren nach den §§ 112 und 113 TKG gemäß § 111 Abs. 1 S. 1 TKG:

> Wer geschäftsmäßig Telekommunikationsdienste erbringt oder daran mitwirkt und dabei Rufnummern oder andere Anschlusskennungen vergibt oder Telekommunikationsanschlüsse für von anderen vergebene Rufnummern oder andere Anschlusskennungen bereitstellt, hat für die Auskunftsverfahren nach den §§ 112 und 113
> 1. die Rufnummern und anderen Anschlusskennungen,
> 2. den Namen und die Anschrift des Anschlussinhabers,
> 3. bei natürlichen Personen deren Geburtsdatum,
> 4. bei Festnetzanschlüssen auch die Anschrift des Anschlusses,
> 5. in Fällen, in denen neben einem Mobilfunkanschluss auch ein Mobilfunkendgerät überlassen wird, die Gerätenummer dieses Gerätes sowie
> 6. das Datum des Vertragsbeginns
>
> vor der Freischaltung zu erheben und unverzüglich zu speichern, auch soweit diese Daten für betriebliche Zwecke nicht erforderlich sind; das Datum des Vertragsendes ist bei Bekanntwerden ebenfalls zu speichern.

Die vorliegende Regelung des § 111 TKG ist durch das Gesetz zur Neuregelung der Telekommunikationsüberwachung und anderer verdeckter Ermittlungsmaßnahmen sowie zur Umsetzung der Richtlinie 2006/24/EG[1220] neugefasst worden. Während die Nr. 1 bis 4 sowie 6 weitgehend der bisherigen Rechtslage entsprechen, begründet Nr. 5 eine neue Erhebungs- und Speicherungspflicht bezüglich

---

[1218] *Peter Büttgen*, in: Geppert, Martin/Piepenbrock, Hermann-Josef/Schütz, Raimund/Schuster, Fabian (Hrsg.), Beck'scher TKG-Kommentar, 3. Aufl., München 2006, § 95 Rn. 3; *Thomas Fetzer*, in: Arndt, Hans-Wolfgang/Fetzer, Thomas/Scherer, Joachim (Hrsg.), TKG, Berlin 2008, § 95 Rn. 3; *Martin Munz*, in: Taeger, Jürgen/Gabel, Detlev (Hrsg.), Kommentar zum BDSG, Frankfurt am Main 2010, § 95 TKG Rn. 6.

[1219] Vgl. *Thomas Hoeren*, Internet- und Kommunikationsrecht, Köln 2008, S. 330; *Hans-Heinrich Trute*, in: Trute, Hans-Heinrich/Spoerr, Wolfgang/Bosch, Wolfgang, TKG, Berlin 2001, § 89 Rn. 20; mit weiteren Beispielen *Peter Büttgen*, in: Geppert, Martin/Piepenbrock, Hermann-Josef/Schütz, Raimund/Schuster, Fabian (Hrsg.), Beck'scher TKG-Kommentar, 3. Aufl., München 2006, § 95 Rn. 3; *Martin Munz*, in: Taeger, Jürgen/Gabel, Detlev (Hrsg.), Kommentar zum BDSG, Frankfurt am Main 2010, § 95 TKG Rn. 6.

[1220] BGBl. I vom 31.12.2007, S. 3198.

der Gerätenummer des von einem Diensteanbieter neben dem Mobilfunkanschluss überlassenen Mobilfunkgeräts (sog. IMEI).[1221] Ebenfalls neu eingeführt wurde die Pflicht zur Erhebung und Speicherung von „anderen Anschlusskennungen" (Nr. 1 Var. 2). Dies trägt dem Umstand Rechnung, dass durch die technische Weiterentwicklung nicht allein Rufnummern, sondern auch andere Kennungen zur Bezeichnung von Telekommunikationsanschlüssen vergeben werden.[1222]

Da die Vorschrift ausdrücklich auf die Erhebung und Speicherung auch für nicht betriebliche Zwecke abstellt, stellt sie auch eine Rechtsgrundlage etwa für die Erhebung von Daten von *Prepaid*-Kunden dar.[1223] Im Ergebnis werden die Diensteanbieter damit zu einer Art Vorratsdatenspeicherung von Bestandsdaten verpflichtet. Zu berücksichtigen ist aber, dass anders als bei einer Vorratsspeicherung von Verkehrsdaten nach § 111 TKG lediglich solche Daten gespeichert werden müssen, die unter gewissen Umständen auch zu betrieblichen Zwecken gespeichert werden dürfen und als Bestandsdaten nicht in den Schutz des Fernmeldegeheimnisses fallen. Kritik erfährt die Regelung dennoch, insbesondere im Hinblick auf eine Verletzung des Grundsatzes der Datenvermeidung und Datensparsamkeit.[1224] Erhebung und Speicherung sind nach diesem Grundsatz nur zulässig, wenn sie zur Erreichung des legitimierten Zwecks erforderlich sind.[1225] Nach der Gesetzesbegründung sind im Falle des Mobilfunks beispielsweise die Gerätenummern dann unverzichtbar, wenn ein potenzieller Straftäter mehrere Mobilfunkkarten nutzt und eine weiterführende Zuordnung anhand des Anschlusses kaum möglich ist.[1226] Dem ist jedoch entgegenzuhalten, dass es Straftätern ein Leichtes sein dürfte, sich nicht nur neue *Prepaid*-Karten, sondern auch neue Mobilfunkgeräte zu besorgen. Zumindest im Falle von *Prepaid*-Tarifen erscheint die Speicherungspflicht daher äußerst zweifelhaft.[1227] Aus datenschutzrechtlicher Sicht ist bedauerlich, dass der zunächst geplante Abs. 4 im Gesetzgebungsverfahren gestrichen wurde. Dieser sah vor, dass die Verpflichtung zur Speicherung der Bestandsdaten des Kunden nicht für Vertragsverhältnisse im Mobilfunk gelten sollte, bei denen die Telekommunikationsdienstleistung bereits im Voraus bezahlt wird.[1228] Datenschutzrechtlich be-

---

[1221] BT-Drucks. 16/5846, S. 68.

[1222] BT-Drucks. 16/5846, S. 68.

[1223] *Gabriele Löwnau*, in: Scheurle, Klaus-Dieter/Mayen, Thomas (Hrsg.), TKG, 2. Aufl., München 2008, § 111 Rn. 5.

[1224] Kritisch im Hinblick auf das Recht auf informationelle Selbstbestimmung aber *Patrick Breyer*, Bürgerrechte und TKG-Novelle – Datenschutzrechtliche Auswirkungen der Neufassung des Telekommunikationsgesetzes, RDV 2004, 147 (147 und 150).

[1225] Vgl. *Johann Bizer*, in: Simitis, Spiros (Hrsg.), BDSG, 6. Aufl., Baden-Baden 2006, § 3a Rn. 53; *Kerstin A. Zscherpe*, in: Taeger, Jürgen/Gabel, Detlev (Hrsg.), Kommentar zum BDSG, Frankfurt am Main 2010, § 3a Rn. 2.

[1226] BT-Drucks. 16/5846, S. 68.

[1227] *Gabriele Löwnau*, in: Scheurle, Klaus-Dieter/Mayen, Thomas (Hrsg.), TKG, 2. Aufl., München 2008, § 111 Rn. 10 ff. m.w.N.

[1228] Zitiert nach *Tim Greenawalt*, Die Indienstnahme privater Netzbetreiber bei der Telekommunikationsüberwachung in Deutschland, Berlin 2009, S. 118; siehe auch *Gabriele* trachtet überzeugt dieser Ansatz, zumal die Mobilfunkkommunikation mittels *Prepaid*-Anschluss neben der Telefonzelle eine der letzten Möglichkeiten darstellte, anonym zu telefonieren.[1229]

III. Speicherung von Verkehrsdaten (insbesondere IP-Adressen)

Die nach derzeitiger Rechtslage bestehenden Speicherungspflichten für Verkehrsdaten wurden ausführlich bereits im *Dritten Kapitel* untersucht, weshalb insofern auf die dortigen Ausführungen verwiesen werden kann.[1230] Wiederholend sei lediglich darauf hingewiesen, dass die Einführung einer Vorratsdatenspeicherung eine Änderung der Rechtslage dahingehend bedeuten würde, dass an die Stelle einer Löschpflicht der IP-Adressen, sobald diese nicht mehr für Abrechnungszwecke erforderlich sind, zwingend eine Speicherpflicht treten würde.[1231] Von der Frage der Zulässigkeit der Speicherung von IP-Adressen beim *Access Provider* ist indes die Erhebung von Verkehrsdaten nach § 100g StPO abzugrenzen. Das Bundesverfassungsgericht hat lediglich § 100g Abs. 1 S. 1 StPO i.V.m. § 113a TKG, d.h. den Bestandteil der Vorschrift, der den Zugriff auf Vorratsdaten regelte, für verfassungswidrig und nichtig erklärt. Die Erhebung von Verkehrsdaten im Sinne des § 96 TKG mit Wirkung für die Zukunft ist nach § 100g Abs. 1 S. 1, Abs. 2 i.V.m. § 100b StPO während eines Zeitraums von grundsätzlich höchstens drei Monaten weiterhin möglich.[1232] Die Erhebung setzt voraus, dass bestimmte Tatsachen den Verdacht für eine Straftat von auch im Einzelfall erheblicher Bedeutung, insbesondere eine in § 100a Abs. 2 StPO bezeichnete Straftat, oder für eine Straftat, die mittels Telekommunikation begangen worden ist, begründen.

B. Die Auskunftspflichten

Sinn und Zweck eines Auskunftsersuchens gegenüber *Access Providern* ist es, einen Zusammenhang zwischen einem bereits bekannten Datum und weiteren auf Grund gesetzlicher Vorschriften zu erfassenden Daten herzustellen, sei es, dass mittels einer bekannten Kennung oder Rufnummer ein Name ermittelt werden soll, oder, dass mittels eines bekannten Namens eine Kennung oder Rufnummer ermittelt werden soll.[1233] Die Relevanz einer Auskunft ergibt sich für die Sicherheitsbe-

---

Löwnau, in: Scheurle, Klaus-Dieter/Mayen, Thomas (Hrsg.), TKG, 2. Aufl., München 2008, § 111 Rn. 10 a.E.

1229 *Tim Greenawalt*, Die Indienstnahme privater Netzbetreiber bei der Telekommunikationsüberwachung in Deutschland, Berlin 2009, S. 118.

1230 Siehe im Dritten Kapitel unter A.

1231 Siehe auch *Peter Gola/Christoph Klug/Yvette Reif*, Datenschutz- und presserechtliche Bewertung der „Vorratsdatenspeicherung", Berlin/Bonn 2007, S. 56.

1232 Vgl. auch *Rainer Erd*, Bundesverfassungsgericht versus Politik, KJ 2008, 118 (127).

1233 *Jens Eckhardt*, Öffentliche Sicherheit, in: Heun, Sven-Erik (Hrsg.), Telekommunikationsrecht, 2. Aufl., Köln 2007, Teil B Rn. 189.

hörden – und gleichermaßen für die Rechteinhaber – aus der Bedeutung für die jeweiligen Folgemaßnahmen.

I. Staatliche Auskunftsbegehren

Ein staatliches Ermittlungsverfahren wird regelmäßig gegen bestimmte Personen geführt.[1234] Der Name als Identifikationsmerkmal eines mutmaßlichen Täters stellt somit einen wichtigen Anhaltspunkt bei der Einleitung eines Ermittlungsverfahrens dar.[1235] Überwachungsmaßnahmen knüpfen hingegen an technische Merkmale an. Um überhaupt eine Überwachungsmaßnahme anordnen zu können, bedarf es folglich etwa der Rufnummer als technisches Identifikationsmerkmal.[1236] Zwingende Voraussetzung eines jeden Auskunftsbegehrens ist also, dass irgendein Datum bereits bekannt ist. Davon ausgehend ergeben sich zwei unterschiedliche Zielrichtungen der Auskunftsbegehren: Die Auskunft richtet sich entweder auf die Ermittlung eines Namens, der sich hinter einer bestimmten Kennung oder Rufnummer verbirgt, und dient der Einleitung eines Ermittlungsverfahrens gegen die entsprechende Person, oder sie zielt auf die Ermittlung einer Kennung oder Rufnummer, die einer bestimmten Person zugewiesen ist, zur Vorbereitung einer Überwachungsmaßnahme ab.[1237]

1. Ermächtigungsgrundlage für staatliche Auskunftsbegehren

Bei Straftaten, die durch das Medium Internet begangen oder gefördert werden, liegen den staatlichen Stellen in der Regel nicht die Klarnamen, sondern lediglich technische Identifikationsmerkmale (Kennung) vor. Ziel der Auskunftsbegehren ist daher in erster Linie, die hinter einer Kennung stehende Person zu ermitteln.

a) Differenzierung nach Bestands- und Verkehrsdaten

Hinsichtlich der Auskunftspflichten der Diensteanbieter ist nach den betroffenen Datenkategorien zu unterscheiden. Auskünfte über Bestandsdaten richten sich nach dem manuellen Auskunftsverfahren des § 113 TKG, der die Auskunftspflicht nach

---

[1234] Das Ermittlungsverfahren kann aber auch gegen Unbekannt geführt werden. Der Verdacht muss sich also nicht zwingend gegen eine bestimmte Person richten; vgl. *Werner Beulke*, Strafprozessrecht, 10. Aufl., Heidelberg 2008, Rn. 311.

[1235] *Jens Eckhardt*, Öffentliche Sicherheit, in: Heun, Sven-Erik (Hrsg.), Telekommunikationsrecht, 2. Aufl., Köln 2007, Teil B Rn. 189.

[1236] Aus diesem Grund ist die Verkehrsdatenabfrage zeitlich in der Regel einer Telekommunikationsüberwachungsmaßnahme vorgelagert oder findet zeitgleich statt; *Hans-Jörg Albrecht/Adina Grafe/Michael Kilching*, Rechtswirklichkeit der Auskunftserteilung über Telekommunikationsverbindungsdaten nach §§ 100g, 100h StPO, Freiburg 2008, S. 336.

[1237] Vgl. *Jens Eckhardt*, Öffentliche Sicherheit, in: Heun, Sven-Erik (Hrsg.), Telekommunikationsrecht, 2. Aufl., Köln 2007, Teil B Rn. 189.

§ 89 Abs. 6 TKG (1996)[1238] ersetzte.[1239] Danach hat derjenige, der geschäftsmäßig Telekommunikationsdienste erbringt oder daran mitwirkt, den zuständigen Stellen unverzüglich Auskunft über die nach den §§ 95 und 111 TKG erhobenen Daten zu erteilen. Die Auskunftserteilung erfolgt direkt gegenüber den berechtigten Stellen auf deren Verlangen. Eine richterliche Anordnung ist nicht erforderlich. Nach § 113 Abs. 1 S. 3 TKG werden solche Daten, die dem Fernmeldegeheimnis unterliegen, ausdrücklich von der Auskunftspflicht ausgenommen. Ein Zugriff auf diese Daten ist nur unter den Voraussetzungen des § 100g StPO zulässig.[1240]

Der Zugriff auf Verkehrsdaten unterliegt den Voraussetzungen des § 100g StPO. Die früher geltende Ermächtigungsgrundlage des § 12 FAG ist durch das Gesetz zur Änderung der Strafprozessordnung mit Wirkung zum 1. Januar 2002 aufgehoben worden.[1241] An die Stelle des § 12 FAG traten die §§ 100g und 100h StPO a.F.[1242] Durch das Gesetz zur Neuregelung der Telekommunikationsüberwachung und anderer verdeckter Ermittlungsmaßnahmen sowie zur Umsetzung der Richtlinie 2006/24/EG[1243] ist schließlich § 100g StPO in seiner nunmehr geltenden Fassung eingeführt worden.[1244] Danach dürfen Verkehrsdaten erhoben werden, wenn bestimmte Tatsachen den Verdacht auf eine der in § 100g Abs. 1 S. 1 Nr. 1 oder 2 StPO genannten Straftaten (insbesondere eine in § 100a Abs. 2 StPO bezeichnete Straftat oder unter den engeren Zulässigkeitsvoraussetzungen des § 100g Abs. 1 S. 2 StPO eine mittels Telekommunikation begangene Straftat) begründen, soweit dies für die Erforschung des Sachverhalts oder die Ermittlung des Aufenthaltsorts des Beschuldigten erforderlich ist. Die Auskunftsverpflichtung der Diensteanbieter folgt aus §§ 100g Abs. 2 S. 1 i.V.m. 100b Abs. 3 StPO.[1245] Dabei

---

[1238] BGBl. I vom 31.7.1996, S. 1120.

[1239] Die Frage, ob sich die Auskunftspflicht nach § 89 Abs. 6 TKG a.F. nur auf telekommunikationsspezifische Bestandsdaten beschränkte, hat sich auf Grund des Wortlauts des § 113 TKG mittlerweile erledigt; vgl. *Jens Eckhardt*, Öffentliche Sicherheit, in: Heun, Sven-Erik (Hrsg.), Telekommunikationsrecht, 2. Aufl., Köln 2007, Teil B Rn. 233 (dort Fn. 5); a.A. wohl *Gabriele Löwnau*, in: Scheurle, Klaus-Dieter/Mayen, Thomas (Hrsg.), TKG, 2. Aufl., München 2008, § 113 Rn. 2.

[1240] *Jürgen Kühling/Alexander Elbracht*, Das Telekommunikationsrecht im Wandel – Eine erste Rechtsprechungsübersicht zum TKG 2004, Die Verwaltung 40 (2007), 545 (576); *dies.*, Telekommunikationsrecht, Heidelberg 2008, Rn. 430.

[1241] BGBl. I vom 24.12.2001, S. 3879.

[1242] Vgl. *Helmut Bäumler*, Datenschutz bei der Polizei, in: Roßnagel, Alexander (Hrsg.), Handbuch Datenschutzrecht, München 2003, S. 1447 (1468). Insbesondere verfassungsrechtliche Bedenken und erhebliche Diskrepanzen zu den Anordnungsvoraussetzungen in § 100a StPO a.F. machten eine neue Regelung notwendig; vgl. dazu *Thomas Hoeren*, Internet- und Kommunikationsrecht, Köln 2008, S. 331; *Peter Schaar*, Datenschutz im Internet, München 2002, Rn. 820; *Jürgen Wolter*, in: Wolter, Jürgen (Hrsg.), SK-StPO, Band II, 4. Aufl., Köln 2010, § 100g Rn. 14.

[1243] BGBl. I vom 31.12.2007, S. 3198.

[1244] Zu beachten ist freilich, dass § 100g Abs. 1 S. 1 StPO i.V.m. §§ 113a, 113b TKG vom Bundesverfassungsgericht für verfassungswidrig und mithin nichtig erklärt wurde.

[1245] Vgl. BR-Drucks. 275/07, S. 122.

ist nach §§ 100g Abs. 2 S. 1 i.V.m. 100b Abs. 1 StPO grundsätzlich eine richterliche Anordnung erforderlich. Bei Gefahr in Verzug genügt nach § 100b Abs. 1 S. 2 StPO eine Anordnung der Staatsanwaltschaft, die nach S. 3 jedoch innerhalb von drei Tagen von einem Gericht bestätigt werden muss.

b) Auskunftsbegehren über Internetzugangsdaten

Äußerst umstritten ist die Frage, welches Auskunftsverfahren anwendbar ist, wenn das Auskunftsbegehren eine IP-Adresse betrifft, insbesondere wenn mittels IP-Adresse Auskunft über Bestandsdaten (in erster Linie Name und Anschrift) erteilt werden soll.[1246] Die präzise Frage muss lauten:[1247] Nach welcher Bestimmung ist Auskunft über die Person hinter einer IP-Adresse zu erteilen? Die Antwort hängt davon ab, ob die Auswertung anhand des Ziels der Auskunft (Name und Anschrift) oder anhand der zur Feststellung ausgewerteten Daten (IP-Adresse, Datum, Uhrzeit) erfolgt.

aa) Statische IP-Adressen

Bei *statischen* IP-Adressen ist diese Frage grundsätzlich geklärt. Nach allgemeiner Auffassung handelt es sich hier um eine Auskunft über Bestandsdaten.[1248] Die Zuordnung einer statischen IP-Adresse zu einem Namen betrifft ausschließlich Bestandsdaten.[1249] Insofern ist sie mit einer Rufnummer oder einer E-Mail-Adresse vergleichbar. Verkehrsdaten sind für die Zuordnung nicht notwendig, da kein Bezug zu einem konkreten Telekommunikationsvorgang hergestellt werden muss. Rückschlüsse auf einen konkreten Kommunikationsvorgang können die Auskunftsersuchenden, anders als bei dynamischen IP-Adressen, grundsätzlich selbst ziehen, da lediglich die IP-Adresse, nicht aber zugleich genauere Angaben zum Zeitpunkt einer Verletzungshandlung mitgeteilt werden müssen, um eine Zuordnung durch den *Access Provider* zu ermöglichen.[1250]

[1246] Nach *Bäumler* waren IP-Adressen bereits von § 12 FAG erfasst; vgl. *Helmut Bäumler*, Datenschutz bei der Polizei, in: Roßnagel, Alexander (Hrsg.), Handbuch Datenschutzrecht, München 2003, S. 1447 (1469).

[1247] Mit dieser treffenden Fragestellung *Jens Eckhardt*, Öffentliche Sicherheit, in: Heun, Sven-Erik (Hrsg.), Telekommunikationsrecht, 2. Aufl., Köln 2007, Teil B Rn. 237.

[1248] Vgl. u.a. BT-Drucks. 16/5048, S. 56; BT-Drucks. 16/5846, S. 26; LG Stuttgart, Beschluss vom 4.1.2005 – 13 Qs 89/04, Rn. 15; *Karen Gnirck/Jan Lichtenberg*, Internetprovider im Spannungsfeld staatlicher Auskunftsersuchen, DuD 2004, 598 (600); *Thomas Fetzer*, in: Arndt, Hans-Wolfgang/Fetzer, Thomas/Scherer, Joachim (Hrsg.), TKG, Berlin 2008, § 95 Rn. 3.

[1249] *Karen Gnirck/Jan Lichtenberg*, Internetprovider im Spannungsfeld staatlicher Auskunftsersuchen, DuD 2004, 598 (600).

[1250] *Kai Welp*, Die Auskunftspflicht von Access-Providern nach dem Urheberrechtsgesetz, München 2009, S. 242.

bb) Dynamische IP-Adressen

Die Einordnung im Falle *dynamischer* IP-Adressen ist in Schrifttum und Rechtsprechung demgegenüber äußerst umstritten. Besonders die Rechtsprechung beurteilt die Beauskunftung dynamischer IP-Adressen zunehmend als Auskunftsverlangen über Bestandsdaten.[1251] Nach der Begründung des LG Stuttgart ist der Anschlussinhaber bereits eindeutig und unverwechselbar individualisiert, sobald die dynamische IP-Adresse, die den Vorgang einer ganz bestimmten Person zuordnet, bekannt ist.[1252] Sein Name und seine Anschrift seien hierfür nicht mehr erforderlich.[1253] „Das nachgelagerte Auskunftsersuchen der Ermittlungsbehörde, das die dynamische IP-Adresse und den konkreten Zeitpunkt vorgibt und lediglich die Namhaftmachung des bereits ausreichend individualisierten Endgerätenutzers begehrt", ziele somit auf die Erhebung von Bestandsdaten im Sinne des § 3 Nr. 3 TKG ab.[1254] Diese Auffassung entspricht auch dem mehrfach geäußerten Willen des Gesetzgebers.[1255] Es stehe fest, dass Auskünfte insbesondere über den Namen und die Anschrift eines mittels dynamischer IP-Adresse und Uhrzeit individualisierten Anschlussinhabers im manuellen Auskunftsverfahren nach § 113 TKG zu erteilen sind, und zwar gerade auch dann, wenn diese Auskunft vom Diensteanbieter nur unter Rückgriff auf gespeicherte Verkehrsdaten möglich sei.[1256] Dass diese Auffassung in der inzwischen verworfenen Vorschrift über die Verwendung der Vorratsdaten nicht ausdrücklich formuliert worden sei, begründete der Gesetzgeber mit einer „gefestigten und zutreffenden Rechtsprechung, die zur Anwendbarkeit des § 113 TKG gelangt"[1257] sei, und verwies auf einschlägige Entscheidungen und diesen folgende Literaturstimmen.[1258] Eine Ergänzung, wie sie § 113b S. 1 Halbs. 2

[1251] Vgl. ausgehend von LG Stuttgart, Beschluss vom 4.1.2005 – 13 Qs 89/04 = MMR 2005, 624; u.a. LG Hechingen, Beschluss vom 19.4.2005 – 1 Qs 41/05 = NJW-RR 2006, 1196; LG Hamburg, Beschluss vom 23.6.2005 – 631 Qs 43/05 = MMR 2005, 711; LG Würzburg, Beschluss vom 20.9.2005 – 5 Qs 248/05 = NStZ-RR 2006, 46; LG Köln, Beschluss vom 25.6.2008 – 111 Qs 172/08 = StRR 2008, 322; OLG Zweibrücken, Beschluss vom 26.9.2008 – 4 W 62/08 = ZUM 2009, 74; a.A. noch LG Ulm, Beschluss vom 15.10.2003 – 1 Qs 1088/03 = MMR 2004, 187; LG Bonn, Beschluss vom 21.5.2004 – 31 Qs 65/04 = DuD 2004, 628.

[1252] LG Stuttgart, Beschluss vom 4.1.2005 – 13 Qs 89/04, Rn. 7.

[1253] So im Ergebnis auch *Jürgen Cierniak*, in: Meyer-Goßner, Lutz, StPO, 53. Aufl., München 2010, § 99 Rn. 16, § 100g Rn. 5.

[1254] LG Stuttgart, Beschluss vom 4.1.2005 – 13 Qs 89/04, Rn. 7.

[1255] BT-Drucks. 14/7008, S. 7; BT-Drucks. 16/5846, S. 26; BT-Drucks. 16/6979, S. 46.

[1256] BT-Drucks. 16/6979, S. 46.

[1257] BT-Drucks. 16/5846, S. 26; kritisch *Anne Kindt*, Grundrechtsschutz für Raubkopierer und Musikpiraten?, MMR 2009, 147 (150).

[1258] Vgl. LG Stuttgart, Beschluss vom 4.1.2005 – 13 Qs 89/04 = MMR 2005, 624; LG Hechingen, Beschluss vom 19.4.2005 – 1 Qs 41/05 = NJW-RR 2006, 1196; LG Hamburg, Beschluss vom 23.6.2005 – 631 Qs 43/05 = MMR 2005, 711; LG Würzburg, Beschluss vom 20.9.2005 – 5 Qs 248/05 = NStZ-RR 2006, 46; *Markus Löffelmann*, Aktuelle Rechtsprobleme der Telekommunikationsüberwachung, AnwBl 2006, 598 (601); *Bar-*

TKG durch die Formulierung „mit Ausnahme einer Auskunftserteilung nach § 113 TKG" enthielt, diente nach Ansicht des Gesetzgebers ausweislich der Gesetzesbegründung als ausreichend deutliche Klarstellung.[1259] Zwar wurde erwähnt, dass eine gegenteilige Auffassung in der Literatur bestehe,[1260] mit deren Argumenten setzte sich die Begründung im Einzelnen aber nicht auseinander. Ebenso erfolgte keine Auseinandersetzung mit abweichenden gerichtlichen Entscheidungen.[1261] Maßgebend sei, dass die Auskunftsersuchen allein auf Bestandsdaten gerichtet seien und nicht auf die Erhebung von Verkehrsdaten.[1262] Die IP-Adresse sei den Strafverfolgungsbehörden bereits bekannt.[1263]

Die Begründung dieser Auffassung ist ganz offensichtlich jedoch eher ergebnis- und praxisorientiert. Durch die Einordnung dynamischer IP-Adressen als Bestandsdaten wird der Rückgriff der Strafverfolgungsbehörden auf das manuelle Auskunftsverfahren des § 113 TKG ermöglicht.[1264] Die wesentlich höheren Anforderungen an Auskunftsersuchen über Verkehrsdaten nach § 100g StPO – inklusive Richtervorbehalt – können somit umgangen werden. Zählt man IP-Adressen zu den Verkehrsdaten, besteht außerdem die datenschutzrechtliche Verpflichtung zur zeitnahen Löschung der Daten. Damit wären die Ermittlungsbehörden auf eine schnelle Reaktionsmöglichkeit angewiesen, die § 113 TKG gewiss eher als § 100g StPO gewährt.[1265] Zudem erlaubt die Einordnung als Bestandsdatum im Falle eines Auskunftsverlangens eine klare Abgrenzung anhand der jeweils abgefragten Datenkategorie.[1266]

Nach zutreffender Ansicht stellen dynamische IP-Adressen aber keine Bestandsdaten, sondern Verkehrsdaten dar, weshalb die darauf bezogenen Auskunfts-

---

ry Sankol, Die Qual der Wahl: § 113 TKG oder §§ 100g, 100h StPO?, MMR 2006, 361 (362, insbes. 365); *Jürgen Cierniak*, in: Meyer-Goßner, Lutz, StPO, 53. Aufl., München 2010, § 100g Rn. 5.

1259 BT-Drucks. 16/6979, S. 46; danach *Frank Fellenberg*, in: Scheurle, Klaus-Dieter/Mayen, Thomas (Hrsg.), TKG, 2. Aufl., München 2008, § 113b Rn. 3.

1260 Vgl. *Wolfgang Bär*, Auskunftsverlangen über den Inhaber einer dynamischen IP-Adresse MMR 2005, 626 (627); *Marco Gercke*, Zum Umfang der Auskunftspflicht von Providern gegenüber Ermittlungsbehörden, CR 2005, 599 (601); *Karen Gnirck/Jan Lichtenberg*, Internetprovider im Spannungsfeld staatlicher Auskunftsersuchen, DuD 2004, 598 (600); *Bernd Köbele*, Anspruch auf Mitteilung des Anschlussinhabers bei bekannter IP-Adresse, DuD 2004, 609 (610).

1261 Vgl. LG Ulm, Beschluss vom 15.10.2003 – 1 Qs 1088/03 = MMR 2004, 187; LG Bonn, Beschluss vom 21.5.2004 – 31 Qs 65/04 = DuD 2004, 628.

1262 So auch *Markus Beck/Wolfgang Kreißig*, Tauschbörsen-Nutzer im Fadenkreuz der Strafverfolgungsbehörden, NStZ 2007, 304 (307).

1263 BT-Drucks. 16/5846, S. 27.

1264 *Thomas Fetzer*, in: Arndt, Hans-Wolfgang/Fetzer, Thomas/Scherer, Joachim (Hrsg.), TKG, Berlin 2008, § 96 Rn. 6.

1265 *Dirk Heckmann*, Herausgabe von persönlichen Daten bei dynamischen IP-Adressen, jurisPR-ITR 4/2006, Anm. 6.

1266 *Jürgen Kühling/Alexander Elbracht*, Das Telekommunikationsrecht im Wandel – Eine erste Rechtsprechungsübersicht zum TKG 2004, Die Verwaltung 40 (2007), 545 (575).

begehren ausschließlich unter den Voraussetzungen des § 100g StPO zulässig sind.[1267] Gerade der Verknüpfung zwischen IP-Adresse und Name kommt bei einem Auskunftsverlangen eine wichtige Bedeutung zu.[1268] Auch wenn die IP-Adresse bereits bekannt ist, richtet sich das Auskunftsbegehren doch auf diese Verknüpfung und demnach auf die Eigenschaft der IP-Adresse als Verkehrsdatum.[1269] Für die Beantwortung der Frage, wer von wo mit wem kommuniziert hat, kann man die Verknüpfung der IP-Adresse mit der Identität des Nutzers nicht ausklammern.[1270] Die dynamische IP-Adresse weist einen besonders engen Bezug zu einem konkreten Datenübermittlungsvorgang im Internet auf, d.h. ob und wann zwischen welchen Anschlüssen Kommunikation betrieben wurde, und unterfällt somit dem Fernmeldegeheimnis.[1271] Würde man die Auskunft mittels dynamischer IP-Adressen hingegen als Bestandsdatenauskunft einstufen und damit einen Zugriff über § 113 TKG ermöglichen, wären sie nicht vom Schutz des Fernmeldegeheimnisses erfasst. Da § 113 TKG nicht den Voraussetzungen des Zitiergebots des Art. 10 Abs. 2 S. 1 GG i.V.m. Art. 19 Abs. 1 S. 2 GG genügt, wird im Umkehrschluss angenommen, dass die dort in Bezug genommenen Daten, die Bestandsdaten, nicht vom Fernmeldegeheimnis erfasst sind.[1272] § 113 Abs. 1 S. 3 TKG stellt dies ausdrücklich klar. Die Anwendung des § 113 TKG bei Auskünften mit Hilfe von dynamischen IP-Adressen steht damit in einem krassen Missverhältnis zu der in § 101 Abs. 9 UrhG zum Ausdruck kommenden Wertung. In der Gesetzesbegründung heißt es sogar ausdrücklich, dass der Rechteinhaber vom *Access Provider* „Angaben über Verkehrsdaten" begehre.[1273] Das Erfordernis eines Richtervorbehalts nach dieser Vorschrift kann also nur so verstanden werden, dass auch Auskünfte über eine hinter einer dynamischen IP-Adresse stehenden Person mit einem

---

1267 So auch OLG Karlsruhe, Urteil vom 4.12.2008 – 4 U 86/07 = CR 2009, 373; *Thomas Fetzer*, in: Arndt, Hans-Wolfgang/Fetzer, Thomas/Scherer, Joachim (Hrsg.), TKG, Berlin 2008, § 95 Rn. 3; ähnlich im Ergebnis auch *Peter Schaar*, Datenschutz im Internet, München 2002, Rn. 815 i.V.m. 823.

1268 *Dirk Heckmann*, Herausgabe von persönlichen Daten bei dynamischen IP-Adressen, jurisPR-ITR 4/2006, Anm. 6; mit diesem Ergebnis auch *Jürgen Kühling/Alexander Elbracht*, Das Telekommunikationsrecht im Wandel – Eine erste Rechtsprechungsübersicht zum TKG 2004, Die Verwaltung 40 (2007), 545 (575).

1269 *Dirk Heckmann*, Herausgabe von persönlichen Daten bei dynamischen IP-Adressen, jurisPR-ITR 4/2006, Anm. 6; nach *Andreas Wiebe*, Auskunftspflicht des Access-Providers, MMR 2005, 828 (829).

1270 *Andreas Wiebe*, Auskunftspflicht des Access-Providers, MMR 2005, 828 (829).

1271 LG Bonn, Beschluss vom 21.5.2004 – 31 Qs 65/04, Rn. 14.

1272 *Jens Eckhardt*, Fernmeldegeheimnis und Datenschutz (§§ 88-107 TKG), in: Heun, Sven-Erik (Hrsg.), Telekommunikationsrecht, 2. Aufl., Köln 2007, Teil L Rn. 37; *Martin Munz*, in: Taeger, Jürgen/Gabel, Detlev (Hrsg.), Kommentar zum BDSG, Frankfurt am Main 2010, § 95 TKG Rn. 8.

1273 BT-Drucks. 16/5048, S. 63.

Eingriff in das Fernmeldegeheimnis verbunden sind.[1274] Bei Internetsachverhalten ist eine Auskunftserteilung meist nur unter Verwendung der (dynamischen) IP-Adresse möglich. Da somit die näheren Umstände der Kommunikation betroffen sind, müssen auch IP-Adressen dem einfachgesetzlich (§ 88 TKG) und verfassungsrechtlich (Art. 10 Abs. 1 Var. 3 GG) geschützten Fernmeldegeheimnis unterliegen.[1275]

Dynamische IP-Adressen wären nur dann nicht vom Fernmeldegeheimnis erfasst, wenn sie keinem konkreten Anschlussinhaber zugeordnet und damit nicht personalisiert werden können, z.B. weil die entsprechende IP-Adresse unmittelbar nach Verbindungsende gelöscht wurde.[1276] Denn ausschlaggebend ist, ob ein bestimmtes Datum, gegebenenfalls in Kombination mit weiteren Daten wie insbesondere zeitlichen Angaben, Aufschluss geben kann über den Inhalt oder die Beteiligten eines konkreten Telekommunikationsvorgangs.[1277] Zwar spielt diese zeitliche Komponente, wem zu einem bestimmten Zeitpunkt eine bestimmte Kennung zugeordnet war, auch bei Auskunftsersuchen zu statischen IP-Adressen, die allgemein als Bestandsdatenauskunft betrachtet werden, eine gewisse Rolle, kommt dort auf Grund der langen und individuellen Zuteilung aber nicht zum Tragen. Die statische IP-Adresse ist – wie gesehen – vielmehr einer bestimmten Rufnummer oder E-Mail-Adresse gleichzusetzen. Für die Zuordnung einer statischen IP-Adresse zu einem Namen muss keine Aussage über Verkehrsdaten getroffen werden.[1278] Gerade die temporäre Vergabe der dynamischen IP-Adressen macht eine Auswertung der Telekommunikationsvorgänge erforderlich, die eines Rückgriffs auf die Umstände der Telekommunikation bedarf.[1279] Erst die Zuordnung der bereits bekannten Verkehrsdaten (IP-Adresse, Datum, Uhrzeit) zu einer Person gibt Aufschluss darüber, wer wann an einem bestimmten Telekommunikationsvorgang beteiligt war.[1280] Jede dieser Informationen erweitert somit die Kenntnis der Umstände eines konkreten Telekommunikationsvorgangs.[1281]

[1274] So zutreffend *Kai Welp*, Die Auskunftspflicht von Access-Providern nach dem Urheberrechtsgesetz, München 2009, S. 241.

[1275] BR-Drucks. 64/07, S. 93.

[1276] *Thomas Königshofen/Claus-Dieter Ulmer*, Datenschutz-Handbuch Telekommunikation, Frechen 2006, S. 7.

[1277] Vgl. *Thomas Königshofen/Claus-Dieter Ulmer*, Datenschutz-Handbuch Telekommunikation, Frechen 2006, S. 7.

[1278] *Karen Gnirck/Jan Lichtenberg*, Internetprovider im Spannungsfeld staatlicher Auskunftsersuchen, DuD 2004, 598 (600).

[1279] Ähnlich bereits LG Bonn, Beschluss vom 21.5.2004 – 31 Qs 65/04, Rn. 12 und 14.

[1280] Ähnlich und im Ergebnis ebenso *Jürgen Kühling/Alexander Elbracht*, Das Telekommunikationsrecht im Wandel – Eine erste Rechtsprechungsübersicht zum TKG 2004, Die Verwaltung 40 (2007), 545 (575).

[1281] Mit Verweis auf *Andreas Neumann/Reinmar Wolff*, Informationsermittlung für Anordnungen nach §§ 100a und 100g StPO im Wege telekommunikationsrechtlicher Auskunftsverfahren, TKMR 2003, 110 (114).

Gnirck/Lichtenberg veranschaulichen anhand zweier Fallgruppen, zu welch seltsamen Ergebnis demgegenüber die Auffassung des Gesetzgebers und der (überwiegenden) Rechtsprechung führt:[1282]

> *Fallgruppe 1*: Frage: „Mit welcher dynamischen IP-Adresse hat der Beschuldigte am 10. Oktober 2010 um 10.10 Uhr das Internet genutzt?" – Antwort: „123.456.78.99." Hierbei handelt es sich unstreitig um eine Auskunft über Verkehrsdaten. § 100g StPO ist anzuwenden.
> *Fallgruppe 2*: Frage: „Wem war die dynamische IP-Adresse 123.456.78.99 am 10. Oktober 2010 um 10.00 Uhr zugeteilt?" – Antwort: „Dem Beschuldigten." Hierbei handelt es sich nach Meinung des Gesetzgebers und der (überwiegenden) Rechtsprechung um eine Auskunft über Bestandsdaten. § 113 TKG ist anzuwenden.

Der Inhalt der Aussage ist in beiden Fallgruppen derselbe.[1283] In beiden Fällen bedarf es einer Verknüpfung der IP-Adresse mit einer dahinter stehenden Person. Dadurch wird in beiden Fällen eine Aussage über einen konkreten Telekommunikationsvorgang getroffen. Es ist daher nicht nachvollziehbar, weshalb unterschiedliche Auskunftsverfahren zur Anwendung gelangen sollen.

cc) Stellungnahme

Auskünfte zur Identität eines Nutzers, der sich hinter einer dynamischen IP-Adresse verbirgt, betreffen deren Eigenschaft als Verkehrsdatum. Die notwendige Zuordnung der dynamischen IP-Adresse zu dem Namen eines Nutzers kann nicht einfach ausgeklammert werden. Da bei diesen Auskunftsbegehren auf Verkehrsdaten zugegriffen werden muss, ist stets auch das grundrechtlich geschützte Fernmeldegeheimnis zu wahren. Dieses schützt nicht nur die Inhalte, sondern auch die näheren Umstände der Kommunikation. Um so bedauerlicher ist es, dass (dynamische) IP-Adressen nach dem Willen des Gesetzgebers für eine Auskunftserteilung über Bestandsdaten nach § 113 TKG verwendet werden dürfen.[1284] Begründet wird dies damit, dass die Auskunftsbegehren der Strafverfolgungsbehörden auf Bestandsdaten und nicht auf Verkehrsdaten gerichtet seien. Der Umstand, dass die IP-Adresse den Strafverfolgungsbehörden regelmäßig bereits bekannt ist, ändert nach richtiger Auffassung allerdings nichts an der Tatsache, dass die bloße Kenntnis der IP-Adresse in Verbindung mit Uhrzeit und Datum noch keine Aussage darüber enthält, welche konkrete Person an einem Telekommunikationsvorgang beteiligt

[1282] Fallgruppen nach Muster von *Karen Gnirck/Jan Lichtenberg*, Internetprovider im Spannungsfeld staatlicher Auskunftsersuchen, DuD 2004, 598 (600). Die Daten sind rein fiktiv.

[1283] *Karen Gnirck/Jan Lichtenberg*, Internetprovider im Spannungsfeld staatlicher Auskunftsersuchen, DuD 2004, 598 (600).

[1284] BT-Drucks. 14/7008, S. 7; BT-Drucks. 16/5846, S. 26; BT-Drucks. 16/6979, S. 46.

war.[1285] Erst die Zuordnung der bereits bekannten Verkehrsdaten zu einer Person gibt Aufschluss darüber, wer wann an einem Telekommunikationsvorgang beteiligt war.[1286] Der Gesetzgeber kann sich überdies den begründeten Bedenken gegenüber einer Auskunftserteilung nach § 113 TKG offenbar selbst nicht gänzlich verwehren, weshalb manche Gesetzesbegründung bisweilen relativ unpräzise formuliert ist. So heißt es etwa in der Begründung zum Entwurf eines Gesetzes zur Verbesserung der Durchsetzung von Rechten des geistigen Eigentums, auch wenn man der (hier vertretenen) Gegenauffassung folgen wolle, „so dürfte es sich bei der Auskunftserteilung [...] jedenfalls nur um einen wenig intensiven Eingriff in das Fernmeldegeheimnis handeln."[1287]

c) Ergebnis

Auskünfte über Bestandsdaten richten sich nach dem manuellen Auskunftsverfahren des § 113 TKG, Auskünfte über Verkehrsdaten unterliegen den Voraussetzungen des § 100g StPO. Welches Auskunftsverfahren aber anwendbar ist, wenn mittels IP-Adresse Auskünfte über Bestandsdaten erteilt werden sollen, ist umstritten. Im Falle des Vorliegens statischer IP-Adressen entspricht es allgemeiner Auffassung, dass § 113 TKG einschlägig ist. Nach dem Willen des Gesetzgebers und einer Reihe jüngerer Entscheidungen der Gerichte soll dies auch für dynamische IP-Adressen gelten. Diese Auffassung begegnet allerdings gravierenden Bedenken. Um eine Auskunft erteilen zu können, müssen dem Schutz des Fernmeldegeheimnisses unterliegende Verkehrsdaten herangezogen werden. Durch die Verknüpfung zu einer Person wird ein Bezug zu einem konkreten Telekommunikationsvorgang, d.h. zu den näheren Umständen der Telekommunikation, hergestellt. § 113 Abs. 1 S. 3 TKG bestimmt hingegen selbst, dass dem Fernmeldegeheimnis unterliegende Daten nicht nach § 113 TKG, sondern nach den entsprechenden einschlägigen Vorschriften beauskunftet werden müssen. Es sprechen daher gute Gründe für eine Anwendung des § 100g StPO.

2. Zugriff auf Vorratsdaten?

Die Verwendung der Vorratsdaten war in § 113b TKG geregelt, den das Bundesverfassungsgericht mittlerweile aber für nichtig erklärt hat. Die Ergänzung in § 113b S. 1 Halbs. 2 TKG „mit Ausnahme einer Auskunftserteilung nach § 113 TKG" sollte nach Ansicht des Gesetzgebers klarstellen, dass der Diensteanbieter zur Erfüllung der Auskunftsersuchen der zuständigen Stellen auch auf die nach

---

[1285] So zutreffend *Karen Gnirck/Jan Lichtenberg*, Internetprovider im Spannungsfeld staatlicher Auskunftsersuchen, DuD 2004, 598 (600).

[1286] *Andreas Neumann/Reinmar Wolff*, Informationsermittlung für Anordnungen nach §§ 100a und 100g StPO im Wege telekommunikationsrechtlicher Auskunftsverfahren, TKMR 2003, 110 (114).

[1287] BT-Drucks. 16/5048, S. 56.

§ 113a TKG auf Vorrat gespeicherten Verkehrsdaten zugreifen kann.[1288] Damit wurden insbesondere solche Auskunftsersuchen in Bezug genommen, die auf die Bestandsdaten eines mittels einer dynamischen IP-Adresse bereits individualisierten Anschlussinhabers gerichtet waren.[1289] Maßgebend für die Erlaubnis zur Verwendung der Vorratsdaten war nach Ansicht des Gesetzgebers, dass die Auskunftsersuchen allein auf Bestandsdaten und nicht auf die Erhebung von Verkehrsdaten gerichtet sind. Die IP-Adresse sei den Strafverfolgungsbehörden bereits bekannt.[1290] Dass diese Auffassung erheblichen Bedenken begegnet, wurde zuvor ausführlich erörtert.[1291]

Fraglich ist daher, ob ein Zugriff auf Vorratsdaten in dieser Weise oder ganz allgemein einer verfassungsrechtlichen Überprüfung standhält und, falls ja, welche Anforderungen an einen Auskunftsanspruch der Strafverfolgungs- und Sicherheitsbehörden zu stellen sind. Dabei ist der Zugriff auf Vorratsdaten nicht in gleichem Umfang verfassungsrechtlich zulässig wie die Verwendung von Verkehrsdaten, die die Diensteanbieter in Abhängigkeit von den jeweiligen betrieblichen und vertraglichen Umständen bereits nach § 96 TKG speichern dürfen. Angesichts der Unausweichlichkeit, Vollständigkeit und damit gesteigerten Aussagekraft der über sechs Monate gespeicherten Verkehrsdaten hat ein Zugriff ein ungleich größeres Gewicht.[1292] Nach hier vertretender Auffassung muss das zuvor zur bestehenden Rechtslage Gesagte daher erst Recht im Falle des Zugriffs auf Verkehrsdaten gelten. Insbesondere sollte ein Auskunftsersuchen nicht an § 113 TKG, sondern an den schärferen Voraussetzungen des § 100g i.V.m. §§ 100a, 100b StPO gemessen werden, womit vor allem das Erfordernis einer richterlichen Anordnung aufgegriffen wäre.[1293]

Das Bundesverfassungsgericht setzte sich in der Entscheidung vom 2. März 2010, soweit ersichtlich, erstmals ausführlich mit der Frage des Zugriffs auf IP-Adressen auseinander und legte dabei zunächst die Maßstäbe fest, an denen sich der Zugriff messen lassen muss. Die Ausführungen enthalten entscheidende Vorgaben, mit denen sich zunächst der Gesetzgeber, sodann aller Voraussicht nach aber auch die Internetnutzer und *Access Provider* zu befassen haben. Es ist daher in

---

1288 BT-Drucks. 16/6979, S. 46; danach *Frank Fellenberg*, in: Scheurle, Klaus-Dieter/Mayen, Thomas (Hrsg.), TKG, 2. Aufl., München 2008, § 113b Rn. 3.

1289 *Frank Fellenberg*, in: Scheurle, Klaus-Dieter/Mayen, Thomas (Hrsg.), TKG, 2. Aufl., München 2008, § 113b Rn. 3.

1290 BT-Drucks. 16/5846, S. 27.

1291 Siehe zuvor in diesem Kapitel unter B. I. 1. b).

1292 BVerfG, Urteil vom 2.3.2010 – 1 BvR 256/08, 1 BvR 263/08, 1 BvR 586/08 (*Vorratsdatenspeicherung*), Rn. 227.

1293 Siehe auch *Gabriele Britz*, Schutz informationeller Selbstbestimmung gegen schwerwiegende Grundrechtseingriffe – Entwicklungen im Lichte des Vorratsdatenspeicherungsurteils, JA 2011, 81 (85); *Peter Gola/Christoph Klug/Yvette Reif*, Datenschutz- und presserechtliche Bewertung der „Vorratsdatenspeicherung", Berlin/Bonn 2007, S. 57 f.

jedem Fall lohnend, die entsprechende Passage der Entscheidung in Gänze darzustellen:[1294]

> „Weniger strenge verfassungsrechtliche Maßgaben gelten für eine nur mittelbare Verwendung der vorsorglich gespeicherten Daten in Form von behördlichen Auskunftsansprüchen gegenüber den Diensteanbietern hinsichtlich der Anschlussinhaber bestimmter IP-Adressen, die diese unter Nutzung der vorgehaltenen Daten zu ermitteln haben. Die Schaffung von solchen Auskunftsansprüchen ist unabhängig von begrenzenden Rechtsgüter- oder Straftatenkatalogen insgesamt weitergehend zulässig als die Abfrage und Verwendung der Telekommunikationsverkehrsdaten selbst. Für Auskünfte über die Inhaber bestimmter IP-Adressen, für deren Ermittlung auf vorsorglich gespeicherte Telekommunikationsverkehrsdaten zurückgegriffen werden muss, müssen nicht von Verfassungs wegen die sonst für die Verwendung solcher Daten geltenden besonders strengen Voraussetzungen gegeben sein. Von Bedeutung ist hierfür zum einen, dass die Behörden selbst keine Kenntnis der vorsorglich zu speichernden Daten erhalten. Die Behörden rufen im Rahmen solcher Auskunftsansprüche nicht die vorsorglich anlasslos gespeicherten Daten selbst ab, sondern erhalten lediglich personenbezogene Auskünfte über den Inhaber eines bestimmten Anschlusses, der von den Diensteanbietern unter Rückgriff auf diese Daten ermittelt wurde. Dabei bleibt die Aussagekraft dieser Daten eng begrenzt. Die Verwendung der vorsorglich gespeicherten Daten führt allein zu der Auskunft, welcher Anschlussinhaber unter einer bereits bekannten, etwa anderweitig ermittelten IP-Adresse im Internet angemeldet war. Eine solche Auskunft hat ihrer formalen Struktur nach eine gewisse Ähnlichkeit mit der Abfrage des Inhabers einer Telefonnummer. Ihr Erkenntniswert bleibt punktuell. Systematische Ausforschungen über einen längeren Zeitraum oder die Erstellung von Persönlichkeits- und Bewegungsprofilen lassen sich allein auf Grundlage solcher Auskünfte nicht verwirklichen. Maßgeblich ist zum anderen, dass für solche Auskünfte nur ein von vornherein feststehender kleiner Ausschnitt der Daten verwendet wird, deren Speicherung für sich genommen unter deutlich geringeren Voraussetzungen angeordnet werden könnte. Eine Speicherung allein der für solche Auskünfte erforderlichen Internetzugangsdaten zur Identifizierung dynamischer IP-Adressen hätte ein erheblich weniger belastendes Gewicht als die nahezu vollständige Speicherung der Daten sämtlicher Telekommunikationsverbindungen. Aus dem Zusammenwirken dieser Gesichtspunkte ergibt sich, dass die für die Verwendung von vorsorglich gespeicherten Telekommunikationsverkehrsdaten ansonsten maßgeblichen Anforderungen für solche Auskünfte nicht gleichermaßen gelten. Allerdings hat auch die Begründung von behördlichen Auskunftsansprüchen zur Identifizierung von IP-Adressen erhebliches Gewicht. Mit ihr wirkt der Gesetzgeber auf die Kommunikationsbedingungen im Internet ein und begrenzt den Umfang ihrer Anonymität. Auf ihrer Grundlage kann in Verbindung mit der systematischen Speicherung der Internetzugangsdaten in weitem Umfang die Identität von Internetnutzern ermittelt werden. Sofern Privatpersonen, die sich im Internet geschädigt sehen, die entsprechenden IP-Adressen registrieren und Anzeige erstatten oder soweit die Behörde selbst IP-Adressen ermittelt, können diese bestimmten Anschlussinha-

[1294] BVerfG, Urteil vom 2.3.2010 – 1 BvR 256/08, 1 BvR 263/08, 1 BvR 586/08 (*Vorratsdatenspeicherung*), Rn. 254 ff.

bern zugeordnet und die dahinter stehenden Kommunikationsvorgänge mit erheblicher Wahrscheinlichkeit individualisiert werden. Dabei kann die Zuordnung einer IP-Adresse zu einem Anschlussinhaber vom Gewicht für den Betroffenen her auch trotz einer gewissen Ähnlichkeit mit der Identifizierung einer Telefonnummer nicht gleichgesetzt werden. Telefonnummern werden als auf Dauer vergebene Kennungen unter den Nutzern ausgetauscht, so dass eine Abfrage von deren Inhaber auch unabhängig von konkreten Telekommunikationsakten möglich ist. Demgegenüber enthält eine Auskunft über den Anschlussinhaber einer dynamischen IP-Adresse in sich notwendig zugleich die Information, dass und von welchem Anschluss aus diese IP-Adresse zu einer bestimmten Zeit genutzt wurde. Darüber hinaus kann die Telefonnummer gegenüber Privaten ohne weitere Schwierigkeiten unterdrückt werden, während die IP-Adresse grundsätzlich nur unter Nutzung von Anonymisierungsdiensten verschleiert werden kann. Auch ist die mögliche Persönlichkeitsrelevanz einer Abfrage des Inhabers einer IP-Adresse eine andere als die des Inhabers einer Telefonnummer. Schon vom Umfang der Kontakte her, die jeweils durch das Aufrufen von Internetseiten neu hergestellt werden, ist sie aussagekräftiger als eine Telefonnummernabfrage. Auch hat die Kenntnis einer Kontaktaufnahme mit einer Internetseite eine andere inhaltliche Bedeutung. Da der Inhalt von Internetseiten anders als das beim Telefongespräch gesprochene Wort elektronisch fixiert und länger wieder aufrufbar ist, lässt sich mit ihr vielfach verlässlich rekonstruieren, mit welchem Gegenstand sich der Kommunizierende auseinander gesetzt hat. Die Individualisierung der IP-Adresse als der „Telefonnummer des Internet" gibt damit zugleich Auskunft über den Inhalt der Kommunikation. Die für das Telefongespräch geltende Unterscheidung von äußerlichen Verbindungsdaten und Gesprächsinhalten löst sich hier auf. Wird der Besucher einer bestimmten Internetseite mittels der Auskunft über eine IP-Adresse individualisiert, weiß man nicht nur, mit wem er Kontakt hatte, sondern kennt in der Regel auch den Inhalt des Kontakts. Freilich besteht umgekehrt auch ein gesteigertes Interesse an der Möglichkeit, Kommunikationsverbindungen im Internet zum Rechtsgüterschutz oder zur Wahrung der Rechtsordnung den jeweiligen Akteuren zuordnen zu können. Angesichts der zunehmenden Bedeutung des Internet für die verschiedenartigsten Bereiche und Abläufe des alltäglichen Lebens erhöht sich auch die Gefahr seiner Nutzung für Straftaten und Rechtsverletzungen vielfältiger Art. In einem Rechtsstaat darf auch das Internet keinen rechtsfreien Raum bilden. Die Möglichkeit einer individuellen Zuordnung von Internetkontakten bei Rechtsverletzungen von einigem Gewicht bildet deshalb ein legitimes Anliegen des Gesetzgebers. Soweit für entsprechende Auskünfte seitens der Diensteanbieter unter den derzeitigen technischen Bedingungen, nach denen IP-Adressen überwiegend nur für die jeweilige Sitzung („dynamisch") vergeben werden, Telekommunikationsverkehrsdaten ausgewertet werden müssen, wirft dieses folglich keine prinzipiellen Bedenken auf. Auch kann der Gesetzgeber zur Gewährleistung einer verlässlichen Zuordnung dieser Adressen über einen gewissen Zeitraum die Vorhaltung der entsprechenden Daten beziehungsweise einen weitgehenden Rückgriff auf insoweit vorgehaltene Daten seitens der Diensteanbieter vorsehen. Er hat hierbei einen Gestaltungsspielraum. Dementsprechend darf der Gesetzgeber solche Auskünfte auch unabhängig von begrenzenden Rechtsgüter- oder Straftatenkatalogen für die Verfolgung von Straftaten, für die Gefahrenabwehr und die Aufgabenwahrnehmung der Nachrichtendienste auf der Grundlage der allgemeinen fachrechtlichen Eingriffsermächtigungen zulassen. Hinsichtlich der

Eingriffsschwellen ist allerdings sicherzustellen, dass eine Auskunft nicht ins Blaue hinein eingeholt werden, sondern nur aufgrund eines hinreichenden Anfangsverdachts oder einer konkreten Gefahr auf einzelfallbezogener Tatsachenbasis erfolgen darf. Das Erfordernis einer auf Anhaltspunkte im Tatsächlichen gestützten konkreten Gefahr gilt dabei für die Nachrichtendienste ebenso wie für alle zur Abwehr von Gefahren für die öffentliche Sicherheit und Ordnung zuständigen Behörden. Die rechtlichen und tatsächlichen Grundlagen entsprechender Auskunftsbegehren sind aktenkundig zu machen. Ein Richtervorbehalt muss demgegenüber für solche Auskünfte nicht vorgesehen werden. Das erhebliche Gewicht des Eingriffs solcher Auskünfte erlaubt es indessen nicht, diese allgemein und uneingeschränkt auch zur Verfolgung oder Verhinderung jedweder Ordnungswidrigkeiten zuzulassen. Die Aufhebung der Anonymität im Internet bedarf zumindest einer Rechtsgutbeeinträchtigung, der von der Rechtsordnung auch sonst ein hervorgehobenes Gewicht beigemessen wird. Dies schließt entsprechende Auskünfte zur Verfolgung oder Verhinderung von Ordnungswidrigkeiten nicht vollständig aus. Es muss sich insoweit aber um – auch im Einzelfall – besonders gewichtige Ordnungswidrigkeiten handeln, die der Gesetzgeber ausdrücklich benennen muss. Auch gibt es keinen Grund, für die Identifizierung von IP-Adressen den Grundsatz der Transparenz zurückzunehmen. Der Betroffene, der in der Regel davon ausgehen kann, das Internet anonym zu nutzen, hat prinzipiell das Recht zu erfahren, dass und warum diese Anonymität aufgehoben wurde. Dementsprechend hat der Gesetzgeber jedenfalls Benachrichtigungspflichten vorzusehen, soweit und sobald hierdurch der Zweck der Auskunft nicht vereitelt wird oder sonst überwiegende Interessen Dritter oder des Betroffenen selbst nicht entgegenstehen. Soweit von einer Benachrichtigung nach Maßgabe entsprechender gesetzlicher Regelungen ausnahmsweise abgesehen wird, ist der Grund hierfür aktenkundig zu machen. Einer richterlichen Bestätigung des Absehens von der Benachrichtigung bedarf es hier demgegenüber nicht.“

Unter Beachtung dieser Grundsätze kam das Bundesverfassungsgericht zu dem Ergebnis, dass es nicht zu beanstanden sei, dass gemäß § 113b S. 1 Halbs. 2 i.V.m. § 113 Abs. 1 TKG Auskünfte über den Anschlussinhaber bereits bekannter IP-Adressen ohne vorherige richterliche Anordnung für die Verfolgung von Straftaten aller Art und allgemein für die Aufgaben der Gefahrenabwehr und der Nachrichtendienste zulässig sein sollte.[1295] Dies angenommen, sollte aber zumindest ein hinreichender Anfangsverdacht oder eine konkrete Gefahr verlangt werden.[1296] Bedauerlicherweise sah das Bundesverfassungsgericht in dem Rückgriff auf § 113 TKG jedoch keine missbräuchliche Umgehung des § 100g StPO. Die Auskünfte beträfen, so das Gericht, nämlich lediglich bereits zuvor bekannte IP-Adressen. Damit

---

[1295] BVerfG, Urteil vom 2.3.2010 – 1 BvR 256/08, 1 BvR 263/08, 1 BvR 586/08 (*Vorratsdatenspeicherung*), Rn. 289.

[1296] Siehe BVerfG, Urteil vom 2.3.2010 – 1 BvR 256/08, 1 BvR 263/08, 1 BvR 586/08 (*Vorratsdatenspeicherung*), Rn. 289 f.; dazu auch *Hans Hofmann*, in: Schmidt-Bleibtreu, Bruno/Hofmann, Hans/Hopfauf, Axel (Hrsg.), GG, 12. Aufl., Köln 2011, Art. 10 Rn. 10c; *Marc Schramm/Christoph Wegener*, Neue Anforderungen an eine anlasslose Speicherung von Vorratsdaten, MMR 2011, 9 (11).

weicht das Bundesverfassungsgericht jedenfalls in Teilen von seiner bisherigen Rechtsprechung ab, wonach es mit einer Begrenzung des Grundrechtseingriffs nicht vereinbar wäre, „wenn die Ermittlungsbehörden auf eine andere Zwangsmaßnahme zurückgreifen könnten, an die geringere Anforderungen in Bezug auf das Anordnungsverfahren gestellt sind, um zum gleichen Ziel zu gelangen, nämlich dem unfreiwilligen Offenbaren der durch Art. 10 Abs. 1 GG geschützten Daten."[1297] Das Bundesverfassungsgericht nahm vielmehr Bezug auf die überwiegende Ansicht in der fachgerichtlichen Rechtsprechung und die Gesetzesbegründung, die – wie gesehen – ebenfalls von einer Bestandsdatenauskunft ausgingen.[1298] Wenigstens machte das Gericht aber darauf aufmerksam, dass der Gesetzgeber im Rahmen einer Neuregelung der Vorratsdatenspeicherung für eine gesetzliche Klärung der Auskunftsermächtigung sorgen muss.[1299] Zu weitgehend sei in jedem Fall auch, dass über § 113 TKG im Grunde die Ahndung jeder Ordnungswidrigkeit ausreichen würde, um auf Vorratsdaten zugreifen zu können.[1300] Keine ausdrückliche Auseinandersetzung erfolgte in diesem Zusammenhang mit der überschießenden Umsetzung bezüglich „schwerer Straftaten".[1301] Aus den Ausführungen wird aber sehr deutlich, dass die Auskünfte über IP-Adressen nicht an diese Voraussetzung gekoppelt werden sollen. Die Begrenzung auf Ordnungswidrigkeiten von besonderem Gewicht erscheint allerdings auch ausreichend. Zu beachten ist nämlich, dass Gegenstand der Auskunftsverfahren zu IP-Adressen neben schweren Straftaten vor allem (gewerbsmäßige) Urheberrechtsverletzungen sind.[1302] Würde man an die Eingriffsschwelle zu hohe Ansprüche stellen, liefe der Anspruch ins Leere. Nichtsdestotrotz sollte eine vorherige richterliche Anordnung im Hinblick auf den Eingriff in das Fernmeldegeheimnis verlangt werden. Ein solches Ergebnis könnte etwa erreicht werden, indem man eine dem bisherigen § 100g Abs. 1 S. 1 Nr. 2 StPO entsprechende Regelung ausdrücklich für Auskünfte über Internetzugangsdaten einführt.

II. Private Auskunftsbegehren

Die *zivil*prozessuale Geltendmachung von Ansprüchen etwa auf Unterlassung oder Schadensersatz setzt (zumindest) im deutschen Recht voraus, dass dem Rechtein-

---

1297 BVerfG, Beschluss vom 4.2.2005 – 2 BvR 308/04 (*Wohnungsdurchsuchung*), Rn. 25 = MMR 2005, 520 (523).

1298 Siehe oben in diesem Kapitel unter B. I. 1. b) bb).

1299 Siehe BVerfG, Urteil vom 2.3.2010 – 1 BvR 256/08, 1 BvR 263/08, 1 BvR 586/08 (*Vorratsdatenspeicherung*), Rn. 290.

1300 Siehe BVerfG, Urteil vom 2.3.2010 – 1 BvR 256/08, 1 BvR 263/08, 1 BvR 586/08 (*Vorratsdatenspeicherung*), Rn. 291.

1301 Auf den Katalog des § 100a Abs. 2 StPO verweisend *Marc Schramm/Christoph Wegener*, Neue Anforderungen an eine anlasslose Speicherung von Vorratsdaten, MMR 2011, 9 (11).

1302 Vgl. *Christian Czychowski/Jan Bernd Nordemann*, Vorratsdaten und Urheberrecht – Zulässige Nutzung gespeicherter Daten, NJW 2008, 3095 (3097).

haber die Person des potenziellen Rechtsverletzers bekannt ist. Nach § 253 Abs. 2 Nr. 1 ZPO sind die Parteien, d.h. Kläger und Beklagter, in der Klageschrift so genau zu bezeichnen, dass kein Zweifel an deren Person besteht.[1303] Das Gericht prüft diesen Umstand als Prozessvoraussetzung von Amts wegen.[1304] Eine Klageerhebung ohne konkrete Bezeichnung des Beklagten gilt als nicht ordnungsgemäß erhoben, sei es im Falle einer namentlich nicht bekannten Person auch die Bezeichnung wesentlicher Merkmale, anhand derer sich die Identität eindeutig bestimmen lässt.[1305] Der Beklagte muss derart benannt sein, dass ihm die Klage zugestellt werden kann.[1306] Nimmt man die gerichtliche Geltendmachung der im *Zweiten Kapitel* geschilderten Verletzungen von Urheberrechten über das Internet in Bezug, dürfte als der Bestimmbarkeit genügende Bezeichnung des Rechtsverletzers regelmäßig nur dessen Name oder Firma samt Anschrift in Betracht kommen. Alles andere dürfte dem Erfordernis einer ordnungsgemäßen Klageerhebung nicht entsprechen und würde ohne Berichtigung seitens des Klägers letztlich dazu führen, dass die Klage als unzulässig abgewiesen wird.[1307]

1. Kenntnisstand der Rechteinhaber

Bei Urheberrechtsverletzungen im Internet, z.B. der illegalen Nutzung von Tauschbörsen oder *Filesharing*-Systemen, steht dem Rechteinhaber häufig nur die IP-Adresse eines Rechtsverletzers zur Verfügung.[1308] Bereits aus der Verknüpfung dieser Tatsache mit den vorhergehenden Ausführungen wird schnell deutlich, weshalb Rechteinhaber ein besonderes Interesse an der Ermittlung der Identität eines potenziellen Rechtsverletzers bzw. an der Erlangung solcher Daten haben, die eine Feststellung der Identität zweifelsfrei ermöglichen. Sie benötigen diese Informationen, um schließlich zivilprozessuale Ansprüche gegen den potenziellen Rechtsverletzer geltend machen zu können. Soweit den Rechteinhabern selbst der Rückgriff auf ein Auskunftsverfahren zur Identifizierung des Rechtsverletzers verwehrt ist, bleibt ihnen lediglich die bisher viel genutzte Möglichkeit, eine Anzeige gegen Unbekannt zu erstatten und nach Ermittlung des Inhabers der IP-Adresse durch die

---

1303 *Reinhard Greger*, in: Zöller, Richard, ZPO, 28. Aufl., Köln 2010, § 253 Rn. 8.

1304 Vgl. *Adolf Baumbach/Wolfgang Lauterbach/Jan Albers/Peter Hartmann*, ZPO, 68. Aufl., München 2010, § 253 Rn. 15; *Reinhard Greger*, in: Zöller, Richard, ZPO, 28. Aufl., Köln 2010, § 253 Rn. 7.

1305 Vgl. *Ulrich Foerste*, in: Musielak, Hans-Joachim (Hrsg.), ZPO, 6. Aufl., München 2008, § 253 Rn. 18; *Reinhard Greger*, in: Zöller, Richard, ZPO, 28. Aufl., Köln 2010, § 253 Rn. 8.

1306 *Herbert Geisler*, in: Prütting, Hanns/Gehrlein, Markus (Hrsg.), ZPO, Köln 2010, § 253 Rn. 9.

1307 *Adolf Baumbach/Wolfgang Lauterbach/Jan Albers/Peter Hartmann*, ZPO, 68. Aufl., München 2010, § 253 Rn. 15.

1308 Vgl. *Jürgen Kühling/Alexander Elbracht*, Das Telekommunikationsrecht im Wandel – Eine erste Rechtsprechungsübersicht zum TKG 2004, Die Verwaltung 40 (2007), 545 (574).

Staatsanwaltschaft über das strafprozessuale Akteneinsichtsrecht nach § 406e StPO die genauen Daten des Rechtsverletzers in Erfahrung zu bringen.[1309]

a) Eigene Informationen

Im Mittelpunkt der über das Internet begangenen Urheberrechtsverletzungen stehen die *Filesharing*-Netzwerke oder Musiktauschbörsen. Die unmittelbare Ermittlung der wahren Identität der Teilnehmer in diesen Netzwerken scheitert überwiegend bereits daran, dass diese regelmäßig unter Verwendung von Pseudonymen in Erscheinung treten.[1310] Die praktisch einzige Möglichkeit der Identifizierung der hinter einem Pseudonym stehenden Person ist der Rückgriff auf die IP-Adresse der Teilnehmer.[1311] Anhand dieser Adresse kann der dahinter stehende Anschluss und daraufhin der Name des Nutzers ermittelt werden. Die Generierung der IP-Adressen erfolgt meist durch spezialisierte Unternehmen, die die Daten der Nutzer von Tauschbörsen sammeln und an die Rechteinhaber verkaufen.[1312] Dies geschieht in der Regel mit Hilfe bestimmter Suchprogramme, womit die IP-Adressen der Nutzer automatisiert erfasst und protokolliert werden können.[1313] Über eine Anfrage bei *Ripe* oder *Whois* schließlich kann der *Access Provider* ermittelt werden, der eine bestimmte IP-Adresse vergeben hat.[1314]

In Deutschland ist diese Vorgehensweise im Hinblick auf § 4 Abs. 2 BDSG bedenklich, wonach die Erhebung von personenbezogenen Daten grundsätzlich nur beim Betroffenen und unter dessen Mitwirkung zulässig ist. Bei herkömmlichen Tauschbörsen ist sowohl dem Nutzer als auch dem Anbieter in der Regel aber je-

---

1309 *Annette Marberth-Kubicki*, Computer- und Internetstrafrecht, 2. Aufl., München 2010, Rn. 297; *Kai Welp*, Die Auskunftspflicht von Access-Providern nach dem Urheberrechtsgesetz, München 2009, S. 321.

1310 *Tarek Abdallah/Björn Gercke*, Strafrechtliche und strafprozessuale Probleme der Ermittlung nutzerbezogener Daten im Internet, ZUM 2005, 368 (369); *Annette Marberth-Kubicki*, Computer- und Internetstrafrecht, 2. Aufl., München 2010, Rn. 289.

1311 *Tarek Abdallah/Björn Gercke*, Strafrechtliche und strafprozessuale Probleme der Ermittlung nutzerbezogener Daten im Internet, ZUM 2005, 368 (369).

1312 Logistep, ein auf die Sammlung von IP-Adressen mittels einer bestimmten Software spezialisiertes Unternehmen, wurde in der Schweiz und in Italien durch ein Gericht die Speicherung mit Hinweis auf den Schutz der Privatsphäre untersagt und zur Löschung der Daten aufgefordert; vgl. http://www.netzwelt.de/news/77361-italien-sammeln-der-ip-adressen-von.html; http://www.garanteprivacy.it/garante/doc.jsp?ID=1495246 (Entscheidung in Italien); jeweils zuletzt abgerufen am 28.3.2011.

1313 Vgl. dazu auch BR-Drucks. 16/5048, S. 57, 63 f.; zum genauen Ablauf der Protokollierung *Annette Marberth-Kubicki*, Computer- und Internetstrafrecht, 2. Aufl., München 2010, Rn. 290; siehe auch *Ralf Dietrich*, Rechtliche Bewältigung von netzbasiertem Datenaustausch und Verteidigungsstrategien, NJW 2006, 809 (809).

1314 Siehe www.ripe.net oder www.whois.net; vgl. *Annette Marberth-Kubicki*, Computer- und Internetstrafrecht, 2. Aufl., München 2010, Rn. 291.

weils die IP-Adresse des Gegenüber erkennbar.[1315] Nach Ansicht der Bundesregierung ermöglicht das geltende Recht daher eine datenschutzrechtlich unbedenkliche Erhebung der IP-Adresse potenzieller Rechtsverletzer durch die Rechteinhaber. Wer über das Internet kommuniziere, wisse, dass er die IP-Adresse seines Rechners demjenigen offenbart, mit dem er kommuniziert. Die IP-Adresse werde standardmäßig auf dem Computer des Kommunikationspartners gespeichert. Es spreche deshalb Einiges dafür, dass die Erhebung der IP-Adresse bei dieser Sachlage im Sinne des § 4 Abs. 2 BDSG beim Betroffenen unter dessen Mitwirkung erfolge.[1316]

Eine andere Situation stellt sich bei Verwendung anonymer Tauschbörsen dar.[1317] Verwendet der Teilnehmer in einer Musiktauschbörse eine Software, die auf eine Adressierung mittels IP-Adresse verzichtet, sondern stattdessen durch ein verschlüsseltes *Routing*-Verfahren die heruntergeladenen Daten über mehrere Teilnehmer umleitet und eine an den Teilnehmer vergebene IP-Adresse durch Überlagerung mit einer virtuellen Netzwerkadresse unkenntlich macht, ist eine Ermittlung der Identität im Grunde gänzlich ausgeschlossen.[1318] Doch auch wenn dem Rechteinhaber die IP-Adresse bereits bekannt ist, besteht seitens des *Providers* keine absolute, voraussetzungslose Pflicht, den hinter einer IP-Adresse stehenden Namen an Rechteinhaber herauszugeben.[1319]

b) Strafprozessuale Akteneinsicht

Wurde die IP-Adresse eines Teilnehmers an illegalen *Filesharing*-Systemen erfolgreich ermittelt, haben die Rechteinhaber vor allem in der Vergangenheit umfassend von der Möglichkeit Gebrauch gemacht, eine Strafanzeige zu erstatten, um die Einleitung eines Ermittlungsverfahrens in Gang zu setzen und die im Wege dessen gewonnenen Daten zur Durchsetzung ihrer zivilrechtlichen Ansprüche nutzen zu können.[1320] Ziel ist es, nach Ermittlung des Inhabers der IP-Adresse durch die Staatsanwaltschaft über das strafprozessuale Akteneinsichtsrecht nach § 406e StPO die genauen Daten des Rechtsverletzers in Erfahrung zu bringen.[1321] Nach dem

---

[1315] *Phillip W. Brunst*, Anonymität im Internet – rechtliche und tatsächliche Rahmenbedingungen, Berlin 2009, S. 96 f.

[1316] Zur Ansicht der Bundesregierung und den vorhergehenden Ausführungen siehe BR-Drucks. 16/5048, S. 63 f.; siehe auch *Ulrich Sachs*, Marketing, Datenschutz und das Internet, Köln 2008, S. 103.

[1317] Dazu *Phillip W. Brunst*, Anonymität im Internet – rechtliche und tatsächliche Rahmenbedingungen, Berlin 2009, S. 98 ff.

[1318] Dazu *Tarek Abdallah/Björn Gercke*, Strafrechtliche und strafprozessuale Probleme der Ermittlung nutzerbezogener Daten im Internet, ZUM 2005, 368 (370); danach *Annette Marberth-Kubicki*, Computer- und Internetstrafrecht, 2. Aufl., München 2010, Rn. 289.

[1319] Dazu in diesem Kapitel sogleich unter B. II. 2.

[1320] *Ralf Dietrich*, Rechtliche Bewältigung von netzbasiertem Datenaustausch und Verteidigungsstrategien, NJW 2006, 809 (809).

[1321] *Jürgen Kühling/Alexander Elbracht*, Das Telekommunikationsrecht im Wandel – Eine erste Rechtsprechungsübersicht zum TKG 2004, Die Verwaltung 40 (2007), 545 (574);

(bedenklichen)[1322] Willen des Gesetzgebers sind die Inhaber der IP-Adressen im manuellen Auskunftsverfahren nach § 113 TKG zu ermitteln, und zwar auch dann, wenn Auskünfte nur unter Rückgriff auf gespeicherte Verkehrsdaten möglich sind.[1323] Den Zugriffmöglichkeiten der Rechteinhaber auf die Daten wären auf Grund der im Verhältnis zu § 100g StPO deutlich geringen Anforderungen dieses Auskunftsverfahrens somit kaum brauchbare Grenzen gesetzt.

Auf Grund der häufigen Inanspruchnahme dieser Möglichkeit, der hohen Belastung der Strafverfolgungsbehörden und mit Blick auf die schutzwürdigen Interessen der Anschlussinhaber wird die Akteneinsicht zur Vorbereitung einer zivilprozessualen Rechtsverfolgung jedoch ohnehin zunehmend in Frage gestellt.[1324] Viele Staatsanwaltschaften haben sich sogar entschlossen, Verstöße im Sinne des § 106 Abs. 1 UrhG erst ab dem Erreichen einer bestimmten Schwelle (quantitativ oder qualitativ) zu verfolgen und im Übrigen mangels öffentlichen Interesses gemäß § 153 StPO oder mangels genügenden Anlasses gemäß § 170 Abs. 2 StPO von einer Verfolgung ganz abzusehen.[1325] Ein Großteil der Generalstaatsanwaltschaften hat sich in gemeinsamen Richtlinien darauf verständigt, Urheberrechtsverletzungen in Tauschbörsen erst ab der Schwelle zur Gewerbsmäßigkeit zu verfolgen, und orientiert sich dabei an einer Mindeststückzahl von Musikwerken bzw. an einem bestimmten Mindestwert eines Musikwerkes.[1326] Zwar ist die Aufnahme von Ermittlungen damit nicht verbindlich ausgeschlossen, jedoch verweisen *Esser* und *Gercke* mit Recht auf die Fragwürdigkeit dieses Vorgehens im Hinblick auf das Legalitätsprinzip des § 152 Abs. 2 StPO.[1327]

Das Akteneinsichtsrecht des § 406e StPO setzt ein berechtigtes Interesse des Verletzten an der Einsicht in die Akten voraus (Abs. 1), dem keine überwiegenden schutzwürdigen Interessen des Beschuldigten oder anderer Personen entgegenste-

---

Kai Welp, Die Auskunftspflicht von Access-Providern nach dem Urheberrechtsgesetz, München 2009, S. 321.

1322 Ausführlich zu den Bedenken in diesem Kapitel unter B. I. 1. b) bb).

1323 Vgl. BR-Drucks. 16/6979, S. 46; *Anne Kindt*, Grundrechtsschutz für Raubkopierer und Musikpiraten?, MMR 2009, 147 (149).

1324 Vgl. so auch *Kai Welp*, Die Auskunftspflicht von Access-Providern nach dem Urheberrechtsgesetz, München 2009, S. 321.

1325 *Robert Esser*, Urheberrechtsverletzungen durch Tauschbörsennutzer im Internet, GA 2010, 65 (65); *Marco Gercke*, Die Entwicklung des Internetstrafrechts im Jahr 2008, ZUM 2009, 526 (537); *Christina Wehr/Matei Ujica*, „Alles muss raus!" – Datenspeicherungs- und Auskunftspflichten der Access-Provider nach dem Urteil des BVerfG zur Vorratsdatenspeicherung, MMR 2010, 667 (670).

1326 Vgl. *Marco Gercke*, Die Entwicklung des Internetstrafrechts im Jahr 2008, ZUM 2009, 526 (537); *Anne Kindt*, Grundrechtsschutz für Raubkopierer und Musikpiraten?, MMR 2009, 147 (148).

1327 *Robert Esser*, Urheberrechtsverletzungen durch Tauschbörsennutzer im Internet, GA 2010, 65 (66 ff.); *Marco Gercke*, Die Entwicklung des Internetstrafrechts im Jahr 2008, ZUM 2009, 526 (537). Der Gesetzgeber habe sich gerade gegen den Ausschluss der Bagatellkriminalität aus dem Anwendungsbereich des § 106 UrhG entschieden.

hen (Abs. 2). Dabei stellt die Verfolgung zivilrechtlicher Ansprüche ein schutzwürdiges Interesse des Verletzten einer Straftat dar, das mit den schutzwürdigen Interessen des Beschuldigten, wozu insbesondere sein Interesse an der Geheimhaltung persönlicher Daten zählt, abzuwägen ist.[1328] Die damit zwingend zu erfolgende Interessenabwägung führt entgegen früherer Praxis mittlerweile zumeist zur Versagung der Akteneinsicht.[1329] Auch wenn die Staatsanwaltschaft nicht von vorneherein mangels öffentlichen Interesses von der Strafverfolgung abgesehen und den Verletzten mithin auf den Privatklageweg gemäß §§ 376 i.V.m. 374 Abs. 1 Nr. 8 StPO verwiesen hat, wird dem Verletzten in der Regel die Akteneinsicht mit Hinweis auf überwiegende Geheimhaltungsinteressen des Beschuldigten versagt. Anders liegt der Fall offenbar nur bei gewerblichen Urheberrechtsverstößen, die nicht mangels hinreichenden Tatverdachts eingestellt werden.[1330] Die Durchsetzung zivilrechtlicher Ansprüche aber, d.h. die bloße Verfolgung individueller Interessen, ist in der Praxis der Strafverfolgung nach verfassungsrechtlichen Maßstäben regelmäßig weniger gewichtig als die Wahrung des Rechts auf informationelle Selbstbestimmung oder des Fernemeldegeheimnisses.[1331] Nach den Entscheidungen einiger Landgerichte ist dies vor allem dann anzunehmen, wenn die Ermittlungen keinen hinreichenden Tatverdacht ergeben haben. Aus dem Umstand, dass eine bestimmte IP-Adresse einer bestimmten Person zugeordnet werden könne, folge noch nicht, dass diese Person auch zu der angegebenen Tatzeit über den genannten Anschluss die vorgeworfenen Urheberrechtsverletzungen begangen habe.[1332] Wenn somit die Verantwortlichkeit für eine Verletzung dem Anschlussinhaber nicht nachgewiesen sei, bestünden auch keine Bedenken, die informationelle Selbstbestimmung, das Fernmeldegeheimnis und das Persönlichkeitsrecht des Anschlussinhabers höher zu bewerten.[1333] Die Einsicht sei nur verhältnismäßig, wenn sich der Verdacht gegen den Beschuldigten so weit erhärtet habe, dass von seiner Tätereigenschaft und damit auch einer Verletzteneigenschaft des Antragstellers auszugehen sei.[1334]

[1328] BVerfG, Beschluss vom 5.12.2006 – 2 BvR 2388/06, Rn. 5.

[1329] Vgl. *Daniel Blankenburg*, Quo vadis §§ 106, 108a UrhG?, MMR 2010, 587 (587 f.); *Anne Kindt*, Grundrechtsschutz für Raubkopierer und Musikpiraten?, MMR 2009, 147 (151).

[1330] *Robert Esser*, Urheberrechtsverletzungen durch Tauschbörsennutzer im Internet, GA 2010, 65 (81).

[1331] Vgl. *Jürgen Cierniak*, in: Meyer-Goßner, Lutz, StPO, 53. Aufl., München 2010, § 406e Rn. 6 m.w.N.; *Claudia Riedel/Rochus Wallau*, Das Akteneinsichtsrecht des „Verletzten" in Strafsachen – und seine Probleme, NStZ 2003, 393 (396); kritisch *Robert Esser*, Urheberrechtsverletzungen durch Tauschbörsennutzer im Internet, GA 2010, 65 (80 f.).

[1332] LG Saarbrücken, Beschluss vom 28.1.2008 – 5 (3) Qs 349/07, Rn. 4.

[1333] LG München I, Beschluss vom 12.3.2008 – 5 Qs 19/08, Rn. 12; ähnlich LG Stade, Beschluss vom 10.7.2000 – 12 AR 1/00 = StV 2001, 159; LG Köln, Beschluss vom 29.6.2004 – 106-37/04 – 116 Js 192/03 = StraFo 2005, 78.

[1334] *Claudia Riedel/Rochus Wallau*, Das Akteneinsichtsrecht des „Verletzten" in Strafsachen – und seine Probleme, NStZ 2003, 393 (397); *Anne Kindt*, Grundrechtsschutz für Raubkopierer und Musikpiraten?, MMR 2009, 147 (151).

Die mittlerweile wohl gängige Praxis der Staatsanwaltschaften begegnet indes begründeter Kritik aus dem Schrifttum. Der pauschale Hinweis auf einen nicht hinreichenden Tatverdacht stelle keinen Grund dar, die Akteneinsicht zu verwehren. Dies jedenfalls dann nicht, wenn Ansprüche gegen den Anschlussinhaber auch als Störer im Sinne des § 97 Abs. 1 UrhG geltend gemacht werden könnten.[1335] Dem entgegnet das LG München I, es sei nicht Aufgabe der Strafverfolgungsbehörden, die Geltendmachung bloßer zivilrechtlicher Ansprüche, ohne dass eine Straftat nachweisbar wäre, zu ermöglichen.[1336] Nicht nachzuvollziehen ist dann aber, so auch die Folgerung *Essers*, dass im Falle gewerblicher Urheberrechtsverletzungen die Akteneinsicht offenbar nicht versagt wird. Gründe, weshalb bei gewerblichem im Vergleich zum nicht gewerblichen Ausmaß vom Anschlussinhaber stets auf den Täter zu schließen sei, sind nicht ersichtlich.[1337] Auch die Berufung auf den Drittauskunftsanspruch in § 101 Abs. 2 UrhG, der nur bei Rechtsverletzungen in gewerblichem Ausmaß greift, überzeugt nicht.[1338] Die Zielrichtung der beiden Regelungen ist gänzlich unterschiedlich. Dies entspricht offensichtlich auch dem Willen des Gesetzgebers. In Beschlussempfehlung und Bericht des Rechtsausschusses des Deutschen Bundestages zum Entwurf eines Gesetzes zur Neuregelung der Telekommunikationsüberwachung und anderer verdeckter Ermittlungsmaßnahmen sowie zur Umsetzung der Richtlinie 2006/24/EG[1339] heißt es, den Rechteinhabern bleibe unbenommen, im Rahmen eines durch eine strafbare Rechtsverletzung veranlassten Strafverfahrens Auskunft aus der Strafverfahrensakte nach Maßgabe des § 406e StPO zu beanspruchen und dadurch mittelbar an dem Ergebnis der strafverfolgungsbehördlich eingeholten Auskünfte zu partizipieren.[1340] Um den Rechteinhaber gegenüber Urheberrechtsverletzungen im Internet in nicht gewerblichem Ausmaß nicht völlig schutzlos zu stellen, wäre gerade in diesen Fällen die Gewährung von Akteneinsicht notwendig. Eine Versagung kommt nach alledem nur in Betracht, wenn tatsächlich das schutzwürdige Interesse des Beschuldigten das berechtigte Interesse des Verletzten überwiegt. Dies dürfte fraglos zumindest dann anzunehmen sein, wenn nach den Ermittlungen schon in der Sache kein hinreichender Tatverdacht besteht.[1341]

[1335] *Robert Esser*, Urheberrechtsverletzungen durch Tauschbörsennutzer im Internet, GA 2010, 65 (81).
[1336] LG München I, Beschluss vom 12.3.2008 – 5 Qs 19/08, Rn. 6.
[1337] *Robert Esser*, Urheberrechtsverletzungen durch Tauschbörsennutzer im Internet, GA 2010, 65 (81).
[1338] Zum Drittauskunftsanspruch sogleich unter B. II. 2. b).
[1339] BGBl. I vom 31.12.2007, S. 3198.
[1340] BT-Drucks. 16/6979, S. 71.
[1341] Siehe *Robert Esser*, Urheberrechtsverletzungen durch Tauschbörsennutzer im Internet, GA 2010, 65 (81).

2. Ansprüche der Rechteinhaber

Bei der Ermittlung der Identität eines potenziellen Rechtsverletzers sind die Rechteinhaber nach den Ergebnissen der bisherigen Ausführungen in jedem Fall – entweder direkt oder wenigstens indirekt über den Umweg der Akteneinsicht – auf die Hilfe der *Access Provider* angewiesen.[1342]

a) Frühere Rechtslage

Bis zur Umsetzung der *Enforcement*-Richtlinie durch das Gesetz zur Verbesserung der Durchsetzung von Rechten des geistigen Eigentums[1343] und dessen In-Kraft-Treten am 1. September 2008 gab es nach zutreffender Ansicht keinen zivilrechtlichen Auskunftsanspruch gegenüber Dritten, d.h. keine gerichtlich durchsetzbare zivilrechtliche Möglichkeit, Informationen über die relevanten Internetzugangsdaten vom *Access Provider* zu erlangen.[1344] Auch nach § 101a UrhG a.F., der durch das Gesetz zur Stärkung des Schutzes des geistigen Eigentums und zur Bekämpfung der Produktpiraterie[1345] 1990 eingeführt wurde und erstmals einen verschuldensunabhängigen Anspruch auf Drittauskunft gewährte, konnte lediglich der Verletzer in Anspruch genommen werden.[1346] Äußerst kontrovers wurde die Frage diskutiert, ob der Auskunftsanspruch aus § 101a UrhG a.F. auch für Auskunftsansprüche gegen *Internet Provider*, insbesondere gegen *Access Provider*, entsprechend

---

[1342] *Kai Welp*, Die Auskunftspflicht von Access-Providern nach dem Urheberrechtsgesetz, München 2009, S. 26 ff.

[1343] Gesetz zur Verbesserung der Durchsetzung von Rechten des geistigen Eigentums; BGBl. I vom 11.7.2008, S. 1191.

[1344] Str.; so aber die wohl überwiegende Auffassung in Rechtsprechung und Literatur; vgl. OLG Hamburg, Urteil vom 28.4.2005 – 5 U 156/04; OLG Frankfurt am Main, Urteil vom 25.1.2005 – 11 U 51/04; *Dirk Seichter*, Die Verfolgung von Verletzungen geistiger Eigentumsrechte durch Verbraucher im Internet, VuR 2007, 291 (293); *Kai Welp*, Die Auskunftspflicht von Access-Providern nach dem Urheberrechtsgesetz, München 2009, S. 29 ff., insbes. S. 43; so im Ergebnis auch *Andreas Kramer*, Zivilrechtlicher Auskunftsanspruch gegenüber Access Providern, Hamburg 2007, S. 196 f.; davon ausgehend wohl auch *Astrid Meckel*, in: Dreyer, Gunda/Kotthoff, Jost/Meckel, Astrid, Urheberrecht, 2. Aufl., Heidelberg 2009, § 101 Rn. 5; a.A. offenbar *Jens Lütcke*, Persönlichkeitsrechtsverletzungen im Internet, München 2000, S. 94.

[1345] Gesetz zur Stärkung des Schutzes des geistigen Eigentums und zur Bekämpfung der Produktpiraterie (PrPG), BGBl. I vom 13.3.1990, S. 422.

[1346] *Alexander R. Klett*, Zum Auskunftsanspruch nach § 101a UrhG, K&R 2005, 222 (224); *Astrid Meckel*, in: Dreyer, Gunda/Kotthoff, Jost/Meckel, Astrid, Urheberrecht, 2. Aufl., Heidelberg 2009, § 101 Rn. 5; *Karl Egbert Wenzel/Emanuel H. Burkhardt*, Urheberrecht für die Praxis, 5. Aufl., Köln 2009, Kap. 10 Rn. 27; *Gisela Wild*, in: Schricker, Gerhard (Hrsg.), Urheberrecht, 3. Aufl., München 2006, § 101a Rn. 2.

herangezogen werden kann. Nach wohl überwiegender Auffassung wurde die Anwendung auf *Access Provider* jedoch abgelehnt.[1347]

b) Drittauskunftsanspruch

Durch die ausdrückliche Normierung des Drittauskunftsanspruchs in § 101 Abs. 2 UrhG n.F.,[1348] der in erster Linie auf *Access Provider* abzielt, ist die Diskussion über die Frage des Vorliegens von Auskunftsansprüchen im Ergebnis hinfällig geworden.[1349] Dennoch setzen sich die Kontroversen hinsichtlich der (nur noch dogmatischen) Streitfrage, ob der Störer dem Verletzer im Sinne des § 101 Abs. 1 UrhG gleichzusetzen sei, weiter fort, nunmehr in der Abgrenzung zwischen § 101 Abs. 1 UrhG und § 101 Abs. 2 UrhG. Mit Blick auf die eindeutige Regelung in § 101 Abs. 2 S. 1 Nr. 3 UrhG, wonach der Auskunftsanspruch gegen jede Person, die in gewerblichem Ausmaß für rechtsverletzende Tätigkeiten genutzte Dienstleistungen erbringt, besteht, und die Rechtsprechung des Bundesgerichtshofs, wonach eine Störerhaftung lediglich einen Unterlassungsanspruch aus §§ 823, 1004 BGB zu begründen vermag,[1350] sind zumindest in Bezug auf *Access Provider* keine vernünftigen Gründe mehr ersichtlich, die eine Vertiefung dieser Debatte noch recht-

---

[1347] OLG Hamburg, Urteil vom 28.4.2005 – 5 U 156/04 = CR 2005, 512; *Volker Kitz*, Die Auskunftspflicht des Zugangsvermittlers bei Urheberrechtsverletzungen durch seine Nutzer, GRUR 2003, 1014 (1017); *Ulrich Sieber/Frank Michael Höfinger*, Drittauskunftsansprüche nach § 101a UrhG gegen Internetprovider zur Verfolgung von Urheberrechtsverletzungen, MMR 2004, 575 (578); *Gerald Spindler/Joachim Dorschel*, Auskunftsansprüche gegen Internet-Service-Provider, CR 2005, 38 (39 f.); *Andreas Splittgerber/Joanna Klytta*, Auskunftsansprüche gegen Internetprovider, K&R 2007, 78 (79 f.); *Jörg Wimmers*, in: Schricker, Gerhard/Loewenheim, Ulrich (Hrsg.), Urheberrecht, 4. Aufl., München 2010, § 101 Rn. 12 m.w.N.; a.A. LG Hamburg, Urteil vom 7.7.2004 – 308 O 264/04 = MMR 2005, 55; *Christian Czychowski*, Auskunftsansprüche gegenüber Internetzugangsprovidern „vor" dem 2. Korb und „nach" der Enforcement-Richtlinie der EU, MMR 2004, 514 (516 f.); *Götz von Olenhusen/Andreas Crone*, Der Anspruch auf Auskunft gegenüber Internet-Providern bei Rechtsverletzungen nach Urheber- bzw. Wettbewerbsrecht, WRP 2002, 164 (166); *Markus Köhler/Hans-Wolfgang Arndt/Thomas Fetzer*, Recht des Internet, 6. Aufl., Heidelberg 2008, Rn. 643 (jeweils für eine analoge Anwendung).

[1348] Die Verletzung von Urheberrechten steht nur stellvertretend für die Verletzung von sonstigen Leistungsschutzrechten und gewerblichen Schutzrechten. Im Übrigen wäre zu denken an eine Verletzung von Marken-, Patent-, Gebrauchsmuster-, Geschmacksmuster-, Sorten- oder Halbleiterschutzrecht (vgl. im Ersten Kapitel unter B. II. 3. b)). Ein Drittauskunftsanspruch wurde auch in den übrigen Gesetzen eingeführt: § 19 Abs. 2 MarkenG, § 140b Abs. 2 PatG, § 24b Abs. 2 GebrMG, § 46 Abs. 2 GeschmMG, § 37b Abs. 2 SortSchG, § 9 Abs. 2 HalblSchG i.V.m. § 24b Abs. 2 GebrMG.

[1349] *Jörg Wimmers*, in: Schricker, Gerhard/Loewenheim, Ulrich (Hrsg.), Urheberrecht, 4. Aufl., München 2010, § 101 Rn. 12 und 24.

[1350] Vgl. BGH, Urteil vom 18.10.2001 – 1 ZR 22/99, Rn. 18 = NJW-RR 2002, 832 (833); BGH, Urteil vom 11.3.2004 – 1 ZR 304/01, insbes. Rn. 40 ff. = NJW 2004, 3102 (3104 f.).

fertigten.[1351] Dies zumal in der Rechtsprechung zunehmend die Störerhaftung von *Access Providern* im Hinblick auf deren technische Möglichkeiten und die Zumutbarkeit der Sperrung einer Internetseite insgesamt abgelehnt wird.[1352]

aa) Anspruchsvoraussetzungen

Die Voraussetzungen eines Anspruchs auf Drittauskunft gegen *Access Provider* sind nach § 101 Abs. 2 S. 1 Nr. 3 UrhG eine offensichtliche Rechtsverletzung oder Klageerhebung[1353], eine Dienstleistung in gewerblichem Ausmaß sowie eine vorherige richterliche Anordnung über die Zulässigkeit der Verwendung der Verkehrsdaten nach § 101 Abs. 9 S. 1 UrhG.[1354] Jede einzelne dieser Voraussetzungen lässt verschiedene Interpretationsmöglichkeiten zu.

Besonders umstritten ist, was unter dem Begriff des „gewerblichen Ausmaßes" zu verstehen ist. Dieser Begriff ist dem deutschen Recht bislang fremd und gab somit Anlass zu verschiedenen Auffassungen. Im Zusammenhang mit Tauschbörsen reichen die Meinungen bezüglich des Ausmaßes, das als „gewerblich" im Sinne des § 101 Abs. 2 S. 1 Nr. 3 UrhG anzusehen ist, von einem einzelnen Album[1355] über einen Orientierungswert von etwa 3.000 Musikstücken oder 200 Filmen mit einem Marktwert von ca. 3.000 EUR[1356] bis hin zur bloßen Zurverfügungstellung von urheberrechtlich geschütztem Material im Internet unter Benutzung einer speziellen Tauschsoftware[1357]. Da der Begriff des gewerblichen Ausmaßes aus Art. 8 Abs. 1 lit. c der *Enforcement*-Richtlinie übernommen wurde,[1358] spricht jedenfalls

---

1351 *Jörg Wimmers*, in: Schricker, Gerhard/Loewenheim, Ulrich (Hrsg.), Urheberrecht, 4. Aufl., München 2010, § 101 Rn. 24 und 28.

1352 Vgl. u.a. LG Hamburg, Urteil vom 12.11.2008 – 308 O 548/08, Rn. 28; LG Kiel, Urteil vom 23.11.2007 – 14 O 125/07, Rn. 45; im Einzelfall differenzierend BGH, Urteil vom 11.3.2004 – I ZR 304/01, Rn. 47 ff. = NJW 2004, 3102 (3105); Hanseatisches Oberlandesgericht, Urteil vom 28.1.2009 – 5 U 255/07, insbes. Rn. 79; Hanseatisches Oberlandesgericht, Urteil vom 14.1.2009 – 5 U 113/07, insbes. Rn. 144; mit weiteren Verweisen *Jörg Wimmers*, in: Schricker, Gerhard/Loewenheim, Ulrich (Hrsg.), Urheberrecht, 4. Aufl., München 2010, § 101 Rn. 27.

1353 Die Klageerhebung dürfte eine nur untergeordnete Rolle spielen, da das deutsche Recht eine Klage gegen Unbekannt gerade nicht kennt. Durch die Auskunft soll überwiegend aber erst die Identität des potenziellen Rechtsverletzers ermittelt werden. Vgl. *Gerald Spindler*, Der Auskunftsanspruch gegen Verletzer und Dritte im Urheberrecht nach neuem Recht, ZUM 2008, 640 (643).

1354 Ausführlich zu den Anspruchsvoraussetzungen *Jörg Wimmers*, in: Schricker, Gerhard/Loewenheim, Ulrich (Hrsg.), Urheberrecht, 4. Aufl., München 2010, § 101 Rn. 46 ff.

1355 Gestützt auf die Gesetzesbegründung und unter Bezugnahme der Schwere der Rechtsverletzung LG Köln, Beschluss vom 2.9.2008 – 28 AR 4/08 = MMR 2008, 761.

1356 Gestützt auf die Praxis der Generalstaatsanwaltschaften LG Frankenthal, Beschluss vom 26.9.2008 – 6 O 340/08.

1357 LG Oldenburg, Beschluss vom 15.9.2008 – 5 O 2421/08 = MMR 2008, 832.

1358 Vgl. BT-Drucks. 16/5048, S. 63.

vieles dafür, eine europarechtliche Auslegung vorzunehmen.[1359] Somit ist das gewerbliche Ausmaß gekennzeichnet durch die Erlangung eines unmittelbaren oder mittelbaren wirtschaftlichen oder kommerziellen Vorteils.[1360] Handlungen, die in gutem Glauben von Endverbrauchern vorgenommen werden, sollen damit ausgeschlossen werden.[1361] Nachvollziehbar ist zwar auch die (ergänzende) Begründung des gewerblichen Ausmaßes durch das Landgericht Oldenburg im erwähnten Fall der Nutzung einer speziellen Tauschsoftware.[1362] Ein gewerbliches Ausmaß liegt danach schon vor, wenn es für den Nutzer offenkundig überhaupt keine Rolle mehr spielt, wer auf die Daten zugreift. Kennzeichen des Privaten sei demgegenüber, dass nur ein überschaubarer, begrenzter Kreis von Kontaktpersonen angesprochen wird. Dem Kerngedanken dieser Rechtsprechung folgend stellt ein großer Teil der Gerichte weniger auf die Anzahl der einzelnen Rechtsverletzungen, sondern vielmehr auf die Schwere der Rechtsverletzung ab.[1363] Ausschlaggebend sei, in welcher Verkaufs- oder Verwertungsphase ein einzelnes Werk in einer Tauschbörse angeboten wird.[1364] Richtet man den Blick nochmals auf den europarechtlichen Ursprung des Begriffs, so kann jedenfalls die teilweise vorgenommene weite Auslegung nicht überzeugen. Stets sind auch die Vermarktungsbesonderheiten zu berücksichtigen.[1365] Ob die Auffassung, die eine weite Interpretation des Begriffs des „gewerblichen Ausmaßes" bevorzugt, nach dieser jüngeren Rechtsprechung daher auch weiterhin aufrechterhalten wird, muss sich erst noch zeigen. Es sollte aber bereits aus Verhältnismäßigkeitserwägungen ein Ausmaß verlangt werden, das wenigstens über das hinaus geht, was einer Nutzung zum privaten oder sonstigen eigenen Gebrauch entspricht.[1366]

Durch die Bestimmung des Richtervorbehalts in § 101 Abs. 9 UrhG wird zum Ausdruck gebracht, dass potenzielle Rechtsverletzer meist nicht unmittelbar über

---

1359 So *Stefan Weidert/Alexander Molle*, Auskunftsanspruch, in: Ensthaler, Jürgen/Weidert, Stefan (Hrsg.), Handbuch Urheberrecht und Internet, 2. Aufl., Frankfurt am Main 2010, S. 352 (497); ferner *Johann Bizer*, Wer steckt hinter der IP-Adresse?, DuD 2004, 627.

1360 Vgl. Erwägungsgrund 14 der Enforcement-Richtlinie.

1361 *Matthias Schmid/Thomas Wirth*, in: Schmid, Matthias/Wirth, Thomas/Seifert, Fedor, UrhG, 2. Auf., Baden-Baden 2009, § 101 Rn. 2; *Stefan Weidert/Alexander Molle*, Auskunftsanspruch, in: Ensthaler, Jürgen/Weidert, Stefan (Hrsg.), Handbuch Urheberrecht und Internet, 2. Aufl., Frankfurt am Main 2010, S. 352 (497).

1362 LG Oldenburg, Beschluss vom 15.9.2008 – 5 O 2421/08 = MMR 2008, 832.

1363 So bereits LG Köln, Beschluss vom 2.9.2008 – 28 AR 4/08 = MMR 2008, 761.

1364 Siehe *Stefan Maaßen*, Urheberrechtlicher Auskunftsanspruch und Vorratsdatenspeicherung, MMR 2009, 511 (512 m.w.N.); *Reto Mantz*, Die Rechtsprechung zum neuen Auskunftsanspruch nach § 101 UrhG, K&R 2009, 21 (21); siehe auch OLG Köln, Beschluss vom 21.7.2010 – 6 W 79/10 = GRUR-RR 2011, 86 (88); OLG Köln, Beschluss vom 5.10.2010 – 6 W 82/10 = GRUR-RR 2011, 88 (90).

1365 So auch OLG Köln, Beschluss vom 21.7.2010 – 6 W 79/10 = GRUR-RR 2011, 86 (88); OLG Köln, Beschluss vom 5.10.2010 – 6 W 82/10 = GRUR-RR 2011, 88 (90).

1366 *Reto Mantz*, Die Rechtsprechung zum neuen Auskunftsanspruch nach § 101 UrhG, K&R 2009, 21 (21).

Bestandsdaten, sondern nur mit Hilfe von Verkehrsdaten ermittelt werden können. Im Bereich des Internet ist eine Auskunftserteilung nur unter Verwendung der (meist dynamischen) IP-Adresse möglich. Verkehrsdaten enthalten aber nähere Umstände der Telekommunikation und unterliegen somit dem einfachgesetzlich (§ 88 TKG) und verfassungsrechtlich (Art. 10 Abs. 1 Var. 3 GG) geschützten Fernmeldegeheimnis.[1367] Das Erfordernis eines Richtervorbehalts macht deutlich, dass auch die Auskunftserteilung über eine hinter einer dynamischen IP-Adresse stehenden Person stets mit einem Eingriff in das Fernmeldegeheimnis verbunden ist.[1368]

bb) Inhalt des Auskunftsanspruchs

Der Auskunftsanspruch in § 101 Abs. 2 UrhG bezieht sich nur auf die Verpflichtung des *Access Providers* zur Erteilung von Auskünften unter Verwendung der bei ihm gespeicherten IP-Adressen.[1369] Er umfasst nur solche Daten, die der *Access Provider* ohnehin zu eigenen Zwecken speichert. Eine darüber hinaus gehende Erhebungs- oder gar Speicherpflicht begründet die Vorschrift nicht. Das Landgericht Hamburg leitete aus einem auf Auskunft gerichteten gesetzlichen Schuldverhältnis zwischen dem *Access Provider* und dem Rechteinhaber eine Speicherungspflicht des *Access Providers* „auf Zuruf" ab, deren Befugnis aus § 96 Abs. 2 TKG i.V.m. § 101 Abs. 9 UrhG folge.[1370] Eine solche anlassbezogene Speicherungspflicht ist strikt abzulehnen. Die Auffassung verkennt, dass es bereits an einer zulässigen Rechtsgrundlage für eine derartige Vorgehensweise mangelt. Es ist nicht erkennbar, welcher Ausnahmetatbestand des § 96 Abs. 2 TKG in diesen Fällen dazu führen könnte, dass Daten, die grundsätzlich unverzüglich zu löschen wären, für Belange der Rechteinhaber zu speichern sind. Für ein solches Vorgehen wäre eine normenklare und hinreichend bestimmte datenschutzrechtliche Befugnisnorm erforderlich, die ausdrücklich auf die Speicherung und Verwendung von Verkehrsdaten für Zwecke der Rechtsverfolgung Bezug nimmt. Da sich der Gesetzgeber bewusst gegen einen so weitreichenden Eingriff in das Fernmeldegeheimnis entschieden hat, kann auf keinem Wege, auch nicht durch analoge Anwendung, eine Speicherung „auf Zuruf" herbeigeführt werden.[1371] Schließlich würde auch der Richter-

---

[1367] BR-Drucks. 64/07, S. 93; *Thomas Dreier*, in: Dreier, Thomas/Schulze, Gernot, UrhG, 3. Aufl., München 2008, § 101 Rn. 35.

[1368] So zutreffend *Kai Welp*, Die Auskunftspflicht von Access-Providern nach dem Urheberrechtsgesetz, München 2009, S. 241.

[1369] OLG Frankfurt am Main, Beschluss vom 12.11.2009 – 11 W 41/09 = MMR 2010, 62 (64).

[1370] LG Hamburg, Urteil vom 11.3.2009 – 308 O 75/09 = MMR 2009, 570 (571 f.); ebenso LG München I, Urteil vom 14.5.2009 – 7 O 5535/09 = MMR 2010, 111; OLG Karlsruhe, Beschluss vom 1.9.2009 – 6 W 47/09.

[1371] In diesem Sinne überzeugend auch OLG Frankfurt am Main, Beschluss vom 12.11.2009 – 11 W 41/09 = MMR 2010, 62 (64); OLG Frankfurt am Main, Beschluss vom 17.11.2009 – 11 W 53/09, 11 W 54/09 = MMR 2010, 109.

vorbehalt des § 101 Abs. 9 UrhG ausgehebelt, wenn bereits vor Geltendmachung eines Auskunftsanspruchs der Rechteinhaber über die Erhebung und Speicherung von Verkehrsdaten „frei verfügen" könnte.[1372] Die Bezugnahme auf § 96 Abs. 2 TKG, der eine Speicherung von Verkehrsdaten auch für in anderen gesetzlichen Vorschriften geregelte Zwecke erlaubt, ist irreführend. § 101 Abs. 9 UrhG vermag nach hier vertretener Auffassung keinen solchen Zweck darzustellen.[1373] Die Vorschrift bezieht sich auf den Zugriff auf Verkehrsdaten, ihr Zweck ist aber nicht die Vorhaltung dieser. Daher kann sie auch keinen anderen Zweck im Sinne des § 96 Abs. 2 TKG begründen. Auch im Hinblick auf den Grundsatz der Datenvermeidung und Datensparsamkeit wäre dies bedenklich. Außerdem wäre der *Access Provider* damit zur Prüfung der Voraussetzungen der Rechtsverletzung berufen. Genau dies sollte durch die Einführung eines Richtervorbehalts aber vermieden werden. Der *Access Provider* sollte gerade von einer Prüfung der Rechtsverletzung entlastet werden.[1374] Ferner erscheint diese Vorgehensweise zweifelhaft, da *Access Provider* gemäß § 88 Abs. 1 TKG zur Wahrung des Telekommunikationsgeheimnisses verpflichtet sind und sich bei einem Verstoß unter Umständen sogar strafbar machen würden (vgl. § 206 StGB).

cc) Kurzer Ausblick

Bis zur Einführung des Drittauskunftsanspruchs nach § 101 Abs. 2 UrhG war die Ermittlung des hinter einer IP-Adresse stehenden Namens nur durch die Staatsanwaltschaft möglich. Der Auskunftsanspruch soll auch diesem Umstand Rechnung tragen[1375] und die übermäßige Inanspruchnahme der Staatsanwaltschaften als „Erfüllungsgehilfen der Industrie" reduzieren.[1376] Ob er allerdings zu der gewünschten Entlastung der Strafverfolgungsbehörden insgesamt und zu einer schnelleren und effektiveren Identifizierung der Rechtsverletzer führen wird, werden erst die Erfahrungen in der Praxis zeigen müssen.[1377] Im Zusammenhang mit Verkehrsdaten, insbesondere IP-Adressen, kann jedenfalls auf Grund des Erfordernisses der rich-

---

1372 OLG Frankfurt am Main, Beschluss vom 12.11.2009 – 11 W 41/09 = MMR 2010, 62 (64); siehe auch *Jens Schulze zur Wiesche*, Urheberrechtliche Speicherpflicht des Access-Providers auf Zuruf, MMR 2009, 574 (574).

1373 A.A. OLG Karlsruhe, Beschluss vom 1.9.2009 – 6 W 47/09, Rn. 15.

1374 *Thomas Dreier*, in: Dreier, Thomas/Schulze, Gernot, UrhG, 3. Aufl., München 2008, § 101 Rn. 36; *Stefan Maaßen*, Urheberrechtlicher Auskunftsanspruch und Vorratsdatenspeicherung, MMR 2009, 511 (514); siehe auch BR-Drucks. 64/07, S. 93.

1375 *Ralf Dietrich*, Rechtliche Bewältigung von netzbasiertem Datenaustausch und Verteidigungsstrategien, NJW 2006, 809 (809 f.).

1376 *Annette Marberth-Kubicki*, Computer- und Internetstrafrecht, 2. Aufl., München 2010, Rn. 297.

1377 *Annette Marberth-Kubicki*, Computer- und Internetstrafrecht, 2. Aufl., München 2010, Rn. 298.

terlichen Anordnung und des massiven Gebrauchs von illegalen Tauschbörsen auch weiterhin eine intensive Inanspruchnahme der Justiz angenommen werden.[1378]

c) Zugriff auf Vorratsdaten?

Zu einer Herausgabe von Daten, die ausschließlich auf Grund der Vorratsdatenspeicherung vorgehalten wurden,[1379] waren die *Access Provider* gegenüber den Rechteinhabern auch nach den vom Bundesverfassungsgericht verworfenen Regelungen zur Umsetzung der Vorratsdatenspeicherungsrichtlinie weder verpflichtet, noch überhaupt berechtigt.[1380] Diese Vorgabe hat auch bei einer Neuregelung der Vorratsdatenspeicherungspflicht zu gelten. Den Vorschlag des Bundesrats, die auf Vorrat gespeicherten Daten auch für Auskünfte an die Inhaber von Rechten des geistigen Eigentums verwenden zu dürfen, hatte der Bundestag aus Verhältnismäßigkeitserwägungen abgelehnt.[1381] Die Verwendung der Vorratsdaten sollte allein auf die Erteilung von Auskünften für hoheitliche Zwecke beschränkt bleiben.[1382] Ein Rückgriff auf die nach der nichtigen Vorschrift des § 113a TKG gespeicherten Daten war damit ausgeschlossen.[1383]

Schlichtweg falsch ist daher die Behauptung, man könne Verkehrsdaten, wenn sie einmal für die Verhinderung und Verfolgung schwerer Straftaten gespeichert sind, auch dafür verwenden, Urheberrechtsverstöße privatrechtlich zu verfolgen.[1384] Die Zulässigkeit der Übermittlung der Vorratsdaten an private Rechteinhaber scheitert bereits an dem besonderen Gewicht des betroffenen Rechtsguts. Nach Ansicht des Bundesverfassungsgerichts lässt sich bezüglich einer Maßnahme, „die wegen ihrer Verdachtslosigkeit und Streubreite das Fernmeldegeheimnis besonders nachhaltig berührt [...] die Angemessenheit der Übermittlung nur dann wahren, wenn

---

1378 Vgl. auch BT-Drucks. 16/5048, S. 53.

1379 Zu beachten ist, dass diese Daten, nachdem das Bundesverfassungsgericht die Vorratsdatenspeicherung nach dem Muster der §§ 113a, 113b TKG für nichtig erklärt hat, inzwischen gelöscht werden mussten.

1380 So ausdrücklich *Guido Brinkel/Judith Lammers*, Innere Sicherheit auf Vorrat?, ZUM 2008, 11 (17); *Frank Fellenberg*, in: Scheurle, Klaus-Dieter/Mayen, Thomas (Hrsg.), TKG, 2. Aufl., München 2008, § 113b Rn. 3; *Annette Marberth-Kubicki*, Computer- und Internetstrafrecht, 2. Aufl., München 2010, S. 147 (dort Fn. 665).

1381 *Stefan Maaßen*, Urheberrechtlicher Auskunftsanspruch und Vorratsdatenspeicherung, MMR 2009, 511 (514).

1382 BT-Drucks. 16/6979, S. 71.

1383 Vgl. u.a. *Thomas Hoeren*, Vorratsdaten und Urheberrecht – Keine Nutzung gespeicherter Daten, NJW 2008, 3099 (3101); *Christina Wehr/Matei Ujica*, „Alles muss raus!" – Datenspeicherungs- und Auskunftspflichten der Access-Provider nach dem Urteil des BVerfG zur Vorratsdatenspeicherung, MMR 2010, 667 (670); ebenso OLG Frankfurt am Main, Beschluss vom 12.5.2009 – 11 W 21/09 = MMR 2009, 542 (544); OLG Frankfurt am Main, Beschluss vom 12.11.2009 – 11 W 41/09 = MMR 2010, 62 (63).

1384 *Valerian Jenny*, Eile mit Weile – Vorratsdatenspeicherung auf dem Prüfstand, CR 2008, 282 (284).

die Belange, denen sie dient, das Fernmeldegeheimnis überragen, und wenn die Annahme, dass die Daten für diese Belange relevant und die Betroffenen mit hinreichender Wahrscheinlichkeit in Straftaten verwickelt sind, eine sichere Basis hat."[1385] Den Belangen der Rechteinhaber bei Urheberrechtsverletzungen im Internet dürfte aber nur schwerlich ein derart hohes Gewicht zukommen, zumal bei einer Auskunftserteilung nicht hinreichend feststeht, ob der Inhaber der IP-Adresse auch tatsächlich die Rechtsverletzung begangen hat.[1386]

Folgt man dieser hier vertretenen Auffassung nicht, d.h. soll den Interessen der Urheberrechteinhaber und damit letztlich dem eigentumsrechtlich geschützten Urheberrecht ebenfalls Rechnung getragen werden, ist es zumindest angezeigt, Lösungen zu prüfen, die den Zugriff von Privaten auf (vorrätig) gespeicherte Daten nicht strikt ausschließen, dennoch aber eine besonders grundrechtsschonende Zugriffsmöglichkeit darstellen. Zunächst wäre an einen Zugriff nach dem Modell des *Quick-Freeze*-Verfahrens zu denken. Bei Vorliegen eines begründeten Anfangsverdachts könnten die Daten eingefroren werden, um sie in einem möglichen späteren Verfahren nutzbar zu machen. Jedoch wäre in dieser Konstellation nicht nur mit einer erheblichen Beanspruchung der Gerichte zu rechnen. Darüber hinaus dürfte diese Lösung zudem kaum den Anforderungen der Praxis gerecht werden. Anders als beispielsweise bei der Überwachung von Terrorverdächtigen handelt es sich in Fällen der Verletzung geistiger Eigentumsrechte häufig nicht um „Dauervorgänge", sondern um einzelne Eingriffe, die einen Rückgriff auf zurückliegende Daten erfordern. Ein rein zukunftsgerichtetes Verfahren wäre somit selten zielführend. Überlegenswert erscheint eine weitere Alternative. Würden IP-Adressen generell für eine Dauer von beispielsweise sieben Tagen gespeichert,[1387] könnte man den Zugriff durch Private, etwa durch Einbindung in den urheberrechtlichen Drittauskunftsanspruch gemäß § 101 UrhG, in Erwägung ziehen. Auch diese Lösung stößt indes auf tatsächliche und rechtliche Bedenken. Fraglich ist bereits, ob eine sehr kurze Speicherdauer überhaupt zu einer Effektivierung der urheberrechtlichen Auskunftsersuchen führen würde. Zu beachten wäre außerdem die notwendige Trennung zu gegebenenfalls nach Maßgabe der Richtlinie 2006/24/EG auf Vorrat zu speichernden Verkehrsdaten. Auf Grund der damit verbundenen möglichen Fehlerquellen und des technischen Aufwands dürfte dieser Weg damit schon rein tatsächlich keine gesetzgebische Berücksichtigung finden, sofern eine allgemeine

---

[1385] BVerfG, Urteil vom 14.7.1999 – 1 BvR 2226/94, 1 BvR 2420/95, 1 BvR 2437/95 (*Telekommunikationsüberwachung*), Rn. 272 = BVerfGE 100, 313 (392).

[1386] Zutreffend *Kai Welp*, Die Auskunftspflicht von Access-Providern nach dem Urheberrechtsgesetz, München 2009, S. 317.

[1387] Vgl. den Vorschlag von *Sabine Leutheusser-Schnarrenberger* in ihrem Eckpunktepapier zur Sicherung vorhandener Verkehrsdaten und Gewährleistung von Bestandsdatenauskünften im Internet; siehe unter http://www.bmj.de/SharedDocs/Downloads/DE/pdfs/Eckpunktepapier_zur_Sicherung_vorhandener_Verkehrsdaten_und_Gewaehrleistung_von_Bestandsdatenauskuenften_im_Internet.pdf?_blob=publicationFile, zuletzt abgerufen am 26.4.2011.

Vorratsdatenspeicherungspflicht (erneut) umgesetzt wird. Allem voran aber wäre eine gesetzliche Verpflichtung zur Speicherung der Internetzugangsdaten für einen kurzen Zeitraum zur Verwendung durch Private bereits europarechtlich äußerst bedenklich. Eine Ausweitung der Vorratsdatenspeicherung auf private Zwecke widerspricht Art. 15 Abs. 1a der Richtlinie 2002/58/EG. Danach gilt die grundsätzliche Gestattung weiterer Vorratsdatenspeicherungspflichten i.S.d. Art. 15 Abs. 1 der Richtlinie 2002/58/EG gerade nicht für solche Daten, die nach der Richtlinie 2006/24/EG für die dort genannten Zwecke auf Vorrat zu speichern sind.[1388] IP-Adressen werden davon erfasst. Damit scheidet eine Vorratsspeicherungspflicht zu anderen Zwecke aus. Technisch wäre diese Möglichkeit zur angemessenen Verwirklichung sämtlicher Interessen aber durchaus praktikabel, setzt man einmal voraus, dass auch bei Bestehen einer unverzüglichen Löschpflicht im Falle von *Flatrate*-Verträgen in der Praxis vieler *Provider* dennoch eine Speicherung der Verkehrsdaten für einen Zeitraum von sieben Tagen erfolgt.[1389] Eine Pflicht zur Speicherung zum Zwecke privater Nutzung darf mit der technischen Realisierbarkeit gleichwohl nicht einher gehen. Damit tritt im Ergebnis aber auch keine Veränderung der aktuellen Situation ein, wonach IP-Adressen grundsätzlich für einen Zeitraum von höchstens sieben Tagen zum Zwecke der Störungserkennung- und beseitigung gespeichert werden dürfen. Im Ergebnis sind grundrechtsschonende Maßnahmen, die den Bedürfnissen der Inhaber geistiger Eigentumsrechte gerecht werden ohne einen Zugriff auf Vorratsdaten zu erlauben und mithin eine Beeinträchtigung des Fernmeldegeheimnisses zu bewirken, somit schwerlich vorstellbar.

Nach dem Gesetzeswortlaut in § 101 Abs. 2 S. 1 Nr. 3 i.V.m. Abs. 9 S. 1 UrhG sind *Access Provider* verpflichtet, Verkehrsdaten herauszugeben. Diese dürfen bei vielen Internetanschlüssen zu Abrechnungszwecken oder aus sonstigen vertraglichen Gründen aber, abgesehen von den zuvor genannten Einschränkungen, nicht mehr gespeichert werden, wenn – wie vor allem bei *Flatrate*-Tarifen – nicht mehr nach Zeit abgerechnet wird und somit keine Notwendigkeit einer Speicherung besteht. Eine Speicherung der Verkehrsdaten beim *Access Provider* kommt in diesen Fällen daher nur noch unter der Prämisse in Betracht, dass es eine Verpflichtung der Telekommunikationsdiensteanbieter zur Vorratsdatenspeicherung gibt. Daraus folgt, so die überwiegende Auffassung in der Literatur, dass § 101 Abs. 2 UrhG ohne Zugriff auf Vorratsdaten ins Leere laufen müsse.[1390] Erst recht gilt diese Aus-

[1388] Mit ähnlichen Worten auch *Tina Gausling*, Verdachtsunabhängige Speicherung von Verkehrsdaten auf Vorrat, München 2010, S. 118.

[1389] Vgl. *Hans-Jörg Albrecht/Adina Grafe/Michael Kilching*, Rechtswirklichkeit der Auskunftserteilung über Telekommunikationsverbindungsdaten nach §§ 100g, 100h StPO, Freiburg 2008, S. 59; *Tina Gausling*, Verdachtsunabhängige Speicherung von Verkehrsdaten auf Vorrat, München 2010, S. 117; BGH, Urteil vom 13.1.2011 – III ZR 146/10, Rn. 22 und 28.

[1390] Vgl. *Volker Kitz*, Rechtsdurchsetzung im geistigen Eigentum, NJW 2008, 2374 (2376); *Thomas A. Degen/Jochen Deister*, Computer- und Internetrecht, Stuttgart 2009, Rn. 390; *Christina Wehr/Matei Ujica*, „Alles muss raus!" – Datenspeicherungs- und Auskunftssage dann natürlich, wenn die Diensteanbieter schon zur Bevorratung von Verkehrsdaten nicht verpflichtet sind. Nur zu verständlich ist daher, dass dieser Befund auf Seiten der Rechteinhaber in der Musikindustrie auf wenig Zustimmung stößt.[1391] Dennoch darf dieses aus Urhebersicht unbefriedigende Ergebnis nicht dazu führen, die privaten Zugriffsrechte zu erweitern.[1392] Der Europäische Gerichtshof bestätigte diese zurückhaltende Ansicht in seiner Entscheidung in Sachen *Promusicae.*[1393] Das Gericht hatte dort zu entscheiden, ob im Hinblick auf einen effektiven Schutz des Urheberrechts die nationalen Gesetzgeber verpflichtet sind, neben strafrechtlichen auch zivilrechtliche Zugangsrechte einzuräumen.[1394] Es stellte lediglich fest, dass zwischen den Rechten des geistigen Eigentums und dem Schutz personenbezogener Daten ein angemessenes Gleichgewicht sicherzustellen sei. Wie das nationale System des Zugangs auszusehen hat, wurde vom Gericht aber gerade nicht beantwortet.[1395] Insbesondere kann aus der Entscheidung nicht eine ausdrückliche Pflicht der Mitgliedstaaten abgeleitet werden, die Übermittlung personenbezogener Daten auch in einem zivilrechtlichen Verfahren vorzusehen.[1396]

Die einzige Möglichkeit, die Person des Inhabers einer IP-Adresse zu ermitteln, um einen urheberrechtlichen Anspruch geltend machen zu können, bleibt somit in vielen Fällen die Einleitung eines Strafverfahrens.[1397] Die entsprechenden Restriktionen wurden an anderer Stelle bereits aufgezeigt.[1398] Jedenfalls aber scheitert nach dem Urteil des Bundesverfassungsgerichts zur Vorratsdatenspeicherung die Verfolgung von Urheberrechtsverstößen im Internet nicht bereits an der Eingriffsschwelle der schweren Straftat. Nach Auffassung des Bundesverfassungsgerichts handelt es sich bei Auskunftsersuchen zu IP-Adressen nämlich um eine Bestandsdatenabfrage nach § 113 TKG. Hintergrund eines manuellen Auskunftsverfahrens nach § 113 TKG können auch weniger erhebliche Straftaten oder Ord-

pflichten der Access-Provider nach dem Urteil des BVerfG zur Vorratsdatenspeicherung, MMR 2010, 667 (670); *Truiken J. Heydn*, Auskunft, in: Heydn, Truiken J./Schmid-Petersen, Frauke/Vassilaki, Irini E., Durchsetzung von Rechten des geistigen Eigentums, München 2009, S. 65 (71).

1391 Vgl. auch *Tina Gausling*, Verdachtsunabhängige Speicherung von Verkehrsdaten auf Vorrat, München 2010, S. 118.

1392 Dass eine grundrechtsschonende Alternative zum unmittelbaren Zugriff auf Vorratsdaten kaum ersichtlich ist, wurde zuvor bereits erörtert.

1393 EuGH, Urteil vom 29.1.2008 – C-275/06 (*Promusicae ./. Telefónica*) = NJW 2008, 743.

1394 Nach *Christian Czychowski/Jan Bernd Nordemann*, Vorratsdaten und Urheberrecht – Zulässige Nutzung gespeicherter Daten, NJW 2008, 3095 (3098).

1395 *Thomas Hoeren*, Vorratsdaten und Urheberrecht – Keine Nutzung gespeicherter Daten, NJW 2008, 3099 (3101).

1396 Vgl. *Thomas Dreier*, in: Dreier, Thomas/Schulze, Gernot, UrhG, 3. Aufl., München 2008, § 101 Rn. 35; *Thomas Zerdick*, Europäisches Datenschutzrecht – neuere Rechtsprechung des EuGH, RDV 2009, 56 (59).

1397 Zu diesem Ergebnis kommt auch *Stefan Maaßen*, Urheberrechtlicher Auskunftsanspruch und Vorratsdatenspeicherung, MMR 2009, 511 (514).

1398 Siehe oben in diesem Kapitel unter B. II. 1. b).

nungswidrigkeiten sein, in den letzteren Fällen nach Maßgabe des Gerichts jedoch nur bedeutende.

III. Ergebnis und Stellungnahme

Lässt man entgegen der hier vertretenen Auffassung für Auskunftsersuchen zu IP-Adressen das manuelle Auskunftsverfahren nach § 113 TKG genügen, führt dies im Vergleich zu der für die übrigen Telekommunikationsverkehrsdaten geltenden Eingriffsgrundlage des § 100g StPO zu verringerten Eingriffsvoraussetzungen. Anders als § 100g StPO erfordert § 113 TKG insbesondere keine richterliche Anordnung. Wenngleich die Urheberrechteinhaber nach § 101 UrhG keinen unmittelbaren Zugriff auf die Vorratsdaten haben, wäre nach dieser Auffassung somit über den Umweg des strafprozessualen Akteneinsichtsrechts nach § 406e StPO eine mittelbare Möglichkeit eröffnet, ohne richterliche Anordnung auf die auf Vorrat gespeicherten IP-Adressen zuzugreifen, um sodann gegen potenzielle Rechtsverletzer vorgehen zu können. Dieses Ergebnis birgt zwei entscheidende Probleme, die im Folgenden zunächst aufgezeigt werden, bevor in einem weiteren Schritt ein Lösungsvorschlag unterbreitet werden soll.

Die Staatsanwaltschaft ist zum einen grundsätzlich zu im Zusammenhang mit der Aufklärung von Urheberrechtsverletzungen stehenden Ermittlungen nach Anzeige durch die Rechteinhaber verpflichtet. Über das Akteneinsichtsrecht haben die Urheberrechteinhaber in der Folge die Möglichkeit, Einblicke in die Ermittlungsergebnisse und damit Kenntnisse über die Identität von potenziellen Rechtsverletzern zu erlangen. In der Praxis der Staatsanwaltschaften bestehen indes uneinheitliche Vorgehensweisen im Hinblick auf das die Ermittlungen auslösende Ausmaß der Urheberrechtsverletzung. Überwiegend wird dabei ein gewerbliches Ausmaß verlangt. Dies entspricht auch der Regelung des Drittauskunftsanspruch in § 101 Abs. 2 UrhG. Dennoch ist eine gewisse Rechtsunsicherheit bezüglich der Handhabung bei den einzelnen Staatsanwaltschaften nach wie vor nicht ausgeräumt.

Zum anderen steht die mittelbare Zugriffsmöglichkeit ohne richterliche Anordnung in Widerspruch zu § 101 Abs. 9 UrhG, der eine solche Anordnung für den Auskunftsanspruch der Urheberrechteinhaber gegen Dritte bei Auskünften über Verkehrsdaten vorschreibt, ohne dass davon auch Vorratsdaten in Bezug genommen werden. Insofern geht der mittelbare Zugriff gleich zweifach über die erforderliche Begrenzung der Verwendung von Vorratsdaten hinaus. Da eine richterliche Anordnung in § 113 TKG nicht vorgesehen ist, erfolgt keine Prüfung der Verhältnismäßigkeit des Zugriffs im Einzelfall. Zudem wird über den Umweg des Akteneinsichtsrechts auch Privaten der Zugriff auf Vorratsdaten ermöglicht.

Um die Verwendung der Vorratsdaten auf das grundrechtlich gebotene, schonendste Maß zu begrenzen und Rechtssicherheit für die Praxis zu erreichen, ist eine ausdrückliche und verbindliche gesetzliche Klarstellung dringend angezeigt. Dabei ist darauf zu achten, dass ein Gleichlauf von Strafrecht und Zivilrecht erzielt wird und bestehende Diskrepanzen ausgeräumt werden. Um dies zu erreichen, sollte schon aus Gründen der Gewährleistung verfahrensrechtlicher Sicherheit und der Stärkung freiheitsrechtlicher Garantien zunächst eine richterliche Anordnung generell bei jedem Zugriff auf Verkehrsdaten vorgesehen werden. Ansonsten droht im Hinblick auf die mittelbare Zugriffsmöglichkeit über das strafprozessuale Akteneinsichtsrecht eine Umgehung des § 101 Abs. 9 UrhG. Daher sollte – etwa im Telekommunikationsgesetz – klargestellt werden, dass nicht § 113 TKG, sondern § 100g StPO für sämtliche Auskünfte über Verkehrsdaten, inklusive der Vorratsdaten, Anwendung findet. Nur so kann letztlich ein Gleichlauf hinsichtlich der Voraussetzungen des Zugriffs auf Verkehrsdaten erzielt werden. Ein gesetzlicher Ausschluss des Zugriffs Privater auf die bevorrateten Daten wäre damit freilich noch nicht bewirkt. Um eine verbindliche Sperrung der Vorratsdaten für Private auch für den mittelbaren Weg der Akteneinsicht zu erreichen, bedürfte es einer ausdrücklichen Regelung, die beispielsweise in der Strafprozessordnung etwa direkt in § 406e StPO – verankert werden könnte. Darin müsste das Akteneinsichtsrecht dahingehend eingeschränkt werden, dass auch auf diesem Wege keine private Kenntnisnahme der Vorratsdaten möglich ist. Wird hier keine eindeutige gesetzliche Grundlage hinsichtlich der Vorratsdaten geschaffen, könnte man ebenso einen privaten Zugriff unmittelbar zulassen. Dass dies verfassungsrechtlich, aber auch europarechtlich nicht geboten ist, wurde bereits ausführlich erörtert. Über den Ausschluss des Zugriffs auf Vorratsdaten durch Private hinaus bedarf es im Sinne der Rechtssicherheit einer Konkretisierung der privaten Zugriffsrechte auf Verkehrsdaten im Allgemeinen. Angesichts der bei den Staatsanwaltschaften weit verbreiteten Praxis, erst bei einem gewerblichen Ausmaß der Urheberrechtsverletzung einzugreifen, und dem in dieser Hinsicht damit korrespondierenden § 101 Abs. 2 UrhG, wäre insgesamt über eine Anhebung der Eingriffsschwelle für Zugriffe durch Private nachzudenken. Dies würde wiederum zu einem Gleichlauf von Straf(prozess)recht und Zivilrecht (Urheberrecht) beitragen.

Schlussbemerkung

Die Bedrohungen durch den internationalen Terrorismus oder die organisierte Kriminalität sind auf Grund der Ubiquität des Internet noch verschärft worden. Verletzungen des geistigen Eigentums, insbesondere des Urheberrechts, sind im Informationszeitalter geradezu an der Tagesordnung. Eine wichtige Aufgabe sowohl der nationalen als auch der internationalen Rechtsordnungen besteht darin, diese Gefahren zu bekämpfen und Sicherheit für die Bürger zu gewährleisten. Nicht selten wird die Erschließung geeigneter Instrumente zur Erfüllung dieser Aufgabe durch rechtspolitische Entscheidungen geprägt. Dabei können sich Maßnahmen zur Erreichung der Sicherheit aber im Konflikt mit den Freiheitsrechten der Bürger befinden.

Die Vorratsdatenspeicherung macht dies besonders deutlich. Nach der Richtlinie über die Vorratsdatenspeicherung sollen Telekommunikationsverkehrsdaten sämtlicher Bürger in Europa ohne Anlass für sechs bis 24 Monate gespeichert werden. Die Richtlinie und deren Umsetzung in Deutschland lösten heftige Debatten und Proteste aus, die schließlich in einer Massenverfassungsbeschwerde von mehr als 30.000 Bürgern gipfelten. Die intensive Kritik an der Vorratsdatenspeicherung in Wissenschaft und Praxis gibt Anlass zu der Frage, ob und, falls ja, wie der Staat seinen Schutzpflichten gegenüber den Bürgern gerecht werden kann, ohne deren Freiheit massiv zu beeinträchtigen. Dem noch vorgelagert ist die grundsätzliche Problematik, welchen Zweck die Vorratsdatenspeicherung überhaupt verfolgt und welchen Nutzen sie hat. Diese groben Denkanstöße zeigen die Fragestellung auf, zu deren Beantwortung der europäische wie auch die nationalen Gesetzgeber berufen sind. Zugleich zeichnen sie den Rahmen, innerhalb dessen die Einführung einer Vorratsdatenspeicherung gestaltet werden kann.

Der Handlungsspielraum des Gesetzgebers wird durch rechtsstaatliche Vorgaben eingeschränkt. Den Ausgangspunkt für die Umsetzung der Schutzpflichten des Staates bilden die Grundrechte. Zwar können die verfassungsmäßig garantierten Rechte der Bürger unter gewissen Umständen begrenzt werden, jeder Eingriff bedarf aber der Rechtfertigung. Unter datenschutzrechtlicher Betrachtung muss die Vorratsdatenspeicherung somit den Anforderungen genügen, die das Fernmeldegeheimnis grundrechtlich verbürgt. Insbesondere ist der Verhältnismäßigkeitsgrundsatz zu wahren, d.h. die Speicherung der Telekommunikationsdaten muss geeignet, erforderlich und angemessen sein, den mit der Speicherung verfolgten Zweck zu erreichen.

Das Bundesverfassungsgericht hat die Umsetzung der Vorratsdatenspeicherungsrichtlinie in Deutschland zwar für nichtig erklärt, die Zulässigkeit der Speicherung von Daten auf Vorrat aber nicht generell ausgeschlossen. Jedoch müssen bestimmte Voraussetzungen hinsichtlich des Speicherungsverfahrens und des Umgangs mit den gespeicherten Daten erfüllt sein, um dem Verhältnismäßigkeitsgrundsatz gerecht werden zu können. Genügt der Gesetzgeber diesen verfassungsrechtlichen Anforderungen, stellt die Vorratsdatenspeicherung keinen übermäßigen Eingriff in die Freiheit der Bürger, insbesondere das Fernmeldegeheimnis dar. Ausgehend von einer solchen Prämisse soll auch auf der Ebene der europäischen Gesetzgebung eine Überarbeitung der Vorratsdatenspeicherungsrichtlinie stattfinden, die dem Schutzbedürfnis der Bürger gerecht wird und dieses zugleich in einen angemessenen Ausgleich zu dem Bedürfnis nach Sicherheit und effektiver Strafverfolgung bringt.[1399]

Eine wirksame Straf- und Rechtsverfolgung soll durch den grundrechtlichen Schutz personenbezogener Daten gewiss gerade nicht vereitelt werden. Vielmehr kann unter Wahrung verfahrensrechtlicher Garantien ein Gleichgewicht zwischen Sicherheits- und Freiheitsinteressen hergestellt werden. Denn: Datenschutz ist nicht Tatenschutz.[1400]

[1399] Vgl. Bewertungsbericht der Kommission zur Richtlinie über die Vorratsdatenspeicherung (Richtlinie 2006/24/EG), KOM (2011) 225.

[1400] Vgl. zur Formulierung *Spiros Simitis*, Daten- oder Tatenschutz, NJW 1997, 1902 ff.

Literaturverzeichnis

Abdallah, Tarek/Gercke, Björn, Strafrechtliche und strafprozessuale Probleme der Ermittlung nutzerbezogener Daten im Internet – Dargestellt am Beispiel des Tauschs urheberrechtlich geschützter Werke in Filesharing-Netzwerken, ZUM 2005, 368-376

Albrecht, Hans-Jörg/Grafe, Adina/Kilching, Michael, Rechtswirklichkeit der Auskunftserteilung über Telekommunikationsverbindungsdaten nach §§ 100g, 100h StPO – Forschungsbericht im Auftrag des Bundesministeriums der Justiz, Freiburg 2008

Albrecht, Peter-Alexis, Kriminologie – Eine Grundlegung zum Strafrecht, 3. Auflage, München 2005

Albrecht, Peter-Alexis, Die vergessene Freiheit – Strafrechtsprinzipien in der europäischen Sicherheitsdebatte, Berlin 2003

Alexy, Robert, Grundrechte als subjektive Rechte und als objektive Normen, Der Staat 29 (1990), 49-68

Alexy, Robert, Theorie der Grundrechte, Baden-Baden 1985

Auernhammer, Herbert, Die Europäische Datenschutz-Konvention und ihre Auswirkungen auf den grenzüberschreitenden Datenverkehr, DuD 1985, 7-11

Badura, Peter, Staatsrecht – Systematische Erläuterung des Grundgesetzes, 4. Auflage, München 2010

Bäcker, Matthias, Altes und Neues zum EuGH als gesetzlicher Richter, NJW 2011, 270-272

Bär, Wolfgang, Auskunftsverlangen über den Inhaber einer dynamischen IP-Adresse MMR 2005, 626-627

Bär, Wolfgang, Straftaten und Ordnungswidrigkeiten gegen den Datenschutz, in: Roßnagel, Alexander (Hrsg.), Handbuch Datenschutzrecht – Die neuen Grundlagen für Wirtschaft und Verwaltung, München 2003, S. 912-948

Bäumler, Helmut, Datenschutz bei der Polizei, in: Roßnagel, Alexander (Hrsg.), Handbuch Datenschutzrecht – Die neuen Grundlagen für Wirtschaft und Verwaltung, München 2003, S. 1447-1473

Banholzer, Felix, Datenschutzrecht, in: Hoeren, Thomas/Müller, Ulf (Hrsg.), Entwicklung des Internet- und Multimediarechts im Jahr 2008, MMR-Beilage 2009, 6-11

Barbist, Johannes, EuGH zur Vorratsdatenspeicherung, MR 2009, 3-5

Baumann, Johannes Maria, Die Rechtsprechung des EuGH zum Vorrang von Gemeinschaftsrecht vor mitgliedstaatlichen Verwaltungsakten und Gerichtsurteilen, Frankfurt am Main 2010

Baumbach, Adolf/Lauterbach, Wolfgang/Albers, Jan/ Hartmann, Peter, Zivilprozessordnung – mit FamFG, GVG und anderen Nebengesetzen, 68. Auflage, München 2010

Beck, Markus/Kreißig, Wolfgang, Tauschbörsen-Nutzer im Fadenkreuz der Strafverfolgungsbehörden, NStZ 2007, 304-310

Beckschulze, Martin, Internet- und E-Mail-Einsatz am Arbeitsplatz, DB 2009, 2097-2103

Benda, Ernst/Klein, Eckart, Das Spannungsverhältnis von Grundrechten und übernationalem Recht, DVBl 1974, 389-396

Berberich, Matthias, Virtuelles Eigentum, Tübingen 2010

Berger, Ernst Georg/Gramlich, Ludwig, Corporate Networks im Telekommunikationsrecht, CR 1999, 150-159

Bergmann, Jan/Karpenstein, Ulrich, Identitäts- und Ultra-vires-Kontrolle durch das Bundesverfassungsgericht – Zur Notwendigkeit einer gesetzlichen Vorlageverpflichtung, ZEuS 2009, 529-542

Berner, Georg/Köhler, Gerd Michael/Käß, Robert, Polizeiaufgabengesetz - Handkommentar, 20. Auflage, Heidelberg 2010

Bernsdorff, Norbert, Art. 7, in: Meyer, Jürgen (Hrsg.), Charta der Grundrechte der Europäischen Union, 2. Auflage, Baden-Baden 2006

Bernsdorff, Norbert, Art. 8, in: Meyer, Jürgen (Hrsg.), Charta der Grundrechte der Europäischen Union, 2. Auflage, Baden-Baden 2006

Bernsdorff, Norbert, Art. 16, in: Meyer, Jürgen (Hrsg.), Charta der Grundrechte der Europäischen Union, 2. Auflage, Baden-Baden 2006

Bethge, Herbert, Grundrechtskollisionen, in: Merten, Detlef/Papier, Hans-Jürgen (Hrsg.), Handbuch der Grundrechte in Deutschland und Europa, Band III, Grundrechte in Deutschland: Allgemeine Lehren II, Heidelberg 2009, S. 667-716

Beulke, Werner, Strafprozessrecht, 10. Auflage, Heidelberg 2008

Bizer, Johann, § 3a, in: Simitis, Spiros (Hrsg.), Bundesdatenschutzgesetz, 6. Auflage, Baden-Baden 2006

Bizer, Johann, Wer steckt hinter der IP-Adresse? – Grenzen eines urheberrechtlichen Auskunftsanspruchs, DuD 2004, 627

Blanke, Hermann-Josef, Die Gewährleistungen der Berufsfreiheit und des Rechts zu arbeiten sowie der unternehmerischen Freiheit in der Grundrechtecharta der Europäischen Union (Art. 75 und 76 VVE), in: Stern, Klaus/Tettinger, Peter J. (Hrsg.), Die Europäische Grundrechte-Charta im wertenden Verfassungsvergleich, Berlin 2005, S. 233-244

Blankenburg, Daniel, Quo vadis §§ 106, 108a UrhG? – Strafrechtlicher Urheberrechtsschutz nach dem BVerfG-Urteil zur Vorratsdatenspeicherung, MMR 2010, 587-591

Bleckmann, Albert, Staatsrecht II – Die Grundrechte, 4. Auflage, Köln 1997

Bleckmann, Albert, Verfassungsrang der Europäischen Menschenrechtskonvention?, EuGRZ 1994, 149-155

Blumenwitz, Dieter, Wer gibt die Verfassung Europas?, Politische Studien, Sonderheft 1/2003, 44-52

Böckenförde, Ernst-Wolfgang, Grundrechte als Grundsatznormen – Zur gegenwärtigen Lage der Grundrechtsdogmatik, Der Staat 29 (1990), 1-31

Böse, Martin, Die Entscheidung des Bundesverfassungsgerichts zum Vertrag von Lissabon und ihre Bedeutung für die Europäisierung des Strafrechts, ZIS 2010, 76-91

Braun, Frank, Die entschädigungslose Indienstnahme Privater am Beispiel der sog. Vorratsdatenspeicherung, K&R 2009, 386-391

Breitenmoser, Stephan, Der Schutz der Privatsphäre gemäss Art. 8 EMRK – Das Recht auf Achtung des Privat- und Familienlebens, der Wohnung und des Briefverkehrs, Basel/Frankfurt am Main 1986

Breyer, Patrick, Rechtsprobleme der Richtlinie 2006/24/EG zur Vorratsdatenspeicherung und ihrer Umsetzung in Deutschland, StV 2007, 214-220

Breyer, Patrick, Die systematische Aufzeichnung und Vorhaltung von Telekommunikations-Verkehrsdaten für staatliche Zwecke in Deutschland, Berlin 2005

Breyer, Patrick, Bürgerrechte und TKG-Novelle – Datenschutzrechtliche Auswirkungen der Neufassung des Telekommunikationsgesetzes, RDV 2004, 147-153

Brinkel, Guido/Lammers, Judith, Innere Sicherheit auf Vorrat? – Ein erster kritischer Blick auf die Vorratsdatenspeicherung in Deutschland, ZUM 2008, 11-22

Britz, Gabriele, Schutz informationeller Selbstbestimmung gegen schwerwiegende Grundrechtseingriffe – Entwicklungen im Lichte des Vorratsdatenspeicherungsurteils, JA 2011, 81-86

Broß, Siegfried, Der Einfluss des Verfassungsrechts auf strafprozessuale Eingriffsmaßnahmen, HFR 2009, 1-18

Brunst, Phillip W., Anonymität im Internet – rechtliche und tatsächliche Rahmenbedingungen – Zum Spannungsfeld zwischen einem Recht auf Anonymität bei der elektronischen Kommunikation und den Möglichkeiten zur Identifizierung und Strafverfolgung, Berlin 2009

Buchner, Benedikt, § 3, in: Taeger, Jürgen/Gabel, Detlev (Hrsg.), Kommentar zum BDSG und zu den Datenschutzvorschriften des TKG und TMG, Frankfurt am Main 2010

Büchner, Wolfgang, Internetspezifische Vertragsformen im europäischen Kontext, in: Lehmann, Michael (Hrsg.), Electronic Business in Europa – Internationales, europäisches und deutsches Online-Recht, München 2002, S. 335-365

Büllesbach, Alfred, Vorratsdatenspeicherung – Von der informationellen Selbstbestimmung zum verfügbaren Bürger, in: Herzog, Felix/Neumann, Ulfrid (Hrsg.), Festschrift für Winfried Hassemer, Heidelberg 2010, S. 1185-1196

Büllingen, Franz, Vorratsspeicherung von Telekommunikationsdaten im internationalen Vergleich – Stand und Perspektiven – Zur Konstitution einer neuen politischen Arena, DuD 2005, 349-353

Büllingen, Franz/Gillet, Aurélia/Gries, Christin-Isabel u.a., Stand und Perspektiven der Vorratsdatenspeicherung im internationalen Vergleich, Bad Honnef 2004

Büttgen, Peter, § 91, in: Scheurle, Klaus-Dieter/Mayen, Thomas (Hrsg.), Telekommunikationsgesetz – Kommentar, 2. Auflage, München 2008

Büttgen, Peter, § 96, in: Scheurle, Klaus-Dieter/Mayen, Thomas (Hrsg.), Telekommunikationsgesetz – Kommentar, 2. Auflage, München 2008

Büttgen, Peter, § 97, in: Scheurle, Klaus-Dieter/Mayen, Thomas (Hrsg.), Telekommunikationsgesetz – Kommentar, 2. Auflage, München 2008

Büttgen, Peter, § 99, in: Scheurle, Klaus-Dieter/Mayen, Thomas (Hrsg.), Telekommunikationsgesetz – Kommentar, 2. Auflage, München 2008

Büttgen, Peter, § 95, in: Geppert, Martin/Piepenbrock, Hermann-Josef/Schütz, Raimund/Schuster, Fabian (Hrsg.), Beck´scher TKG-Kommentar, 3. Auflage, München 2006

Bumke, Christian/Voßkuhle, Andreas, Casebook Verfassungsrecht, 5. Auflage, München 2008

Burchard, Dirk, Verfassungsrechtliche Interessenabwägung im Informationsrecht, KritV 1999, 239-252

Burgi, Martin, Finanzieller Ausgleich für Bürokratielasten – ein Verfassungsgebot!, GewArch 1999, 393-402

Burkert, Herbert, Die Konvention des Europarates zum Datenschutz – Rückblick und Ausblick, CR 1988, 751-758

Busch, Jost-Dietrich, Auswirkungen des Volkszählungsurteils des Bundesverfassungsgerichts, DVBl 1984, 385-389

Calliess, Christian, Nach dem Lissabon-Urteil des Bundesverfassungsgerichts: Parlamentarische Integrationsverantwortung auf europäischer und nationaler Ebene, ZG 2010, 1-34

Calliess, Christian, Das Ringen des Zweiten Senats mit der Europäischen Union: Über das Ziel hinausgeschossen..., ZEuS 2009, 559-582

Calliess, Christian, Art. 1 EUV, in: Calliess, Christian/Ruffert, Matthias (Hrsg.), EUV/EGV – Das Verfassungsrecht der Europäischen Union mit Europäischer Grundrechtecharta – Kommentar, 3. Auflage, München 2007

Calliess, Christian, Sicherheit im freiheitlichen Rechtsstaat – Eine verfassungsrechtliche Gratwanderung mit staatstheoretischem Kompass, ZRP 2002, 1-7

Calliess, Christian, Grundpflichten und Bürgerverantwortung in der Europäischen Konvention zum Schutze der Menschenrechte und Grundfreiheiten (EMRK), in: Bröhmer, Jürgen (Hrsg.), Der Grundrechtsschutz in Europa – Wissenschaftliches Kolloquium aus Anlass des 65. Geburtstages von Prof. Dr. Dr. Dr. h.c. mult. Georg Ress, Baden-Baden 2002, S. 67-84

Cierniak, Jürgen, § 99, in: Meyer-Goßner, Lutz, Strafprozessordnung – Gerichtsverfassungsgesetz, Nebengesetze und ergänzende Bestimmungen, 53. Auflage, München 2010

Cierniak, Jürgen, § 100g, in: Meyer-Goßner, Lutz, Strafprozessordnung – Gerichtsverfassungsgesetz, Nebengesetze und ergänzende Bestimmungen, 53. Auflage, München 2010

Cierniak, Jürgen, § 406e, in: Meyer-Goßner, Lutz, Strafprozessordnung – Gerichtsverfassungsgesetz, Nebengesetze und ergänzende Bestimmungen, 53. Auflage, München 2010

Classen, Claus Dieter, Rechtsschutz, in: Oppermann, Thomas/Classen, Claus Dieter/Nettesheim, Martin, Europarecht, 4. Auflage, S. 249-278

Classen, Claus Dieter, Art. 24, in: Mangoldt, Hermann von/Klein, Friedrich/Starck, Christian (Hrsg.), Kommentar zum Grundgesetz, Band 2: Artikel 20 bis 82, 5. Auflage, München 2005

Cremer, Wolfram, Art. 226 EGV, in: Calliess, Christian/Ruffert, Matthias (Hrsg.), EUV/EGV – Das Verfassungsrecht der Europäischen Union mit Europäischer Grundrechtecharta – Kommentar, 3. Auflage, München 2007

Cremer, Wolfram, Freiheitsgrundrechte – Funktionen und Strukturen, Tübingen 2003

Czychowski, Christian, Auskunftsansprüche gegenüber Internetzugangsprovidern „vor" dem 2. Korb und „nach" der Enforcement-Richtlinie der EU, MMR 2004, 514-519

Czychowski, Christian/Nordemann, Jan Bernd, Vorratsdaten und Urheberrecht – Zulässige Nutzung gespeicherter Daten, NJW 2008, 3095-3099

Dammann, Ulrich, § 3, in: Simitis, Spiros (Hrsg.), Bundesdatenschutzgesetz, 6. Auflage, Baden-Baden 2006

Danwitz, Thomas von/Röder, Sonja, Vorüberlegungen zu einer Schutzbereichslehre der europäischen Charta-Grundrechte, in: Stern, Klaus/Tettinger, Peter J. (Hrsg.), Die europäische Grundrechte-Charta im wertenden Verfassungsvergleich, Berlin 2005, S. 31-59

Darnstädt, Thomas, Karlsruher Gefahr – Eine kritische Rekonstruktion der polizeirechtlichen Ausführungen des Bundesverfassungsgerichts im Vorratsdaten-Urteil und im Online-Urteil, DVBl 2011, 263-270

Degen, Thomas A./Deister, Jochen, Computer- und Internetrecht – Vertragsgestaltung, E-Commerce und Datenschutz, Stuttgart 2009

Degenhart, Christoph, Grundrechtsausgestaltung und Grundrechsbeschränkung, in: Merten, Detlef/Papier, Hans-Jürgen (Hrsg.), Handbuch der Grundrechte in Deutschland und Europa, Band III, Grundrechte in Deutschland: Allgemeine Lehren II, Heidelberg 2009, S. 257-299

Denninger, Erhard, Freiheit durch Sicherheit? – Anmerkungen zum Terrorismusbekämpfungsgesetz, Aus Politik und Zeitgeschichte 2002, B 10-11/2002, 22-30

Denninger, Erhard, Vielfalt, Sicherheit und Solidarität: Ein neues Paradigma für Verfassungsgebung und Menschenrechtsentwicklung?, in: Denninger, Erhard, Menschenrechte und Grundgesetz, Weinheim 1994, S. 13-72

Depenheuer, Otto, Art. 14, in: Mangoldt, Hermann von/Klein, Friedrich/Starck, Christian (Hrsg.), Kommentar zum Grundgesetz, Band 1: Präambel, Artikel 1 bis 19, 6. Auflage, München 2010

Dietrich, Ralf, Rechtliche Bewältigung von netzbasiertem Datenaustausch und Verteidigungsstrategien – 20000 Verfahren gegen Filesharingnutzer, NJW 2006, 809-811

Di Martino, Alessandra, Datenschutz im europäischen Recht, Baden-Baden 2005

Dingemann, Kathrin, Zwischen Integrationsverantwortung und Identitätskontrolle: Das „Lissabon"-Urteil des Bundesverfassungsgerichts, ZEuS 2009, 491-528

Dix, Alexander, Freiheit braucht Sicherheit – Sicherheit braucht Freiheit, in: Bundeskriminalamt (Hrsg.), Informations- und Kommunikationskriminalität, München 2004, S. 159-168

Dix, Alexander, Vorratsspeicherung von IP-Adressen? – Anmerkungen zur Bewertung der Praxis von der T-Online International AG durch das Regierungspräsidium Darmstadt, DuD 2003, 234-236

Dix, Dorothea, Datenschutz im Internet – Vergleich der bereichsspezifischen Datenschutzvorschriften des Telekommunikationsrechts mit den Datenschutzregelungen des Rechts der Informations- und Kommunikationsdienste (Teledienstedatenschutzgesetz) im Hinblick auf ihre Geltung für das Internet, Bonn 2006

Dolzer, Rudolf, Der Schutz des Eigentums, in: Merten, Detlef/Papier, Hans-Jürgen (Hrsg.), Handbuch der Grundrechte in Deutschland und Europa, Band VI/1, Europäische Grundrechte I, Heidelberg 2010, S. 171-189

Dreier, Thomas, § 101, in: Dreier, Thomas/Schulze, Gernot, Urheberrechtsgesetz, Urheberrechtswahrnehmungsgesetz, Kunsturhebergesetz – Kommentar, 3. Auflage, München 2008

Dreier, Thomas/Vogel, Rupert, Software- und Computerrecht, Frankfurt am Main 2008

Drexl, Josef, Internationales Immaterialgüterrecht, in: Rebmann, Kurt/Säcker, Franz Jürgen/Rixecker, Roland (Hrsg.), Münchener Kommentar zum Bürgerlichen Gesetzbuch, Band 11, Internationales Wirtschaftsrecht, Einführungsgesetz zum Bürgerlichen Gesetzbuche (Art. 50-245), 4. Auflage, München 2006

Dreyer, Gunda, § 53, in: Dreyer, Gunda/Kotthoff, Jost/Meckel, Astrid, Urheberrecht – Urheberrechtsgesetz, Urheberrechtswahrnehmungsgesetz, Kunsturhebergesetz, 2. Auflage, Heidelberg 2009

Dürig, Günter, Der Grundrechtssatz von der Menschenwürde – Entwurf eines praktikablen Wertsystems der Grundrechte aus Art. 1 Abs. I in Verbindung mit Art. 19 Abs. II des Grundgesetzes, AöR 81 (1956), 117-157

Durner, Wolfgang, Wirtschaftliche Grundrechte, in: Merten, Detlef/Papier, Hans-Jürgen (Hrsg.), Handbuch der Grundrechte in Deutschland und Europa, Band VI/1, Europäische Grundrechte I, Heidelberg 2010, S. 1083-1115

Duttge, Gunnar, Recht auf Datenschutz? – Ein Beitrag zur Interpretation der grundrechtlichen Schutzbereiche, Der Staat 36 (1997), 281-308

Eckhardt, Jens, Fernmeldegeheimnis und Datenschutz (§§ 88-107 TKG), in: Heun, Sven-Erik (Hrsg.), Handbuch Telekommunikationsrecht, 2. Auflage, Köln 2007, S. 1447-1517

Eckhardt, Jens, Öffentliche Sicherheit, in: Heun, Sven-Erik (Hrsg.), Handbuch Telekommunikationsrecht, 2. Auflage, Köln 2007, S. 61-138

Eckhardt, Jens, Zur Zulässigkeit der Verbindungsdatenspeicherung bei Festpreisangeboten, K&R 2006, 293-296

Eckhardt, Jens/Schütze, Marc, Vorratsdatenspeicherung nach BVerfG: „Nach dem Gesetz ist vor dem Gesetz...“ – Und der Staat wird im Streit mit Bürgern und TK-Unternehmen zum „lachenden Dritten“, CR 2010, 225-232

Edthaler, Johannes/Schmid, Hannes, Auskunft über IP-Adressen im Strafverfahren, MR 2008, 220-225

Ehlers, Dirk, Allgemeine Lehren der Unionsgrundrechte, in: Ehlers, Dirk (Hrsg.), Europäische Grundrechte und Grundfreiheiten, 3. Auflage, Berlin 2009, S. 443-484

Ehmann, Eugen /Helfrich, Marcus, EG-Datenschutzrichtlinie, Köln 1999

Eichhorn, Bert, Internet-Recht – Ein Lehrbuch für das Recht des World Wide Web, 2. Auflage, Köln 2001

Eisenberg, Ulrich, Kriminologie, 6. Auflage, München 2005

Eisner, Carolin, Die Schrankenregelung der Grundrechtecharta der Europäischen Union – Gefahr oder Fortschritt für den Grundrechtsschutz in Europa?, Baden-Baden 2005

Ennulat, Mark, Datenschutzrechtliche Verpflichtungen der Gemeinschaftsorgane -und Einrichtungen, Frankfurt am Main 2008

Ensthaler, Jürgen/Heinemann, Mirko, Zur Haftung des Hostproviders – Eine Betrachtung aus Anlass des aktuellen OECD Berichtes zu den wirtschaftlichen Folgen von Marken- und Produktpiraterie, WRP 2010, 309-316

Epping, Volker, Grundrechte, 4. Auflage, Berlin 2010

Erd, Rainer, Bundesverfassungsgericht versus Politik – Eine kommentierende Dokumentation der jüngsten Entscheidungen zu drei Sicherheitsgesetzen, KJ 2008, 118-133

Eschenbach, Jürgen, Der verfassungsrechtliche Schutz des Eigentums, Berlin 1996

Esser, Robert, Urheberrechtsverletzungen durch Tauschbörsennutzer im Internet – Zum Akteneinsichtsrecht des Verletzten nach § 406e StPO, GA 2010, 65-83

Fabio, Udo di, Risikoentscheidungen im Rechtsstaat – zum Wandel der Dogmatik im öffentlichen Recht, insbesondere am Beispiel der Arzneimittelüberwachung, Tübingen 1994

Federrath, Hannes, Technische Grundlagen von Auskunftsansprüchen, ZUM 2006, 434-438

Feldmann, Thorsten, Unterliegen Arbeitgeber der Pflicht zur Vorratsdatenspeicherung gem. § 113a TKG? – Erwiderung auf Koch, NZA 2008, 911, NZA 2008, 1398-1399

Felixberger, Stefan, Staatliche Überwachung der Telekommunikation – Anwendungsbereich und Befugnispalette des Begleitgesetzes zum TKG, CR 1998, 143-147

Fellenberg, Frank, § 113a, in: Scheurle, Klaus-Dieter/Mayen, Thomas (Hrsg.), Telekommunikationsgesetz – Kommentar, 2. Auflage, München 2008

Fellenberg, Frank, § 113b, in: Scheurle, Klaus-Dieter/Mayen, Thomas (Hrsg.), Telekommunikationsgesetz – Kommentar, 2. Auflage, München 2008

Fetzer, Thomas, § 3, in: Arndt, Hans-Wolfgang/Fetzer, Thomas/Scherer, Joachim (Hrsg.), TKG – Telekommunikationsgesetz – Kommentar, Berlin 2008

Fetzer, Thomas, § 95, in: Arndt, Hans-Wolfgang/Fetzer, Thomas/Scherer, Joachim (Hrsg.), TKG – Telekommunikationsgesetz – Kommentar, Berlin 2008

Fetzer, Thomas, § 96, in: Arndt, Hans-Wolfgang/Fetzer, Thomas/Scherer, Joachim (Hrsg.), TKG – Telekommunikationsgesetz – Kommentar, Berlin 2008

Fetzer, Thomas, Internet und Datenschutz im Telemediengesetz, DRiZ 2007, 206-207

Fisahn, Andreas, Bundesverfassungsgericht friert die europäische Demokratie national ein!, KJ 2009, 220-225

Fischer, Klemens H., Der Vertrag von Lissabon – Text und Kommentar zum Europäischen Reformvertrag, 2. Auflage, Baden-Baden 2010

Foerste, Ulrich, § 253, in: Musielak, Hans-Joachim (Hrsg.), Kommentar zur Zivilprozessordnung – mit Gerichtsverfassungsgesetz, 6. Auflage, München 2008

Folz, Hans-Peter, Quis custodiet - Die ultra vires-Kontrolle durch das Bundesverfassungsgericht nach Honeywell, EuZA 2011, 308-319

Folz, Hans-Peter, Karlsruhe, Lissabon und das Strafrecht – ein Blick über den Zaun, ZIS 2009, 427-431

Forgó, Nikolaus/Jlussi, Dennis/Klügel, Christian/Krügel, Tina, Die Umsetzung der Richtlinie zur Vorratsdatenspeicherung – Europa tut sich schwer, DuD 2008, 680-682

Forgó, Nikolaus/Krügel, Tina, Vorschriften zur Vorratsdatenspeicherung verfassungswidrig: Nach der Entscheidung ist vor der Entscheidung – Zugleich Kommentar zu BVerfG, Urteil vom 2.3.2010 – 1 BvR 256/08, 1 BvR 263/08, 1 BvR 586/08, K&R 2010, 217-220

Fremuth, Michael Lysander, Die Europäische Union auf dem Weg in die Supranationalität – Untersuchung der Rechtsnatur der Europäischen Union anhand der Polizeilichen und Justitiellen Zusammenarbeit in Strafsachen, Münster 2010

Frenz, Walter, Demokratiebegründete nationale Mitwirkungsrechte und Aufgabenreservate – Im Blickpunkt: Das Lissabonurteil des BVerfG vom 30.6.2009, EWS 2009, 345-350

Frenz, Walter, Die Europäische Unternehmerfreiheit, GewArch 2009, 427-434

Frenz, Walter, Die Verfassungsbeschwerde als Verfahren zur Durchsetzung gemeinschaftsrechtlich verliehener Rechte, DÖV 1995, 414-419

Frenz, Walter/Götzkes, Vera, Das ordentliche Gesetzgebungsverfahren nach dem Vertrag von Lissabon, ZG 2010, 34-51

Freytag, Stefan, Harmonisierung der Providerhaftung, in: Lehmann, Michael (Hrsg.), Electronic Business in Europa – Internationales, europäisches und deutsches Online-Recht, München 2002, S. 110-130

Friedrich, Ingo, Die Grundrechtecharta – Herzstück des Verfassungsvertrags und Grundstein für ein Europa der Werte, Politische Studien, Sonderheft 1/2003, 17-25

Frowein, Jochen Abr., Einführung, in: Frowein, Jochen Abr./Peukert, Wolfgang, Europäische Menschenrechtskonvention – EMRK-Kommentar, 2. Auflage, Kehl 1996

Frowein, Jochen Abr., Artikel 8, in: Frowein, Jochen Abr./Peukert, Wolfgang, Europäische Menschenrechtskonvention – EMRK-Kommentar, 2. Auflage, Kehl 1996

Frowein, Jochen Abr., Übernationale Menschenrechtsgewährleistungen und nationale Staatsgewalt, in: Isensee, Josef/Kirchhof, Paul (Hrsg.), Handbuch des Staatsrechts der Bundesrepublik Deutschland, Band VII, Normativität und Schutz der Verfassung – Internationale Beziehungen, Heidelberg 1992, S. 731-765

Frowein, Jochen Abr., Das Bundesverfassungsgericht und die Europäische Menschenrechtskonvention, in: Fürst, Walther/Herzog, Roman/Umbach, Dieter C. (Hrsg.), Festschrift für Wolfgang Zeidler, Band II, Berlin 1987, S. 1763-1774

Frowein, Jochen Abr., Anmerkung zur Pakelli-Entscheidung des Bundesverfassungsgerichts, ZaöRV 46 (1986), 286-289

Frowein, Jochen Abr./Peukert, Wolfgang, Artikel 53, in: Frowein, Jochen Abr./Peukert, Wolfgang, Europäische Menschenrechtskonvention – EMRK-Kommentar, 2. Auflage, Kehl 1996

Gausling, Tina, Verdachtsunabhängige Speicherung von Verkehrsdaten auf Vorrat – Zur Umsetzung der Richtlinie 2006/24/EG durch die §§ 113a, 113b TKG, München 2010

Gehlhaar, Daniel, Honeywell in der Praxis - Ein Aus- und Überblick, NZA 2010, 1053-1054

Geiger, Hansjörg, Das Urteil des Bundesverfassungsgerichts zum Volkszählungsgesetz 1983, DSWR 1984, 43-46

Geimer, Reinhold, Art. 5 EuGVVO, in: Zöller, Richard, Zivilprozessordnung – mit FamFG (§§ 1-185, 200-270, 433-484) und Gerichtsverfassungsgesetz, den Einführungsgesetzen, mit Internationalem Zivilprozessrecht, EG-Verordnungen, Kostenanmerkungen – Kommentar, 28. Auflage, Köln 2010

Geis, Ivo/Geis, Esther, Das informationelle Selbstbestimmungsrecht als Pathosformel des Datenschutzrechts oder Schutz der Privatheit während und nach der elektronischen Kommunikation, K&R 2006, 279-280

Geisler, Herbert, § 253, in: Prütting, Hanns/Gehrlein, Markus (Hrsg.), ZPO Kommentar, Köln 2010

Gennen, Klaus, Grundlagen des elektronischen Geschäftsverkehrs, Internetrecht, in: Schwartmann, Rolf (Hrsg.), Praxishandbuch Medien-, IT- und Urheberrecht, Heidelberg 2008, S. 561-646

Gercke, Marco, Die Entwicklung des Internetstrafrechts im Jahr 2008, ZUM 2009, 526-538

Gercke, Marco, „Cyberterrorismus" – Aktivitäten terroristischer Organisationen im Internet – Die Möglichkeiten und Grenzen legislativer Ansätze zur Bekämpfung von Aktivitäten terroristischer Gruppen im Internet, CR 2007, 62-68

Gercke, Marco, The Slow Wake of A Global Approach Against Cybercrime – The potential of the Council of Europe Convention on Cybercrime as international model law, CRi 2006, 140-145

Gercke, Marco, Zum Umfang der Auskunftspflicht von Providern gegenüber Ermittlungsbehörden, CR 2005, 599-601

Germann, Michael, Gefahrenabwehr und Strafverfolgung im Internet, Berlin 2000

Gesmann-Nuissl, Dagmar, Außervertragliches Kollisionsrecht/Internationale Zuständigkeit, in: Ensthaler, Jürgen/Weidert, Stefan (Hrsg.), Handbuch Urheberrecht und Internet, 2. Auflage, Frankfurt am Main 2010, S. 524-568

Giegerich, Thomas, Wirkung und Rang der EMRK in den Rechtsordnungen der Mitgliedstaaten, in: Grote, Rainer/Marauhn, Thilo, EMRK/GG – Konkordanzkommentar zum europäischen und deutschen Grundrechtsschutz, Tübingen 2006, S. 61-96

Gietl, Andreas, Die Zukunft der Vorratsdatenspeicherung – Anmerkung zum Urteil des BVerfG vom 2. März 2010, DuD 2010, 398-403

Gietl, Andreas, Das Schicksal der Vorratsdatenspeicherung, DuD 2008, 317-323

Gietl, Andreas, Die Einführung der Vorratsdatenspeicherung, K&R 2007, 545-550

Gitter, Rotraud/Schnabel, Christoph, Die Richtlinie zur Vorratsdatenspeicherung und ihre Umsetzung in das nationale Recht, MMR 2007, 411-416

Gnirck, Karen/Lichtenberg, Jan, Internetprovider im Spannungsfeld staatlicher Auskunftsersuchen – Auskunftsersuchen zu IP-Adressen, DuD 2004, 598-602

Göppinger, Hans, Kriminologie, 4. Auflage, München 1980

Gola, Peter, Das Recht auf informationelle Selbstbestimmung in der aktuellen Rechtsprechung, RDV 1988, 109-115

Gola, Peter/Klug, Christoph, Grundzüge des Datenschutzrechts, München 2003

Gola, Peter/Klug, Christoph/Körffer, Barbara/Schomerus, Rudolf, BDSG – Bundesdatenschutzgesetz – Kommentar, 10. Auflage, München 2010

Gola, Peter/Klug, Christoph/Reif, Yvette, Datenschutz- und presserechtliche Bewertung der „Vorratsdatenspeicherung" (hrsg. von der Stiftervereinigung der Presse e.V. und der Gesellschaft für Datenschutz und Datensicherung e.V.), Berlin/Bonn 2007

Gottschalk, Silke, Vertragsgestaltung bei Content und Access Providern, in: Kröger, Detlef/Gimmy, Marc André (Hrsg.), Handbuch zum Internetrecht – Electronic Commerce – Informations-, Kommunikations- und Mediendienste, 2. Auflage, Berlin 2002, S. 245-263

Gounalakis, Georgios/Rhode, Lars, Persönlichkeitsschutz im Internet – Grundlagen und Online-Spezifika, München 2002

Grabenwarter, Christoph, Europäische Menschenrechtskonvention, 4. Auflage, München 2009

Grabenwarter, Christoph, Nationale Grundrechte und Rechte der Europäischen Menschenrechtskonvention, in: Merten, Detlef/Papier, Hans-Jürgen (Hrsg.), Handbuch der Grundrechte in Deutschland und Europa, Band VI/2, Europäische Grundrechte II, Universelle Menschenrechte, Heidelberg 2009, S. 33-62

Grabenwarter, Christoph, Staatliches Unionsverfassungsrecht, in: Bogdandy, Armin von/Bast, Jürgen (Hrsg.), Europäisches Verfassungsrecht – Theoretische und dogmatische Grundzüge, 2. Auflage, Berlin 2009, S. 121-175

Grabenwarter, Christoph/Pabel, Katharina, Grundrechtsschutz in der Rechtsprechung des EuGH und des EGMR, in: Stern, Klaus/Tettinger, Peter J. (Hrsg.), Die europäische Grundrechte-Charta im wertenden Verfassungsvergleich, Berlin 2005, S. 81-97

Grahl, Julian de, Die Durchsetzung von Urheberrechten im digitalen Zeitalter – Analyse und Rechtspolitik, Frankfurt 2008

Graulich, Kurt, Telekommunikationsgesetz und Vorratsdatenspeicherung, NVwZ 2008, 485-492

Greenawalt, Tim, Die Indienstnahme privater Netzbetreiber bei der Telekommunikationsüberwachung in Deutschland, Berlin 2009

Greger, Reinhard, § 253, in: Zöller, Richard, Zivilprozessordnung – mit FamFG (§§ 1-185, 200-270, 433-484) und Gerichtsverfassungsgesetz, den Einführungsgesetzen, mit Internationalem Zivilprozessrecht, EG-Verordnungen, Kostenanmerkungen – Kommentar, 28. Auflage, Köln 2010

Grimm, Detlef/Michaelis, Isabel, Keine Vorratsdatenspeicherungspflicht für Arbeitgeber, DB 2009, 174-177

Gröpl, Christoph, Das verfassungsrechtliche Konzept der informationellen Selbstbestimmung und des Datenschutzes, in: Rüßmann, Helmut (Hrsg.), Festschrift für Gerhard Käfer, Saarbrücken 2009, S. 95-112

Gröpl, Christoph, Der gläserne Mensch – ein Albtraum für den freiheitlichen Rechtsstaat, magazin forschung 1/2008, 32-36

Groß, Thomas, Die Verwaltungsorganisation als Teil organisierter Staatlichkeit, in: Hoffmann-Riem, Wolfgang/Schmidt-Aßmann, Eberhard/Voßkuhle, Andreas (Hrsg.), Grundlagen des Verwaltungsrechts, Band I, Methoden, Maßstäbe, Aufgaben, Organisation, München 2006, S. 841-889

Groß, Thomas, Datenschutz in der Telekommunikation, in: Roßnagel, Alexander (Hrsg.), Handbuch Datenschutzrecht – Die neuen Grundlagen für Wirtschaft und Verwaltung, München 2003, S. 1258-1277

Grote, Rainer, Kommunikative Selbstbestimmung im Internet und Grundrechtsordnung, KritV 1999, 27-56

Gruhler, Alexander K. A., Das Ende der „totalen" Freiheit im Internet – die Auswirkungen inkriminierter Inhalte auf die Informationsgesellschaften, Marburg 1998

Grunsky, Wolfgang, Abwehraussperrung und Allgemeininteresse im Arbeitskampf – Verfassungsrechtliche Überlegungen zum Tarifkonflikt in der Druckindustrie, ZRP 1976, 129-132

Grupp, Klaus/Stelkens, Ulrich, Zur Berücksichtigung der Gewährleistungen der Europäischen Menschenrechtskonvention bei der Auslegung deutschen Rechts, DVBl 2005, 133-143

Grzeszick, Bernd, Verfassungsrechtliche Abbildung und Weiterentwicklung der Immaterialgüterrechtsordnung, in: Eifert, Martin/Hoffmann-Riem, Wolfgang (Hrsg.), Geistiges Eigentum und Innovation, Berlin 2010, S. 83-105

Gündisch, Jürgen/Wienhues, Sigrid, Rechtsschutz in der Europäischen Union – Ein Leitfaden für die Praxis, 2. Auflage, Stuttgart 2003

Guliyev, Rauf, Europäischer Datenschutz aus wirtschaftlicher Perspektive, in: Hilgendorf, Eric (Hrsg.), Dimensionen des IT-Rechts, Berlin 2008, S. 137-173

Gusy, Christoph, Art. 10, in: Mangoldt, Hermann von/Klein, Friedrich/Starck, Christian (Hrsg.), Kommentar zum Grundgesetz, Band 1: Präambel, Artikel 1 bis 19, 6. Auflage, München 2010

Gusy, Christoph, Rechtsgüterschutz als Staatsaufgabe – Verfassungsfragen der „Staatsaufgabe Sicherheit", DÖV 1996, 573-583

Härting, Niko, Schutz von IP-Adressen – Praxisfolgen der BVerfG-Rechtsprechung zu Onlinedurchsuchung und Vorratsdatenspeicherung, ITRB 2009, 35-39

Härting, Niko, Der Datenschutz ist im Internet-Zeitalter noch nicht angekommen, BB 2009, 744-746

Härting, Niko, Datenschutz im Internet – Wo bleibt der Personenbezug?, CR 2008, 743-748

Härting, Niko, Internetrecht, 3. Auflage, Köln 2008

Härting, Niko, E-Mail und Telekommunikationsgeheimnis – Die drei Gesichter der E-Mail: Telekommunikation, Datensatz, elektronischer Brief, CR 2007, 311-317

Härting, Niko, Die Gewährleistungspflichten von Internet-Dienstleistern, MMR 2001, 37-43

Hahn, Jörg-Uwe, Die Mitwirkungsrechte von Bundestag und Bundesrat in EU-Angelegenheiten nach dem neuen Integrationsverantwortungsgesetz, EuZW 2009, 758-763

Hase, Friedhelm, Das Recht auf informationelle Selbstbestimmung – Bemerkungen zum Datenschutz anlässlich des "Volkszählungsurteils" des Bundesverfassungsgerichts, DuR 1984, 39-47

Haß, Solveig, Die Urteile des Europäischen Gerichtshofs für Menschenrechte – Charakter, Bindungswirkung und Durchsetzung, Frankfurt 2006

Haug, Volker, Internetrecht – Erläuterungen mit Urteilsauszügen, Schaubildern und Übersichten, 2. Auflage, Stuttgart 2010

Heck, Daniel, Rechtsschutz gegen durch EG-Richtlinien determiniertes Gesetzesrecht, NVwZ 2008, 523-526

Heckmann, Dirk, § 13, in: Taeger, Jürgen/Gabel, Detlev (Hrsg.), Kommentar zum BDSG und zu den Datenschutzvorschriften des TKG und TMG, Frankfurt am Main 2010

Heckmann, Dirk, § 14, in: Taeger, Jürgen/Gabel, Detlev (Hrsg.), Kommentar zum BDSG und zu den Datenschutzvorschriften des TKG und TMG, Frankfurt am Main 2010

Heckmann, Dirk, Herausgabe von persönlichen Daten bei dynamischen IP-Adressen, jurisPR-ITR 4/2006, Anm. 6

Heer-Reißmann, Christine, Die Letztentscheidungskompetenz des Europäischen Gerichtshofes für Menschenrechte in Europa – Eine Untersuchung zum Verhältnis von EGMR und EuGH in Menschenrechtsfragen unter Berücksichtigung des Verhältnisses des BVerfG zum EuGH, Frankfurt 2008

Hefendehl, Roland, Daten-Dammbrüche – oder warum nicht jede Nase zu einem Kamel führt, JZ 2009, 165-174

Hegel, Georg Wilhelm Friedrich, Grundlinien der Philosophie des Rechts (Philosophische Bibliothek, Band 124, hrsg. von Georg Lasson), Leipzig 1911

Heger, Martin, Perspektiven des Europäischen Strafrechts nach dem Vertrag von Lissabon – Eine Durchsicht des (wohl) kommenden EU-Primärrechts vor dem Hintergrund des Lissabon-Urteils des BVerfG vom 30.6.2009, ZIS 2009, 406-417

Heidrich, Joerg, Die T-Online-Entscheidung des RP Darmstadt und ihre Folgen, DuD 2003, 237-238

Hensel, Dirk, Die Vorratsdatenspeicherung aus datenschutzrechtlicher Sicht – Die Bildung von Persönlichkeitsprofilen und andere Probleme der Vorratsdatenspeicherung, DuD 2009, 527-530

Herdegen, Matthias, Art. 1, in: Maunz, Theodor/Dürig, Günter/Herzog, Roman/Scholz, Rupert, Grundgesetz – Kommentar, München, Stand: 56. EL Oktober 2009

Heringa, Aalt Willem/Zwaak, Leo, Right to Respect for Privacy, in: Dijk, Pieter van/Hoof, Fried van/Rijn, Arjen van/Zwaak, Leo (Hrsg.), Theory and Practice of the European Convention on Human Rights, 4. Auflage, Antwerpen/Oxford 2006, S. 663-750

Hermes, Georg, Art. 10, in: Dreier, Horst (Hrsg.), Grundgesetz – Kommentar, Band I, Räambel, Artikel 1-19, 2. Auflage, Tübingen 2004

Herrmann, Christoph, Der Vertrag von Lissabon – Ein Überblick, Jura 2010, 161-167

Herzog, Roman, Der überforderte Staat, in: Badura, Peter/Scholz, Rupert (Hrsg.), Wege und Verfahren des Verfassungslebens – Festschrift für Peter Lerche zum 65. Geburtstag, München 1993, S. 15-26

Hesse, Konrad, Grundzüge des Verfassungsrechts der Bundesrepublik Deutschland, 20. Auflage, Heidelberg 1995

Heun, Sven-Erik, Einführung: Grundlagen und Struktur des TKG, Marktzutritt und Übergangsrecht, in: Heun, Sven-Erik (Hrsg.), Handbuch Telekommunikationsrecht, 2. Auflage, Köln 2007, S. 1-59

Heydn, Truiken J., Auskunft, in: Heydn, Truiken J./Schmid-Petersen, Frauke/Vassilaki, Irini E., Durchsetzung von Rechten des geistigen Eigentums – Ansprüche, Verfahren, Vollstreckung, München 2009, S. 65-77

Hilf, Meinhard, Die Schranken der EU-Grundrechte, in: Merten, Detlef/Papier, Hans-Jürgen (Hrsg.), Handbuch der Grundrechte in Deutschland und Europa, Band VI/1, Europäische Grundrechte I, Heidelberg 2010, S. 1157-1204

Hilf, Meinhard/Schorkopf, Frank, Art. 6 EUV, in: Grabitz, Eberhard/Hilf, Meinhard/Nettesheim, Martin (Hrsg.), Das Recht der Europäischen Union, Band I, EUV/EGV, München, Stand: 40. EL Oktober 2009

Hilgendorf, Eric, Das neue Computerstrafrecht, in: Hilgendorf, Eric (Hrsg.), Dimensionen des IT-Rechts, Berlin 2008, S. 1-17

Hinden, Michael von, Persönlichkeitsverletzungen im Internet – Das anwendbare Recht, Tübingen 1999

Hirsch, Burkhard, In dubio pro libertate, in: Roggan, Fredrik (Hrsg.), Online-Durchsuchungen – Rechtliche und tatsächliche Konsequenzen des BVerfG-Urteils vom 27. Februar 2008, Berlin 2008, S. 9-18

Hobe, Stephan, Europarecht, 5. Auflage, Köln 2010

Hobert, Guido, Datenschutz und Datensicherheit im Internet – Interdependenz und Korrelation von rechtlichen Grundlagen und technischen Möglichkeiten, 2. Auflage, Frankfurt am Main 1998

Hölscheidt, Sven, Art. 20, in: Meyer, Jürgen (Hrsg.), Charta der Grundrechte der Europäischen Union, 2. Auflage, Baden-Baden 2006

Hoeren, Thomas, Internetrecht, Online-Ressource, Stand: Februar 2010

Hoeren, Thomas, Internet- und Kommunikationsrecht, Köln 2008

Hoeren, Thomas, Vorratsdaten und Urheberrecht – Keine Nutzung gespeicherter Daten, NJW 2008, 3099-3102

Hoeren, Thomas, Die Umsetzung der Richtlinie zur Vorratsdatenspeicherung – Konsequenzen für die Privatwirtschaft, JZ 2008, 668-672

Hoeren, Thomas, Recht der Access Provider, München 2004

Hoeren, Thomas/Große Ruse, Henning, Immaterialgüter-, Wettbewerbs- und Verbraucherschutz-Kollisionsrecht sowie gerichtliche Zuständigkeit bei Internet-Sachverhalten, in: Lehmann, Michael (Hrsg.), Electronic Business in Europa – Internationales, europäisches und deutsches Online-Recht, München 2002, S. 301-334

Hofmann, Hans, Art. 10, in: Schmidt-Bleibtreu, Bruno/Klein, Franz/Hofmann, Hans/Hopfauf, Axel (Hrsg.), GG, 12. Auflage, Köln 2011

Hofmann, Hans, Art. 20, in: Schmidt-Bleibtreu, Bruno/Klein, Franz/Hofmann, Hans/Hopfauf, Axel (Hrsg.), GG, 12. Auflage, Köln 2011

Hoffmann, Helmut, Das Auskunftsverfahren nach § 101 Abs. 9 UrhG n.F. – Überblick über die Rechtsprechung im ersten Jahr nach Inkrafttreten der gesetzlichen Neuregelung, MMR 2009, 655-661

Hoffmann-Remy, Ulrich, Die Möglichkeiten der Grundrechtseinschränkung nach den Art. 8-11 Abs. 2 der Europäischen Menschenrechtskonvention – Dargestellt anhand von Beispielsfällen aus der Rechtsprechung der Konventionsorgane und nationaler Gerichte, Berlin 1976

Hoffmeister, Frank, Die europäische Menschenrechtskonvention als Grundrechtsverfassung und ihre Bedeutung in Deutschland, Der Staat 40 (2001), 349-381

Hohmann-Dennhardt, Christine, Informationeller Selbstschutz als Bestandteil des Persönlichkeitsrechts, RDV 2008, 1-7

Holoubek, Michael, Der Grundrechtseingriff – Österreichische und konventionsrechtliche Aspekte, DVBl 1997, 1031-1039

Holznagel, Bernd/Sonntag, Matthias, Datenschutz in Tele- und Mediendiensten, in: Roßnagel, Alexander (Hrsg.), Handbuch Datenschutzrecht – Die neuen Grundlagen für Wirtschaft und Verwaltung, München 2003, S. 678-714

Hornick, Andreas, Staatlicher Zugriff auf elektronische Medien, StraFo 2008, 281-286

Hornung, Gerrit, Die Haftung von W-LAN Betreibern – Neue Gefahren für Anschlussinhaber – und die Idee „offener" Netze, CR 2007, 88-94

Hornung, Gerrit/Schnabel, Christoph, Verfassungsrechtlich nicht schlechthin verboten – Das Urteil des Bundesverfassungsgerichts in Sachen Vorratsdatenspeicherung, DVBl 2010, 824-833

Huber, Peter M., Natürliche Personen als Grundrechtsträger, in: Merten, Detlef/Papier, Hans-Jürgen (Hrsg.), Handbuch der Grundrechte in Deutschland und Europa, Band II, Grundrechte in Deutschland: Allgemeine Lehren I, Heidelberg 2006, S. 1129-1162

Hufen, Friedhelm, Das Volkszählungsurteil des Bundesverfassungsgerichts und das Grundrecht auf informationelle Selbstbestimmung – eine juristische Antwort auf "1984"?, JZ 1984, 1072-1078

Humboldt, Wilhelm von, Ideen zu einem Versuch die Gränzen der Wirksamkeit des Staates zu bestimmen, Breslau 1851

Ignor, Alexander, Die Zukunft des Strafverfahrens – Abschied vom Rechtsstaat?, BRAK-Mitt. 2008, 50-53

Ipsen, Hans Peter, Europäisches Gemeinschaftsrecht, Tübingen 1972

Ipsen, Jörn, Staatsrecht II – Grundrechte, 13. Auflage, München 2010

Iraschko-Luscher, Stephanie/Kiekenbeck, Pia, Datenschutz im Internet – Widerspruch oder Herausforderung, RDV 2010, 261-266

Isensee, Josef, Integrationswille und Integrationsresistenz des Grundgesetzes – Das Bundesverfassungsgericht zum Vertrag von Lissabon, ZRP 2010, 33-37

Isensee, Josef, Das Grundrecht als Abwehrrecht und als staatliche Schutzpflicht, in: Isensee, Josef/Kirchhof, Paul (Hrsg.), Handbuch des Staatsrechts der Bundesrepublik Deutschland, Band V, Allgemeine Grundrechtslehren, 2. Auflage, Heidelberg 2000, S. 143-241

Isensee, Josef, Das Grundrecht auf Sicherheit – zu den Schutzpflichten des freiheitlichen Verfassungsstaates, Berlin 1983

Jarass, Hans D., Vorb. vor Art. 1, in: Jarass, Hans D./Pieroth, Bodo, Grundgesetz für die Bundesrepublik Deutschland – Kommentar, 11. Auflage, München 2011

Jarass, Hans D., Art. 3, in: Jarass, Hans D./Pieroth, Bodo, Grundgesetz für die Bundesrepublik Deutschland, 11. Auflage, München 2011

Jarass, Hans D., Art. 10, in: Jarass, Hans D./Pieroth, Bodo, Grundgesetz für die Bundesrepublik Deutschland, 11. Auflage, München 2011

Jarass, Hans D., Art. 12, in: Jarass, Hans D./Pieroth, Bodo, Grundgesetz für die Bundesrepublik Deutschland, 11. Auflage, München 2011

Jarass, Hans D., Art. 14, in: Jarass, Hans D./Pieroth, Bodo, Grundgesetz für die Bundesrepublik Deutschland, 11. Auflage, München 2011

Jarass, Hans D., Art. 20, in: Jarass, Hans D./Pieroth, Bodo, Grundgesetz für die Bundesrepublik Deutschland, 11. Auflage, München 2011

Jarass, Hans D., Charta der Grundrechte der Europäischen Union unter Einbeziehung der vom EuGH entwickelten Grundrechte und der Grundrechtsregelungen der Verträge – Kommentar, München 2010

Jarass, Hans D., EU-Grundrechte – Ein Studien- und Handbuch, München 2005

Jarass, Hans D., Die Freiheit der Massenmedien, Baden-Baden 1978

Jellinek, Georg, System der subjektiven öffentlichen Rechte, Neudruck der 2. Auflage, Aalen 1964

Jenny, Valerian, Eile mit Weile – Vorratsdatenspeicherung auf dem Prüfstand, CR 2008, 282-287

Jlussi, Dennis, Ist die Speicherung dynamischer IP-Adressen von Kunden, die einen Flatrate-Vertrag haben, durch Access Provider zulässig?, in: Jlussi, Dennis (Hrsg.), Studienarbeiten im IT-Recht – Telekommunikations-Datenschutzrecht, Elektronische Signaturen und Rechnungen, Rechtliche Aspekte von Spam, Online-Fernabsatzrecht, München 2007, S. 9-122

Jofer, Robert, Strafverfolgung im Internet – Phänomenologie und Bekämpfung kriminellen Verhaltens in internationalen Computernetzen, Frankfurt am Main 1999

Käß, Robert, Die Entscheidung des Bundesverfassungsgerichts zur Beschlagnahme von Mobilfunkendgeräten, BayVBl. 2007, 135-137

Kahl, Wolfgang, Art. 95 EGV, in: Calliess, Christian/Ruffert, Matthias (Hrsg.), EUV/EGV – Das Verfassungsrecht der Europäischen Union mit Europäischer Grundrechtecharta – Kommentar, 3. Auflage, München 2007

Kahler, Thomas, Vorratsdatenspeicherung: Wer spricht Recht? – BVerfG, EuGH, EGMR und die Klage gegen die Vorrastdatenspeicherung, DuD 2008, 449-454

Kannenberg, Werner, § 95, in: Scheurle, Klaus-Dieter/Mayen, Thomas (Hrsg.), Telekommunikationsgesetz – Kommentar, 2. Auflage, München 2008

Kannenberg, Werner, § 100, in: Scheurle, Klaus-Dieter/Mayen, Thomas (Hrsg.), Telekommunikationsgesetz – Kommentar, 2. Auflage, München 2008

Kannengießer, Christoph, Art. 3, in: Schmidt-Bleibtreu, Bruno/Hofmann, Hans/Hopfauf, Axel (Hrsg.), GG – Kommentar zum Grundgesetz, 12. Auflage, Köln 2011

Kant, Immanuel, Die Metaphysik der Sitten (Werkausgabe, Band VIII, hrsg. von Wilhelm Weischedel), Frankfurt am Main 1977

Katzenberger, Paul, Vor §§ 120 ff., in: Schricker, Gerhard/Loewenheim, Ulrich (Hrsg.), Urheberrecht – Kommentar, 4. Auflage, München 2010

Keber, Tobias, Datenschutzrecht, in: Schwartmann, Rolf (Hrsg.), Praxishandbuch Medien-, IT- und Urheberrecht, Heidelberg 2008, S. 682-697

Kempen, Bernhard, Grundrechtsverpflichtete, in: Merten, Detlef/Papier, Hans-Jürgen (Hrsg.), Handbuch der Grundrechte in Deutschland und Europa, Band II, Grundrechte in Deutschland: Allgemeine Lehren I, Heidelberg 2006, S. 1293-1330

Kerth, Yvonne/Schmelz, Andrea, Die Geltendmachung der Gemeinschaftsgrundrechte im Wege des Individualrechtsschutzes, JA 2004, 340-344

Kindt, Anne, Grundrechtsschutz für Raubkopierer und Musikpiraten?, MMR 2009, 147-153

Kingreen, Thorsten, Art. 8 GRCh, in: Calliess, Christian/Ruffert, Matthias (Hrsg.), EUV/EGV – Das Verfassungsrecht der Europäischen Union mit Europäischer Grundrechtecharta – Kommentar, 3. Auflage, München 2007

Kirchhof, Paul, Allgemeiner Gleichheitssatz, in: Isensee, Josef/Kirchhof, Paul (Hrsg.), Handbuch des Staatsrechts der Bundesrepublik Deutschland, Band VIII, Grundrechte: Wirtschaft, Verfahren, Gleichheit, 3. Auflage, Heidelberg 2010, S. 697-838

Kirchhof, Paul, Gleichheit in der Funktionenordnung, in: Isensee, Josef/Kirchhof, Paul (Hrsg.), Handbuch des Staatsrechts der Bundesrepublik Deutschland, Band V, Allgemeine Grundrechtslehren, 2. Auflage, Heidelberg 2000, S. 973-1016

Kirchhof, Paul, Gleichmaß und Übermaß, in: Badura, Peter/Scholz, Rupert (Hrsg.), Wege und Verfahren des Verfassungslebens – Festschrift für Peter Lerche zum 65. Geburtstag, München 1993, S. 133-149

Kirsch, Andrea, Demokratie und Legitimation in der Europäischen Union, Baden-Baden 2008

Kitz, Volker, Rechtsdurchsetzung im geistigen Eigentum – die neuen Regeln, NJW 2008, 2374-2377

Kitz, Volker, Die Auskunftspflicht des Zugangsvermittlers bei Urheberrechtsverletzungen durch seine Nutzer, GRUR 2003, 1014-1019

Kläner, Tobias, Verfassungswidrigkeit der Vorschriften zur anlasslosen Speicherung und späteren Nutzung von Telekommunikationsverkehrsdaten, NJ 2010, 204-205

Klass, Nadine, Zum Verhältnis des Persönlichkeitsrechts zur Pressefreiheit – Anmerkung zu BVerfG, Beschluss vom 26. Februar 2008 – 1 BvR 1602/07, 1 BvR 1606/07, 1 BvR 1626/07, ZUM 2008, 432-435

Klein, Eckart, Das Verhältnis des Europäischen Gerichtshofs zum Europäischen Gerichtshof für Menschenrechte, in: Merten, Detlef/Papier, Hans-Jürgen (Hrsg.), Handbuch der Grundrechte in Deutschland und Europa, Band VI/1, Europäische Grundrechte I, Heidelberg 2010, S. 1269-1320

Klein, Eckart, Entscheidungsbefugnis, in: Benda, Ernst/Klein, Eckart, Verfassungsprozessrecht, 2. Auflage, Heidelberg 2001

Klesczewski, Diethelm, Kritik der Vorratsdatenspeicherung, in: Weßlau, Edda/Wohlers, Wolfgang (Hrsg.), Festschrift für Gerhard Fezer zum 70. Geburtstag am 29. Oktober 2008, Berlin 2008, S. 19-34

Klett, Alexander R., Zum Auskunftsanspruch nach § 101a UrhG, K&R 2005, 222-224

Klett, Detlef/Pohle, Jan, Verträge über Internet-Dienstleistungen – Ausgewählte vertragsrechtliche Fragen im Verhältnis zwischen Providern und Endkunden, DRiZ 2007, 198-203

Kloepfer, Michael, Informationsrecht, München 2002

Klug, Christoph/Reif, Yvette, Vorratsdatenspeicherung in Unternehmen? – Gesetzeslage und Ausblick, RDV 2008, 89-96

Knecht, Matthias, Art. 7 GRCh, in: Schwarze, Jürgen (Hrsg.), EU-Kommentar, 2. Auflage, Baden-Baden 2009

Knecht, Matthias, Art. 8 GRCh, in: Schwarze, Jürgen (Hrsg.), EU-Kommentar, 2. Auflage, Baden-Baden 2009

Knöll, Ralf, Die Charta der Grundrechte der Europäischen Union – Inhalte, Bewertung und Ausblick, NVwZ 2001, 392-394

Koch, Frank A., Rechtsprobleme privater Nutzung betrieblicher elektronischer Kommunikationsmittel, NZA 2008, 911-916

Koch, Frank A., Internet-Recht – Praxishandbuch zu Dienstenutzung, Verträgen, Rechtsschutz und Wettbewerb, Haftung, Arbeitsrecht und Datenschutz im Internet, zu Links, Peer-to-Peer-Netzen und Domain-Recht, mit Musterverträgen, 2. Auflage, München 2005

Köbele, Bernd, Anspruch auf Mitteilung des Anschlussinhabers bei bekannter IP-Adresse, DuD 2004, 609-610

Köcher, Jan K., Vorratsdatenspeicherung – Die Zweite, Anmerk. Zu BVerfG, 1 BvR 256/08 vom 28.10.2008, DuD 2009, 20-24

Köhler, Markus/Arndt, Hans-Wolfgang/Fetzer, Thomas, Recht des Internet, 6. Auflage, Heidelberg 2008

Königshofen, Thomas/Ulmer, Claus-Dieter, Datenschutz-Handbuch Telekommunikation, Frechen 2006

Koreng, Ansgar, Zensur im Internet – Der verfassungsrechtliche Schutz der digitalen Massenkommunikation, Baden-Baden 2010

Kotthoff, Jost, § 120, in: Dreyer, Gunda/Kotthoff, Jost/Meckel, Astrid, Urheberrecht – Urheberrechtsgesetz, Urheberrechtswahrnehmungsgesetz, Kunsturhebergesetz, 2. Auflage, Heidelberg 2009

Krajewski, Markus/Rösslein, Ulrich, Art. 251 EGV, in: Grabitz, Eberhard/Hilf, Meinhard/Nettesheim, Martin (Hrsg.), Das Recht der Europäischen Union, Band III, EUV/EGV, München, Stand: 40. EL Oktober 2009

Kramer, Andreas, Zivilrechtlicher Auskunftsanspruch gegenüber Access Providern – Verpflichtung zur Herausgabe der Nutzerdaten von Urheberrechtsverletzern unter Berücksichtigung der Enforcement-Richtlinie (RL 2004/48/EG), Hamburg 2007

Krause, Peter, Das Recht auf informationelle Selbstbestimmung – BVerfGE 65, 1, JuS 1984, 268-275

Kreile, Johannes, Medienurheberrecht, in: Dörr, Dieter/Kreile, Johannes/Cole, Mark D. (Hrsg.), Handbuch Medienrecht – Recht der elektronischen Massenmedien, 2. Auflage, Frankfurt am Main 2011, S. 425-462

Kube, Hanno, Persönlichkeitsrecht, in: Isensee, Josef/Kirchhof, Paul (Hrsg.), Handbuch des Staatsrechts der Bundesrepublik Deutschland, Band VII, Freiheitsrechte, 3. Auflage, Heidelberg 2009, S. 79-145

Kühling, Jürgen, Grundrechte, in: Bogdandy, Armin von/Bast, Jürgen (Hrsg.), Europäisches Verfassungsrecht – Theoretische und dogmatische Grundzüge, 2. Auflage, Berlin 2009, S. 657-704

Kühling, Jürgen, Freiheitsverluste im Austausch gegen Sicherheitshoffnungen im künftigen Telekommunikationsgesetz? – Verfassungsrechtliche Determinanten am Beispiel der Vorratsdatenspeicherung, K&R 2004, 105-112

Kühling, Jürgen/Elbracht, Alexander, Telekommunikationsrecht, Heidelberg 2008

Kühling, Jürgen/Elbracht, Alexander, Das Telekommunikationsrecht im Wandel – Eine erste Rechtsprechungsübersicht zum TKG 2004, Die Verwaltung 40 (2007), 545-582

Kühling, Jürgen/Seidel, Christian/Sivridis, Anastasios, Datenschutzrecht, Frankfurt am Main 2008

Kugelmann, Dieter, Gleichheitsrechte und Gleichheitsgrundsätze, in: Merten, Detlef/Papier, Hans-Jürgen (Hrsg.), Handbuch der Grundrechte in Deutschland und Europa, Band VI/1, Europäische Grundrechte I, Heidelberg 2010, S. 979-1029

Kugelmann, Dieter, Die „Cyber-Crime“ Konvention des Europarates, DuD 2001, 215-223

Kunig, Philip, Völkerrecht und staatliches Recht, in: Graf Vitzthum, Wolfgang (Hrsg.), Völkerrecht, 4. Auflage, Berlin 2007, S. 81-156

Kunig, Philip, Der Grundsatz informationeller Selbstbestimmung, Jura 1993, 595-604

Ladeur, Karl-Heinz/Vesting, Thomas, Geistiges Eigentum im Netzwerk – Anforderungen und Entwicklungslinien, in: Eifert, Martin/Hoffmann-Riem, Wolfgang (Hrsg.), Geistiges Eigentum und Innovation, Berlin 2010, S. 123-144

Langenfeld, Christine, Die Stellung der EMRK im Verfassungsrecht der Bundesrepublik Deutschland, in: Bröhmer, Jürgen (Hrsg.), Der Grundrechtsschutz in Europa – Wissenschaftliches Kolloquium aus Anlass des 65. Geburtstages von Prof. Dr. Dr. Dr. h.c. mult. Georg Ress, Baden-Baden 2002, S. 95-108

Larenz, Karl/Canaris, Claus-Wilhelm, Methodenlehre der Rechtswissenschaft, 3. Auflage, Berlin 1995

Lecheler, Helmut, Allgemeine Grundsätze des Unionsrechts, in: Merten, Detlef/Papier, Hans-Jürgen (Hrsg.), Handbuch der Grundrechte in Deutschland und Europa, Band VI/1, Europäische Grundrechte I, Heidelberg 2010, S. 889-921

Leisner, Walter, Steuer- und Eigentumswende – Die Einheitswert-Beschlüsse des Bundesverfassungsgerichts, NJW 1995, 2591-2596

Lepsius, Oliver, Freiheit, Sicherheit und Terror: Die Rechtslage in Deutschland, Leviathan 2004, 64-88

Lerche, Peter, Grundrechtsschranken, in: Isensee, Josef/Kirchhof, Paul (Hrsg.), Handbuch des Staatsrechts der Bundesrepublik Deutschland, Band V, Allgemeine Grundrechtslehren, 2. Auflage, Heidelberg 2000, S. 775-804

Lerche, Peter, Übermass und Verfassungsrecht – Zur Bindung des Gesetzgebers an die Grundsätze der Verhältnismäßigkeit und der Erforderlichkeit, Köln 1961

Leutheusser-Schnarrenberger, Sabine, Grundrechtsschutz im Europa des Lissaboner Vertrags – Trends und Perspektiven, DuD 2010, 519-522

Leutheusser-Schnarrenberger, Sabine, Vorratsdatenspeicherung – Ein vorprogrammierter Verfassungskonflikt, ZRP 2007, 9-13

Limbach, Jutta, Ist die kollektive Sicherheit Feind der individuellen Freiheit?, AnwBl 2002, 454-458

Lindner, Josef Franz, Das Lissabon-Urteil des Bundesverfassungsgerichts und die Konsequenzen für die europäische Integration, BayVBl. 2010, 193-203

Lock, Tobias, Das Verhältnis zwischen dem EuGH und internationalen Gerichten, Tübingen 2010

Löffelmann, Markus, Aktuelle Rechtsprobleme der Telekommunikationsüberwachung, AnwBl 2006, 598-602

Löw, Petra, Datenschutz im Internet – Eine strukturelle Untersuchung auf der Basis der neuen deutschen Medienordnung, Tübingen 2000

Löwnau, Gabriele, § 110, in: Scheurle, Klaus-Dieter/Mayen, Thomas (Hrsg.), Telekommunikationsgesetz – Kommentar, 2. Auflage, München 2008

Löwnau, Gabriele, § 113, in: Scheurle, Klaus-Dieter/Mayen, Thomas (Hrsg.), Telekommunikationsgesetz – Kommentar, 2. Auflage, München 2008

Lünenbürger, Simone, § 3, in: Scheurle, Klaus-Dieter/Mayen, Thomas (Hrsg.), Telekommunikationsgesetz – Kommentar, 2. Auflage, München 2008

Lütcke, Jens, Persönlichkeitsrechtsverletzungen im Internet – Eine rechtsvergleichende Untersuchung zum deutschen und amerikanischen Recht, München 2000

Maaßen, Stefan, Urheberrechtlicher Auskunftsanspruch und Vorratsdatenspeicherung, MMR 2009, 511-514

Magiera, Siegfried, Die Bedeutung der Grundrechtecharta für die Europäische Verfassungsordnung, in: Scheuing, Dieter H. (Hrsg.), Europäische Verfassungsordnung, Baden-Baden 2003, S. 117-132

Mahlmann, Matthias, Rechtsphilosophie und Rechtstheorie, Baden-Baden 2010

Mann, Thomas, Art. 12, in: Sachs, Michael (Hrsg.), Grundgesetz-Kommentar, 5. Auflage, München 2009

Manssen, Gerrit, Art. 12, in: Mangoldt, Hermann von/Klein, Friedrich/Starck, Christian (Hrsg.), Kommentar zum Grundgesetz, Band 1: Präambel, Artikel 1 bis 19, 6. Auflage, München 2010

Mantz, Reto, Die Rechtsprechung zum neuen Auskunftsanspruch nach § 101 UrhG, K&R 2009, 21-22

Marauhn, Thilo, Kommunikationsgrundrechte, in: Ehlers, Dirk (Hrsg.), Europäische Grundrechte und Grundfreiheiten, 3. Auflage, Berlin 2009, S. 113-153

Marauhn, Thilo, Sicherheit in der Kommunikationstechnik durch legislatives Risikomanagement, KritV 1999, 57-90

Marberth-Kubicki, Annette, Computer- und Internetstrafrecht, 2. Auflage, München 2010

Maurer, Hartmut, Allgemeines Verwaltungsrecht, 17. Auflage, München 2009

Mayer, Franz, Der Vertrag von Lissabon im Überblick, JuS 2010, 189-195

Mayer, Franz/Walter, Maja, Die Europarechtsfreundlichkeit des BVerfG nach dem Honeywell-Beschluss, Jura 2011, 532-542

Mayer, Georg S., Musikpiraterie im Internet: Ein Erfahrungsbericht, MR 2001, 5

Mayer, Patrick G., Das Internet im öffentlichen Recht – Unter Berücksichtigung europarechtlicher und völkerrechtlicher Vorgaben, Berlin 1999

Meckel, Astrid, § 101, in: Dreyer, Gunda/Kotthoff, Jost/Meckel, Astrid, Urheberrecht – Urheberrechtsgesetz, Urheberrechtswahrnehmungsgesetz, Kunsturhebergesetz, 2. Auflage, Heidelberg 2009

Merten, Detlef, Verhältnismäßigkeitsgrundsatz, in: Merten, Detlef/Papier, Hans-Jürgen (Hrsg.), Handbuch der Grundrechte in Deutschland und Europa, Band III, Grundrechte in Deutschland: Allgemeine Lehren II, Heidelberg 2009, S. 517-567

Meyer, Jürgen/Hölscheidt, Sven, Die Europäische Verfassung des Europäischen Konvents, EuZW 2003, 613-621

Meyerdierks, Per, Sind IP-Adressen personenbezogene Daten?, MMR 2009, 8-13

Meyer-Ladewig, Jens, Europäische Menschenrechtskonvention – Handkommentar, 2. Auflage, Baden-Baden 2006

Michael, Lothar/Morlok, Martin, Grundrechte, 2. Auflage, Baden-Baden 2010

Michalke, Regina, Staatlicher Zugriff auf elektronische Medien, StraFo 2008, 287-292

Michels, Henning, Straftaten und Strafverfolgung im Internet, Berlin 2003

Möstl, Markus, Das Bundesverfassungsgericht und das Polizeirecht – Eine Zwischenbilanz aus Anlass des Urteils zur Vorratsdatenspeicherung, DVBl 2010, 808-816

Mombaur, Peter M., Die Charta der Grundrechte der Europäischen Union – Ein Bericht in neun Punkten, DÖV 2001, 595-596

Moos, Flemming, Einführung TMG, in: Taeger, Jürgen/Gabel, Detlev (Hrsg.), Kommentar zum BDSG und zu den Datenschutzvorschriften des TKG und TMG, Frankfurt am Main 2010

Moos, Flemming, § 11 TMG, in: Taeger, Jürgen/Gabel, Detlev (Hrsg.), Kommentar zum BDSG und zu den Datenschutzvorschriften des TKG und TMG, Frankfurt am Main 2010

Moos, Flemming, Möglichkeiten und Grenzen der Sanktionierung von Rechtsverletzungen im Internet vor deutschen Gerichten, DRiZ 2007, 208-211

Moos, Flemming, Datenschutzrecht, Berlin 2006

Moos, Flemming, Dürfen Access-Provider IP-Nummern speichern? – Analyse und Kritik der T-Online-Entscheidung der hessischen Datenschutz-Aufsichtsbehörde, CR 2003, 385-388

Munz, Martin, Einführung TKG, in: Taeger, Jürgen/Gabel, Detlev (Hrsg.), Kommentar zum BDSG und zu den Datenschutzvorschriften des TKG und TMG, Frankfurt am Main 2010

Munz, Martin, § 88 TKG, in: Taeger, Jürgen/Gabel, Detlev (Hrsg.), Kommentar zum BDSG und zu den Datenschutzvorschriften des TKG und TMG, Frankfurt am Main 2010

Munz, Martin, § 91 TKG, in: Taeger, Jürgen/Gabel, Detlev (Hrsg.), Kommentar zum BDSG und zu den Datenschutzvorschriften des TKG und TMG, Frankfurt am Main 2010

Munz, Martin, § 95 TKG, in: Taeger, Jürgen/Gabel, Detlev (Hrsg.), Kommentar zum BDSG und zu den Datenschutzvorschriften des TKG und TMG, Frankfurt am Main 2010

Neu, Michael, Die kollisionsrechtliche Behandlung von Persönlichkeitsrechtsverletzungen im Internet, Bielefeld 2002

Neumann, Andreas/Wolff, Reinmar, Informationsermittlung für Anordnungen nach §§ 100a und 100g StPO im Wege telekommunikationsrechtlicher Auskunftsverfahren, TKMR 2003, 110-118

Niedobitek, Matthias, Entwicklung und allgemeine Grundsätze, in: Merten, Detlef/Papier, Hans-Jürgen (Hrsg.), Handbuch der Grundrechte in Deutschland und Europa, Band VI/1, Europäische Grundrechte I, Heidelberg 2010, S. 923-977

Nordemann, Jan Bernd/Dustmann, Andreas, To Peer Or Not To Peer – Urheberrechtliche und datenschutzrechtliche Fragen der Bekämpfung der Internet-Piraterie, CR 2004, 380-388

Nuthmann, Thomas/Jaschinski, Martin/Jaeger, Till u.a., Recht im Internet, Berlin 2002

Ochsenfeld-Repp, Sonja, Dauerhafte Videoüberwachung allgemein zugänglicher öffentlicher Stadträume zur (Straßen-)Kriminalitätskontrolle in England und der Bundesrepublik Deutschland – Analyse ihrer instrumentellen und symbolischen Interventionseffekte bzw. Intentionen sowie ihre vergleichende rechtliche Bewertung, Bonn 2007

Ohler, Christoph, Herrschaft, Legitimation und Recht in der Europäischen Union – Anmerkungen zum Lissabon-Urteil des BVerfG, AöR 135 (2010), 153-184

Olenhusen, Götz von/Crone, Andreas, Der Anspruch auf Auskunft gegenüber Internet-Providern bei Rechtsverletzungen nach Urheber- bzw. Wettbewerbsrecht, WRP 2002, 164-170

Orantek, Kerstin, Die Vorratsdatenspeicherung in Deutschland, NJ 2010, 193-200

Orantek, Kerstin, Datenschutz im Informationszeitalter – Herausforderungen durch technische, politische und gesellschaftliche Entwicklungen, Chemnitz 2008

Ossenbühl, Fritz, Der Grundsatz der Verhältnismäßigkeit (Übermaßverbot) in der Rechtsprechung der Verwaltungsgerichte, Jura 1997, 617-621

Ossenbühl, Fritz, Maßhalten mit dem Übermaßverbot, in: Badura, Peter/Scholz, Rupert (Hrsg.), Wege und Verfahren des Verfassungslebens – Festschrift für Peter Lerche zum 65. Geburtstag, München 1993, S. 152-164

Ossenbühl, Fritz, Die Freiheiten des Unternehmers nach dem Grundgesetz, AöR 115 (1990), 1-32

Ossenbühl, Fritz, Zumutbarkeit als Verfassungsmaßstab, in: Rüthers, Bernd/Stern, Klaus (Hrsg.), Freiheit und Verantwortung im Verfassungsstaat – Festgabe zum 10jährigen Jubiläum der Gesellschaft für Rechtspolitik, München 1984, S. 315-327

Ossenbühl, Fritz, VVDStRL 39 (1981), 189 (Diskussionsbeitrag)

Pallasky, Ansgar, Datenschutz in Zeiten globaler Mobilität – Eine Untersuchung des Verhältnisses von Datenschutz und Gefahrenabwehr im Reisebereich, Baden-Baden 2007

Papier, Hans-Jürgen, Vorbehaltlos gewährleistete Grundrechte, in: Merten, Detlef/Papier, Hans-Jürgen (Hrsg.), Handbuch der Grundrechte in Deutschland und Europa, Band III, Grundrechte in Deutschland: Allgemeine Lehren II, Heidelberg 2009, S. 365-404

Papier, Hans-Jürgen, Umsetzung und Wirkung der Entscheidungen des Europäischen Gerichtshofes für Menschenrechte aus der Perspektive der nationalen deutschen Gerichte, EuGRZ 2006, 1-3

Payandeh, Mehrdad, Die EMRK als grundrechtsbeschränkendes Gesetz?, JuS 2009, 212-216

Peine, Franz-Josef, Der Grundrechtseingriff, in: Merten, Detlef/Papier, Hans-Jürgen (Hrsg.), Handbuch der Grundrechte in Deutschland und Europa, Band III, Grundrechte in Deutschland: Allgemeine Lehren II, Heidelberg 2009, S. 87-112

Pernice, Ingolf, Art. 24, in: Dreier, Horst (Hrsg.), Grundgesetz – Kommentar, Band II, Artikel 20-82, 2. Auflage, Tübingen 2006

Pestalozza, Christian, Verfassungsprozessrecht – Die Verfassungsgerichtsbarkeit des Bundes und der Länder mit einem Anhang zum Internationalen Rechtsschutz, 3. Auflage, München 1991

Peters, Anne, Einführung in die Europäische Menschenrechtskonvention – Mit rechtsvergleichenden Bezügen zum deutschen Grundgesetz, München 2003

Peters, Hans, Die Verfassungsmäßigkeit des Verbots der Beförderung von Massengütern im Fernverkehr auf der Straße, Bielefeld 1954

Petri, Thomas, Verfassungskonforme Speicherung von Nutzerdaten – Gestaltungsanforderungen nach dem Urteil des Bundesverfassungsgerichts vom 2. März 2010, RDV 2010, 197-202

Petri, Thomas, Europol – Grenzüberschreitende polizeiliche Tätigkeit in Europa, Baden-Baden 2001

Pfitzmann, Andreas/Köpsell, Stefan, Risiken der Vorratsspeicherung – Grenzen der Nutzungsüberwachung, DuD 2009, 542-546

Pfrang, Elvira, Das Verhältnis zwischen Europäischem Gemeinschaftsrecht und deutschem Recht nach der Maastricht-Entscheidung des Bundesverfassungsgerichts, Frankfurt am Main 1997

Pieper, Stefan Ulrich, Verfassungsrecht der Bundesrepublik Deutschland, Wiesbaden 2008

Pieroth, Bodo, Art. 73, in: Jarass, Hans D./Pieroth, Bodo, Grundgesetz für die Bundesrepublik Deutschland, 11. Auflage, München 2011

Pieroth, Bodo/Schlink, Bernhard, Grundrechte – Staatsrecht II, 26. Auflage, Heidelberg 2010

Pohle, Jan, Auskunftsansprüche im Internet zwischen Enforcement-Richtlinie, Vorratsdatenspeicherung, Telemedien- und TKG-Änderungsgesetz, in: Hoffmann, Mathis/Leible, Stefan/Sosnitza, Olaf (Hrsg.), Geistiges Eigentum im virtuellen Raum, Stuttgart 2007, S. 29-46

Polenz, Sven, Speicherpflichten für Unternehmer nach § 113a TKG, CR 2009, 225-229

Popp, Martin, Die strafrechtliche Verantwortung von Internet-Providern, Berlin 2002

Poscher, Ralf, Grundrechte als Abwehrrechte – Reflexive Regelung rechtlich geordneter Freiheit, Tübingen 2003

Proelß, Alexander, Zur verfassungsrechtlichen Kontrolle der Kompetenzmäßigkeit von Maßnahmen der Europäischen Union: Der „ausbrechende Rechtsakt“ in der Praxis des BVerfG - Anmerkung zum Honeywell-Beschluss des BVerfG vom 6. Juli 2010, EuR 2011, 241-262

Radelzhofer, Albrecht, Art. 24, in: Maunz, Theodor/Dürig, Günter/Herzog, Roman/Scholz, Rupert, Grundgesetz – Kommentar, München, Stand: 56. EL Oktober 2009

Rasmussen, Heike, Datenschutz im Internet – Gesetzgeberische Maßnahmen zur Verhinderung der Erstellung ungewollter Nutzerprofile im Web – Zur Neufassung des TDDSG, CR 2002, 36-45

Rauschenberger, Friederike, Zur Reichweite des Fernmeldegeheimnisses – Anmerkungen zum Urteil des BVerfG vom 2.3.2006, Kriminalistik 2006, 328-330

Redeker, Helmut, Die Pflicht zur Vorratsdatenspeicherung, ITRB 2009, 112-113

Rehbinder, Manfred, Eröffnung und Begrüßung zur Arbeitssitzung „Auskunftsanspruch gegen Internetprovider“, ZUM 2006, 433-434

Rengeling, Hans-Werner, Grundrechtsschutz in der Europäischen Gemeinschaft – Bestandsaufnahme und Analyse der Rechtsprechung des Europäischen Gerichtshofs zum Schutz der Grundrechte als allgemeine Rechtsgrundsätze, München 1993

Rengeling, Hans-Werner/Szczekalla, Peter, Grundrechte in der Europäischen Union – Charta der Grundrechte und Allgemeine Rechtsgrundsätze, Köln 2004

Ress, Georg, Menschenrechte, europäisches Gemeinschaftsrecht und nationales Verfassungsrecht, in: Haller, Herbert/Kopetzki, Christian/Novak, Richard u.a. (Hrsg.), Staat und Recht – Festschrift für Günther Winkler, Wien 1997, S. 897-932

Ress, Georg, Wirkung und Beachtung der Urteile und Entscheidungen der Straßburger Konventionsorgane, EuGRZ 1996, 350-353

Ress, Georg, Verfassungsrechtliche Auswirkungen der Fortentwicklung völkerrechtlicher Verträge – Überlegungen zum Verhältnis des Grundgesetzes zur Europäischen Wirtschaftsgemeinschaft und zur Europäischen Menschenrechtskonvention, in: Fürst, Walther/Herzog, Roman/Umbach, Dieter C. (Hrsg.), Festschrift für Wolfgang Zeidler, Band II, Berlin 1987, S. 1775-1797

Riedel, Claudia/Wallau, Rochus, Das Akteneinsichtsrecht des „Verletzten“ in Strafsachen – und seine Probleme, NStZ 2003, 393-399

Robbers, Gerhard, Sicherheit als Menschenrecht – Aspekte der Geschichte, Begründung und Wirkung einer Grundrechtsfunktion, Baden-Baden 1987

Robert, Anna, § 91, in: Geppert, Martin/Piepenbrock, Hermann-Josef/Schütz, Raimund/Schuster, Fabian (Hrsg.), Beck´scher TKG-Kommentar, 3. Auflage, München 2006

Robert, Anna, § 96, in: Geppert, Martin/Piepenbrock, Hermann-Josef/Schütz, Raimund/Schuster, Fabian (Hrsg.), Beck´scher TKG-Kommentar, 3. Auflage, München 2006

Rötzer, Florian, Das Recht auf Anonymität, in: Bäumler, Helmut (Hrsg.), E-Privacy – Datenschutz im Internet, Braunschweig/Wiesbaden 2000, S. 27-34

Rojahn, Ondolf, Art. 24, in: Münch, Ingo von/Kunig, Philip (Hrsg.), Grundgesetz-Kommentar, Band 2 (Art. 20 bis Art. 69), 5. Auflage, München 2001

Rojahn, Sabine, Zuständigkeit der Gerichte und anwaltliche Vertretung, in: Loewenheim, Ulrich (Hrsg.), Handbuch des Urheberrechts, 2. Auflage, München 2010, S. 2231-2247

Roßnagel, Alexander, Die „Überwachungs-Gesamtrechnung“ – Das BVerfG und die Vorratsdatenspeicherung, NJW 2010, 1238-1242

Roßnagel, Alexander, Das Bundesverfassungsgericht und die Vorratsdatenspeicherung in Europa, DuD 2010, 544-548

Roßnagel, Alexander, Datenschutz in Tele- und Mediendiensten, in: Roßnagel, Alexander (Hrsg.), Handbuch Datenschutzrecht – Die neuen Grundlagen für Wirtschaft und Verwaltung, München 2003, S. 1278-1323

Roßnagel, Alexander, Globale Datennetze – Ohnmacht des Staates – Selbstschutz der Bürger – Thesen zur Änderung der Staatsaufgaben in einer „civil information society“, ZRP 1997, 26-30

Roßnagel, Alexander/Bedner, Mark/Knopp, Michael, Rechtliche Anforderungen an die Aufbeahrung von Vorratsdaten, DuD 2009, 536-541

Roßnagel, Alexander/Laue, Philip, Zweckbindung im Electronic Government, DÖV 2007, 543-549

Roßnagel, Alexander/Scholz, Philip, Datenschutz durch Anonymität und Pseudonymität – Rechtsfolgen der Verwendung anonymer und pseudonymer Daten, MMR 2000, 721-731

Roth, Isabel, Die internationale Zuständigkeit deutscher Gerichte bei Persönlichkeitsrechtsverletzungen im Internet, Frankfurt 2007

Rudolf, Walter, Datenschutz – ein Grundrecht, in: Geis, Max-Emanuel/Lorenz, Dieter (Hrsg.), Staat – Kirche – Verwaltung – Festschrift für Hartmut Maurer zum 70. Geburtstag, München 2001, S. 269-280

Ruffert, Matthias, An den Grenzen des Integrationsverfassungsrechts: Das Urteil des Bundesverfassungsgerichts zum Vertrag von Lissabon, DVBl 2009, 1197-1208

Ruffert, Matthias, Die Europäische Menschenrechtskonvention und innerstaatliches Recht, EuGRZ 2007, 245-255

Ruffert, Matthias, Art. 249 EGV, in: Calliess, Christian/Ruffert, Matthias (Hrsg.), EUV/EGV – Das Verfassungsrecht der Europäischen Union mit Europäischer Grundrechtecharta – Kommentar, 3. Auflage, München 2007

Ruffert, Matthias, Art. 16 GRCh, in: Calliess, Christian/Ruffert, Matthias (Hrsg.), EUV/EGV – Das Verfassungsrecht der Europäischen Union mit Europäischer Grundrechtecharta – Kommentar, 3. Auflage, München 2007

Rusteberg, Benjamin, Die EG-Richtlinie zur Vorratsspeicherung von Verkehrsdaten im System des europäischen Grund- und Menschenrechtsschutzes, VBlBW 2007, 171-177

Sachs, Michael, Abwehrrechte, in: Merten, Detlef/Papier, Hans-Jürgen (Hrsg.), Handbuch der Grundrechte in Deutschland und Europa, Band II, Grundrechte in Deutschland: Allgemeine Lehren I, Heidelberg 2006, S. 655-677

Sachs, Ulrich, Marketing, Datenschutz und das Internet, Köln 2008

Sankol, Barry, Die Qual der Wahl: § 113 TKG oder §§ 100g, 100h StPO? – Die Kontroverse über das Auskunftsverlangen von Ermittlungsbehörden gegen Access-Provider bei dynamischen IP-Adressen, MMR 2006, 361-365

Sannwald, Rüdiger, Art. 73, in: Schmidt-Bleibtreu, Bruno/Hofmann, Hans/Hopfauf, Axel (Hrsg.), GG – Kommentar zum Grundgesetz, 12. Auflage, Köln 2011

Sauer, Heiko, Europas Richter Hand in Hand? - Das Kooperationsverhältnis zwischen BVerfG und EuGH nach Honeywell, EuZW 2011, 94-98

Schaar, Peter, Datenschutz im Internet – Die Grundlagen, München 2002

Schaar, Peter, Persönlichkeitsprofile im Internet, DuD 2001, 383-388

Schiedermair, Stephanie, Datenschutz in den Medien, in: Dörr, Dieter/Kreile, Johannes/Cole, Mark D. (Hrsg.), Handbuch Medienrecht – Recht der elektronischen Massenmedien, 2. Auflage, Frankfurt am Main 2011, S. 339-390

Schilling, Theodor, Die staatliche Pflicht zum Schutz von Grundrechten und Menschenwürde, KritV 1999, 452-475

Schily, Otto, Eröffnungsansprache, in: Bundeskriminalamt (Hrsg.), Informations- und Kommunikationskriminalität, München 2004, S. 7-19

Schlaich, Klaus/Korioth, Stefan, Das Bundesverfassungsgericht – Stellung, Verfahren, Entscheidungen, 8. Auflage, München 2010

Schleipfer, Stefan, Ist die IP-Adresse zu löschen? – Eine Erörterung im Kontext von Nutzungsprofilen, RDV 2010, 168-175

Schmalenbach, Kirsten, Ein Menschenrecht auf Kommunikation: Erfordernis oder Redundanz?, in: Benedek, Wolfgang/Pekari, Catrin, Menschenrechte in der Informationsgesellschaft, Stuttgart 2007, S. 183-213

Schmid, Matthias/Wirth, Thomas, § 101, in: Schmid, Matthias/Wirth, Thomas/Seifert, Fedor, Urheberrechtsgesetz mit Urheberrechtswahrnehmungsgesetz – Handkommentar, 2. Auflage, Baden-Baden 2009

Schmittmann, Georg J., Rechte und Grundsätze in der Grundrechtecharta, Köln 2007

Schmittmann, Michael, Telemedien, in: Schwartmann, Rolf (Hrsg.), Praxishandbuch Medien-, IT- und Urheberrecht, Heidelberg 2008, S. 168-215

Schmitz, Thomas, Die Grundrechtecharta als Teil der Verfassung der Europäischen Union, EuR 2004, 691-713

Schmitz, Thomas, Die EU-Grundrechtecharta aus grundrechtsdogmatischer und grundrechtstheoretischer Sicht, JZ 2001, 833-843

Schnabel, Christoph, „Ungültigkeit der Vorratsdatenspeicherungsrichtlinie?, K&R 2009, 358-360

Schneider, Hans, Verfassungsrechtliche Beurteilung des Volkszählungsgesetzes 1983, DÖV 1983, 161-164

Schneider, Jochen, Europäischer Datenschutz und E-Commerce, in: Lehmann, Michael (Hrsg.), Electronic Business in Europa – Internationales, europäisches und deutsches Online-Recht, München 2002, S. 561-584

Schorkopf, Frank, Die Europäische Union im Lot – Karlsruhes Rechtsspruch zum Vertrag von Lissabon, EuZW 2009, 718-724

Schorkopf, Frank, Höchstpersönliche Rechte, in: Ehlers, Dirk (Hrsg.), Europäische Grundrechte und Grundfreiheiten, 3. Auflage, Berlin 2009, S. 506-530

Schramm, Marc/Wegener, Christoph, Neue Anforderungen an eine anlasslose Speicherung von Vorratsdaten – Umsetzungsmöglichkeiten der Vorgaben des Bundesverfassungsgerichts, MMR 2011, 9-13

Schulte-Herbrüggen, Elena, Der Grundrechtsschutz in der Europäischen Union nach dem Vertrag von Lissabon, ZEuS 2009, 343-377

Schultze-Melling, Jyn, IT-Compliance – Challenges in a Globalized World, CRi 2008, 142-147

Schulze-Fielitz, Helmuth, Grundmodi der Aufgabenwahrnehmung, in: Hoffmann-Riem, Wolfgang/Schmidt-Aßmann, Eberhard/Voßkuhle, Andreas (Hrsg.), Grundlagen des Verwaltungsrechts, Band I, Methoden, Maßstäbe, Aufgaben, Organisation, München 2006, S. 761-838

Schulze zur Wiesche, Jens, Urheberrechtliche Speicherpflicht des Access-Providers auf Zuruf, MMR 2009, 574-575

Schuppert, Gunnar Folke, Verwaltungsorganisation und Verwaltungsorganisationsrecht als Steuerungsfaktoren, in: Hoffmann-Riem, Wolfgang/Schmidt-Aßmann, Eberhard/Voßkuhle, Andreas (Hrsg.), Grundlagen des Verwaltungsrechts, Band I, Methoden, Maßstäbe, Aufgaben, Organisation, München 2006, S. 995-1081

Schuppert, Stefan, Zur dienstrechtlichen Natur des Accessprovidervertrages, Anmerkung zu BGH, Beschluss vom 23.3.2005 – III ZR 338/04, CR 2005, 817

Schuppert, Stefan, Web-Hosting-Verträge, CR 2000, 227-234

Schwarze, Jürgen, Einführung: der Reformvertrag von Lissabon, in: Schwarze, Jürgen (Hrsg.), EU-Kommentar, 2. Auflage, Baden-Baden 2009

Schwarze, Jürgen, Art. 17 GRCh, in: Schwarze, Jürgen (Hrsg.), EU-Kommentar, 2. Auflage, Baden-Baden 2009

Schwetzel, Wolfram, Freiheit, Sicherheit, Terror – Das Verhältnis von Freiheit und Sicherheit nach dem 11. September 2001 auf verfassungsrechtlicher und einfachgesetzlicher Ebene, München 2006

Schwier, Henning, Der Schutz der „Unternehmerischen Freiheit“ nach Artikel 16 der Charta der Grundrechte der Europäischen Union – Eine Darstellung der tatsächlichen Reichweite und Intensität der grundrechtlichen Gewährleistung aus rechtsvergleichender Perspektive, Frankfurt 2008

Schwind, Hans-Dieter, Kriminologie – Eine praxisorientierte Einführung mit Beispielen, 20. Auflage, Heidelberg 2010

Seichter, Dirk, Die Verfolgung von Verletzungen geistiger Eigentumsrechte durch Verbraucher im Internet, VuR 2007, 291-297

Selmayr, Martin, Endstation Lissabon? – Zehn Thesen zum „Niemals"-Urteil des Bundesverfassungsgerichts vom 30. Juni 2009, ZEuS 2009, 637-679

Sieber, Ulrich/Höfinger, Frank Michael, Drittauskunftsansprüche nach § 101a UrhG gegen Internetprovider zur Verfolgung von Urheberrechtsverletzungen, MMR 2004, 575-585

Siemen, Birte, Datenschutz als europäisches Grundrecht, Berlin 2006

Sierck, Gabriela/Schöning, Frank/Pöhl, Matthias, Zulässigkeit der Vorratsdatenspeicherung nach europäischem und deutschem Recht, Berlin 2006

Sievers, Malte, Der Schutz der Kommunikation im Internet durch Artikel 10 des Grundgesetzes, Baden-Baden 2003

Simitis, Spiros, Der EuGH und die Vorratsdatenspeicherung oder die verfehlte Kehrtwende bei der Kompetenzregelung, NJW 2009, 1782-1786

Simitis, Spiros, Hat der Datenschutz noch eine Zukunft?, RDV 2007, 143-153

Simitis, Spiros, § 4a, in: Simitis, Spiros (Hrsg.), Bundesdatenschutzgesetz, 6. Auflage, Baden-Baden 2006

Simitis, Spiros, Daten- oder Tatenschutz – ein Streit ohne Ende?, NJW 1997, 1902-1903

Simitis, Spiros, Die informationelle Selbstbestimmung – Grundbedingung einer verfassungskonformen Informationsordnung, NJW 1984, 398-405

Simon, Dirk, Präzeptoraler Sicherheitsstaat und Risikovorsorge, Frankfurt am Main 2008

Sokol, Bettina, § 13, in: Simitis, Spiros (Hrsg.), Bundesdatenschutzgesetz, 6. Auflage, Baden-Baden 2006

Spannbrucker, Christian, Convention on Cybercrime (ETS 185) – Ein Vergleich mit dem deutschen Computerstrafrecht in materiell- und verfahrensrechtlicher Hinsicht, Regensburg 2005

Spielmann, Christoph, Konkurrenz von Grundrechtsnormen, Baden-Baden 2008

Spindler, Gerald Der Auskunftsanspruch gegen Verletzer und Dritte im Urheberrecht nach neuem Recht, ZUM 2008, 640-648

Spindler, Gerald, Das neue Telemediengesetz – Konvergenz in sachten Schritten, CR 2007, 239-245

Spindler, Gerald/Dorschel, Joachim, Auskunftsansprüche gegen Internet-Service-Provider – Zivilrechtliche Grundlagen und datenschutzrechtliche Grenzen, CR 2005, 38-47

Spindler, Gerald, Zugangsgewährung durch Internet-Provider – Typische Klauseln und Inhaltskontrolle, K&R 1999, 488-499

Splittgerber, Andreas/Klytta, Joanna, Auskunftsansprüche gegen Internetprovider, K&R 2007, 78-85

Stadler, Thomas, Sperrungsverfügung gegen Access-Provider, MMR 2002, 343-347

Starck, Christian, Art. 1, in: Mangoldt, Hermann von/Klein, Friedrich/Starck, Christian (Hrsg.), Kommentar zum Grundgesetz, Band 1: Präambel, Artikel 1 bis 19, 6. Auflage, München 2010

Starck, Christian, Art. 3, in: Mangoldt, Hermann von/Klein, Friedrich/Starck, Christian (Hrsg.), Kommentar zum Grundgesetz, Band 1: Präambel, Artikel 1 bis 19, 6. Auflage, München 2010

Starck, Christian, Zur Frage der Reichweite des Grundrechts auf Schutz der Persönlichkeit gegen Abbildungen von Prominenten über deren Privatleben - Anmerkung zu BVerfG, Beschluss vom 26. Februar 2008 – 1 BvR 1602/07, 1 BvR 1606/07, 1 BvR 1626/07, JZ 2008, 634-635

Stein, Torsten, Schlussbemerkung: zur Zukunft der Staatsaufgabe „(Äußere) Sicherheit", in: Calliess, Christian (Hrsg.), Äußere Sicherheit im Wandel – Neue Herausforderungen an eine alte Staatsaufgabe, Wissenschaftliches Kolloquium aus Anlass des 60. Geburtstages von Prof. Dr. Torsten Stein, Baden-Baden 2005, S. 205-210

Stein, Torsten, Umgekehrt! Bemerkungen zum „Solange II"-Beschluss des Bundesverfassungsgerichts, in: Fürst, Walther/Herzog, Roman/Umbach, Dieter C. (Hrsg.), Festschrift für Wolfgang Zeidler, Band II, Berlin 1987, S. 1711-1728

Stein, Torsten/Buttlar, Christian von, Völkerrecht, 12. Auflage, Köln 2009

Steinmüller, Wilhelm, Das informationelle Selbstbestimmungsrecht – Wie es entstand und was man daraus lernen kann, RDV 2007, 158-161

Steinmüller, Wilhelm, Das Volkszählungsurteil des Bundesverfassungsgerichts, DuD 1984, 91-96

Stern, Klaus, Europäische Verfassung und Grundrechtecharta nach dem Nein der Franzosen und Niederländer, in: Stern, Klaus/Tettinger, Peter J. (Hrsg.), Europäische Verfassung im Werden, Berlin 2006, S. 25-36

Stern, Klaus, Von der Europäischen Menschenrechtskonvention zur Europäischen Grundrechte-Charta – Perspektiven des Grundrechtsschutzes in Europa, in: Stern, Klaus/Tettinger, Peter J. (Hrsg.), Die europäische Grundrechte-Charta im wertenden Verfassungsvergleich, Berlin 2005, S. 13-30

Stern, Klaus, Idee und Elemente eines Systems der Grundrechte, in: Isensee, Josef/Kirchhof, Paul (Hrsg.), Handbuch des Staatsrechts der Bundesrepublik Deutschland, Band V, Allgemeine Grundrechtslehren, 2. Auflage, Heidelberg 2000, S. 45-100

Stern, Klaus, Zur Entstehung und Ableitung des Übermaßverbots, in: Badura, Peter/Scholz, Rupert (Hrsg.), Wege und Verfahren des Verfassungslebens – Festschrift für Peter Lerche zum 65. Geburtstag, München 1993, S. 165-175

Stock, Susanne, Der Beitritt der Europäischen Union zur Europäischen Menschenrechtskonvention als Gemischtes Abkommen?, Hamburg 2010

Strauß, Daniela, Verfassungsfragen der Kostenüberwälzung bei staatlichen Indienstnahmen privater Unternehmen – Insbesondere zur Entschädigungspflicht bei der Verpflichtung privater Unternehmen zur Ermöglichung der Telekommunikationsüberwachung nach § 110 Abs. 1 TKG, Halle-Wittenberg 2009

Streinz, Rudolf, Das Grundgesetz: Europafreundlichkeit und Europafestigkeit – Zum Lissabon-Urteil des Bundesverfassungsgerichts, ZfP 2009, 467-492

Streinz, Rudolf, Art. 24, in: Sachs, Michael (Hrsg.), Grundgesetz-Kommentar, 5. Auflage, München 2009

Streinz, Rudolf/Ohler, Christoph/Herrmann, Christoph, Der Vertrag von Lissabon zur Reform der EU – Einführung mit Synopse, 2. Auflage, München 2008

Strömer, Tobias H., Online-Recht – Juristische Probleme der Internet-Praxis erkennen und vermeiden, 4. Auflage, Heidelberg 2006

Suhr, Oliver, Die polizeiliche und justizielle Zusammenarbeit in Strafsachen nach dem „Lissabon"-Urteil des Bundesverfassungsgerichts, ZEuS 2009, 687-715

Taeger, Jürgen, § 4a, in: Taeger, Jürgen/Gabel, Detlev (Hrsg.), Kommentar zum BDSG und zu den Datenschutzvorschriften des TKG und TMG, Frankfurt am Main 2010

Terhechte, Jörg Philipp, Rechtsangleichung zwischen Gemeinschafts- und Unionsrecht – die Richtlinie über die Vorratsdatenspeicherung vor dem EuGH, EuZW 2009, 199-204

Terhechte, Jörg Philipp, Der Vertrag von Lissabon: Grundlegende Verfassungsurkunde der europäischen Rechtsgemeinschaft oder technischer Änderungsvertrag?, EuR 2008, 143-189

Tettenborn, Alexander, Die Evaluierung des IuKDG – Erfahrungen, Erkenntnisse und Schlussfolgerungen, MMR 1999, 516-522

Tettinger, Peter J., Art. 7, in: Tettinger, Peter J./Stern, Klaus (Hrsg.), Kölner Gemeinschaftskommentar zur Europäischen Grundrechte-Charta, München 2006

Tettinger, Peter J., Juristische Personen des Privatrechts als Grundrechtsträger, in: Merten, Detlef/Papier, Hans-Jürgen (Hrsg.), Handbuch der Grundrechte in Deutschland und Europa, Band II, Grundrechte in Deutschland: Allgemeine Lehren I, Heidelberg 2006, S. 1203-1233

Tettinger, Peter J., Die Charta der Grundrechte der Europäischen Union, NJW 2001, 1010-1015

Thiele, Alexander, Das Rechtsschutzsystem nach dem Vertrag von Lissabon – (K)ein Schritt nach vorn?, EuR 2010, 30-50

Thorn, Karsten, Art. 40 EGBGB, in: Palandt, Otto, Bürgerliches Gesetzbuch mit Nebengesetzen, insbesondere mit Einführungsgesetz (Auszug) einschließlich Rom I- und Rom II-Verordnung, Allgemeines Gleichbehandlungsgesetz (Auszug), BGB-Informationspflichten-Verordnung, Unterlassungsklagengesetz, Wohn- und Betreuungsvertragsgesetz, Produkthaftungsgesetz, Erbbaurechtsgesetz, Wohnungseigentumsgesetz, Versorgungsausgleichsgesetz, Lebenspartnerschaftsgesetz, Gewaltschutzgesetz, 70. Auflage, München 2011

Thüsing, Gregor, Arbeitnehmerdatenschutz und Compliance – Effektive Compliance im Spannungsfeld von reformiertem BDSG, Persönlichkeitsschutz und betrieblicher Mitbestimmung, München 2010

Tinnefeld, Marie-Theres, Freiheit in der digitalen Gesellschaft? Zu den Bedingungen von Selbstbestimmung und Kommunikation, RDV 2009, 47-51

Tinnefeld, Marie-Theres, Geschützte Daten, in: Roßnagel, Alexander (Hrsg.), Handbuch Datenschutzrecht – Die neuen Grundlagen für Wirtschaft und Verwaltung, München 2003, S. 485-500

Tinnefeld, Marie-Theres/Ehmann, Eugen/Gerling, Rainer W., Einführung in das Datenschutzrecht – Datenschutz und Informationsfreiheit in europäischer Sicht, 4. Auflage, München 2005

Trenkelbach, Holger, Internetfreiheit – Die Europäische Menschenrechtskonvention als „Living Instrument" vor neuen Herausforderungen?, Berlin 2005

Trute, Hans-Heinrich, § 89, in: Trute, Hans-Heinrich/Spoerr, Wolfgang/Bosch, Wolfgang, Telekommunikationsgesetz mit FTEG, Berlin 2001

Uerpmann-Wittzack, Robert, Völkerrechtliche Verfassungselemente, in: Bogdandy, Armin von/Bast, Jürgen (Hrsg.), Europäisches Verfassungsrecht, 2. Auflage, Berlin 2009, S. 177-225

Uerpmann-Wittzack, Robert, Höchstpersönliche Rechte und Diskriminierungsverbot, in: Ehlers, Dirk (Hrsg.), Europäische Grundrechte und Grundfreiheiten, 3. Auflage, Berlin 2009, S. 81-112

Uerpmann-Wittzack, Robert/Jankowska-Gilberg, Magdalena, Die Europäische Menschenrechtskonvention als Ordnungsrahmen für das Internet, MMR 2008, 83-89

Ufer, Frederic, Die Haftung der Internet Provider nach dem Telemediengesetz, Hamburg 2007

Uhe, Bianca/Herrmann, Jens, Überwachung im Internet – Speicherung von personenbezogenen Daten auf Vorrat durch Internet Service Provider, Berlin 2003

Ulmer, Claus-D., Vorratsdatenspeicherung – Eine Bewertung aus Unternehmenssicht, K&R 2008, 8-10

Ulmer, Claus D./Schrief, Dorothee, Vorratsdatenspeicherung durch die Hintertür, DuD 2004, 591-597

Villiger, Mark E., Handbuch der Europäischen Menschenrechtskonvention (EMRK) – unter besonderer Berücksichtigung der schweizerischen Rechtslage, 2. Auflage, Zürich 1999

Vogel, Joachim, Vorratsspeicherung von Telekommunikationsverbindungsdaten: Inpflichtnahme Privater zur flächendeckenden Strafverfolgungsvorsorge? – Zur Richtlinie 2006/EG vom 21.2.2006 über die Vorratsspeicherung von Daten, in: Griesbaum, Rainer/Hannich, Rolf/Schnarr, Karl Heinz (Hrsg.), Strafrecht und Justizgewährung – Festschrift für Kay Nehm zum 65. Geburtstag, Berlin 2006, S. 81-97

Voßkuhle, Andreas, Neue Verwaltungsrechtswissenschaft, in: Hoffmann-Riem, Wolfgang/Schmidt-Aßmann, Eberhard/Voßkuhle, Andreas (Hrsg.), Grundlagen des Verwaltungsrechts, Band I, Methoden, Maßstäbe, Aufgaben, Organisation, München 2006, S. 1-61

Voßkuhle, Andreas, Beteiligung Privater an der Wahrnehmung öffentlicher Aufgaben und staatliche Verantwortung, VVDStRL 62 (2003), 266-328

Waechter, Kay, Bereitstellungspflicht für Fernmeldeanlagenbetreiber, VerwArch 87 (1996), 68-96

Wahl, Rainer/Masing, Johannes, Schutz durch Eingriff, JZ 1990, 553-563

Walter, Christian, Die Europäische Menschenrechtskonvention als Konstitutionalisierungsprozess, ZaöRV 59 (1999), 961-983

Walter, Michel, Anwendbares Recht und Internationale Zuständigkeit der Gerichte, in: Loewenheim, Ulrich (Hrsg.), Handbuch des Urheberrechts, 2. Auflage, München 2010, S. 1135-1231

Wandtke, Artur-Axel, Medien im technologischen Zeitalter, in: Wandtke, Artur-Axel (Hrsg.), Medienrecht – Praxishandbuch, Berlin 2008, S. 3-67

Wegener, Bernhard W., Wirtschaftsgrundrechte, in: Ehlers, Dirk (Hrsg.), Europäische Grundrechte und Grundfreiheiten, 3. Auflage, Berlin 2009, S. 154-178

Wegener, Bernhard W., Art. 234 EGV, in: Calliess, Christian/Ruffert, Matthias (Hrsg.), EUV/EGV – Das Verfassungsrecht der Europäischen Union mit Europäischer Grundrechtecharta – Kommentar, 3. Auflage, München 2007

Weidert, Stefan/Molle, Alexander, Haftungsfragen, in: Ensthaler, Jürgen/Weidert, Stefan (Hrsg.), Handbuch Urheberrecht und Internet, 2. Auflage, Frankfurt am Main 2010, S. 352-523

Welp, Kai, Die Auskunftspflicht von Access-Providern nach dem Urheberrechtsgesetz, München 2009

Welser, Marcus von, Ansprüche im Bereich des geistigen Eigentums, in: Wandtke, Artur-Axel (Hrsg.), Medienrecht – Praxishandbuch, Berlin 2008, S. 185-225

Welsing, Ruth, Das Recht auf informationelle Selbstbestimmung im Rahmen der Terrorabwehr – Darstellung anhand einer Untersuchung der präventiven Rasterfahndung, Hamburg 2009

Wendt, Rudolf, Art. 14, in: Sachs, Michael (Hrsg.), Grundgesetz-Kommentar, 5. Auflage, München 2009

Wendt, Rudolf, Art. 5, in: Münch, Ingo von/Kunig, Philip (Hrsg.), Grundgesetz-Kommentar, Band 1 (Präambel bis Art. 19), 5. Auflage, München 2000

Wendt, Rudolf, Spreizung von Körperschaftsteuersatz und Einkommensteuerspitzensatz als Verfassungsproblem, in: Wendt, Rudolf/Höfling, Wolfram/Karpen, Ulrich/Oldiges, Martin (Hrsg.), Staat, Wirtschaft, Steuern – Festschrift für Karl Heinrich Friauf zum 65. Geburtstag, Heidelberg 1996, S. 859-888

Wendt, Rudolf, Der Gleichheitssatz, NVwZ 1988, 778-786

Wendt, Rudolf, Eigentum und Gesetzgebung, Hamburg 1985

Wendt, Rudolf, Berufsfreiheit als Grundrecht der Arbeit, DÖV 1984, 601-610

Wendt, Rudolf, Der Garantiegehalt der Grundrechte und das Übermaßverbot – Zur maßstabsetzenden Kraft der Grundrechte in der Übermaßprüfung, AöR 104 (1979), 414-474

Wenzel, Karl Egbert/Burkhardt, Emanuel H., Urheberrecht für die Praxis, 5. Auflage, Köln 2009

Werner, Matthias, Urheberrechtliche Bewertung der Vorgänge im Internet, in: Ensthaler, Jürgen/Weidert, Stefan (Hrsg.), Handbuch Urheberrecht und Internet, 2. Auflage, Frankfurt am Main 2010, S. 152-196

Westphal, Dietrich, Leitplanken für die Vorratsdatenspeicherung – Abrücken von „Solange“ – Das Urteil des BVerfG vom 2.3.2010, EuZW 2010, 494-499

Westphal, Dietrich, Die Richtlinie zur Vorratsspeicherung von Verkehrsdaten – Brüsseler Stellungnahme zum Verhältnis von Freiheit und Sicherheit in der „Post-911-Informationsgesellschaft“, EuR 2006, 706-723

Westphal, Dietrich, Die neue EG-Richtlinie zur Vorratsdatenspeicherung, EuZW 2006, 555-560

Wiebe, Andreas, Auskunftspflicht des Access-Providers, MMR 2005, 828-830

Wielsch, Torsten, Die europäische Gefahrenabwehr – Stand und Perspektiven europäischer Polizeiarbeit nach dem Maastrichter Vertrag, Leipzig 1998

Wiemers, Matthias, Der Lissabon-Vertrag und das Bundesverfassungsgericht – Zum BVerfG-Urteil über den Vertrag zur Reform der Europäischen Union, VR 2010, 73-82

Wien, Andreas, Internetrecht – Eine praxisorientierte Einführung, 2. Auflage, Wiesbaden 2009

Wiese, Markus, Unfreiwillige Spuren im Netz, in: Bäumler, Helmut (Hrsg.), E-Privacy – Datenschutz im Internet, Braunschweig/Wiesbaden 2000, S. 9-19

Wiesehahn, Lars, Das europäische Telekommunikationsrecht und seine Umsetzung in Deutschland, Berlin 2008

Wild, Gisela, § 101a, in: Schricker, Gerhard (Hrsg.), Urheberrecht – Kommentar, 3. Auflage, München 2006

Wild, Gisela, § 105, in: Schricker, Gerhard/Loewenheim, Ulrich (Hrsg.), Urheberrecht – Kommentar, 4. Auflage, München 2010

Wimmers, Jörg, § 101, in: Schricker, Gerhard/Loewenheim, Ulrich (Hrsg.), Urheberrecht – Kommentar, 4. Auflage, München 2010

Wischmann, Tim, Rechtsnatur des Access-Providing, MMR 2000, 461-465

Wissmann, Martin, Regulierungs- und Aufsichtsbehörden, deren Zuständigkeiten und ihre Zusammenarbeit mit den Gerichten, in: Wissmann, Martin (Hrsg.), Telekommunikationsrecht – Praxishandbuch, 2. Auflage, Frankfurt am Main 2006

Wittig, Peter, Zum Standort des Verhältnismäßigkeitsgrundsatzes im System des Grundgesetzes, DÖV 1968, 817-825

Wolff, Heinrich Amadeus, Vorratsdatenspeicherung – Der Gesetzgeber gefangen zwischen Europarecht und Verfassung?, NVwZ 2010, 751-753

Wolter, Jürgen, § 100g, in: Wolter, Jürgen (Hrsg.), SK-StPO – Systematischer Kommentar zur Strafprozessordnung mit GVG und EMRK, Band II, §§ 94-136a StPO, 4. Auflage, Köln 2010

Würtenberger, Thomas D./Kunz, Eugen, Die Mitwirkung der Bundesländer in Angelegenheiten der Europäischen Union, JA 2010, 406-412

Wüstenberg, Dirk, Vorratsdatenspeicherung und § 100 TKG, DuD 2007, 595

Wüstenberg, Dirk, Die Speicherung von Internetverbindungsdaten nach § 100 TKG im Lichte des EU-Rechts, MR-Int 2007, 136-139

Wurst, Matthias, Europa 1992: Auf dem Weg zu einem einheitlichen Datenschutzrecht in der europäischen Gemeinschaft, JuS 1991, 448-453

Zerdick, Thomas, Europäisches Datenschutzrecht – neuere Rechtsprechung des EuGH, RDV 2009, 56-64

Zerres, Achim, § 88, in: Scheurle, Klaus-Dieter/Mayen, Thomas (Hrsg.), Telekommunikationsgesetz – Kommentar, 2. Auflage, München 2008

Ziebarth, Wolfgang, Grundrechtskonforme Gestaltung der Vorratsdatenspeicherung – Überlegungen zu einer europa-, verfassungs- und datenschutzrechtskonformen Umsetzung, DuD 2009, 25-32

Zippelius, Reinhold, Das Verbot übermäßiger gesetzlicher Beschränkung von Grundrechten, DVBl 1956, 353-355

Zöller, Mark A., Vorratsdatenspeicherung zwischen nationaler und europäischer Strafverfolgung, GA 2007, 393-414

Zscherpe, Kerstin A., § 3a, in: Taeger, Jürgen/Gabel, Detlev (Hrsg.), Kommentar zum BDSG und zu den Datenschutzvorschriften des TKG und TMG, Frankfurt am Main 2010

Zypries, Brigitte, Neues Urheberrecht: Die Früchte des Zweiten Korbs, MMR 2007, 545-546

Schriften zum Medien-, Urheber- und Wirtschaftsrecht

Herausgegeben von Prof. Dr. Georgios Gounalakis

Band 1 Thomas Lang: Immaterialgüterrechtliche Lizenzierung und kartellrechtliche Verhaltenskontrolle. Eine Untersuchung der Reichweite gemeinschaftskartellrechtlicher Eingriffsbefugnisse in Immaterialgüterrechtspositionen vor dem Hintergrund der schutzrechtsspezifischen wettbewerblichen Ausschließlichkeit. 2009.

Band 2 Anna-Karina Bonacker: Der Widerruf von Fernabsatzverträgen am Beispiel der Internetauktion eBay. 2009.

Band 3 Rainer Jürgen Scharf: Der unbefristete Widerruf internetbasierter Verträge. Zugleich ein Beitrag zur Dogmatik des § 355 BGB. 2009.

Band 4 Sebastian Gorski: Effizienz, Wahlfreiheit und Gleichbehandlung? Eine Untersuchung der Einführung von Wettbewerb zwischen musikalischen Verwertungsgesellschaften durch die Europäische Kommission. 2009.

Band 5 Daniel Walter: Die rechtliche Behandlung der Erbringung unbestellter Leistungen nach § 241a BGB. 2009.

Band 6 Richard Helwig: Die Kompetenz der Europäischen Gemeinschaft zur Schaffung eines europäischen Medienkonzentrationsrechts. Notwendigkeit, Voraussetzungen und Reichweite einer möglichen Regulierung zur Sicherung von Medien- und Meinungsvielfalt in Europa. 2009.

Band 7 Bettina Yunis: Alternative Streitbeilegung über elektronische Datennetze. 2011.

Band 8 Andreas Walter: Störerhaftung bei Handeln Dritter. 2011.

Band 9 Andreas Zenner: Die zivilrechtliche Verantwortlichkeit des Abschlussprüfers für den Bestätigungsvermerk. 2011.

Band 10 Kristine Wagner: Die Privatkopie als urheberrechtliche Schrankenregelung. 2011.

Band 11 Ina Lutz: Testierfreiheit und Pflichtteilsrecht im spanischen *Código Civil* im Vergleich mit dem deutschen Bürgerlichen Gesetzbuch. Unter besonderer Berücksichtigung von Immobilienerbschaften. 2011.

Band 12 Heiko Drebes: „Datenschutz" für Unternehmen im B2B? Schutz der Daten des geschäftlichen E-Business im Spannungsfeld zwischen technisch-organisatorischer und rechtlicher Regulierung. 2012.

Band 13 Heiko Zimmer: Zugriff auf Internetzugangsdaten. Unter besonderer Berücksichtigung der Verhältnismäßigkeit einer verdachtsunabhängigen Vorratsdatenspeicherung. Eine Interessenabwägung zwischen Datenschutz, Strafverfolgung und Urheberrecht im Internet. 2012.

www.peterlang.de

Printed by
CPI books GmbH, Leck